"十二五"职业教育国家规划教材修订版
"互联网+"新形态教材

移动通信（第3版）

主　编　曾庆珠　顾艳华　陈雪娇
副主编　邓　韦　陈　恺
　　　　刘　亮　孙　瑞

北京理工大学出版社
BEIJING INSTITUTE OF TECHNOLOGY PRESS

内容简介

教材内容依据通信工程师岗位需求，采用模块化的组织架构，涵盖了初识移动通信、移动网络规划设计、典型移动通信系统、5G移动网络基站建设四个模块。模块一初识移动通信，主要内容包括移动通信的定义、发展历程、电磁波的传播、天线的分类及选型、无线信道的特征以及常用的抗信道衰落技术等。模块二移动网络规划设计，主要内容包括网络规划的流程、覆盖规划设计、容量规划设计以及参数规划设计等。模块三典型移动通信系统，主要内容包括GSM、GPRS、IS-95 CDMA等2G系统的网络架构、网元功能、关键技术等；LTE系统的网络架构、空中接口、无线信道、关键技术及信令流程等；5G系统的网络架构、部署模式、关键技术、行业应用等内容。模块四5G移动网络基站建设，主要内容包括5G网络的基站勘查、数据配置、业务调测、故障排查等内容。

遵循学习者的认知规律，本教材内容以12个工作任务为主线，层层递进、逐步提升知识点和技能点的难度，便于学生轻松实现自主学习；课程配有任务单、电子教案、微课等丰富的电子资源，便于教师开展线上线下的混合式教学。本书可以作为通信技术、移动通信技术等相关专业的高职学生教材，也可作为通信工程技术人员的参考书。

图书在版编目（CIP）数据

移动通信 / 曾庆珠，顾艳华，陈雪娇主编．--3版．--北京：北京理工大学出版社，2019.9（2023.12重印）

ISBN 978-7-5682-7579-8

Ⅰ.①移… Ⅱ.①曾… ②顾… ③陈… Ⅲ.①移动通信—通信技术—高等学校—教材 Ⅳ.①TN929.5

中国版本图书馆CIP数据核字（2019）第206852号

责任编辑：王艳丽　　**文案编辑**：王艳丽
责任校对：周瑞红　　**责任印制**：施胜娟

出版发行 / 北京理工大学出版社有限责任公司
社　　址 / 北京市丰台区四合庄路6号
邮　　编 / 100070
电　　话 / (010) 68914026（教材售后服务热线）
(010) 68944437（课件资源服务热线）
网　　址 / http://www.bitpress.com.cn

版 印 次 / 2023年12月第3版第3次印刷
印　　刷 / 涿州市新华印刷有限公司
开　　本 / 787 mm×1092 mm　1/16
印　　张 / 17.25
字　　数 / 398千字
定　　价 / 52.00元

前言

得益于移动网络技术的快速发展和智能终端性能的不断提升，移动办公、手机支付、远程视频、外卖点餐、智能家居、娱乐休闲等众多应用在人们的工作和生活中变得越来越普及。在可预见的将来，人类社会将更加高度依赖移动网络！

2020 年 3 月，5G 通信技术作为国家七大领域的“新基建”之首，进入了更快速的发展阶段。5G 网络凭借着大带宽、低时延、广连接的特点，将会为传统的垂直行业带来新的发展机遇。在迈向万物智联的征程中，离不开大量的通信技术领域的高技能人才。据行业预测，到 2030 年，中国的 5G 人才缺口将高达 800 万个！由于市场对 5G 通信技术人才的需求日益旺盛，因此及时编写一本适应高职院校 5G 技术人才培养的教材就愈发必要了。

本教材采用模块化的方式编写，遵循了学生的一般认知规律。教材主要内容包括四个模块：初识移动通信、移动网络规划设计、典型移动通信系统、5G 移动网络基站建设。各模块根据不同的教学目标设计了不同的任务，每个任务又涵盖多个知识点和技能点。知识点重在让学生掌握解决工程实践任务时所必备的知识和概念；技能点重在通过工程实践案例来训练学生运用所学知识分析问题、解决问题的能力。理实结合的编排方式，更易于学生深入理解与掌握相应的知识和技能。

教材采用校企“双元”编写模式，与通信行业的领先者中兴通讯、中邮建等企业开展深度合作。引入企业资深工程师来参与教材架构设计、内容整合与工程案例的撰写，并将最新的 5G 技术内容和工程领域的应用编写进教材。

教材配备了丰富的数字教学资源，包括教案与课件、微课、习题库、实验技能训练等。结合各类教学平台，电子资源不但能够为学生提供碎片化的学习方式，而且还能够有效地辅助教师进行线上线下混合教学。

遵循立德树人的教育根本，本教材融入了遵守标准、严谨规范、吃苦耐劳、团队协作、大国工匠等思政元素。

特别感谢刘海林、王小飞、汤昕怡等业内专家在本书编写过程中给予的巨大帮助，他们为本书做出了很大的贡献。

由于编者学识水平有限，加之协作时间较为仓促，书中不当之处在所难免，敬请广大读者不吝赐教。

目录

模块三　典型移动通信系统 …… 125

模块一

初识移动通信

移动通信的发展历程

引入 什么是移动通信

19 世纪中叶以后，随着莫尔斯发明了电报、贝尔发明了电话，人类在通信领域发生了根本性的巨大变革，实现了利用金属导线快速传递信息的方式，而同一时期，英国物理学家麦克斯韦则预言了电磁波的存在，继而在 1888 年，德国物理学家赫兹用电波环进行了一系列实验，发现了电磁波的存在，他用实验证明了麦克斯韦的电磁理论。赫兹的实验成为近代科学技术史上的一个重要里程碑，导致了无线电的诞生和电子技术的发展，通过电磁波来进行无线通信，使神话中的“顺风耳”“千里眼”变成了现实。采用无线信道实现通信的方式称为无线通信，如 WiFi、ZigBee、蓝牙、红外线、卫星等无线方式的通信，而移动通信则是属于无线通信的一种。在本书中，将通过 12 个学习任务深入探索移动通信的奥秘。

知识点 1 移动通信的定义

移动通信是移动体之间的通信，或移动体与固定体之间的通信。移动体可以是人，也可以是汽车、火车、轮船、收音机等在移动状态中的物体。自 20 世纪 80 年代以来，移动通信得以快速发展，目前已发展至第五代移动通信。

知识拓展

河南日报消息，2021 年 5 月 17 日，“2021 世界电信和信息社会日”大会在郑州国际会展中心举行。工业和信息化部副部长刘烈宏在主旨演讲中表示，将把本次大会作为 5G 建设、发展和应用一体化推进的里程碑、更加注重 5G 应用牵引的里程碑，重点加强规划引领，夯实产业基础，提升网络供给能力。将进一步加强与各部门、地方政府的统筹协作，增强市场能动性，加强国际合作，开创我国 5G 融合应用新格局，培育全球化开放合作新生态。

有数据显示，我国 5G 发展取得领先优势，已累计建成 5G 基站超 81.9 万个，占全球比例约为70%；5G手机终端用户连接数达2.8亿，占全球比例超过80%中5G标准必要专利声明数量占比超过38%，去年上半年以来上升近5个百分点，位列全球首位。

从上述新闻可以获知，中国在5G时代已逐步凸显出引领移动通信领域全球发展的态势。

知识点2　移动通信发展的历程

移动通信最初应用于军事领域，20世纪80年代开始民用。最近几十年是移动通信真正迅猛发展的时期，主要可分为以下5代。

1. 第一代模拟蜂窝移动通信

第一代移动通信主要特点是模拟通信，采用FDMA技术，主要业务为语音并采用了蜂窝组网技术，蜂窝概念由贝尔实验室提出，20世纪70年代在世界各地得到研究。在1979年当第一部试运行网络在芝加哥开通时，美国第一个蜂窝系统AMPS（高级移动电话系统）成为现实。在这个时期，诞生了第一部现代意义上的、真正可以移动的电话，即“肩背电话”，如图1-1所示。

图1-1　第一部蜂窝移动电话

存在于世界各地比较实用的、容量较大的系统主要有以下几个。

（1）北美的AMPS。

（2）北欧的NMT-450/900。

（3）英国的TACS。

其工作频带都在450 MHz和900 MHz附近，载频间隔在30 kHz以下。

尽管模拟蜂窝移动通信系统在当时以一定的增长率进行发展，但是它有着下列致命的弱点。

（1）各系统间没有公共接口。

（2）无法与固定网迅速向数字化推进相适应，数字承载业务很难开展。

（3）频率利用率低，无法适应大容量的要求。

（4）安全性差，易被窃听，易做“假机”。

这些致命的弱点妨碍其进一步发展，因此模拟蜂窝移动通信逐步被数字蜂窝移动通信所替代。然而，在模拟系统中的组网技术仍将在数字系统中应用。

2. 第二代——数字蜂窝移动通信

由于TACS等模拟制式存在的各种缺点，20世纪90年代开发出了以数字传输、时分多址和窄带码分多址为主体的移动电话系统，称为第二代移动电话系统。在这个时期，相对应的终端体积变小。代表产品分为两类。

（1）TDMA 系统。TDMA 系列中比较成熟和最有代表性的制式有泛欧的 GSM、美国的 D－AMPS 和日本的 PDC。

（2）N－CDMA 系统。N－CDMA（窄宽码分多址）系列主要是以高通公司为首研制的基于 IS－95 的 N－CDMA。

3. 第三代——IMT－2000

随着用户的不断增长和数字通信的发展，第二代移动电话系统逐渐暴露出它的不足之处。首先是频带太窄，不能提供如高速数据、慢速图像与电视图像等宽带信息业务；其次是 GSM 虽然号称“全球通”，但实际并未实现真正的全球漫游，尤其是在移动电话用户较多的国家如美国、日本均未得到大规模的应用。而随着科学技术和通信业务的发展，需要的是一个综合现有移动电话系统功能和提供多种服务的综合业务系统，所以国际电联要求在 2000 年实现第三代移动通信系统，即 IMT－2000 的商用化。2 000 包含 3 个含义：一是在 2000 年实现商用；二是工作频段大约在 2 000 MHz；三是最大下行速率为 2 000 Kb/s。

IMT－2000 具有以下关键特点。

（1）包含多种系统。

（2）世界范围设计的高度一致性。

（3）IMT－2000 内业务与固定网络的兼容。

（4）高质量。

（5）世界范围内使用小型便携式终端。

具有代表性的第三代移动通信系统主要有 WCDMA 系统、CDMA2000 系统和 TD－SCDMA 系统。

虽然第三代移动通信可以比第二代移动通信传输速率快上千倍，但是未来仍无法满足多媒体的通信需求。第四代移动通信系统便是希望能满足更大的频宽需求，满足第三代移动通信尚不能达到的在覆盖、质量、造价上支持的高速数据和高分辨率多媒体服务的需要。

4. 第四代——IMT－Advanced

第四代移动通信系统是多功能集成的宽带移动通信系统，在业务、功能、频带上都与第三代系统不同，会在不同的固定和无线平台及跨越不同频带的网络运行中提供无线服务，比第三代移动通信更接近于个人通信。第四代移动通信技术可把上网速度提高到超过第三代移动技术的 50 倍，可实现三维图像高质量传输。

第四代移动通信技术包括 TD－LTE 和 FDD－LTE 两种制式。严格意义上来讲，LTE 只是 3.9G，尽管被宣传为 4G 无线标准，但它其实并未被 3GPP 认可为国际电信联盟所描述的下一代无线通信标准 IMT－Advanced，因此在严格意义上其还未达到 4G 的标准。只有升级版的 LTE Advanced 才满足国际电信联盟对 4G 的要求。

4G 是集 3G 与 WLAN 于一体，能够快速传输数据、高质量音频、视频和图像等。4G 能够以 100Mb/s 以上的速度下载，可满足几乎所有用户对于无线服务的要求。

4G 系统采用了正交频分复用多址技术（OFDMA）、多输入多输出技术（MIMO）、多载波正交频分复用调制技术以及单载波自适应均衡技术、Turbo 码、级联码和 LDPC 等编码技术，这些技术使 4G 网络具有以下特点。

（1）通信速度快。第四代移动通信系统传输速率最高可以达到 100 Mb/s，这种速度相当于 2009 年最新手机传输速度的 1 万倍左右、第三代手机传输速度的 50 倍。

（2）网络频谱宽。每个 4G 信道会占有 100 MHz 的频谱。

（3）通信灵活。4G 终端不仅仅具备语音通信功能，也可以看作一部小型电脑，功能更加强大，可以实现高速地双向下载传递资料、图画、影像，也可以实现联线对打游戏等。

（4）智能性更高。借助 4G 的高速网络，可以实现许多难以想象的功能。例如，能根据环境、时间以及其他因素适时地提醒手机主人此时该做何事或不该做何事；也可以当作随身电视；还可以实现 GPS 定位、炒股、支付等生活应用。

（5）兼容性好。第四代移动通信系统应当具备全球漫游，接口开放，能与多种网络互联，终端多样化以及能从第二代平稳过渡等特点。

（6）不同系统的无缝连接。用户在高速移动中，也能顺利使用通信系统，并在不同系统间进行无缝转换，传送高速多媒体资料等。

（7）整合性的便利服务。4G 系统将个人通信、资讯传输、广播服务与多媒体娱乐等各项应用整合，提供更为广泛、便利、安全与个性化的服务。

5. 第五代——IMT2020

5G 网络的主要优势在于，数据传输速率远高于以前的蜂窝网络，最高可达 20 Gb/s，比当前的有线互联网速度还要快，比先前的 4G LTE 蜂窝网络快 100 倍。另一个优点是较低的网络延迟（更快的响应时间），低于 1 ms，而 4G 为 30 ~ 70 ms。由于数据传输更快，5G 网络将不仅为手机提供服务，还将成为一般性的家庭和办公网络提供商，与有线网络提供商竞争。

在应用领域，5G 将在车联网与自动驾驶、远程医疗、高清视频直播、智慧城市等领域开辟更多的应用，给人们的生活带来更多的改变。

知识点 3　移动通信的特点

由于移动通信是在移动状态下进行实时通信的，与固定通信方式不同，这就决定了移动通信具有自身的特点。

（1）移动通信利用无线电波进行信息传输。由于无线传播环境十分复杂，接收端所收到的信号场强、相位等随时间、地点的不同而不断变化，严重影响通信质量，这就要求在移动通信系统中，必须采取各种不同的措施，保证通信质量。

（2）移动台受干扰和噪声影响严重。由于移动通信网是多频道、多电台同时工作的通信系统，所以在通信时必然受到各种干扰和噪声的影响，如同频干扰、邻道干扰、汽车点火噪声等。同样在系统中，应根据实际情况，采取相应的抗干扰和抗噪声措施。

（3）频道拥挤。为了缓和用户数量增加和可利用的频率资源有限的矛盾，除了开发新的频段外，还可以采取各种措施以便更加有效地利用频谱资源，如采取缩小频道间隔、频分复用、时分复用等技术。

（4）移动台的移动性强。由于移动台的移动是在广大区域内的不规则运动，而且大部分的移动台都会有关闭不用的时候，它与通信系统中的交换中心没有固定的联系，因此，要实现通信并保证质量，必须要发展自己的跟踪、交换技术，如位置登记技术、信道切换技术、漫游技术等。

（5）通信系统复杂。由于移动台的移动性，需随机选用无线信道，进行频率和功率控制、位置登记、越区切换等，这就使得移动通信网中的信令种类比固定网要复杂得多。

知识点 4 移动通信的工作方式

1. 单工通信方式

单工通信就是指通信的双方只能交替地进行发信和收信，不能同时进行，如图 1-2 所示。

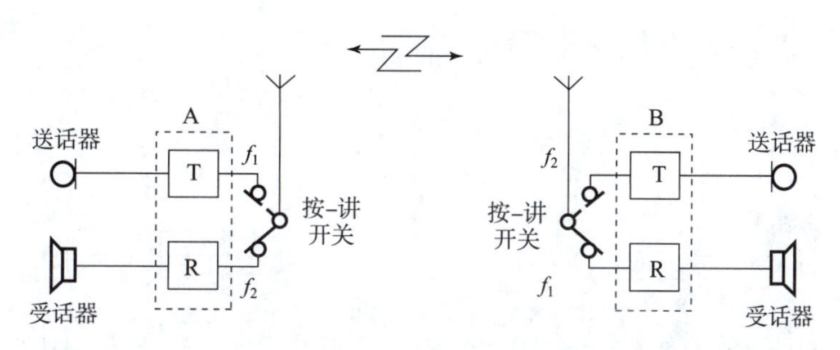

图 1-2 单工通信方式示意图

常用的对讲机就是采用这种通信方式。平时天线与收信机相连接，发信机不工作。当一方用户要讲话时，接通“按-讲”开关，天线与发信机相连，即发信机开始工作。另一方的天线连接收信机，收到对方发来的信号。

2. 全双工通信方式

全双工通信是指移动通信双方可同时进行发信和收信，如图 1-3 所示。根据使用频率的情况，又可分为频分双工（Frequency Division Duplex，FDD）和时分双工（Time Division Duplex，TDD）。

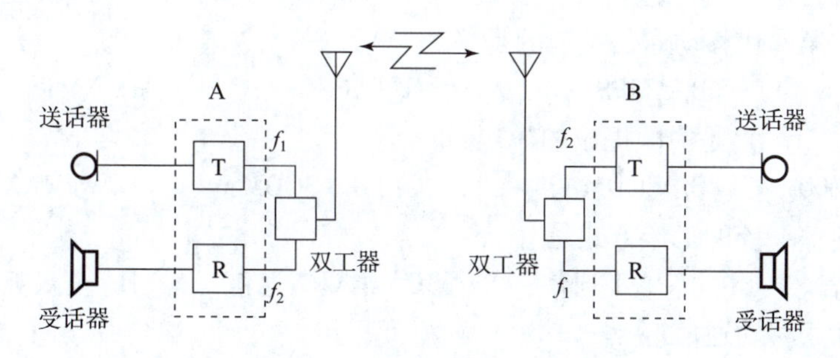

图 1-3 全双工通信方式示意图

移动通信系统中，移动台发送、基站接收的信道称为上行信道；反之为下行信道。对于 FDD，上、下行信道采用不同的频带，如图 1-4 所示。而 TDD 中，上、下行信道采用相同的频带，用不同的时间进行区分，如图 1-5 所示。固定电话系统和移动通信系统都属于全双工通信方式。

3. 半双工通信方式

半双工通信方式中，一方使用双工通信方式，而另一方则使用单工通信方式，发信时要按下“按－讲”开关，如图1－6所示。比较常见的就是集群调度系统。

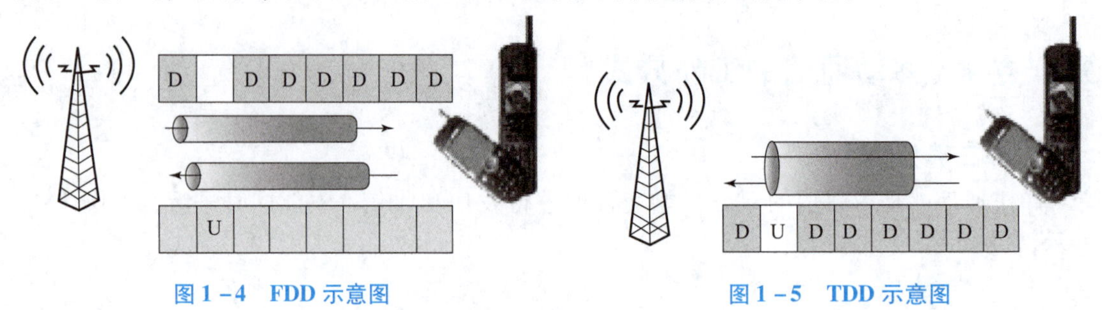

图1－4　FDD示意图　　　图1－5　TDD示意图

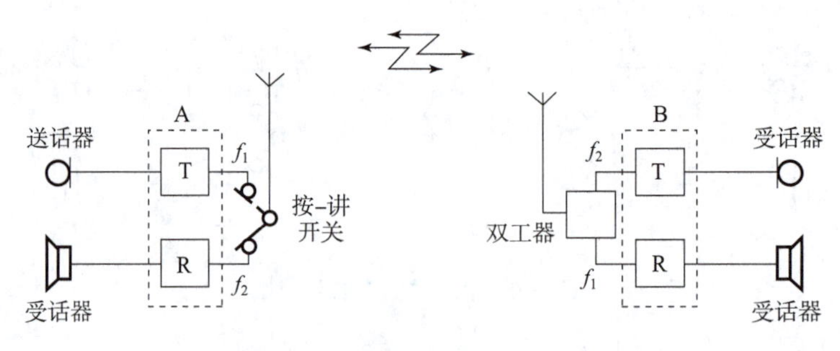

图1－6　半双工通信方式示意图

练习题

1. 选择题

（1）下列不属于移动通信范畴的是（　　）。

A. 手机拨打手机　B. 座机拨打手机　C. 手机拨打座机　D. 座机拨打座机

（2）不属于第一代移动通信系统的是（　　）。

A. GSM　B. AMPS　C. TACS　D. NMT

（3）下列（　　）是中国提出的3G标准。

A. CDMA2000　B. WCDMA　C. TD－SCDMA　D. WIMAX

（4）移动通信系统的工作方式是（　　）。

A. 单向通信　B. 单工通信　C. 半双工通信　D. 全双工通信

（5）下列属于移动通信特点的是（　　）。

A. 移动通信的电波传播环境恶劣　B. 受干扰和噪声的影响

C. 移动台的移动性强　D. 建网技术复杂

E. 频带利用率要求高

2. 判断题

（1）TDD方式是指上、下行使用同一个频段，根据时间进行传输方向的转换。（　　）

（2）第二代移动通信系统传输的是模拟信号。（　　）

任务1　认知移动信道

任务要求

知识目标

- 知道电磁波的基本工作原理，熟悉电磁波传播的特点。
- 列举移动通信系统常用的天线类型，知道天线的主要性能参数和工程参数，能画出天馈系统的基本组成结构。
- 会解释移动信道中的多径效应、阴影效应、多普勒效应和远近效应。
- 会比较快衰落、慢衰落两种衰落的不同，会进行 mW、W 与 dBm 的单位转换。

技能目标

- 能根据要求正确选用合适的天线。
- 能在仿真软件环境中独立完成基站设备操作。

素质目标

- 遵守基站安装的工程规范。
- 养成自主学习的良好习惯。
- 尊重他人、交流分享，积极参与小组协作任务。

电磁波

知识点1　电磁波

与有线通信不同，在移动通信中，为了支持用户的移动性，移动终端必须用无线方式接入基站，传递信息的介质不再是网线、电缆、光纤等物质，而是无线的电磁波，如图1-7所示。

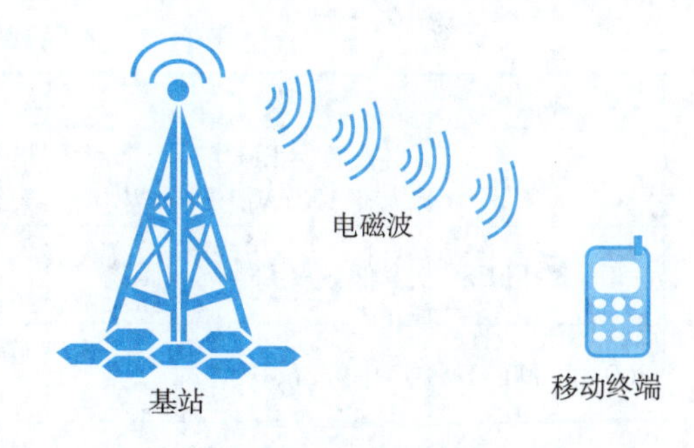

图1-7　基站与移动终端间的通信

1. 电磁波的概念

无线电波是一种能量传输形式。由物理学常识可知，变化的电场产生变化的磁场，变化的磁场产生变化的电场，相互激发，脱离场源后，以一定的速度传播，这种特殊物质就是电磁波（以光速传播）。

在传播过程中，电场和磁场在空间是相互垂直的，同时这两者又都垂直于传播方向，如图1-8所示。

电磁波的波长、频率和传播速度的关系式为

$$\lambda = \frac{v}{f} \tag{1-1}$$

式中：λ 为波长（m）；v 为传播速度（m/s）；f 为频率（Hz）。

其中传播速度和传播介质有关。电磁波在真空中的传播速度等于光速，用 $c = 3.0 \times 10^8$ m/s表示。在介质中的传播速度为 $v = c/\sqrt{\varepsilon}$，其中 ε 为传播介质的相对介电常数。可见，同一频率的无线电波在不同的介质中传输的速度是不一样的，因此波长也不一样。

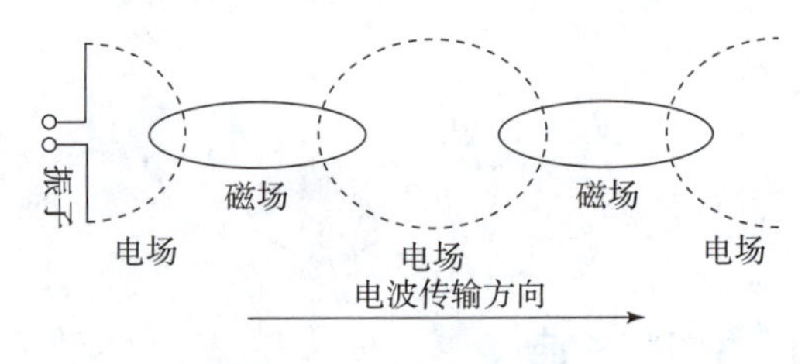

图1-8　电波传播方向

2. 电磁波谱

按照波长或频率的顺序对电磁波进行排列，可得到电磁波谱。按照波长的长短以及波源的不同，电磁波谱大致可分为无线电波、红外线、可见光、紫外线、伦琴射线（X射线）、γ射线等，如图1-9所示。

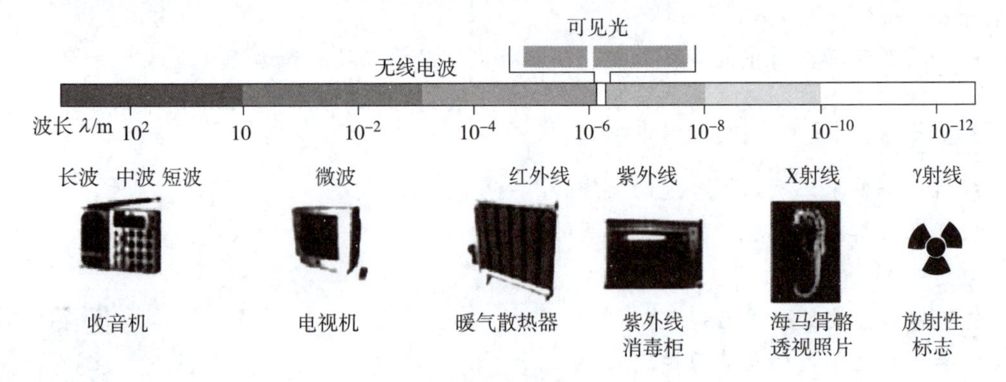

图1-9　电磁波谱

不同频段的电磁波具有不同的传播特性，导致其应用环境也不一样。表1-1所示为不同频段电磁波的特性和应用范围。

表1-1　不同频段电磁波的特性和应用范围

频率	频段	特性	应用
3～30 kHz	极低频（ELF）、甚低频（VLF）	高大气噪声，地球-电离层波导模型，天线效率非常低	潜水艇、导航、声呐、远距离导航
30～300 kHz	低频（LF）	高大气噪声，地球-电离层波导模型，易被电离层吸收	远距离导航信标
300～3 000 kHz	中频（MF）	高大气噪声，好的地波传播，地球磁场回旋噪声	导航、水上通信、调幅广播
3～30 MHz	高频（HF）	中等大气噪声，电离层反射提供长距离通信，受太阳通量密度的影响	国际短波广播、船到岸、电话、电报、长距离航空器通信、业余无线电
30～300 MHz	甚高频（VHF）	在低端有些电离层反射，流量散射体可能出现，基本为视距的正常传播	移动通信、电视、调频广播、空中交通管制、无线电导航辅助
300～3 000 MHz	特高频（UHF）	基本为视距传播	电视、雷达、移动无线电、卫星通信
3～30 GHz	超高频（SHF）	视距传播，在高端频率大气吸收	雷达、微波通信、陆地移动通信、卫星通信

续表

频率	频段	特性	应用
30～3 000 GHz	极高频（EHF）	视距传播，非常易被大气吸收	雷达、保密通信、军用通信、卫星通信
3 000～10^7 GHz	IR－光	视距传播，非常易被大气吸收	光纤通信

无线电波主要分布在3 Hz～3 000 GHz之间。不同频率的无线电波具有不同的传播特性。频率越低，传播损耗越小，覆盖距离越远；而且频率越低，绕射能力越强。但是，低频段频率资源紧张，系统容量有限，因此主要应用于广播、电视、寻呼等系统。高频段频率资源丰富，系统容量大；但是频率越高，传播损耗越大，覆盖距离越近；而且频率越高，绕射能力越弱。另外，频率越高，技术难度越大，系统的成本也相应提高。

移动通信系统选择所用频段要综合考虑覆盖效果和容量。对于移动通信来讲，主要关心VHF、UHF频段。UHF频段与其他频段相比，在覆盖效果和容量之间折中得较好，因此被广泛应用于移动通信领域。当然，随着人们对移动通信的需求越来越多，需要的容量越来越大，移动通信系统必然要向高频段发展。

3. 电磁波的传播方式

无线电波的传播方式主要有4种，即地波、天波、空间波及散射波，如图1－10所示。

（1）地波。沿地球表面传播的无线电波称为地波（或地表波）。地面上有高低不平的山坡和房屋等障碍物，根据波的衍射特性，当波长大于或相当于障碍物的尺寸时，波才能明显地绕到障碍物的后面。地面上的障碍物一般不太大，长波可以很好地绕过它们。中波和中短波也能较好地绕过，短波和微波由于波长过短，绕过障碍物的本领就很差了。

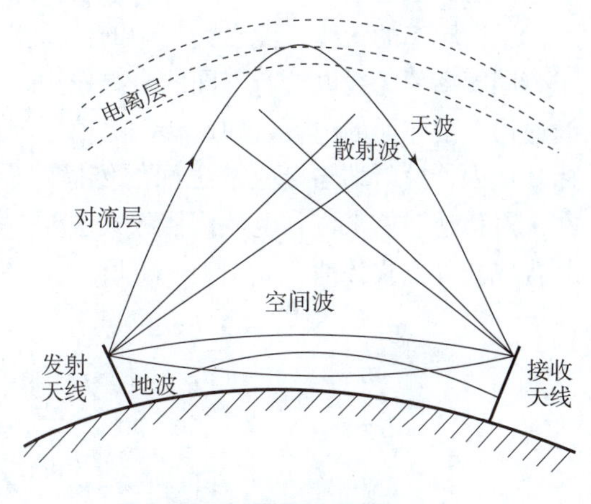

图1－10　不同的传播模式

地球是个良导体，地球表面会因地波的传播引起感应电流，因而地波在传播过程中有能量损失。频率越高，损失的能量越多。所以，无论从衍射的角度看还是从能量损失的角度看，长波、中波和中短波沿地球表面可以传播较远的距离，而短波和微波则不能。

地波的传播比较稳定，不受昼夜变化的影响，而且能够沿着弯曲的地球表面达到地平线以外的地方，所以长波、中波和中短波用来进行无线电广播。由于地波在传播过程中要不断损失能量，而且频率越高（波长越短）损失越大，因此中波和中短波的传播距离不大，一般在几百千米范围内，收音机在这两个波段一般只能收听到本地或邻近省市的电台。长波沿地面传播的距离要远得多，但发射长波的设备庞大、造价高，所以长波很少用于无线电广播，多用于超远程无线电通信和导航等。

（2）天波。也即电离层波。地球被厚厚的大气层包围着，在地面上空50 km到几百千米的范围内，大气中一部分气体分子由于受到太阳光的照射而丢失电子，即发生电离，产生带正电的离子和自由电子，这层大气就叫做电离层。电离层对于不同波长的电磁波表现出不同的特性。实验证明，波长短于10 m的微波能穿过电离层，波长超过3 000 km的长波，几乎会被电离层全部吸收。对于中波、中短波、短波，波长越短，电离层对它吸收得越少却反射得越多。因此，短波最适宜以天波的形式传播，它可以被电离层反射到几千千米以外，也可以在地球表面和电离层之间多次反射，即可以实现多跳传播。但是，电离层是不稳定的，白天受阳光照射时电离程度高，夜晚电离程度低。因此，夜间它对中波和中短波的吸收减弱，这时中波和中短波也能以天波的形式传播。收音机在夜晚能够收听到许多远地的中波或中短波电台，就是这个缘故。

无线电波进入电离层时其方向会发生改变，出现“折射”。因为电离层折射效应的积累，电波的入射方向会连续改变，最终会“拐”回地面，电离层如同一面镜子会反射无线电波。通常把这种经电离层反射而折回地面的无线电波称为“天波”。

（3）空间波。其主要指直射波和反射波。由发射天线直接到达接收点的电波，称为直射波。当电波传播过程中遇到两种不同介质的光滑界面时，还会像光一样发生镜面反射，称为反射波。

（4）散射波。地球大气层中的对流层，因其物理特性的不规则性或不连续性，会对无线电波起到散射作用。利用对流层散射作用进行无线电波的传播称为对流层散射方式。

不同频率的无线电波在大气中的传播特性是不一样的，大气中的水蒸气、氧气等分子对于不同频率的无线电波有不同的衰减作用，所以在一些衰减特别大的频率上并不适合进行无线通信。由前面的内容可知，移动通信系统主要工作在VHF和UHF两个频段，在实际的传播环境中，发射端与接收端之间的传播路径上，往往有山丘、建筑物、树木等障碍物的存在，对移动通信来说，电波传播方式主要是空间波，即直射波、反射波、绕射波、散射波及其合成波等方式传播，如图1－11所示。

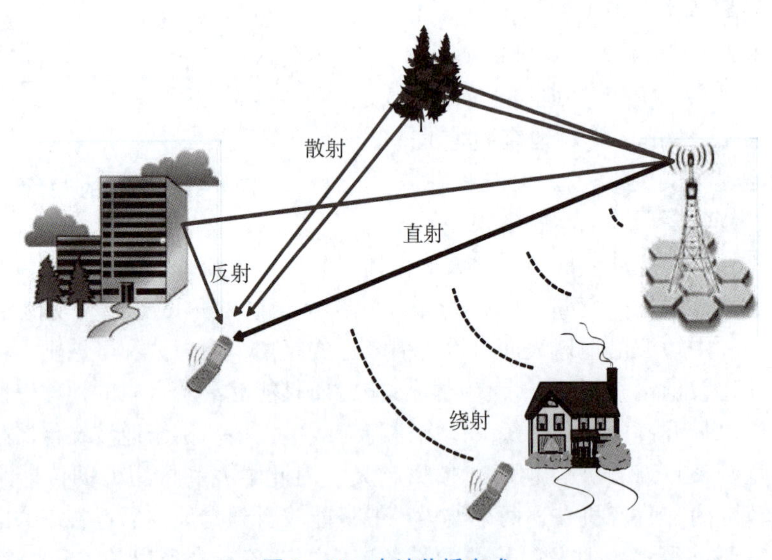

图1－11　电波传播方式

1）直射波

在无遮挡物的情况下，无线电波以直线方式传播，即形成直射波，直射波传播的接收信号最强。

2）反射波

当无线电波在传播过程中遇到比其波长大得多的物体时会发生反射，如地球表面、建筑物墙壁表面、树干等。

采用二径模型来分析反射波对信号的影响，如图 1－12 所示，其中 $d(d=d_1+d_2)$ 远远大于天线高度。

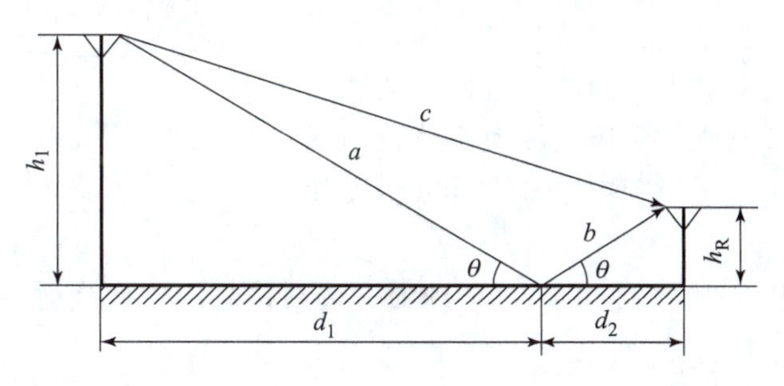

图 1－12　二径传播模型

经过推导，接收端接收到的功率为

$$P_r=P_t\left(\frac{h_T h_R}{d^2}\right)^2 g_t g_r \tag{1-2}$$

由该式可知以下几点。

（1）由于 d 远远大于天线高度，使得接收功率与频率无关。

（2）接收端功率与距离的 4 次方成反比，而自由空间的接收功率与距离的平方成反比，这表明其接收功率衰减要快得多。

（3）发射天线和接收天线的高度对传播损耗有一定的影响。

3）绕射波

绕射现象是指在无线电波传播路径上，当被尖锐的边缘阻挡时将发生绕射，由阻挡表面产生的二次波散布于空间，甚至到达阻挡物的背面，即在阻挡物的背后产生无线电波的现象，如图 1－13 所示。

绕射波的强度受传播环境影响很大，且频率越高，绕射信号越弱。

4）散射波

当无线电波传播的介质中存在小于波长的物体且单位体积内阻挡物的个数非常大时，将会发生散射，如图 1－14 所示。散射波一般产生于粗糙表面、小物体或其他不规则物体。在实际的通信系统中，树叶、街道标志、灯柱等会引发散射。

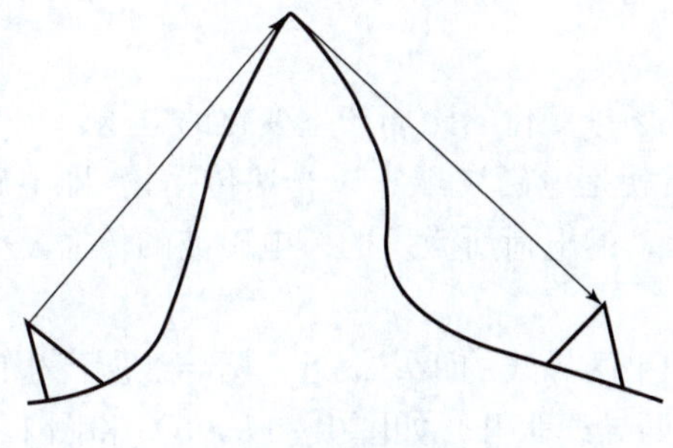

图 1－13　绕射波

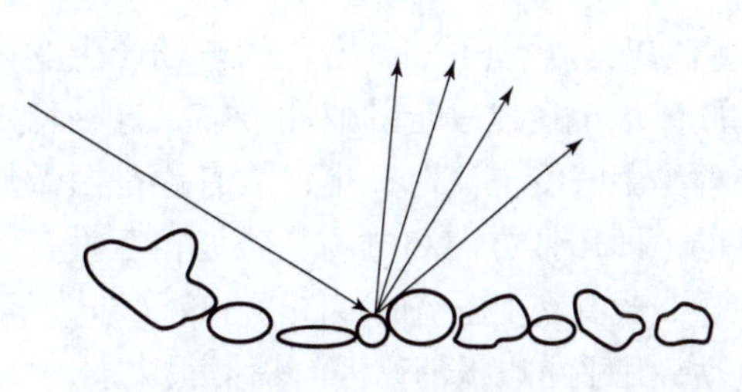

图 1－14　散射现象

5）透射波

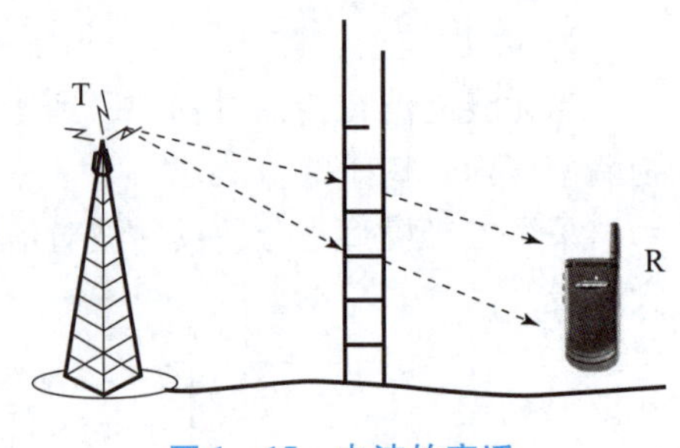

图1-15　电波的穿透

当无线电波到达两种不同介质界面时，将有部分能量反射到第一种介质中（即反射线），另一部分能量透射到第二种介质中（即透射线或折射线），如图1-15所示。

例如，当无线电波透射过建筑物外墙时，有一部分能量就会穿透墙壁射入室内。穿过墙体的透射线可以用透射系数来描述，穿透损耗大小不仅与无线电波频率有关，而且与穿透物体的材料、尺寸有关。

一般来说，直射信号是最强的，反射信号、透射信号次之，绕射信号再次，散射信号最弱。

知识点2　天线分类及选型

天线

电磁波是由天线生成的，人们在日常生活中经常可看到各种各样的天线，如图1-16所示。

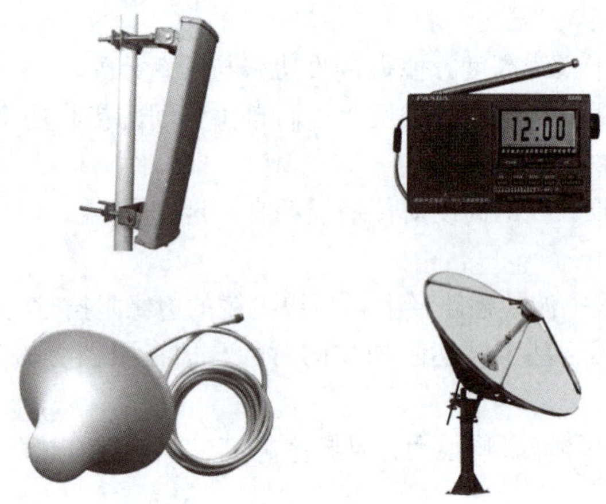

图1-16　生活中常见的天线

天线是如何将电信号转换为电磁波信号的呢？天线有哪些常用的参数呢？常见的天线有哪些呢？如何根据不同的场景需求选择合适的天线呢？

1. 天线的工作原理

由物理学常识可知，变化的电场产生变化的磁场，变化的磁场产生变化的电场，相互激发，脱离场源后以一定的速度传播，这种特殊物质就是电磁波（它以光速传播）。即电磁波的辐射是由时变电流源产生，或者说是由做加速运动的电荷所激发的。电磁波的传播是有方向性的，即传播方向和电场、磁场相互垂直。

导线载有交变电流时如图1-17（a）所示，如果两导线的距离很近，两导线所产生的感应电动势几乎可以抵消，因而辐射很微弱。如果将两导线张开，如图1-17（b）和图1-17（c）所示，这时由于两导线的电流方向相同，则由两导线所产生的感应电动势方向相同，

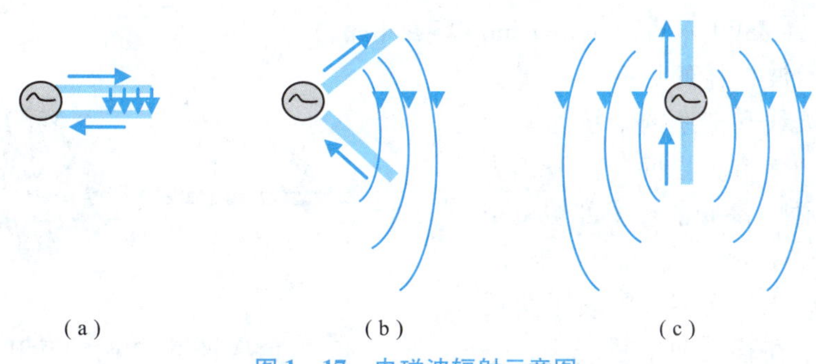

图 1-17　电磁波辐射示意图

(a) 两导线距离很近；(b)、(c) 两导线分开

因而辐射较强。

当导线的长度远小于波长时，导线的电流很小，辐射很微弱。当导线的长度增大到可与波长相比拟时，导线上的电流就大大增加，因而就能形成较强的辐射。所以说天线辐射的能力与导线的长短和形状有关。

2. 天线的性能参数

在天线设备上，通常能看到一张标有天线关键参数的标签，如图 1-18 所示。

这些参数与天线的结构有关，一般在出厂时就固定不变了，称之为天线的性能参数，主要包括以下几项。

全频段单极化板状天线
频率范围：806-960/1710-2700MHz
增　　益：13 dBi
水平波束：65±10°
下 倾 角：0°
产品编码：201908120001

图 1-18　天线标签

1）输入阻抗（Impedance）

天线的输入阻抗是天线和馈线的连接端，即馈电点两端感应的信号电压与信号电流之比。输入阻抗有电阻分量和电抗分量。输入阻抗的电抗分量会减少从天线进入馈线的有效信号功率。因此，理想情况是使电抗分量为零，使天线的输入阻抗为纯电阻，这时馈线终端没有功率反射，馈线上没有驻波。输入阻抗与天线的结构和工作波长有关，基本半波振子，即由中间对称馈电的半波长导线，其输入阻抗为（73.1 + j42.5）Ω。当把振子长度缩短 3% ~5% 时，就可以消除其中的电抗分量，使天线的输入阻抗为纯电阻，即使半波振子的输入阻抗为 73.1 Ω（标称 75 Ω）。通常移动通信天线的输入阻抗为 50 Ω。

2）回波损耗（Return Loss）

当馈线和天线匹配时，高频能量全部被负载吸收，馈线上只有入射波，没有反射波。馈线上传输的是行波，各处的电压幅度相等，任意一点的阻抗都等于它的特性阻抗。而当天线和馈线不匹配时，也就是天线阻抗不等于馈线特性阻抗时，负载就不能全部将馈线上传输的高频能量吸收，而只能吸收部分能量，即入射波的一部分能量反射回来形成反射波。回波损耗就是度量反射信号能量的一种计量方法。图 1-19 所示为回波损耗示意图。

天线反射系数 Γ 和回波损耗的关系为

$$RL = -10\log|\Gamma|^2$$

天线反射系数 Γ 和驻波比的关系为

$$VSWR = \frac{1+|\Gamma|}{1-|\Gamma|}$$

3）驻波比（VSWR：Voltage Standing Wave Ratio）

驻波比是回波损耗的另一种计量方式，它表示了天线和馈线的阻抗匹配程度。其值在1到无穷大之间。驻波比为1，表示完全匹配，高频能量全部被负载吸收，馈线上只有入射波，没有反射波；反之，如果驻波比为无穷大则表示全反射，完全失配。在移动通信系统中，一般要求驻波比小于1.5，过大的驻波比会减小基站的覆盖并造成系统内干扰加大，影响基站的服务性能。

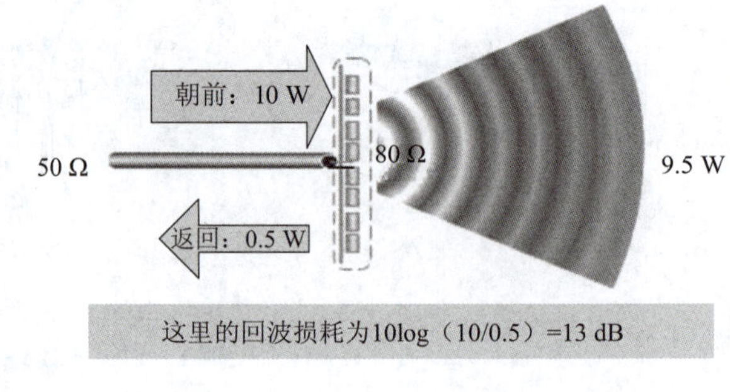

图1－19　回波损耗示意图

4）带宽（Bandwidth）

天线的频带宽度指天线的阻抗、增益、极化或方向性等参数保持在允许范围内的频率跨度。在移动通信系统中一般是基于驻波比来定义带宽的，就是当天线的输入驻波比不大于1.5时天线的工作频带宽度。例如，ANDREW CTSDG－06513－6D天线为824～894 MHz，显然其可以工作于800 MHz的CDMA频段。按照天线带宽的相对大小，可以将天线分为窄带天线、宽带天线和超宽带天线。

5）增益（Gain）

增益是指在输入功率相等的条件下，实际天线与理想的辐射单元在空间同一点处所产生的场强的平方之比，即功率之比，天线增益衡量了天线朝一个特定方向收发信号的能力。增益一般与天线方向图有关，方向图主瓣越窄，后瓣、副瓣越小，增益越高。天线增益对移动通信系统的运行质量极为重要，因为它决定了蜂窝边缘的信号电平。增加增益就可以在一个确定的方向上增大网络的覆盖范围，或者在确定范围内增大增益余量。图1－20给出了常用的3种天线的增益比较。

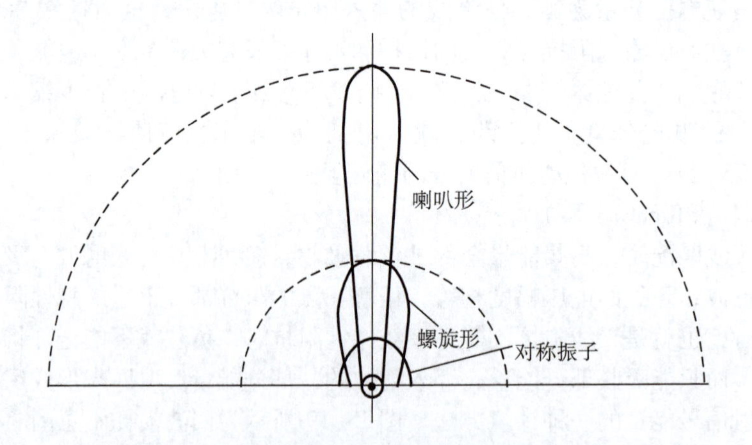

图1－20　常用3种天线增益比较

天线增益的单位有两种，即dBi和dBd，dBi是以理想点源形成的场作参考，dBd是以半波对称振子形成的场作参考，如图1－21所示。因此，两者在数值上大小是不同的，以

dBi 为单位比用 dBd 为单位大 2. 15，即 dBi = dBd + 2. 15。

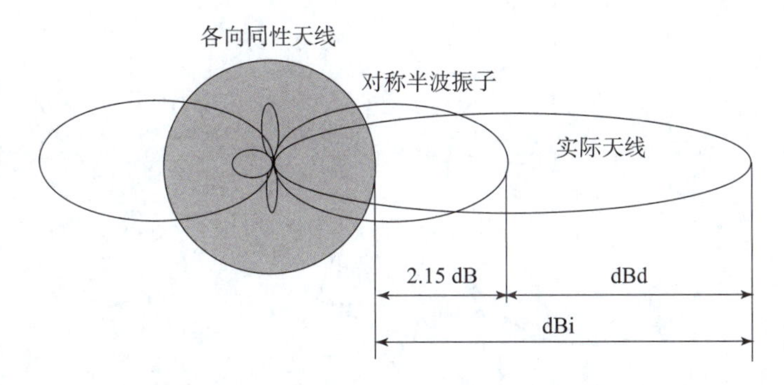

图 1 – 21　dBi 与 dBd 的不同参考示意图

6）方向图

方向图又可称为波瓣图，它是一种三维图形，可以描述天线辐射场在空间的分布情况。一般意义上的方向图指天线远区辐射场的幅度或功率密度方向图。同时，一般情况下以归一化的方向图来描述天线的辐射情况。通常取过三维方向图轴线的一个剖面来表述主极化平面上的方向性。如果该剖面上的切向分量只有电场，则称为 E 面方向图；如果切向分量只有磁场，则称为 H 面方向图。图 1 – 22 是半波振子天线方向图的示意图。

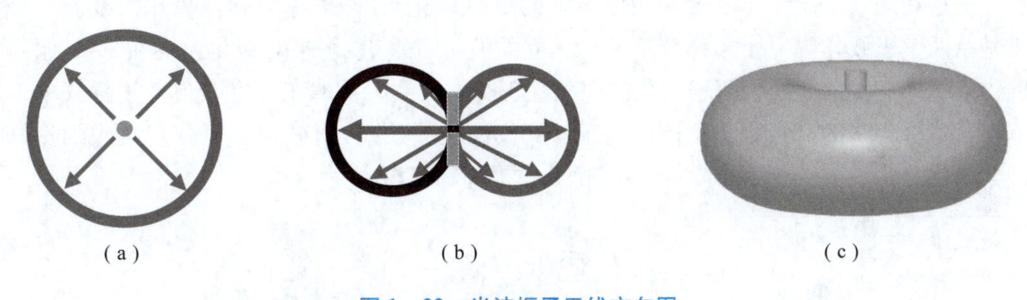

图 1 – 22　半波振子天线方向图

（a）顶视；（b）侧视；（c）立体

7）波瓣宽度（Beam-width）

在天线的方向图中通常都有两个瓣或多个瓣，其中最大的瓣称为主瓣，其余的瓣称为副瓣。主瓣两个半功率（ – 3 dB）点间的夹角定义为天线方向图的波瓣宽度，又称为半功率角，如图 1 – 23 所示。

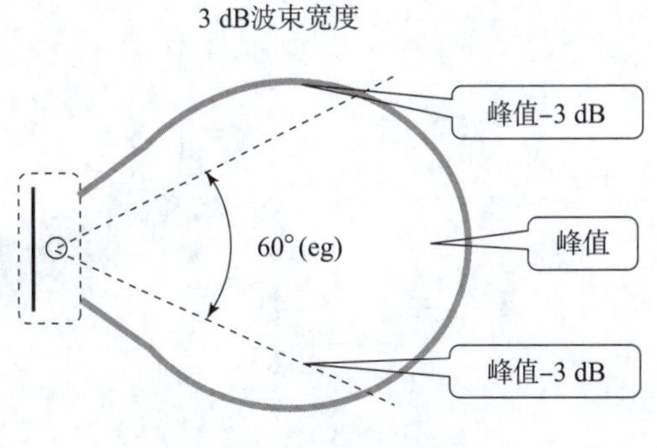

图 1 – 23　半功率角

波瓣宽度有水平波瓣宽度和垂直波瓣宽度之分。

一般来说，天线的方向性和波瓣宽度是成比例的，即波瓣宽度越窄的天线方向性越强。在图 1 – 24 中，ANDREW CTSDG-06513-6D 天线的水平半功率角为 65°，垂直半功率角为 15°。

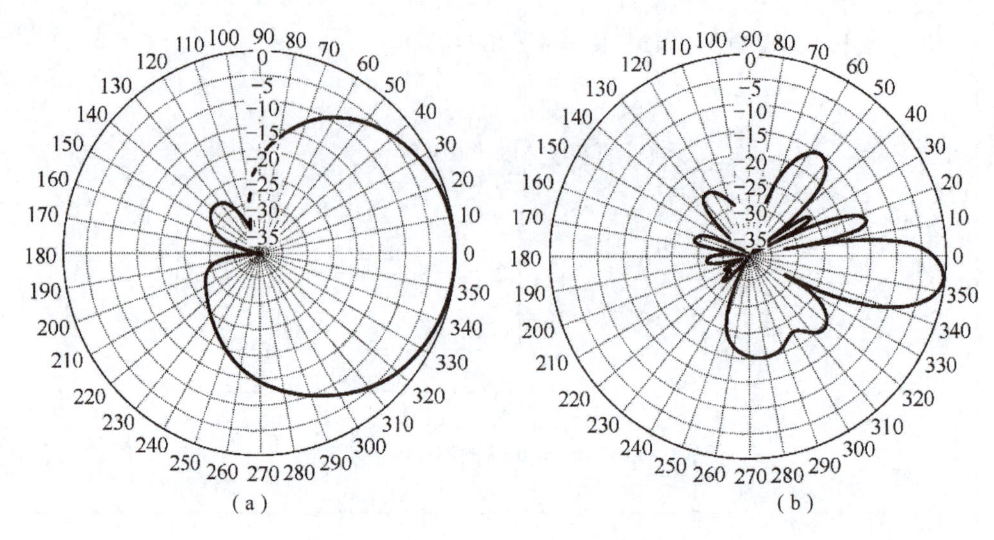

图1-24　ANDREW CTSDG-06513-6D基站天线的水平和垂直方向图

（a）水平方向；（b）垂直方向

8）极化方式（Polarisation）

天线的极化就是指天线辐射时形成的电磁场的电场方向。当电场方向垂直于地面时，此电波就称为垂直极化波；当电场方向平行于地面时，此电波就称为水平极化波，如图1-25所示。在移动通信系统中，一般采用单极化的垂直极化天线和±45°的双极化天线。双极化天线是指两个天线作为一个整体传输两个独立的波，有垂直/水平双极化天线和±45°倾斜的双极化天线。+45°和-45°两副极化方向相互正交的天线，同时工作在收发双工模式下，大大节省了每个小区的天线数量；同时由于±45°为正交极化，有效保证了分集接收的良好效果，其极化分集增益约为5 dB，比单极化天线提高约2 dB。

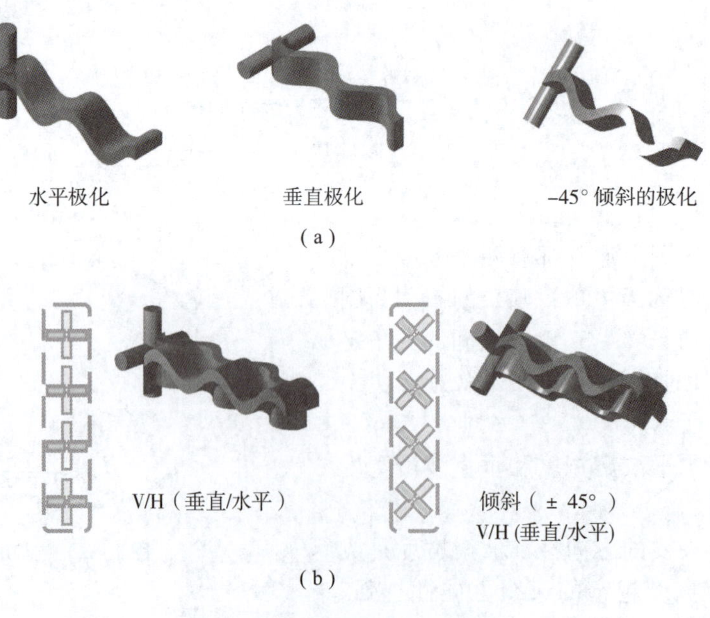

图1-25　天线极化方式示意图

（a）单极化；（b）双极化

9）前后比（Front-Back Ratio）

如图 1－26 所示，前后瓣最大电平之比称为前后比，它表明了天线对后瓣抑制的好坏。前后比大，天线定向接收性能就好。移动通信系统中采用的定向天线的前后比一般在 25～30 dB 内。选用前后比低的天线，天线的后瓣有可能产生越区覆盖，导致切换关系混乱。

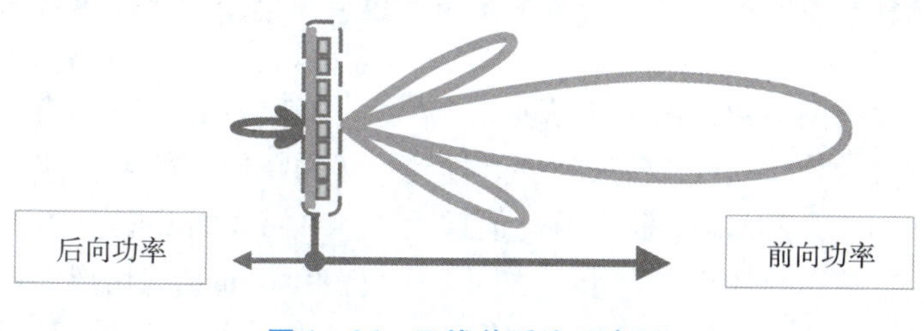

图 1－26　天线前后比示意图

3. 天线的工程参数

除了上述天线参数外，基站天线的参数还有天线的高度、俯仰角、方位角、天线位置等，这些参数对基站的电磁覆盖有决定性的影响，这些参数称为天线的工程参数。所以，天线参数的调整在网络规划和网络优化中具有很重要的意义。

1）天线高度

天线高度直接与基站的覆盖范围有关。移动通信的频段一般是近地表面视线通信，天线所发直射波所能达到的最远距离（s）直接与收发信天线的高度有关（图 1－27），具体关系式可简化为

$$s=\sqrt{2}R(\sqrt{H}+\sqrt{h}) \qquad (1-3)$$

式中：R 为地球半径，约为 6370 km；H 为基站天线的中心点高度；h 为手机或测试仪表的天线高度。

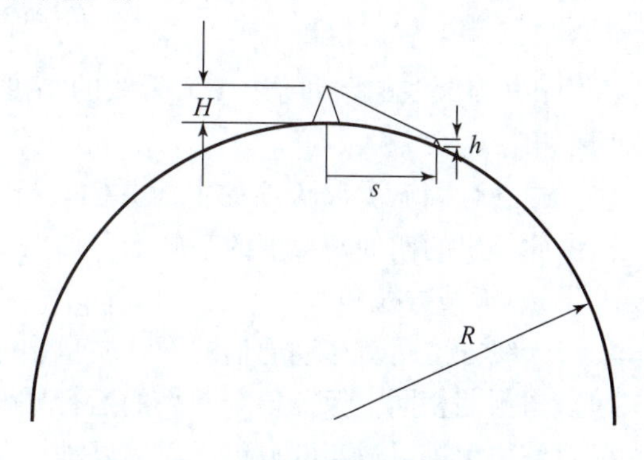

图 1－27　天线覆盖距离计算示意图

移动通信网络在建设初期，站点较少，为了保证覆盖，基站天线一般架设得都较高。随着移动通信网络的发展，基站站点数逐渐增多，当前在密集市区已经达到 200～500 m 设一个基站。所以，在网络发展到一定规模时，必须减小基站的覆盖范围，适当降低天线的高度；否则会严重影响网络质量。其影响主要有以下几个方面。

（1）话务不均衡。基站天线过高，会造成该基站的覆盖范围过大，从而造成该基站的话务量很大，而与之相邻的基站由于覆盖范围较小且被该基站覆盖，话务量较小，不能发挥应有作用，导致话务不均衡。

（2）系统内干扰。基站天线过高，会造成越站无线信号干扰，引起掉话、串话和有较大杂音等现象，从而导致整个无线通信网络的质量下降。

（3）孤岛效应。孤岛效应是基站覆盖性问题，当基站覆盖在大型水面或多山地区等特殊地形时，由于水面或山峰的反射，使基站在原覆盖范围不变的基础上，在很远处出现“飞地”，而与之有切换关系的相邻基站却因地形的阻挡覆盖不到，这样就造成“飞地”与相邻基站之间没有切换关系而成为一个孤岛，当手机占用“飞地”覆盖区的信号时，很容

易因没有切换关系而引起掉话。

2）天线俯仰角

天线俯仰角是网络规划和优化中的一个非常重要的参数。选择合适的俯仰角可以使天线至本小区边界的电磁波与周围小区的电磁波能量重叠尽量小，从而使小区间的信号干扰减至最小；另外，应选择合适的覆盖范围，使基站实际覆盖范围与预期的设计范围相同，同时加强本覆盖区的信号强度。

在目前的移动通信网络中，由于基站的站点增多，使得在设计密集市区基站的时候，一般要求其覆盖范围大约为500 m，而根据移动通信天线的特性，如果不使天线有一定的俯仰角（或俯仰角偏小），则基站的覆盖范围会远远大于500 m，如此则会造成基站实际覆盖范围比预期范围偏大，从而导致小区与小区之间交叉覆盖，相邻基站切换关系混乱，系统内信号干扰严重；从另一方面看，如果天线的俯仰角偏大，则会造成基站实际覆盖范围比预期范围偏小，导致小区之间的信号盲区或弱区，同时易导致天线方向图形状的变化（如从鸭梨形变为纺锤形），从而造成严重的系统内干扰。因此，合理设置俯仰角是保证整个移动通信网络质量的基本前提。

一般来说，俯仰角的大小可以由以下公式推算，即

$$\theta = \arctan\left(\frac{h}{R}\right) + \frac{A}{2} \tag{1-4}$$

式中：θ 为天线的俯仰角；h 为天线的高度；R 为小区的覆盖半径；A 为天线的垂直平面半功率角。

式（1-4）是将天线的主瓣方向对准小区边缘时得出的，在实际的调整工作中，一般在由此得出的俯仰角角度的基础上再加上1°~2°，使信号更有效地覆盖在本小区之内。

3）天线方位角

天线方位角对移动通信的网络质量影响很大。一方面，准确的方位角能保证基站的实际覆盖与预期相同，保证整个网络的运行质量；另一方面，可依据话务量或网络存在的具体情况对方位角进行适当的调整，以更好地优化现有的移动通信网络。

在现行的3扇区定向站中，一般以一定的规则定义各个扇区，因为这样做可以很轻易辨别各个基站的各个扇区。一般的规则如下：

A小区，方位角度0°，天线指向正北；

B小区，方位角度120°，天线指向东南；

C小区，方位角度240°，天线指向西南。

扇区的编号按顺时针方向依次是A、B、C这3个扇区。

在网络建设及规划中，一般严格按照上述的规定对天线的方位角进行安装及调整，这也是天线安装的重要标准之一，如果方位角设置与之存在偏差，则易导致基站的实际覆盖与所设计的不相符，导致基站的覆盖范围不合理，从而导致一些意想不到的同频及邻频干扰。

但在实际网络中，一方面，由于地形的原因，如大楼、高山、水面等，往往引起信号的折射或反射，从而导致实际覆盖与理想模型存在较大的出入，造成一些区域信号较强，一些区域信号较弱，可根据网络的实际情况，对相应天线的方位角进行适当的调整，以保证信号较弱区域的信号强度，达到网络优化的目的；另一方面，由于实际存在的人口密度不同，导致各天线所对应小区的话务不均衡，可通过调整天线的方位角，达到均衡话务量的目的。

当然，一般情况下建议不要轻易调整天线的方位角，因为这样可能会造成一定程度的系统内干扰。但在某些特殊情况下，如当地紧急会议或大型公众活动等，导致某些小区话务量特别集中，可临时对天线的方位角进行调整，以达到均衡话务、优化网络的目的。另外，针对郊区某些信号盲区或弱区，也可通过调整天线的方位角达到优化网络的目的，还应对周围信号进行测试，以保证网络的运行质量。

4）天线位置

由于后期工程、话务分布以及无线传播环境的变化，在优化中存在一些基站难以通过天线方位角或倾角的调整达到改善局部区域覆盖、提高基站利用率的目的。此时就需要进行基站搬迁，为基站重新选点。

4. 天线的类型

移动网络类型不同，基站天线的选择也不同。宏基站天线按定向性可分为全向和定向两种基本类型；按极化方式又可分为单极化和双极化两种基本类型；按下倾角调整方式又可分为机械式和电调式两种基本类型。以下内容简要介绍这几种基本天线类型。

1）全向天线

全向天线，即在水平方向图上表现为360°均匀辐射，也就是平常所说的无方向性，在垂直方向图上表现为有一定宽度的波束，一般情况下波瓣宽度越小，增益越大。全向天线在移动通信系统中一般应用于郊县大区制的站型，覆盖范围大。

2）定向天线

定向天线，在水平方向图上表现为一定角度范围辐射，也就是平常所说的有方向性，在垂直方向图上表现为有一定宽度的波束，同全向天线一样，波瓣宽度越小，增益越大。定向天线在移动通信系统中一般应用于城区小区制的站型，覆盖范围小，用户密度大，频率利用率高。

根据组网的要求建立不同类型的基站，而不同类型的基站可根据需要选择不同类型的天线。选择的依据就是上述技术参数。比如全向站就是采用了各个水平方向增益基本相同的全向天线，而定向站就是采用了水平方向增益有明显变化的定向天线。一般在市区选择水平波束宽度为65°的天线，在郊区可选择水平波束宽度为65°、90°或120°的天线（按照站型配置和当地地理环境而定），而在乡村选择能够实现大范围覆盖的全向天线则是最为经济的。

3）机械天线

所谓机械天线是指使用机械调整下倾角度的移动天线。

机械天线与地面垂直安装好以后，可通过调整天线背面支架的位置改变天线的倾角来实现网络优化。在调整过程中，虽然天线主瓣方向的覆盖距离明显变化，但天线垂直分量和水平分量的幅值不变，所以天线方向图容易变形。

实践证明，机械天线的最佳下倾角度为1°~5°；当下倾角度在5°~10°内变化时，其天线方向图稍有变形但变化不大；当下倾角度在10°~15°内变化时，其天线方向图变化较大；当机械天线下倾角度大于15°后，天线方向图形状改变很大，从没有下倾时的鸭梨形变为纺锤形，如图1-28所示。这时虽然主瓣方向覆盖距离明显缩短，但是整个天线方向图不是都在本基站扇区内，在相邻基站扇区内也会收到该基站的信号，从而造成严重的系统内干扰。

另外，在日常维护中，如果要调整机械天线下倾角度，整个系统要关机，不能在调整天线下倾角的同时进行监测；机械天线调整天线下倾角度非常麻烦，一般需要维护人员爬到天

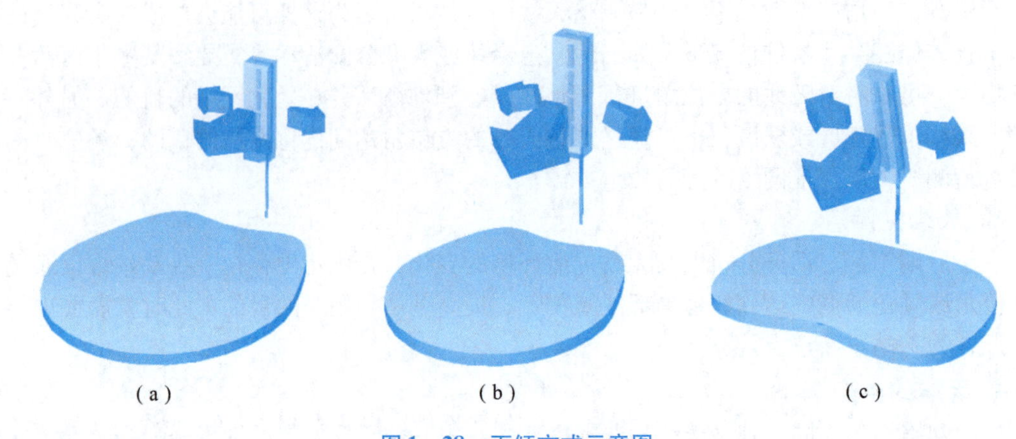

图1－28　下倾方式示意图

(a) 不下倾；(b) 电调下倾；(c) 机械下倾

线安放处进行调整；机械天线的下倾角度是通过计算机模拟分析软件计算的理论值，同实际最佳下倾角度有一定的偏差；机械天线调整倾角的步进度数为1°，3阶互调指标为－120 dBc。

4）电调天线

所谓电调天线是指使用电子调整下倾角度的移动天线。

电子下倾的原理是通过改变共线阵天线振子的相位，改变垂直分量和水平分量的幅值大小，改变合成分量场强强度，从而使天线的垂直方向性图下倾，如图1－29所示。由于天线各方向的场强强度同时增大或减小，保证了在改变倾角后天线方向图变化不大，使主瓣方向覆盖距离缩短，同时又使整个方向性图在所服务小区扇区内减小覆盖面积但又不产生干扰。实践证明，电调天线下倾角度在1°～5°内变化时，其天线方向图与机械天线的大致相同；当下倾角度在5°～10°内变化时，其天线方向图较机械天线的稍有改善；当下倾角度在10°～15°内变化时，其天线方向图较机械天线的变化较大；当机械天线下倾角度大于15°后，其天线方向图较机械天线的明显不同，这时天线方向图形状改变不大，主瓣方向覆盖距离明显缩短，整个天线方向图都在本基站扇区内，增加下倾角度，可以使扇区覆盖面积缩小，但不产生干扰，这样的方向图是我们需要的，因此采用电调天线能够降低呼损、减小干扰。图1－29所示为电调天线原理示意图。

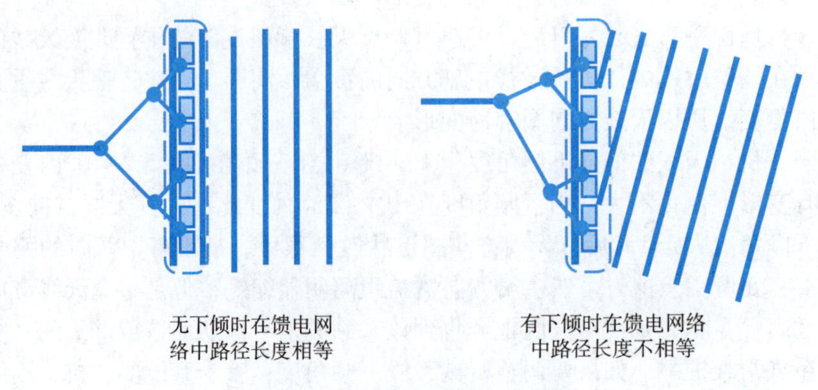

图1－29　电调天线原理示意图

另外，电调天线允许系统在不停机的情况下对垂直方向性图下倾角进行调整，实时监测调整的效果，调整倾角的步进精度也较高（为0.1°），因此可以对网络实现精细调整。

5）双极化天线

双极化天线是一种新型天线技术，组合了两副极化方向为+45°和-45°相互正交并同时工作在收发双工模式下的天线，因此其最突出的优点是节省单个定向基站的天线数量；一般GSM数字移动通信网的定向基站（3扇区）要使用9根天线，每个扇形使用3根天线（空间分集，一发两收），如果使用双极化天线，每个扇形只需要1根天线；同时由于在双极化天线中，±45°的极化正交性可以保证+45°和-45°两副天线之间的隔离度满足互调对天线间隔离度的要求（不小于30 dB），因此双极化天线之间的空间间隔仅需20~30 cm。另外，双极化天线具有电调天线的优点，在移动通信网中使用双极化天线同电调天线一样，可以降低呼损，减小干扰，提高全网的服务质量。如果使用双极化天线，由于双极化天线对架设安装要求不高，不需要征地建塔，只需要架一根直径20 cm的铁柱，将双极化天线按相应覆盖方向固定在铁柱上即可，从而节省基建投资，同时使基站布局更加合理，基站站址的选定更加容易。

6）单极天线和对称振子天线

单极天线和对称振子天线是直线形天线，如图1-30所示，单极天线与地面的镜像可以等效为对称振子。对称振子由两段直径和长度相等的直导线构成。对称振子天线适用于短波、超短波直至微波波段，因其结构简单、极化纯度高而被广泛应用于通信、雷达和探测等各种无线电设备中。它既可以作为独立的天线应用，也广泛用作天线阵中的单元，或者作为反射面天线的馈源。

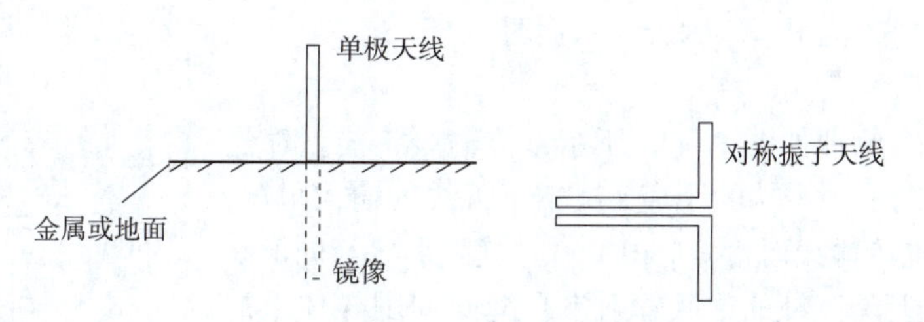

图1-30　单极天线和对称振子天线

对称振子长度小于一个波长，辐射方向图呈油饼形或南瓜形，如图1-31所示。单极天线是全向天线，可以接收任何方向的磁场信号，增益为1。

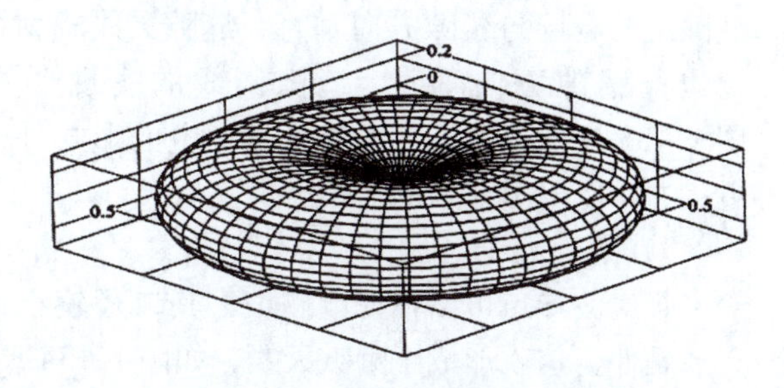

图1-31　振子天线辐射方向图

一般地，对称振子天线的长度等于半波长。如果天线长度远小于波长，称为短振子。短振子的输入阻抗非常小，难以实现匹配，辐射效率很低。实际中把单极振子称为鞭状天线，长度为$\lambda/4$，与同轴线内导体相连，接地板与外导体相接，接地板通常是车顶或机箱，辐射方向图是对称振子方向图的一半（地面以上部分），阻抗也是对称振子的一半。

7）八木天线

知识拓展

手机加耳机，就能接收 FM 信号？

已知无线电台使用的信号频率 f 一般为 86 ~ 108 MHz，根据公式 $C=\lambda f$ 可知，其对应的波长 λ 为 2.77 ~ 3.48 m，由上述内容可知，对应的最佳天线振子长度为 $\lambda/4$，所以天线振子长度为 0.69 ~ 0.87 m，而手机加一个如此长的外置天线是不太可能的，刚好耳机长度在 1 m 左右，符合 FM 天线的长度要求，所以耳机就相当于手机的一个可以随时拆卸的移动天线，实现 FM 信号的接收。

当然，手机还可以通过传输数据、下载音频文件，实现 FM 广播信息的接收，但是要耗费流量。也有少数型号的手机通过软件处理技术，不需要借助耳机也可以实现 FM 信号的接收。

八木天线是一种引向天线，它的优点是结构与馈电简单、制作与维修方便、天线增益可达 15 dB 等，广泛应用于分米波段通信、雷达、电视和其他无线电设备中。八木天线由一个有源振子、一个无源反射器和若干无源引向振子组成，所有振子排列在一个平面上。有源振子一般采用半波谐振长度。图 1 – 32 给出了八木天线示意图。

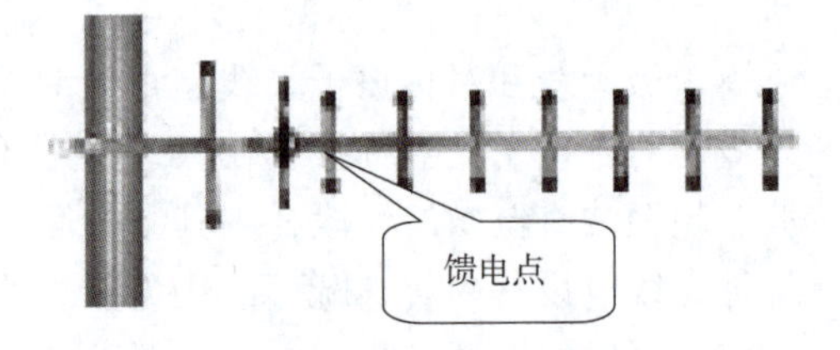

图 1 – 32　八木天线

8）缝隙天线

缝隙天线基本原理如图 1 – 33 所示，传输线将能量馈送至缝隙，馈电点与缝隙末端的距离 s 决定了天线的输入阻抗，对 50 Ω 特性阻抗传输线而言，$s\approx 0.05\lambda$。缝隙形状与同形状的振子天线结构上是互补的，其辐射来自缝隙周围导体上的分布电流，这些分布电流的等效辐射源为沿缝隙的等效磁流。缝隙上的电场与缝隙方向垂直，缝隙天线辐射的电磁波的极化也与缝隙方向垂直。缝隙天线的实现形式很多，除了图 1 – 33 所示的适用传输线直接馈电的形式外，还可以用波导、馈源照射等方法给缝隙馈电，并常以缝隙阵列的形式出现。

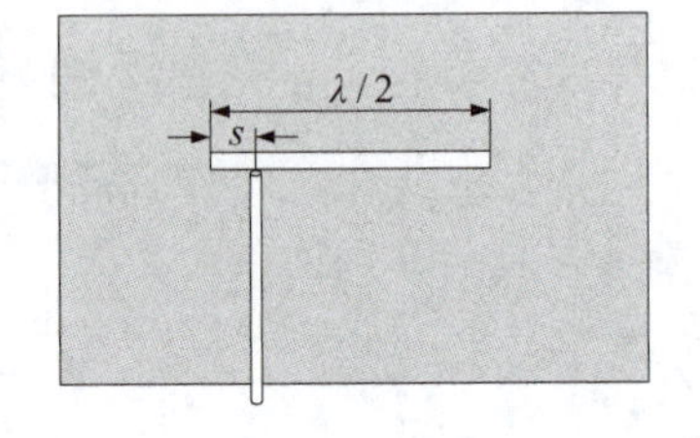

图 1 – 33　缝隙天线基本原理

9）喇叭天线

金属波导口可以辐射电磁波，其口径较小，不能达到高增益，但可以将其开口逐渐扩大、延伸，这就形成了喇叭天线，如图 1 – 34 所示。喇叭天线因其结构简单、频带较宽、功率容量大、易于制造的特点，而被广泛应用于微波波段。喇叭天线的增益一般为 10 ~ 30 dB。既可以作为单独的天线应用，也可以作为反射面天线或透镜天线的馈源。

10）反射面天线

反射面天线在馈源辐射方向上采用了具有较大或很大电尺寸的反射面，比较容易实现高增益和大的前后比，如图 1 – 35 所示。反射面天线的口径场可以利用光学原理分析。反射面

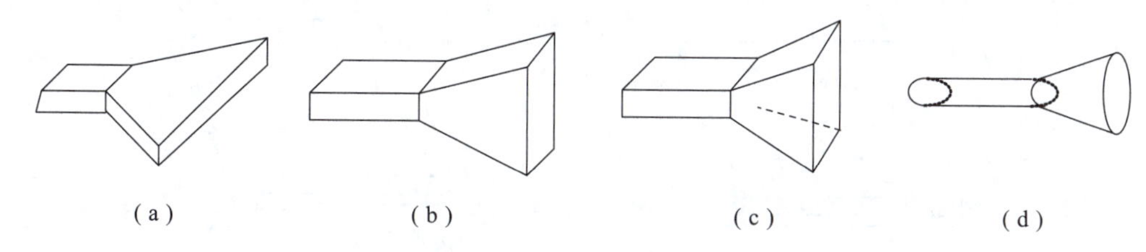

图 1－34　几种常见喇叭天线

（a）*H* 面扇形喇叭天线；（b）*E* 面扇形喇叭天线；（c）角锥形喇叭天线；（d）圆锥形喇叭天线

天线较常见的为抛物面天线，抛物面天线是一种高增益天线，是卫星或无线接力通信等点对点系统中使用最多的反射面天线。若有抛物面口径为 1 m，工作频率为 10 GHz，照度效率为 55% 的抛物面天线，可以计算出增益为 37 dB，半功率点波束宽度为 2.3°，在 55 m 处形成远区场（平面波）。抛物面天线的增益很高，波束很窄，抛物面的对焦非常重要。喇叭馈源与同轴电缆连接。

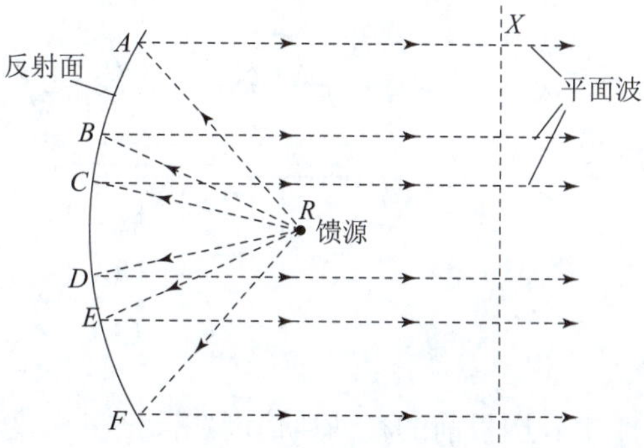

图 1－35　反射面天线

11）微带天线

微带天线在 100 MHz～50 GHz 的宽频带上应用非常广泛。同常规的天线相比，微带天线具有质量轻、体积小、剖面薄的平面结构，可以做成共形天线；制造成本低，易于大量生产；可以做得很薄，能很容易地装在导弹、火箭和卫星上；天线的散射截面较小；稍稍改变馈电位置就可以获得线极化和圆极化（左旋和右旋）；比较容易制成双频率工作的天线；不需要背腔；微带天线适合于组合式设计（固体器件，如振荡器、放大器、可变衰减器、开关、调制器、混频器、移相器等可以直接加到天线基片上）；馈线和匹配网络可以和天线结构同时制作。但是，与通常的天线相比，微带天线也有一些缺点：频带窄；有损耗，因而增益较低；大多数微带天线只向半空间辐射；最大增益实际上受限制（约为 20 dB）；馈线与辐射元之间的隔离差；端射性能差；可能存在表面波；功率容量较低等。

在许多实际设计中，微带天线的优点远远超过它的缺点。已经应用微带天线的重要通信系统有移动通信、卫星通信、多普勒及其他雷达、无线电测高计、指挥和控制系统、导弹遥测、环境检测仪表和遥感、复杂天线中的馈电单元、卫星导航接收机、生物医学辐射器等。图 1－36 给出了微带天线的 4 种形式。

5. 天线的选型

对于天线的选择，应根据移动网络的覆盖、话务量、干扰和网络服务质量等实际情况，选择适合本地区移动网络需要的移动天线。

（1）在基站密集的高话务地区，应该尽量采用双极化天线和电调天线。

（2）在边、郊等话务量不大，基站不密集地区和只要求覆盖的地区，可以使用传统的机械天线。

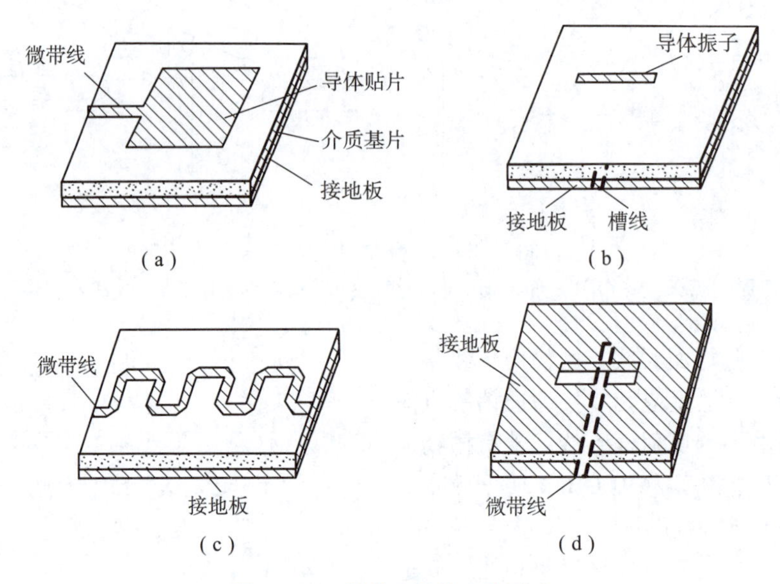

图 1－36　微带天线的 4 种形式

我国目前的移动通信网在高话务密度区的呼损较高、干扰较大，其中一个重要原因是机械天线下倾角度过大，天线下倾角度过大，天线方向图严重变形。要解决高话务密度区的容量不足，必须缩短站距，加大天线下倾角度，但是使用机械天线，下倾角度大于 5°时，天线方向图就开始变形，超过 10°时，天线方向图严重变形，因此采用机械天线，很难解决用户高话务密度区呼损高、干扰大的问题。在高话务密度区建议采用电调天线或双极化天线替换机械天线，机械天线建议安装在农村、郊区等话务密度低的地区。

知识点 3　四种效应

四种效应

移动信道属于无线信道，但要与一般具有可移动功能的无线接入的无线信道有所区别，它是移动的动态信道，随用户所在环境条件的不同而不同，其信道参数是时变的。利用移动信道进行通信，首先必须分析和掌握信道的基本特点和实质，才能针对存在的问题对症下药，给出相应的技术解决方案。

移动信道基于电磁波在空间的传播来实现信息的传输，不同于有线通信，采用全封闭式的传输线，其具有传播的开放性，受噪声和干扰影响严重。另外，由于移动用户的移动性，导致接收环境具有复杂性和多变性，所以接收端接收的信号受到 4 种主要效应的影响。

1. 多径效应

由于接收者所处地理环境的复杂性，接收到的信号不仅有直射波的主径信号，还有从不同建筑物反射及绕射过来的多条不同路径信号，而且它们到达时的信号强度、到达时间及到达的载波相位都不一样，接收端所接收到的信号是上述各种路径信号的矢量和，即多径效应，如图 1－37 所示。

由于各路径到达接收端时间不同，各自相位相互叠加而造成干扰，使原来的信号失真，或者产生错误。比如：电磁波沿不同的两条路径传播，而两条路径的长度正好相差半个波长，那么两路信号到达终点时正好相互抵消了（波峰与波谷重合），如图 1－38 所示。

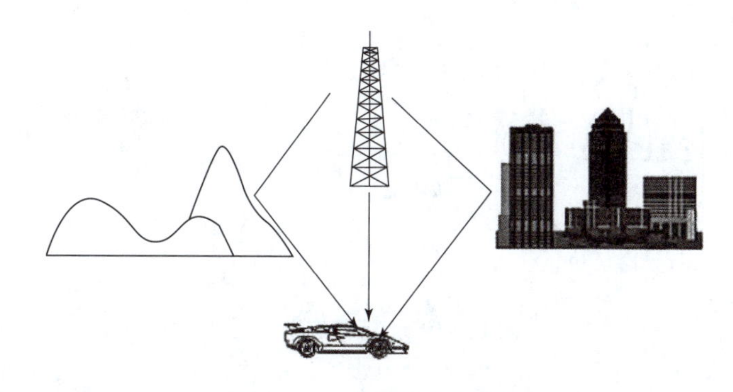

图 1－37　多径效应示意图

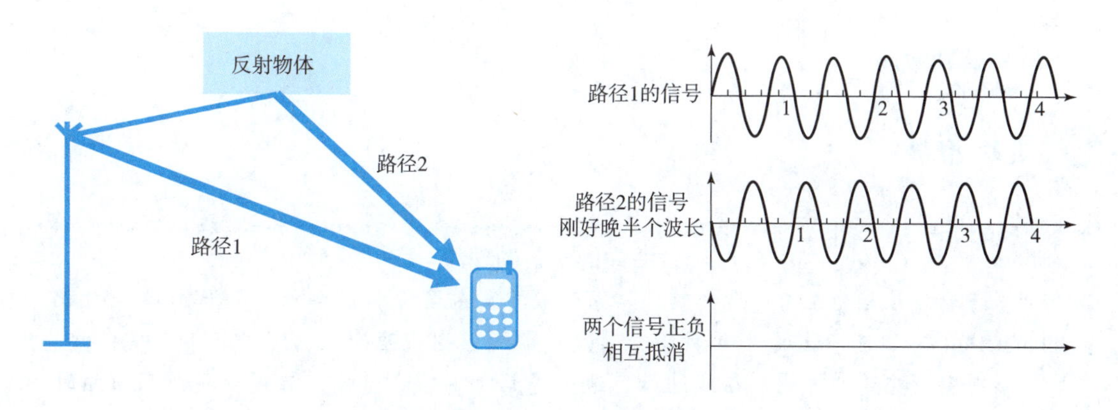

图 1－38　多径信号的合成示意图

这种现象在以前看模拟信号电视的时候经常会遇到，在看电视时如果信号较差，就会看到屏幕上出现重影，这是因为电视上的电子枪从左向右扫描时，用后到的信号在稍靠右的地方形成了虚像。因此，多径效应是衰落的重要成因。多径效应对于数字通信、雷达最佳检测等都有着十分重要的影响。

2. 阴影效应

移动台在运动时，由于大型建筑物和其他物体对电波的传输路径的阻挡而在传播接收区域上形成半盲区，从而形成电磁场阴影，被称作阴影效应，类似于太阳光受阻挡后产生的阴影，如图 1－39 所示。只不过，光波的波长较短，阴影可见；电磁波波长较长，阴影不可见。

图 1－39　阴影效应示意图

3. 远近效应

由于接收用户的随机移动性，移动用户与基站之间的距离也在随机变化，若各移动用户发射信号的功率一样，那么到达基站时信号的强弱将不同，离基站近的信号强，离基站远的信号弱，从而出现以强压弱的现象，严重时使弱者即距离基站较远的用户产生通信中断现象，通常称这一现象为远近效应，如图1－40所示。

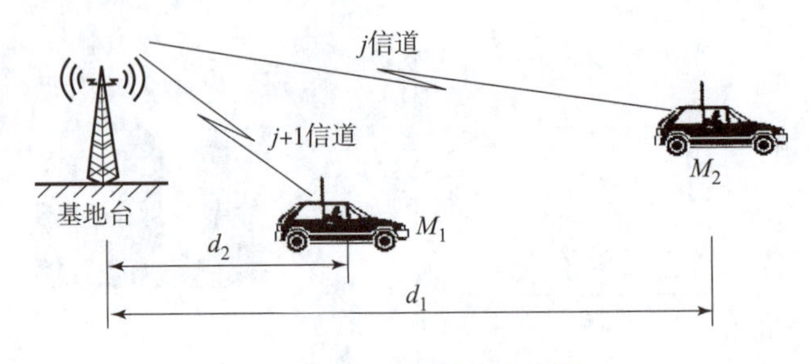

图1－40　远近效应示意图

因CDMA是一个自干扰系统，所有用户共同使用同一频率，所以“远近效应”问题更加突出。

4. 多普勒效应

知识拓展

生活中的多普勒现象

多普勒效应是为纪念奥地利物理学家及数学家克里斯琴·约翰·多普勒（Christian Johann Doppler）而命名的，他于1842年首先提出了这一理论。

多普勒效应随处可见。在地铁站，地铁进站时鸣笛声变响，音调变尖，而出站时鸣笛声变弱，音调变低。值得注意的是，作为声源的鸣笛声波频率并没有因为运动而发生改变，发生变化的是你的耳朵所接收到的声波频率，假如地铁和你之间相对运动速度为0时，就不会有这种声调变化的感觉了。

科学家爱德文·哈勃（Edwin Hubble）使用多普勒效应得出宇宙正在膨胀的结论。他发现远离银河系的天体发射的光线频率变低，即移向光谱的红端，称为红移，天体离开银河系的速度越快红移越大，这说明这些天体在远离银河系。

由于接收用户处于高速移动中，从而接收的频率产生偏差。这一现象在高速移动（不小于70 km/h）通信时尤其严重。对于慢速移动（步行）和准静态的室内通信则不予考虑。当移动台在运动中通信时，接收信号频率会发生变化，称为多普勒效应。由此引起的附加频移称为多普勒频移（Doppler Shift），造成多普勒频展，多普勒频移可用下式表示，即

$$f_D = \frac{v}{\lambda}\cos\alpha = f_m\cos\alpha \qquad (1-5)$$

式中：α 为入射电波与移动台运动方向的夹角，如图1－41所示；v 为运动速度；λ 为波长。

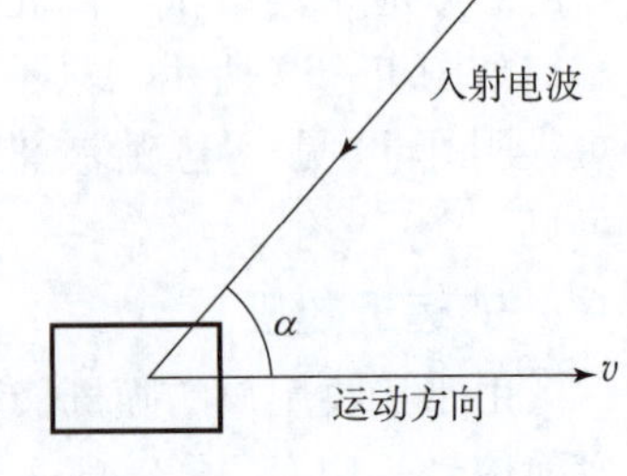

图1－41　多普勒效应

$f_m = \frac{v}{\lambda}$ 与入射角度无关，为 f_D 的最大值，称为最大多普勒频移。

知识点4　两种衰落

移动电波传播损耗主要由两部分构成：一部分是路径传播的损耗；另一部分是衰落产生的损耗。

路径传播的损耗，是指电波在空间传播中由于自身能量的散发而导致的损耗。随着距离的增加而增加。

在移动通信环境中，信号的多径传播和阴影效应是不可避免的，而这两种现象都会使信号的强度随时间而产生随机变化，这种变化称为衰落，如图1－42所示。

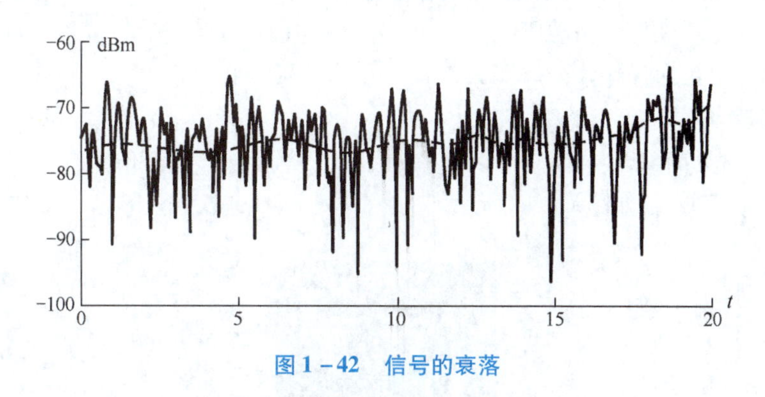

图1－42　信号的衰落

根据信号的衰落周期可以分为快衰落和慢衰落。

1. 快衰落损耗

它主要是由于多径传播而产生的衰落，即多径效应引起快衰落。

多径传播是指发射的电磁波经历了不同路径而传递到接收端，这个现象是移动通信不可避免的。

移动体周围有许多散射、反射和折射体，引起信号的多径传输，使到达的信号之间相互叠加，其合成信号幅度和相位随移动台的运动表现为快速的起伏变化，它反映微观小范围内数十波长量级接收电平的均值变化而产生的损耗，其变化率比慢衰落快，衰落速率（每秒钟信号包络经过中值电平次数的一半）可达30～40次/s，衰落深度（信号的变动范围）约为30 dB，故称它为快衰落。由于快衰落表示接收信号的短期变化，所以又称短期衰落（short-term fading）。接收信号包络服从瑞利（Rayleigh）分布，相位服从均匀分布，因此这样的衰落又称为瑞利衰落。

2. 慢衰落损耗

慢衰落是由于在电波传输路径上受到建筑物及山丘等的阻挡所产生的阴影效应而产生的损耗。它反映了中等范围内数百波长量级接收电平的均值变化而产生的损耗，其变化率较慢，故又称为慢衰落，由于慢衰落表示接收信号的长期变化，所以又称长期衰落（long-term fading）。另外，大气折射条件的变化（大气介电常数变化）使多径信号相对时延变化，造成同一地点场强中值随时间作慢变化，但这种变化远小于地形因素的影响，所以也属于慢衰落。因此，由于季节不同、气候不同等对无线信号的影响也不同。接收信号幅度值近似服从对数正态分布。

技能点　基站硬件设备安装

1. 实验工具

（1）IUV－5G 全网部署与优化教学仿真平台。

（2）计算机 1 台。

2. 实验要求

（1）能正确完成5G 基站设备、线缆选型。

（2）遵照基站设备安装规范完成设备的安装。

（3）排查常见的硬件设备故障。

（4）两人一组轮换操作，完成实验报告，并总结实验心得。

3. 实验步骤

步骤1：双击桌面 IUV－5G 软件图标，如图1－43 所示，打开仿真软件，输入账号、密码，选择“实训模式”，如图1－44 所示。

图1－43　IUV－5G 图标

图1－44　IUV－5G 登录界面

单击“建安市”选项，选择“非独立组网”，单击页面下端的“网络配置”，再单击“设备配置”选项，单击“下一步”按钮，如图1－45 所示。

步骤2：在图1－46 中选择“建安市 B 站点”，此时界面上出现建安市 B 站点机房的完整界面，如图 1 –47 所示。

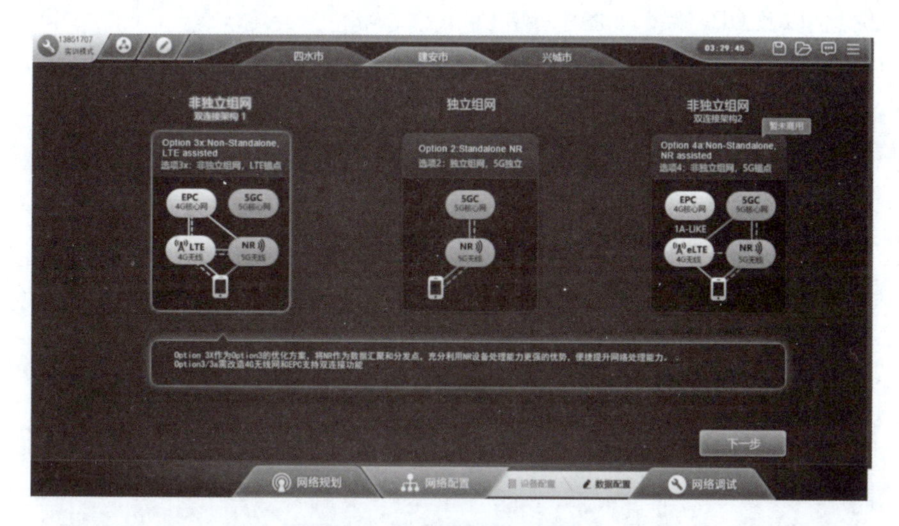

图 1 –45　组网模式选择

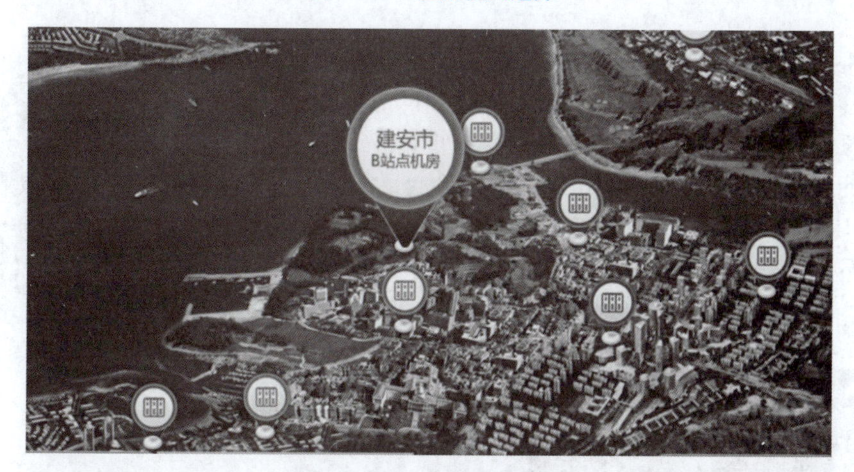

图 1 –46　站点选择

图 1 –47　站点机房完整界面

步骤3：单击图1－47中机房的门，进入机房内部，从左往右分别是装BBU的机柜、装传输设备的机柜以及ODF架，如图1－48所示。

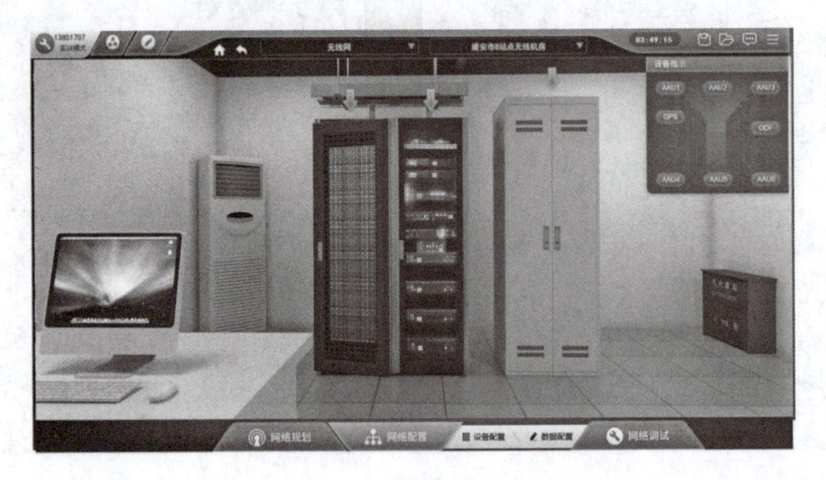

图1－48　机房内部场景

步骤4：首先单击最左边的柜子，进入BBU的机柜，发现右下角有设备池，设备池里面有BBU、5G基带设备资源，如图1－49所示。用鼠标左键单击5G基带处理单元，按住不放，拖到BBU机柜，然后鼠标左键单击BBU，按住不放，拖到BBU机柜，完成结果如图1－50所示。

图1－49　设备资源池

图1－50　BBU机柜

然后单击5G基带处理单元，进入5G基带处理单元的内部结构界面，如图1－51所示，在右侧的设备池中依次选择安装5G基带处理板、虚拟通用计算板、虚拟电源分配板、虚拟环境监控板、5G虚拟交换板等单板。

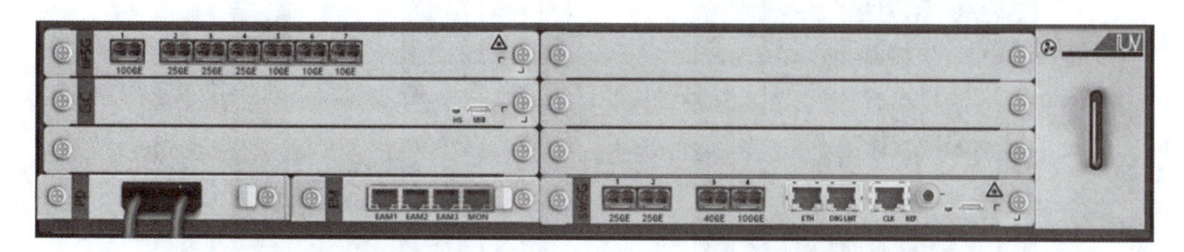

图1－51　5G基带处理单元内部结构

单击BBU，进入BBU内部结构界面，如图1－52所示。BBU接口说明见表1－2。

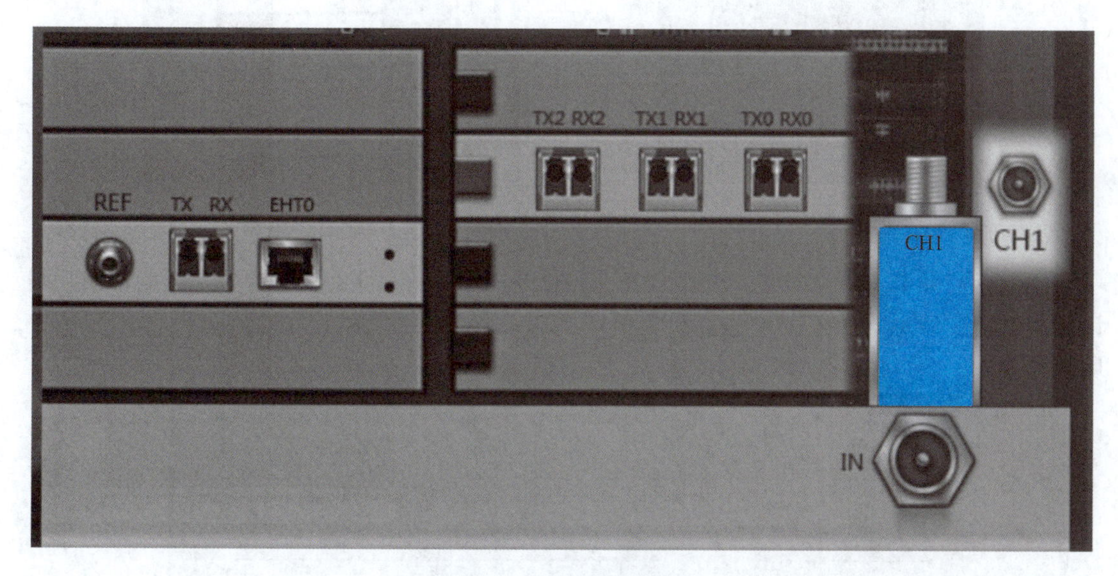

图1－52　BBU内部结构

表1－2　BBU接口说明

接口名称	说明
ETH0	GE/FE自适应电接口，可用于连接PTN
TX0/RX0～TX2/RX2	2光接口用于连接AU
TX/RX	GE/FE光接口（ETH0和TxR接口互斥使用），连接PIN
IN	外接GPS天线

步骤5：单击左上角“返回”图标退回到3个机柜的界面，然后单击中间的柜子进入PTN界面，发现右下角有设备池，设备池里面有很多SPN和RT，在此机房只需选择一个小型的SPN设备就够用，鼠标单击，找到小型SPN，用鼠标左键单击SPN并按住不放，拖到机柜，完成结果如图1－53所示。

步骤6：单击左上角“返回”图标退回到3个机柜的界面，然后单击右边的柜子进入ODF架界面，如图1－54所示。

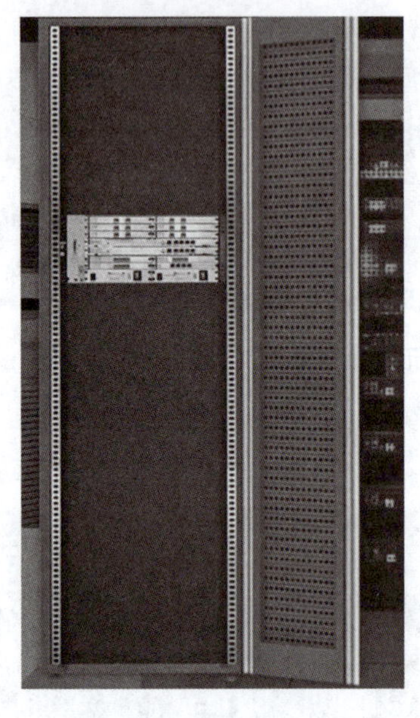

图1－53　传输设备

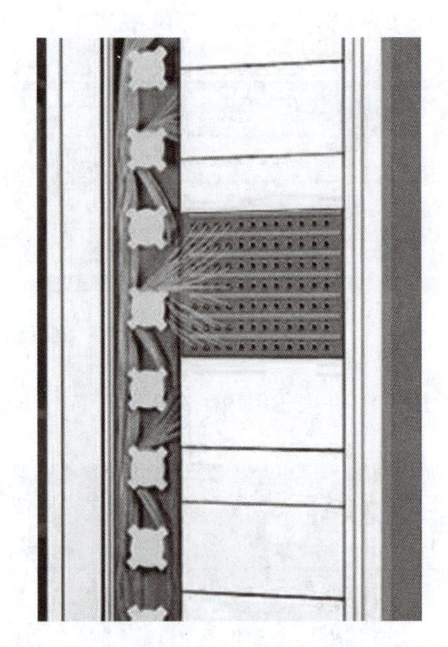

图1－54　ODF架

用鼠标左键单击蓝色框架，进入ODF架内部结构，光纤配线架是专为光纤通信机房设计的光纤配线设备，具有光缆固定和保护功能以及光缆终接功能、调线功能，如图1－55所示。

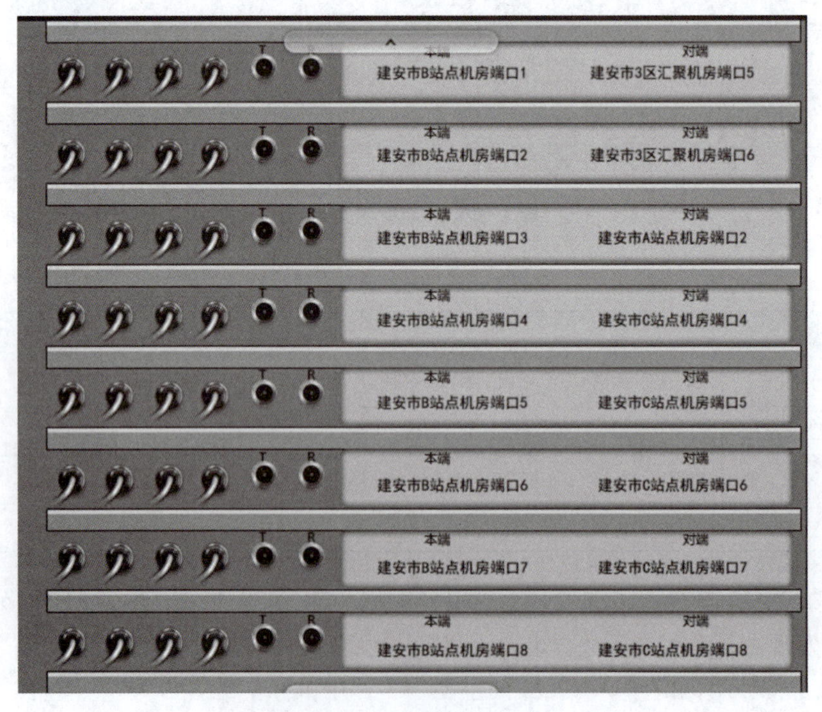

图1－55　光纤配线架端口

步骤7：单击左上角返回图标退回至完整机房界面，然后单击GPS，进入GPS界面，如图1-56所示。

步骤8：单击左上角退回至完整机房界面，单击铁塔，进入安装AAU界面，在设备池里选3个AAU4G天线，依次拖到右边出现红色方框的位置，在铁塔的上层，再选3个AAU5G低频天线，依次拖到铁塔的下层右边出现红色方框的位置，完成结果如图1-57所示。

图1-56　GPS天线

图1-57　4G、5G天线的安装

至此，基站中所需要的硬件设备均已安装，如图1-58所示。接下来要将各种设备通过合适的线缆连接起来，设备间连线主要根据此设备指示图来实现设备间的快速切换。

步骤9：在设备指示图上单击BBU，进入BBU内部结构，界面右下角出现线缆池，如图1-59所示。

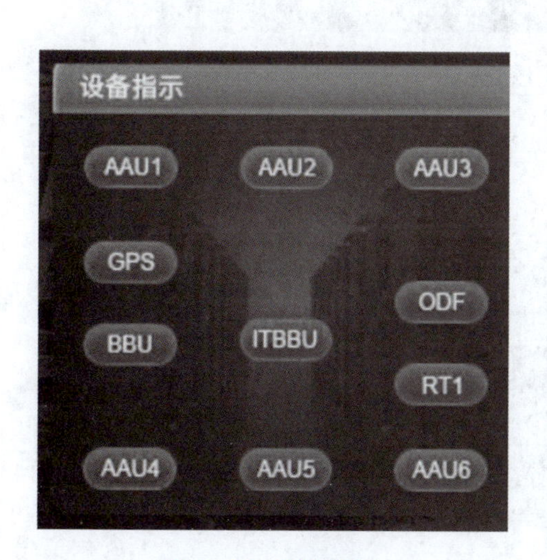

图1-58　设备指示

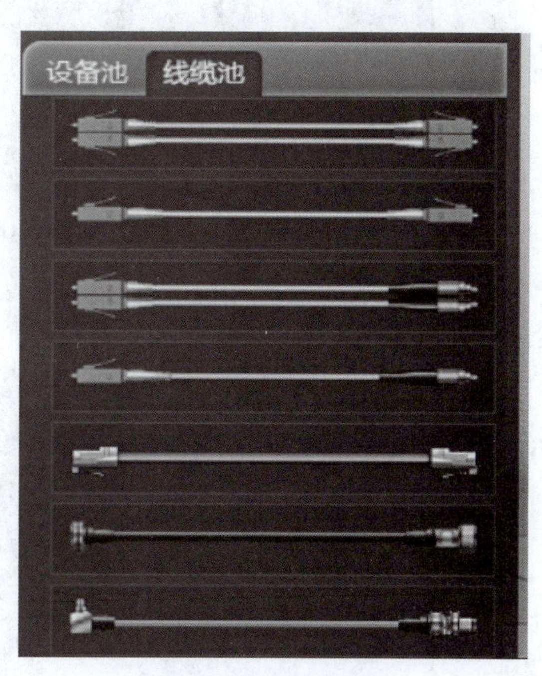

图1-59　BBU线缆池

先进行BBU与AAU之间的连接，单击线缆池的成对LC－LC光纤，按住不放，发现BBU上面的TX0－RX0、TX1－RX1、TX2－RX2这3个光口呈现黄色状态，即可以插线缆，光纤插到TX0－RX0口，如图1－60所示。

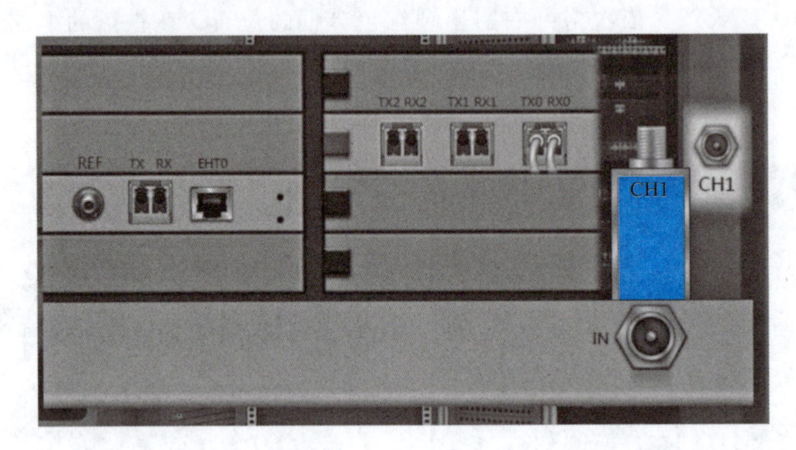

图1－60 BBU上的光口

然后点击右上角设备指示图上的AAU1，发现AAU4上面的OPT1端口是黄色的，单击OPT1，就把成对LC－LC线的另一端连接上了，鼠标放上面就可以看到本端接口和对端接口分别的位置，如图1－61所示。

图1－61 AAU上的光口

步骤10：重复步骤3，用成对LC－LC光纤完成BBU与AAU5和AAU6的连线，如图1－62所示。

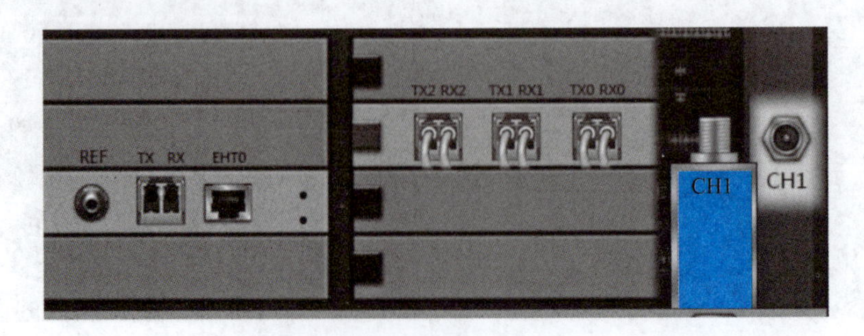

图1－62 BBU与AAU的连线

步骤 11：同理，用成对 LC－LC 光纤分别将 AAU1、AAU2、AAU3 的 25GE 接口，与 ITBBU 的 3 个 25GE 接口连接起来，如图 1－63 和图 1－64 所示。

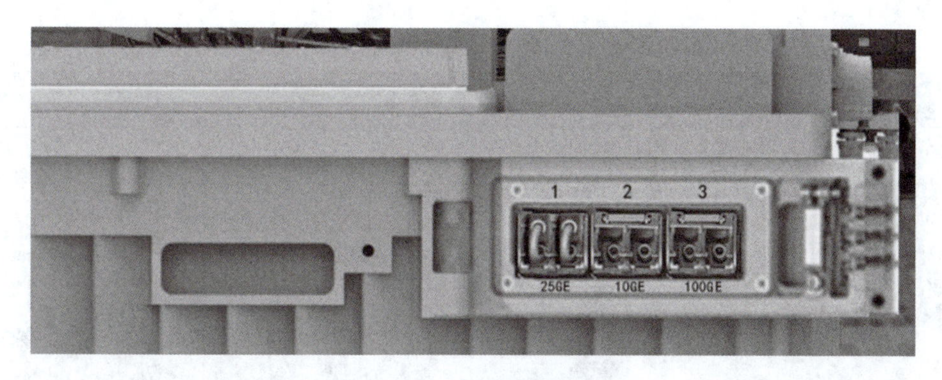

图 1－63　AAU5G 天线光口

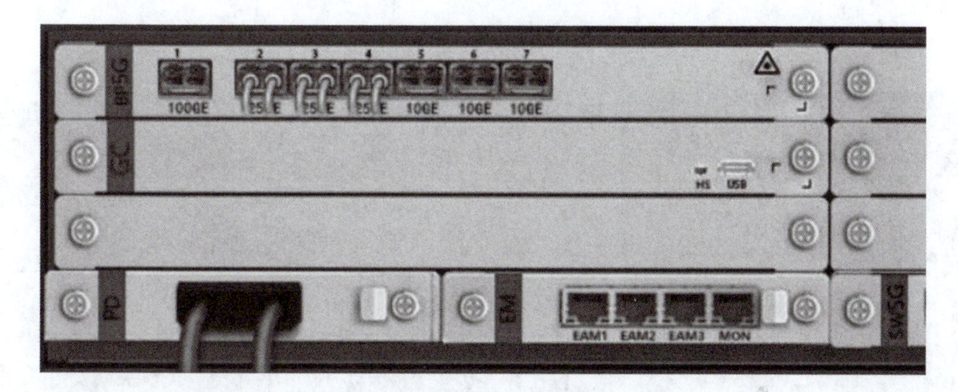

图 1－64　ITBBU 与 AAU5G 的连线

步骤 12：选用 GPS 馈线将 GPS 天线与 ITBBU 上的馈线口连接起来，如图 1－65 所示。

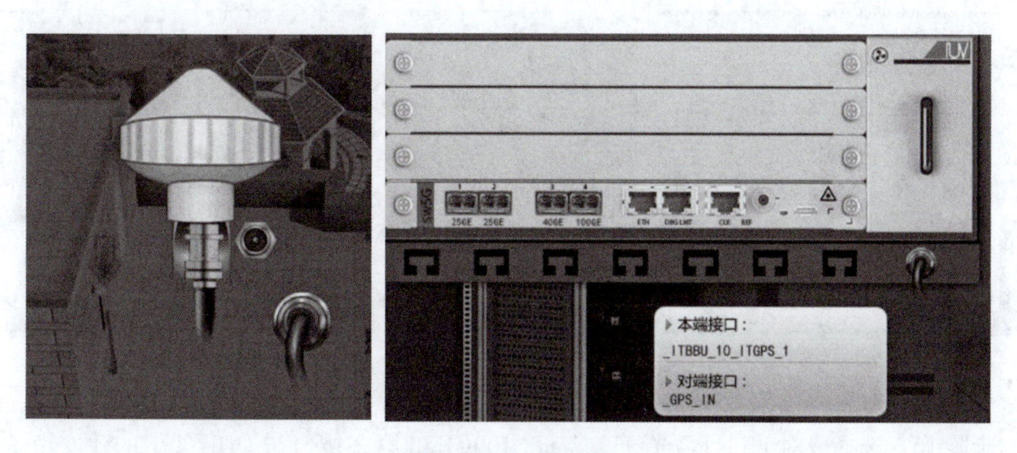

图 1－65　GPS 连线

步骤 13：选择成对 LC－LC 光纤连接 BBU 的光口和 ITBBU 的交换板上的 25GE 光口，如图 1－66 所示。

步骤14：选择以太网线连接BBU的网口与SPN设备的第1个网口，如图1－67所示。

步骤15：选择成对LC－LC光纤连接ITBBU交换板上的100GE接口与SPN100GE的第1接口，如图1－68所示。

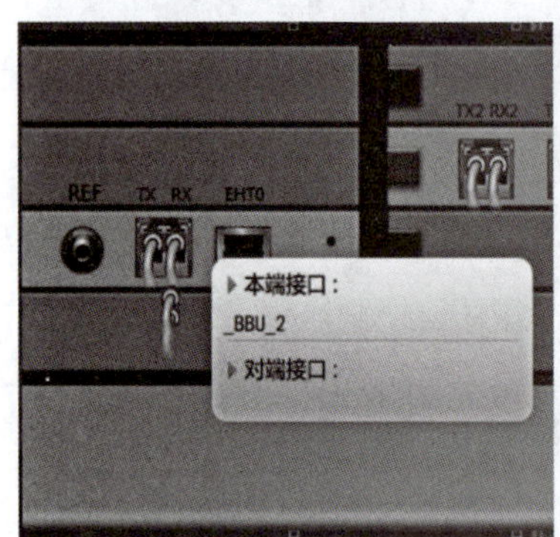

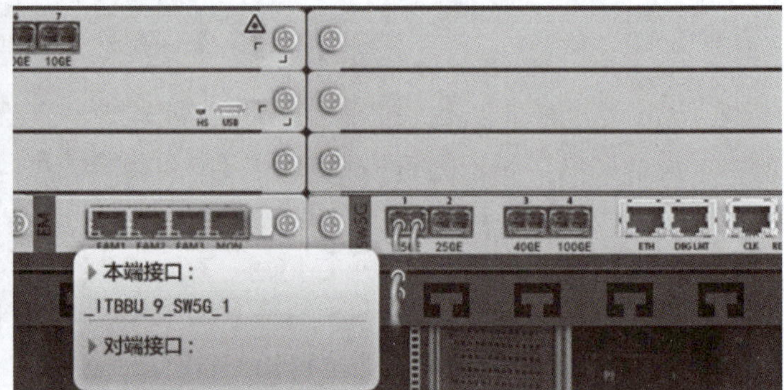

图1－66　BBU的连线

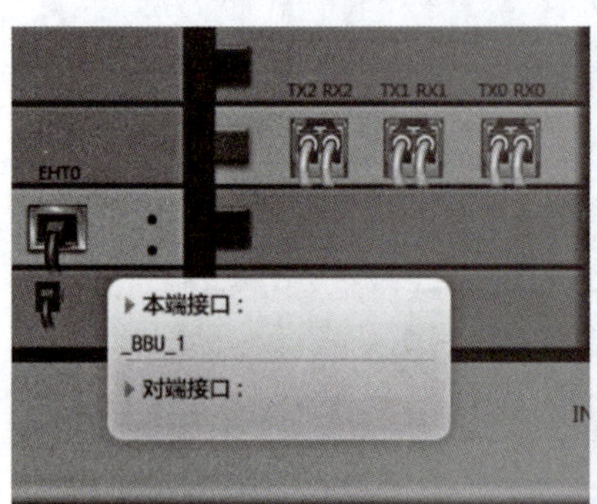

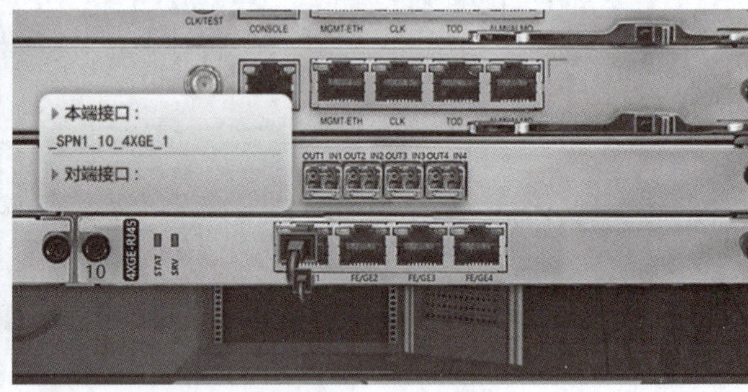

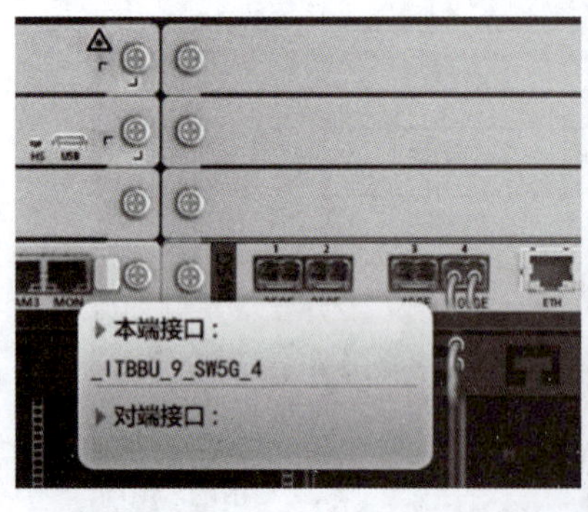

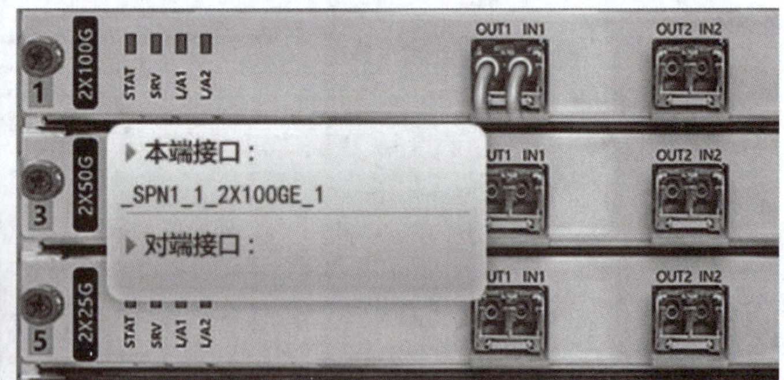

图1－68　ITBBU与SPN的连线

图1－67　BBU与SPN设备的连线

步骤16：选择成对LC－LC光纤连接SPN100GE的第2接口与ODF架上的建安市A站点机房端口2，如图1－69和图1－70所示。

步骤17：通过设备指示界面，查看是否所有的基站设备和连线都已经安装完成，如图1－71所示。

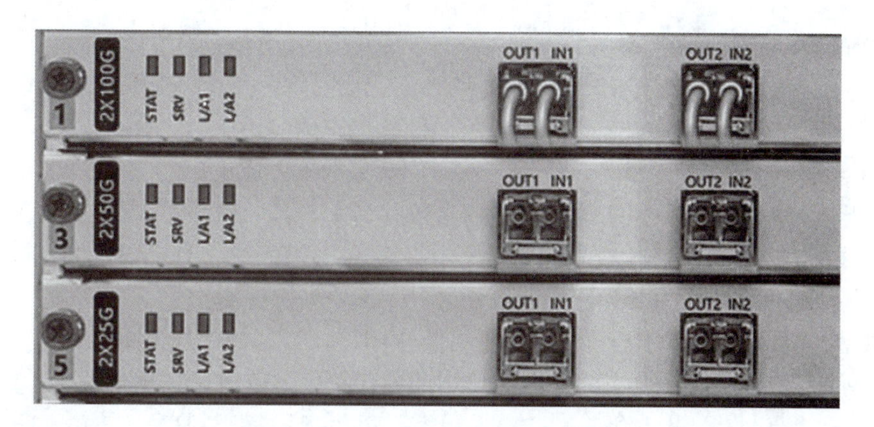

图 1-69　SPN 的光口

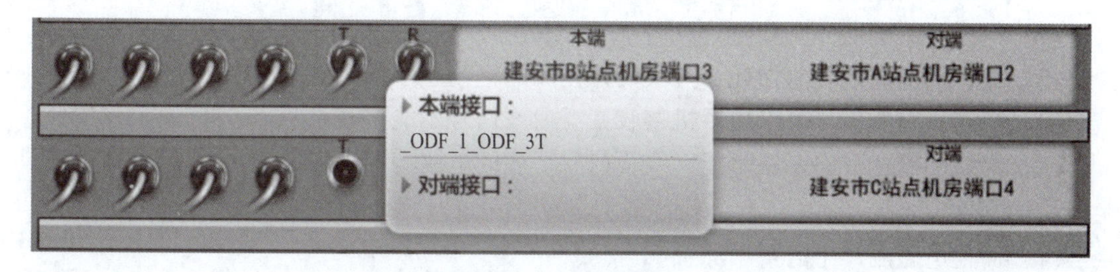

图 1-70　ODF 架接口

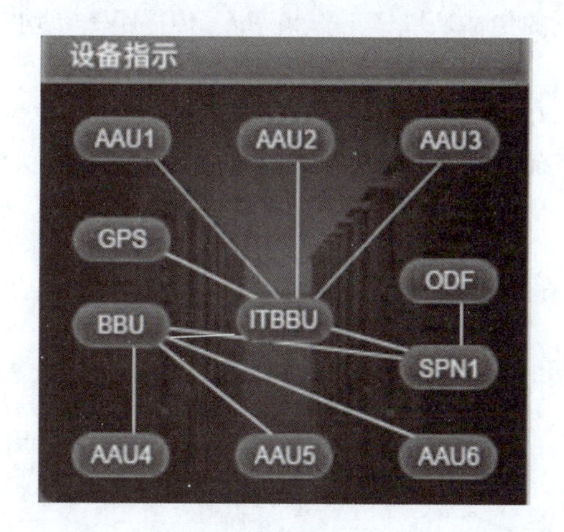

图 1-71　已完成的基站设备安装及连线指示图

步骤 18：小组协作反复练习并总结实验经验，撰写实验报告。

练习题

1. 选择题

(1) 对于 UHF、VHF 频段的移动通信来说，电波传播方式主要是（　　）。

A. 天波　　B. 地波　　C. 空间波　　D. 散射波

(2) 当手机快速远离基站时，会产生多普勒效应，手机接收到的信号频率会(　　)。

A. 增加　　B. 不变　　C. 减小　　D. 不确定

（3）自由空间的传播损耗LFS跟电磁波（　　）。

A. 传播距离的平方成正比　　B. 传播距离成正比

C. 频率的平方成正比　　D. 频率的平方成正比

（4）天馈工程施工中，一般能够调整的参数有（　　）。

A. 天线挂高　　B. 天线下倾角　　C. 天线方位角　　D. 天线的阻抗值

（5）移动通信系统中主要关注的波段是（　　）。

A. LF　　B. HF　　C. VHF　　D. UHF

（6）衡量天线增益时，用dBi作单位比用dBd作单位，数值大（　　）。

A. 1　　B. 1.5　　C. 2　　D. 2.15

2. 判断题

（1）电磁波的传播方向和电场方向平行，和磁场方向垂直。（　　）

（2）墙体会造成信号的损耗，一般墙体使用的钢筋越多损耗越小。（　　）

（3）只有直射波信号可以被手机接收，反射波信号不能接收。（　　）

（4）天线的极化方向，就是指天线辐射时形成的电磁场的电场方向。（　　）

3. 问答题

（1）简述电磁波产生的基本原理。

（2）若电磁波在自由空间传播，工作频率f为1 800 MHz，传播距离d为10 km，则传播损耗为多少dB？若相同的传播环境，工作频率f、传播距离d均变为原来的2倍，则传播损耗如何变化？

（3）若载波频率$f_c=900$ MHz，移动台速度$v=100$ km/h，求最大多普勒频移。

（4）常见的天线类型有哪些？在不同的覆盖场景中如何进行天线选型？

任务2　移动信号的产生

任务要求

知识目标

- 理解调制技术、分集技术的原理。
- 列举不同移动通信系统中的调制技术、分集技术作用。
- 说出交织和编码的原理，举例说明GSM、5G系统的交织和编码应用。

素质目标

- 遵守移动通信核心关键技术标准规范。
- 养成自主学习的良好习惯。
- 尊重他人、交流分享，积极参与小组协作任务。

知识点 1　调制技术

调制技术

基带信号具有较低的频率分量，不宜在无线信道传输。因此，在通信系统的发送端需要有一个载波来运载基带信号，即使载波信号的某一个（或几个）参量随基带信号改变，这一过程就称为调制。相对应的，在通信系统的接收端则需要有解调过程。

调制的目的如下。

（1）将调制信号（基带信号）转换成适合于信道传输的已调信号（频带信号）。

（2）实现信道的多路复用，提高信道利用率。

（3）减少干扰，提高系统抗干扰能力。

（4）实现传输带宽与信噪比之间的互换。

调制方式很多，根据调制信号的形式可分为模拟调制和数字调制；根据载波的选择可分为以正弦波作为载波的连续波调制和以脉冲串作为载波的脉冲调制。

根据调制信号改变载波参量（幅度、频率或相位）的不同，模拟连续波调制又可分为幅度调制、频率调制（FM）和相位调制（PM）。数字调制也有 3 种方式，即幅度键控（ASK）、频移键控（FSK）和相移键控（PSK）。

第一代蜂窝移动通信系统采用模拟频率调制（FM）的方式对模拟语音信号进行调制，信令系统采用 2FSK 数字调制。所谓 FM 调制是指高频载波的频率随着调制信号的规律变化而振幅保持恒定的调制方式。调频在抗干扰和抗衰落性能方面要优于调幅，但调频存在固有的缺点，即需要占用较宽的信道带宽，且存在门限效应。

自 2G 以来，移动通信系统都采用数字调制技术，和模拟调制相比，数字调制和解调对噪声与信道造成的各种损伤有更大的抗拒能力；各种信息形式（如声音、图像、数据等）容易复用并更为完整；能支持和容纳复杂的信号处理和控制技术（如纠错编码、信源编码、加密和均衡等），改善通信链路质量，提高系统性能。

由于移动通信的特点，目前已在数字蜂窝移动通信系统中采用的调制方案主要可分为两大类。

1）恒包络调制方案

主要有 MSK、GMSK 等。这一类调制方案的主要特点是不管调制信号如何变化，已调信号具有包络不变的特性，其发射功率放大器可以在非线性状态下不致引起严重的频谱扩展，这对有衰落现象的移动通信很有吸引力；另外，其接收电路简单。但它的频谱利用率较低，所以在带宽效率更重要的情况下，该方案不一定合适。

2）线性调制方案

主要有 QPSK、OQPSK 等。传输信号的幅度随着调制信号的变化而呈线性变化。这一类调制方案的频谱利用率较高，且随着调制电平数的增加而增加。移动通信希望在有限带宽内能容纳更多的用户，线性调制这个特点对移动通信是极为宝贵的。但由于线性调制的发射信号幅度随着调制信号线性变化，为了保证信号不失真，传输这种信号必须采用功率效率低的线性射频（RF）放大器；否则，将会导致被滤波器滤除的旁瓣再生，引起严重的邻道干扰。目前已找到相对应的方法克服这一缺点。

1. 恒包络调制技术

1）二进制频移键控（2FSK）

在2FSK中，载波信号的频率随着两种可能的信息状态（1或0）的变化而变化。2FSK信号波形在相邻码元之间呈现连续的相位或者是不连续的相位。

若用载波频率f_1表示二进制信号1，载波频率f_2表示二进制信号0，则2FSK信号波形图如图2-1所示。

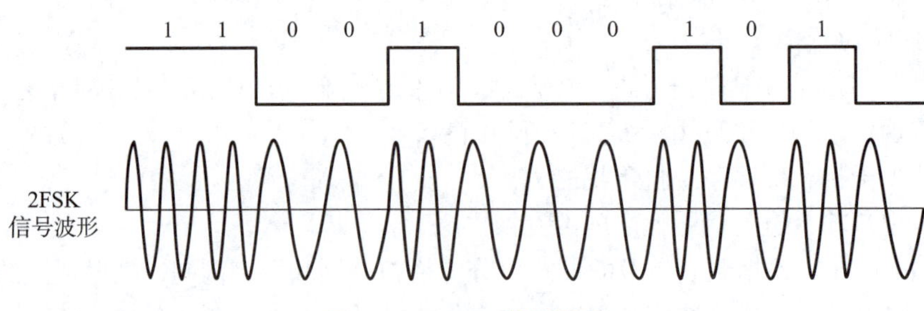

图2-1　2FSK信号波形

由于两个频率是在两个独立的振荡器中产生，所以2FSK的波形在1和0转换时刻常常是不连续的，这种不连续的相位将会导致诸如频谱扩展、传输差错等问题，在严格规范的无线系统中一般不采用这种调制方式。因此，可采用相位连续变化的调制方式，这类调制称为连续相位频移键控（CPFSK）。

2）最小频移键控（MSK）

MSK是一种特殊的连续相位频移键控，更确切地说，它是调制指数为0.5的连续相位的2FSK，0.5对应着能够容纳两路正交FSK信号的最小频带，即“最小”两字的由来。

MSK调制后的已调信号表达式为

$$s(t)=\cos\left(2\pi f_c t+\frac{\pi}{2T_b}a_k\cdot t+\varphi_k\right)\quad kT_b\leqslant t\leqslant(k+1)T_b,\ k=0,\ 1,\ \cdots \tag{2-1}$$

式中：f_c为载波频率；a_k为输入数据，取值为±1；T_b为码元宽度；φ_k为保证相位连续而加入的相位值。

由式（2-1）可得MSK信号的两个频率分别为

$$f_1=f_c+\frac{1}{4T_b}\quad a_k=+1 \tag{2-2}$$

$$f_2=f_c-\frac{1}{4T_b}\quad a_k=-1 \tag{2-3}$$

由此可得频率间隔为

$$\Delta f=|f_1-f_2|=\frac{1}{2T_b} \tag{2-4}$$

则调制指数为

$$h=\Delta f T_b=0.5 \tag{2-5}$$

为了便于检测，获得两路正交信号，f_c满足

$$f_c=\frac{n}{4T_b}\quad n=1,\ 2,\ \cdots \tag{2-6}$$

即 MSK 信号在每一码元周期内必须包含 1/4 个载波周期的整数倍。相应地，MSK 的两个频率可表示为

$$f_1 = f_c + \frac{1}{4T_b} = \left(N + \frac{m+1}{4}\right)\frac{1}{T_b}\quad N\text{为正整数；}m=0,1,2,3 \tag{2-7}$$

$$f_2 = f_c - \frac{1}{4T_b} = \left(N + \frac{m-1}{4}\right)\frac{1}{T_b}\quad N\text{为正整数；}m=0,1,2,3 \tag{2-8}$$

设 $N=1$、$m=1$，则 MSK 信号的波形如图 2-2 所示。

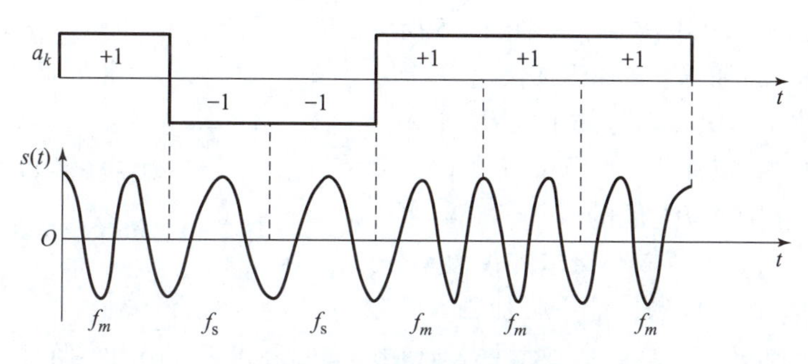

图 2-2　MSK 信号波形

令 $\theta_k(t) = \frac{\pi}{2T_b}a_k \cdot t + \varphi_k$，$\theta_k(t)$ 称为附加相位函数。由式可知，该公式为一直线方程，其斜率为$\frac{\pi}{2T_b}a_k$、截距为 φ_k。由于 a_k 的取值为 ±1，所以$\frac{\pi}{2T_b}a_k \cdot t$ 是分段线性的相位函数，即 MSK 的相位路径是由间隔为 T_b 的一系列直线段所连成的折线。在任一码元期间，若 $a_k = +1$，则 $\theta_k(t)$ 线性增加$\frac{\pi}{2}$；若 $a_k = -1$，则 $\theta_k(t)$ 线性减少$\frac{\pi}{2}$。对于给定的序列 $\{a_k\}$，其附加相位图如图 2-3 所示。

对以上分析总结得出 MSK 信号具有以下特点。

（1）MSK 信号是恒定包络信号。

（2）在一个码元期间内，信号是$\frac{1}{4}$个载波周期的整数倍，信号的频率偏移为$\frac{1}{4T_b}$，调制指数为 0.5。

（3）在码元转换时刻信号的相位是连续的，以载波相位为基准的信号相位在一个码元时间内线性地变化 $\pm\frac{\pi}{2}$。

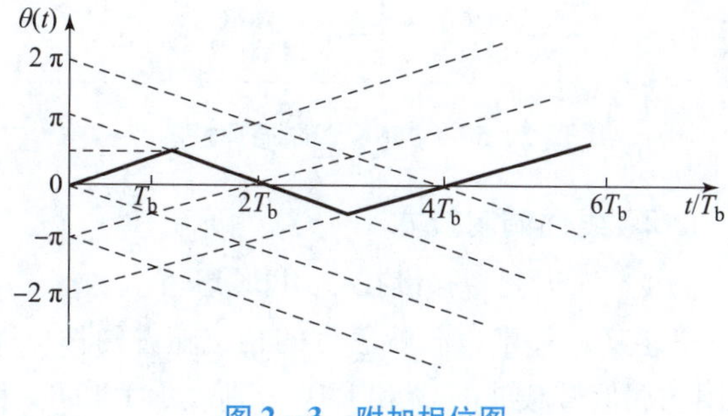

图 2-3　附加相位图

图 2-4 给出了 MSK 信号的功率谱密度图，同时画出了 QPSK 的功率谱密度进行比较。从图中可以看出，MSK 信号的主瓣比 QPSK 的主瓣要宽，即频率利用率较低；旁瓣下降速度比 QPSK 要快，因此对邻道干扰比较小。

3）高斯最小频移键控（GMSK）

MSK信号相位是连续的，但在码元转换时刻，相位变化是一个尖锐的转折，从而使得旁瓣电平不够低，不能满足移动通信中对带外辐射的严格要求。为了改善，可以在调制前加入预滤波器，其幅频响应为高斯型，即高斯低通滤波器，有高斯低通滤波器的这种调制称为高斯最小频移键控（GMSK）调制，如图2-5所示，从而使频谱上的旁瓣下降速度加快。

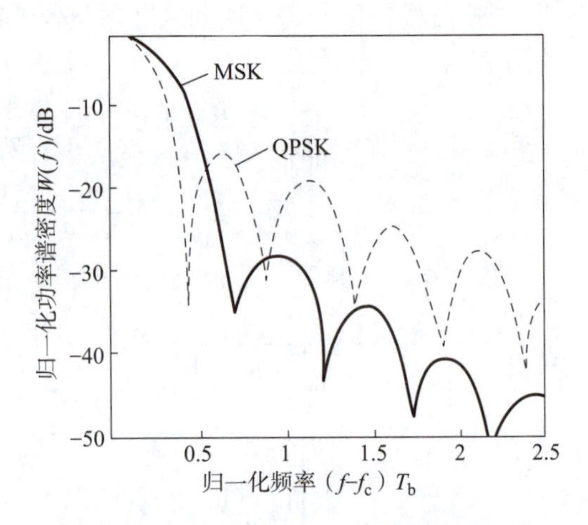

图2-4　MSK信号功率谱密度图

图2-6给出了GMSK信号的不同BT乘积值的功率谱密度图，其中B为带宽，T为码元宽度。由图可见，随着BT值的减小，旁瓣下降速度加快。但是，BT值减小会增加误码率，从而导致因码间干扰造成的性能下降加剧，所以BT值应该折中选择。GMSK是GSM系统选用的调制方式，其中$BT=0.3$。

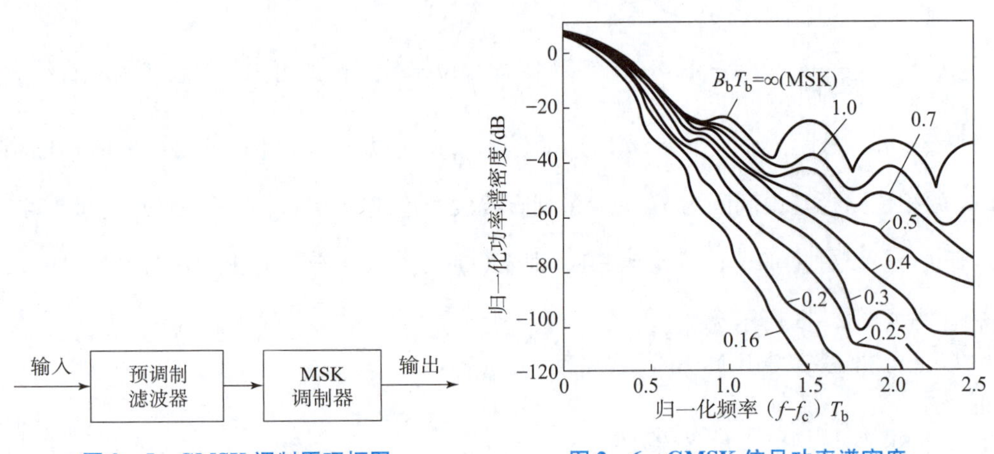

图2-5　GMSK调制原理框图

图2-6　GMSK信号功率谱密度

2. 线性调制技术

1）二进制相移键控（BPSK）

在BPSK中，载波信号的相位随着两种可能的信息状态（1或0）的变化而变化。通常用已调信号载波的0°和180°分别表示1和0。图2-7所示为BPSK信号的波形。

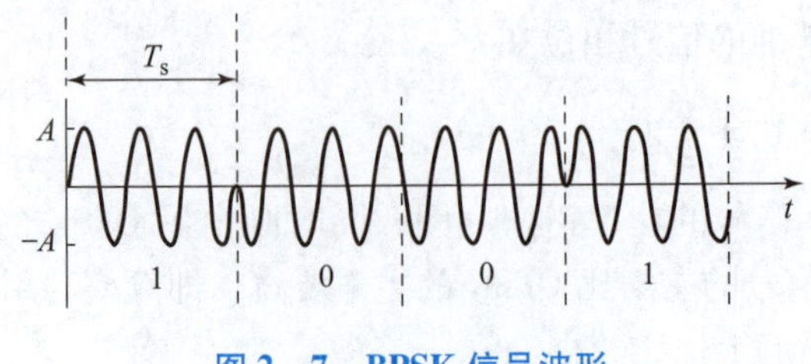

图2-7　BPSK信号波形

为提高信道的频谱利用率，需采用多进制相位调制（MPSK）技术，MPSK又称多相制，利用载波的多种不同相位（或相位差）来表征数字信息的调制方式。

2）QPSK（四相相移键控）

QPSK是一种正交相移键控，有时也称为四进制PSK或四相PSK，是MPSK调制中最常用的一种调制方式。QPSK信号每个码元包含两个二进制信息，为此，在四相调制器输入端，通常要对输入的二进制码序列进行分组，两个码元分成一组，这样就可能有00、01、10、11这4种组合，每种组合代表一个四进制符号，然后用4种不同的载波相位去表征它们。由于一个调制码元中传输两个比特，所以比BPSK的带宽效率高2倍。

为了便于说明概念，可以将MPSK信号用信号矢量图来描述。四进制数字相位调制信号矢量图如图2－8所示，具体的相位配置有两种形式。根据CCITT的建议，图中左侧所示的移相方式称为A方式；图中右侧所示的移相方式称为B方式。以A方式为例，载波相位有0、$\frac{\pi}{2}$、π和$\frac{3\pi}{2}$这4种，分别对应信息码元00、10、11和01。

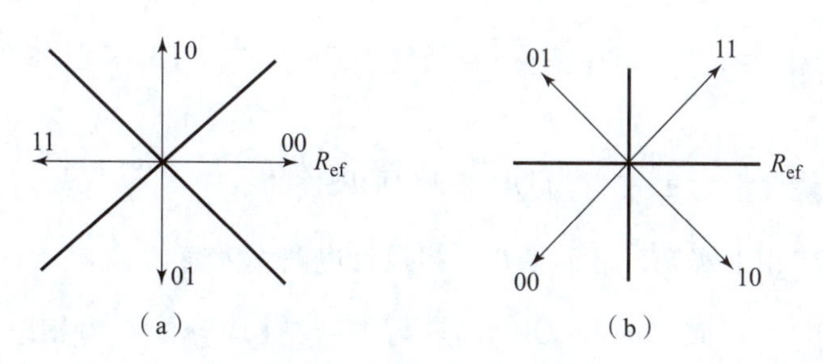

图2－8　相位配置矢量图

（a）A方式；（b）B方式

图2－9给出了典型的QPSK调制电路图。

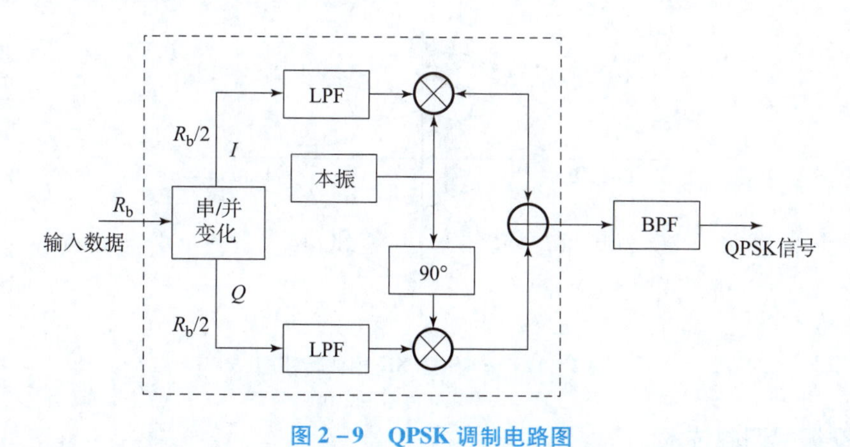

图2－9　QPSK调制电路图

图2－10所示为QPSK相位转移图。由图可知，4个点之间任何转移都是可能的，其中存在着对角线之间的跳变，即相位跳变量为180°，将会导致频谱再生。

3）OQPSK（交错四相相移键控）

为了避免QPSK中出现的过零点的180°相位跳变，可采用OQPSK，其调制器与QPSK不

同之处在于在 Q 支路增加了延时电路（1 bit 特宽），这样 I 支路与 Q 支路错开了 1 bit 的时间，从而使 OQPSK 的相位转移不存在 180°相位跳变。图 2－11 所示为 OQPSK 相位转移图。

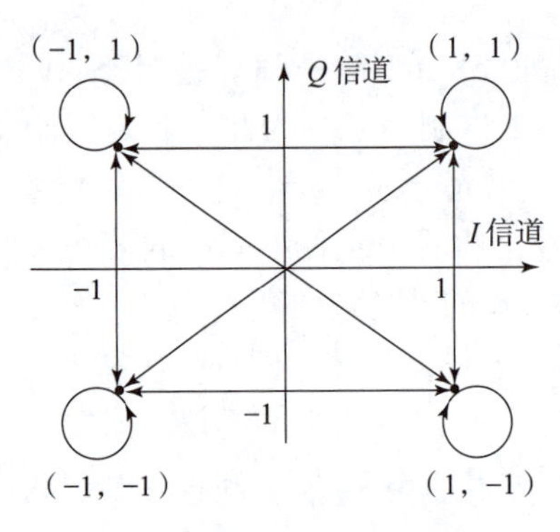

图 2－10　QPSK 相位转移图

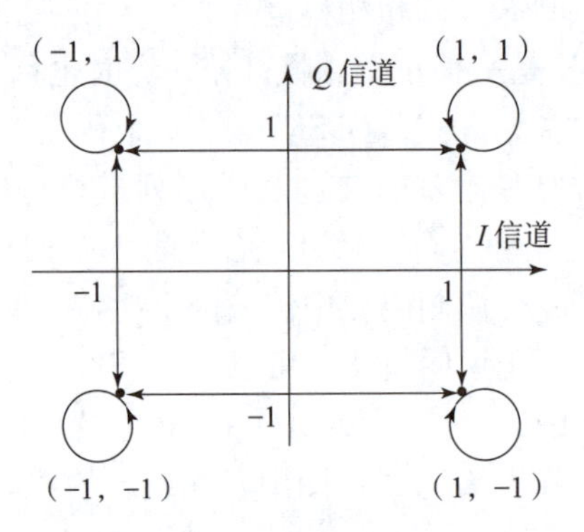

图 2－11　OQPSK 相位转移图

4）π/4－QPSK

π/4－QPSK 调制技术也是一种正交相移键控技术，它在 QPSK 的基础上主要进行了两方面的改进。

（1）最大相位跳变量为 $\pm\frac{3\pi}{4}$，为 QPSK 和 OQPSK 的折中。

（2）能够采用非相干解调，从而使接收机设计电路大大简化。

与 QPSK 和 OQPSK 不同，π/4－QPSK 信号的相位被均匀分割为相距 $\frac{\pi}{4}$ 的 8 个相位点。图 2－12 所示为 π/4－QPSK 相位转移图，可见其可能出现的相位跳变为 $\pm\frac{\pi}{4}$、$\pm\frac{3\pi}{4}$。

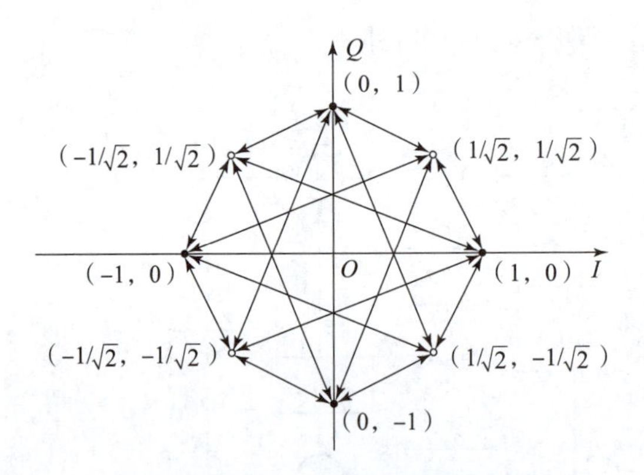

图 2－12　π/4－QPSK 相位转移图

3. 正交振幅调制技术

随着通信业务需求的迅速增长，寻找频谱利用率高的数字调制方式已成为数字通信系统设计、研究的主要目标之一。正交振幅调制（Quadrature Amplitude Modulation，QAM）就是一种频谱利用率很高的调制方式。它在中、大容量数字微波通信系统、有线电视网络高速数据传输、卫星通信系统等领域得到广泛应用。

在移动通信中，随着微蜂窝和微微蜂窝的出现，使得信道传输特性发生了很大变化，过去在传统蜂窝系统中不能应用的 QAM 也引起人们的重视，并进行了广泛深入的研究。

QAM 是将调幅和调相结合起来的一种调制技术。在给定进制数 M 和误码率条件下，在功率效率方面要优于 MPSK，但设备要复杂些。可以用星座图来描述 QAM 的信号空间分布状态。图 2－13 分别给出了 4QAM（二进制 QAM）、16QAM（四进制 QAM）和 64QAM（八进制 QAM）的星座图。

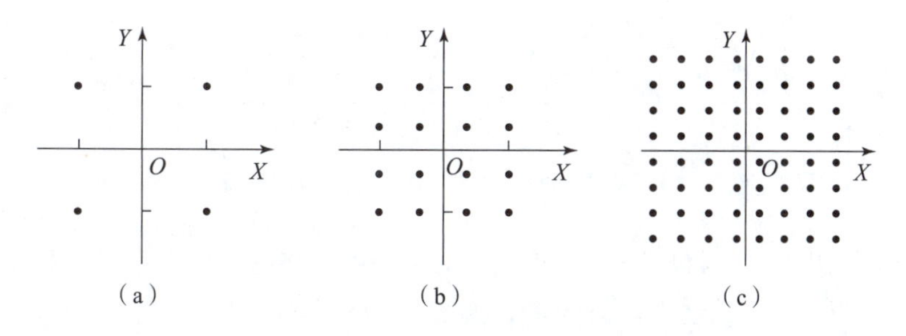

图 2－13　星座图

（a）4QAM；（b）16QAM；（c）64QAM

4. 多载波调制技术

在移动通信信道中，由于多径效应，使得传输信号产生时延扩展，接收信号中的一个符号的波形会扩展到其他符号中，造成符号间干扰（Inter Symbol Interference，ISI），使得系统性能变差。为了避免产生 ISI，应该令符号速率小于最大时延扩展的倒数。

在频域内，与时延扩展相关的另一个重要概念是相干带宽，在应用中通常用最大时延扩展的倒数来定义相干带宽，即

$$\Delta B_c \approx \frac{1}{\tau_{max}} \tag{2-9}$$

式中：τ_{max} 为最大时延扩展。

相干带宽是无线信道的一个特性，当信号通过无线信道时，是出现频率选择性衰落还是平衰落，这要取决于信号本身的带宽。当信号的传输速率较高时，信号带宽超过无线信道的相干带宽，信号通过无线信道后各频率分量的变化是不一样的，引起信号波形的失真，造成符号间干扰，此时就认为发生了频率选择性衰落；反之，当信号的传输速率较低，信号带宽小于相干带宽时，信号通过无线信道后各频率分量都受到相同的衰落，因而衰落波形不会失真，没有符号间干扰，则认为信号只是经历了平衰落，即非频率选择性衰落。

多载波调制（Multicarrier Modulation）把数据流分解为若干个子数据流，从而使子数据流具有较低的传输速率，利用这些数据分别去调制若干个载波。所以，在多载波调制信道中，数据传输速率相对较低，码元周期加长，只要信号带宽小于无线信道的相干带宽时，就不会造成码间干扰。

多载波调制可以通过多种技术途径来实现，如多音实现（Multitone Realization）、正交多载波调制（OFDM）、MC－CDMA 和编码 MCM（Coded MCM）等。其中，OFDM 可以很好地抗多径干扰，是当前研究的一个热点。

OFDM（Orthogonal Frequency Division Multiplexing）即正交频分复用，是一种能够充分

利用频谱资源的多载波传输方式。常规频分复用与OFDM的信道分配情况如图2－14所示。可以看出OFDM至少能够节约1/2的频谱资源。

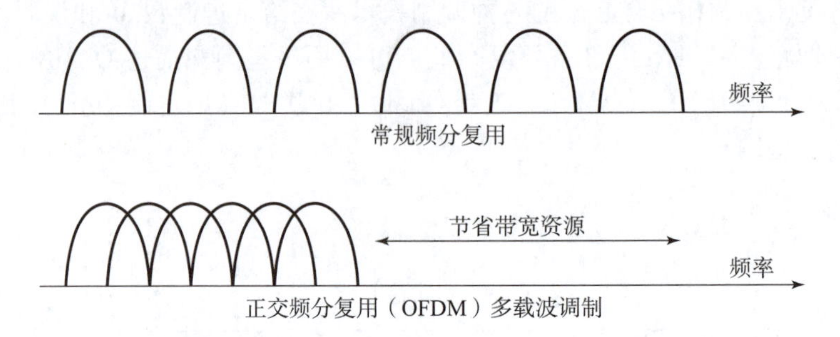

图2－14　常规频分复用与OFDM的信道分配情况

OFDM的主要思想是：将信道分成若干正交子信道，将高速数据信号转换成并行的低速子数据流，调制到每个子信道上进行传输，如图2－15所示。

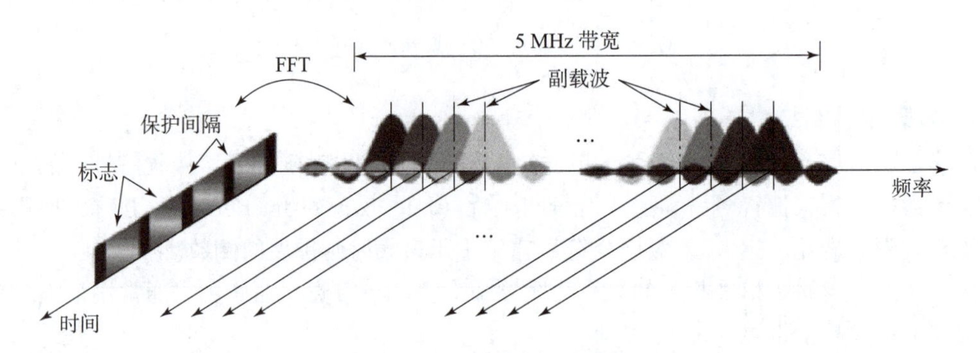

图2－15　OFDM基本原理

OFDM利用快速傅里叶反变换（IFFT）和快速傅里叶变换（FFT）来实现调制和解调，如图2－16所示。

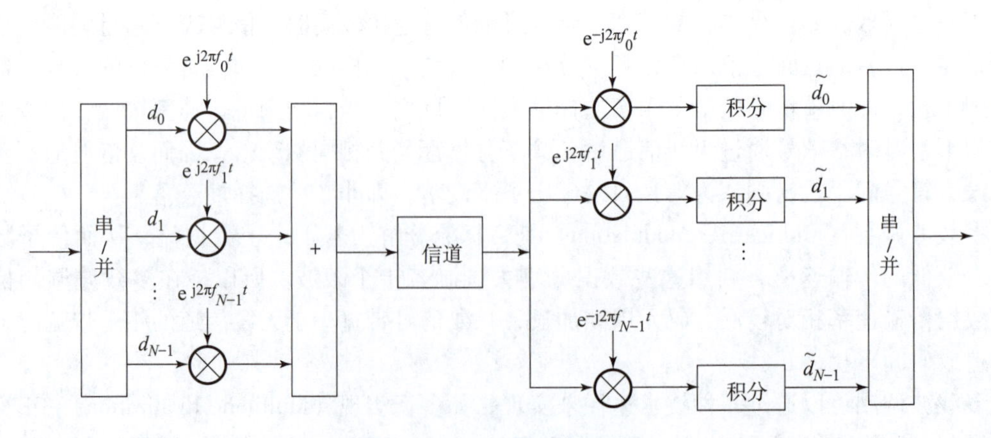

图2－16　调制与解调过程

OFDM的调制与解调流程如下。

（1）发射机在发射数据时，将高速串行数据转为低速并行，利用正交的多个子载波进行数据传输。

（2）各个子载波使用独立的调制器和解调器。

（3）各个子载波之间要求完全正交，各个子载波收/发完全同步。

（4）发射机和接收机要精确同频、同步，准确进行位采样。

（5）接收机在解调器的后端进行同步采样，获得数据，然后转为高速串行。

在向 B3G/4G 演进的过程中，OFDM 是关键的技术之一，可以结合分集、时空编码、干扰和信道间干扰抑制以及智能天线技术，最大限度地提高系统性能。

知识点 2　分集技术

分集技术

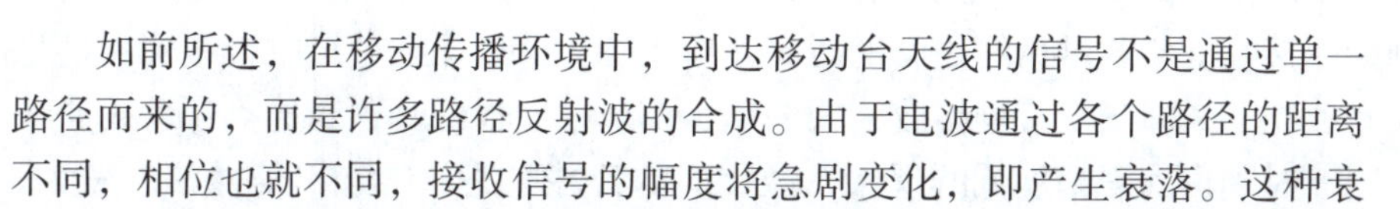

如前所述，在移动传播环境中，到达移动台天线的信号不是通过单一路径而来的，而是许多路径反射波的合成。由于电波通过各个路径的距离不同，相位也就不同，接收信号的幅度将急剧变化，即产生衰落。这种衰落是由于多径现象引起的，故称为多径衰落。对多径引起的衰落可用跳频技术、分集技术和自适应均衡技术来解决。

1. 分集定义

所谓分集接收是指接收端对它收到的多个衰落特性互相独立（携带同一信息）的信号进行特定的处理，以降低信号电平起伏的办法。分集含义：一是分散传输，使接收端能获得多个统计独立的、携带同一信息的衰落信号；二是集中处理，即接收机把收到的多个统计独立的衰落信号进行合并（包括选择与组合）以降低衰落的影响。

图 2－17 给出了一种利用“选择式”合并法进行分集的示意图。图中，A 与 B 代表两个同一来源的独立衰落信号。如果在任意时刻，接收机选用其中幅度大的一个信号，则可得到合成信号 C，如图 2－17 所示。由于在任一瞬间，两个非相关的衰落信号同时处于深度衰落的概率是极小的，因此合成信号 C 的衰落程度会明显减小。不过，这里所说的“非相关”条件是不可少的，倘若两个衰落信号同步起伏，那么这种分集方法就不会有任何效果。

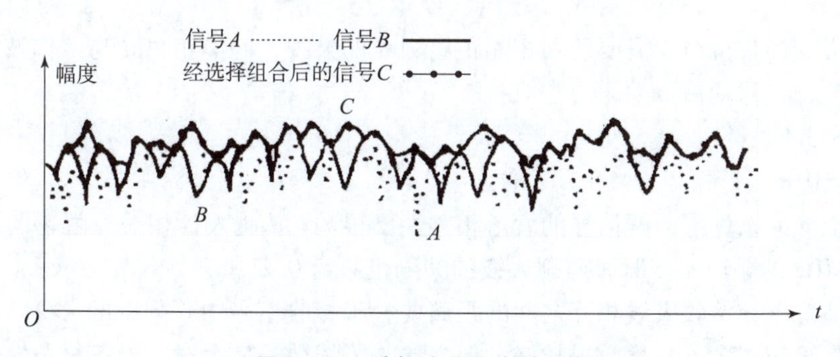

图 2－17　选择式分集合并示意

2. 分集方式

在移动通信系统中可能用到两类分集方式：一类称为宏分集；另一类称为微分集。“宏分集”主要用于蜂窝通信系统中，也称为“多基站”分集。这是一种减小慢衰落影响的分集技术，其做法是把多个基站设置在不同的地理位置上（如蜂窝小区的对角上）和在不同方向上，同时和小区内的一个移动台进行通信（可以选用其中信号最好的一个基站进行通信）。显然，只要在各个方向上的信号传播不是同时受到阴影效应或地形的影响而出现严重的慢衰落（基站天线的架设可以防止这种情况发生），这种办法就能保持通信不会中断。

微分集是一种减小快衰落影响的分集技术，在各种无线通信系统中都经常使用。理论和实践都表明，在空间、频率、极化、场分量、角度及时间等方面分离的无线信号，都呈现互相独立的衰落特性。据此，微分集又可分为空间分集（Space Diversity）、时间分集（Time Diversity）和频率分集（Freguency Diversity）等。

1）微分集

（1）空间分集。

空间分集是用多副接收天线来实现的（图2－18）。在发射端采用一副天线发射，而在接收端采用多副天线接收。接收端天线之间的距离 d 应足够大，以保证各接收天线输出信号的衰落特性是相互独立的，即当某一副接收天线的输出信号幅度很低时，其他接收天线的输出则不一定在这同一时刻也出现幅度低的现象，经相应的合并电路从中选出信号幅度较大、信噪比最佳的一路，得到一个总的接收天线输出信号。这个总的输出信号不会因某一个接收天线的输出信号幅度很低而变低，从而大大降低了信道衰落的影响，改善了传输的可靠性。

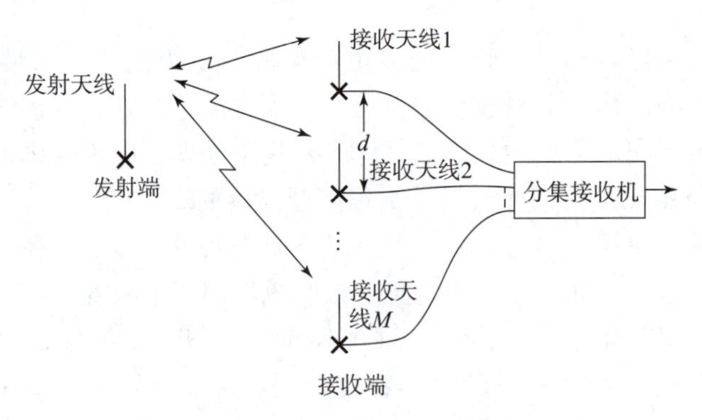

图2－18　空间分集示意图

空间分集的接收机至少需要两副相隔距离为 d 的天线，间隔距离 d 与工作波长、地物及天线高度有关，在移动信道中，通常取：

市区　$d=0.5\lambda$；

郊区　$d=0.8\lambda$。

在满足上式的条件下，两信号的衰落相关性已很弱；d 越大，相关性就越弱。由上式可知，在900 MHz的频段工作时，两副天线的间隔也只需0.27 m。

在通常情况下，接收天线相互之间的距离要大于接收信号中心频率的 $\lambda/2$。对于空间分集而言，分集天线越多，分集效果越好，但当接收天线数目较大时，设备复杂性增加，且分集增益的增加随着接收天线数目的增加而缓慢增加。实际上，通常使用两副天线组成空间分集。该技术在模拟频分移动通信系统、数字时分系统以及码分系统中都经常采用。

（2）极化分集。

由于两个不同极化的电磁波具有独立的衰落特性，所以发送端和接收端可以用两个位置很近但为不同极化的天线分别发送和接收信号，以获得分集效果。

极化分集可以看成空间分集的一种特殊情况，它也要用两副天线（二重分集情况），但仅仅是利用不同极化的电磁波所具有的不相关衰落特性，因而缩短了天线间的距离。在极化分集中，由于射频功率分给两个不同的极化天线，因此发射功率要损失 3 dB。

（3）频率分集。

由于频率间隔大于相关带宽的两个信号所遭受的衰落可以认为是不相关的，因此可以用两个以上不同的频率传输同一信息，以实现频率分集。根据相关带宽的定义，即

$$B_c = \frac{1}{2\pi\Delta} \tag{2-10}$$

式中：Δ 为延时扩展。例如，市区中 $\Delta = 3\ \mu s$，B_c 约为 53 kHz。这样频率分集需要用两部以上的发射机（频率相隔 53kHz 以上）同时发送同一信号，并用两部以上的独立接收机来接收信号。这不仅使设备复杂，而且在频谱利用方面也很不经济。

将要传输的信息分别以不同的载频发射出去，只要载频之间的间隔足够大（大于相干带宽），在接收端就可以得到衰落特性不相关的信号。与空间分集相比，它的优点是减少了天线的数目；缺点是要占用更多的频谱资源，在发射端需要多部发射机。

（4）时间分集。

同一信号在不同的时间区间多次重发，只要各次发送的时间间隔足够大，那么各次发送信号所出现的衰落将是彼此独立的，接收机将重复收到的同一信号进行合并，就能减小衰落的影响。时间分集主要用于在衰落信道中传输数字信号。此外，时间分集也有利于克服移动信道中由多普勒效应引起的信号衰落现象。由于它的衰落速率与移动台的运动速度及工作波长有关，为了使重复传输的数字信号具有独立的特性，必须保证数字信号的重发时间间隔满足以下关系，即

$$\Delta T \geqslant \frac{1}{2f_m} = \frac{1}{2\left(\frac{v}{\lambda}\right)} \tag{2-11}$$

（5）角度分集。

角度分集的做法是使电波通过几个不同路径，并以不同角度到达接收端，而接收端利用多个方向性尖锐的接收天线能分离出不同方向来的信号分量；由于这些分量具有互相独立的衰落特性，因而可以实现角度分集并获得抗衰落的效果。显然，角度分集在较高频率时容易实现。

（6）场分量分集。

由电磁场理论可知，电磁波的 E 场和 H 场载有相同的消息，但反射机理不同。例如，一个散射体反射 E 波和 H 波的驻波图形相位差 90°，即当 E 波为最大时，H 波为最小。在移动信道中，多个 E 波和 H 波叠加，结果表明 E_Z、H_X 和 H_Y 的分量是互不相关的，因此，通过接收 3 个场分量，也可以获得分集的效果。场分量分集不要求天线间有实体上的间隔，因此适用于较低工作频段（如低于 100 MHz）。当工作频率较高时（800 ~ 900 MHz），空间分集在结构上容易实现。场分量分集和空间分集的优点是这两种方式不像极化分集那样要损失 3 dB 的辐射功率。

2）隐分集

上面介绍的 6 种分集技术都是显分集。这是因为它们都是在频域或时域中采用的分集技

术，所采用的方式方法都是显而易见的。除了显分集以外，还有隐分集。隐分集主要是把分集作用隐藏于传输信号中。目前所采用的隐分集技术主要是交织编码等。它使码字的码元在传输过程中所遭受的衰落互不相关，同样可以获得抗多径衰落的效果。

3. 分集信号的合并技术

假设 M 个输入信号电压为 $r_1(t)$，$r_2(t)$，…，$r_M(t)$，则合并器输出电压 $r(t)$ 为

$$r(t)=a_1r_1(t)+a_2r_2(t)+\cdots+a_Mr_M(t)=\sum_{k=1}^{M}a_kr_k(t) \tag{2-12}$$

式中：a_k 为第 k 个信号的加权系数。

接收端收到 M（$M\geqslant 2$）个分集信号后，如何利用这些信号以减小衰落的影响，这就是合并问题。在接收端取得 M 条相互独立的支路信号以后，可以通过合并技术得到分集增益。根据在接收端使用合并技术的位置不同，可以分为检测前（predetection）合并技术和检测后（postdetection）合并技术，这两种技术都得到了广泛的应用。

对于具体的合并技术来说，通常有3类，即选择式合并（selective combining）、最大比值合并（maximum ratio combining）和等增益合并（equal gain combining）。

（1）选择式合并。选择式合并是检测所有分集支路的信号，以选择其中信噪比最高的那一个支路的信号作为合并器的输出。由上式可见，在选择式合并器中，加权系数只有一项为1，其余均为0，如图2－19所示。

（2）最大比值合并。最大比值合并是一种最佳合并方式，如图2－20所示。为了书写简便，每一支路信号包络 $r_k(t)$ 用 r_k 表示。每一支路的加权系数 a_k 与信号包络 r_k 成正比而与噪声功率 N_k 成反比，即 $a_k=\dfrac{r_k}{N_k}$，由此可得最大比值合并器输出的信号包络为

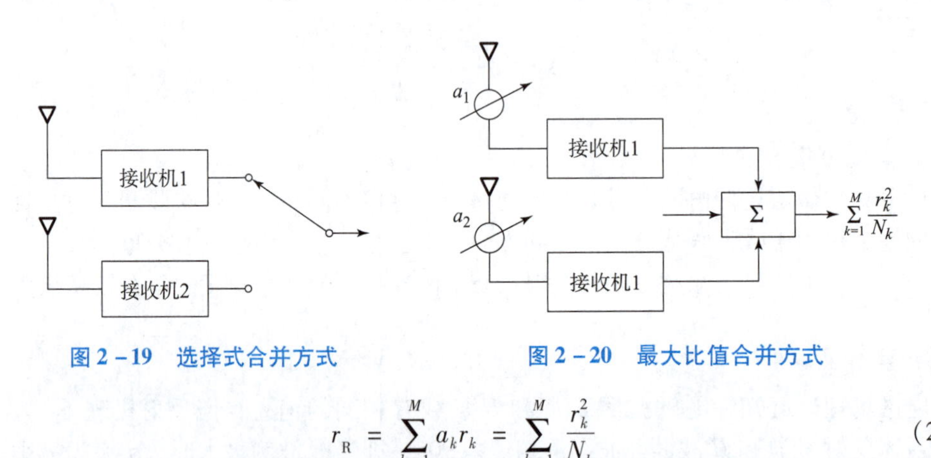

图2－19　选择式合并方式

图2－20　最大比值合并方式

$$r_R=\sum_{k=1}^{M}a_kr_k=\sum_{k=1}^{M}\frac{r_k^2}{N_k} \tag{2-13}$$

（3）等增益合并。等增益合并无需对信号加权，各支路的信号是等增益相加的，如图2－21所示。

等增益合并器输出的信号包络为

$$r_E=\sum_{k=1}^{M}r_k \tag{2-14}$$

如图2－22所示，在相同分集重数（即 M 相同）情况下，以最大比值合并方式改善信噪比最多，等增益合并方式次之；在分集重数 M 较小时，等增益合并的信噪比改善接近最

大比值合并。选择式合并所得到的信噪比改善量最少，其合并器输出只利用了最强一路信号，而其他各支路都没有被利用。

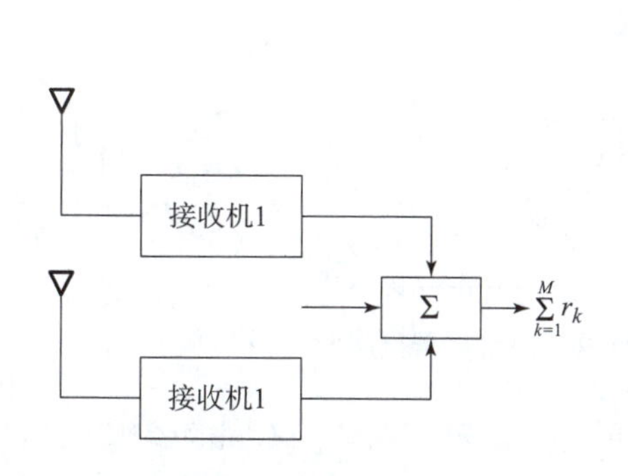

图 2－21　等增益合并方式

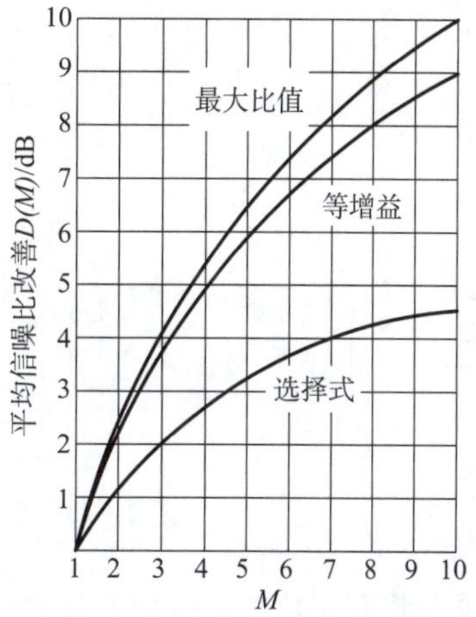

图 2－22　3 种合并方式的比较

等增益合并的各种性能与最大比值合并相比低得不多，但从电路实现上看，其较最大比值合并简单，尤其是加权系数的调整，前者远比后者简单，因此等增益合并是一种较实用的方式，而当分集重数不多时，选择式合并方式仍然是可取的。

知识点 3　交织和编码

交织和编码

1. 编码技术

1）GSM 信号流程

图 2－23 表示在语音信号传输过程中所涉及移动台的不同硬件部分。首先对语音信号进行数字化处理（A/D 转换），根据抽样定理转换成速率为 8 kHz 的 13 bit 的均匀量化数字信号，以 20 ms 分段，接着进行语音编码，再进行信道、交织编码，按 1∶1 方式的加密，形成 8 个 1/2 突发脉冲序列，最后适当的时隙中将它们以大约 270 Kb/s 的速率发射出去。接收完成相反过程。

2）编码

所谓信源编码是指将信号源中多余的信息除去，从而形成一个适合用来传输的信号的过程。信源编码的目的是提高系统传输效率，去除冗余度，语音编码属于信源编码。

所谓信道编码就是使有用的信息数据传输减少，在源数据码流中加插一些码元，从而达到在接收端进行判错和纠错的目的，这就是常说的开销。信道编码的本质是提高数据传输的可靠性，同时也提高了抗干扰的能力以及检错和纠错能力。这就好像运送一批玻璃瓶一样，为了保证运送途中不出现打烂玻璃瓶的情况，通常都用一些泡沫或海绵等物将玻璃杯包起来，这种包装使玻璃瓶所占的容积变大，原来一部车能装 5 000 个玻璃瓶，包装后就只能装 4 000 个了，显然包装的代价使运送玻璃瓶的有效个数减少了。同样，在带宽固定的信道中，总的传送码率也是固定的，由于信道编码增加了数据量，其结果只能是以降低传送有用信息

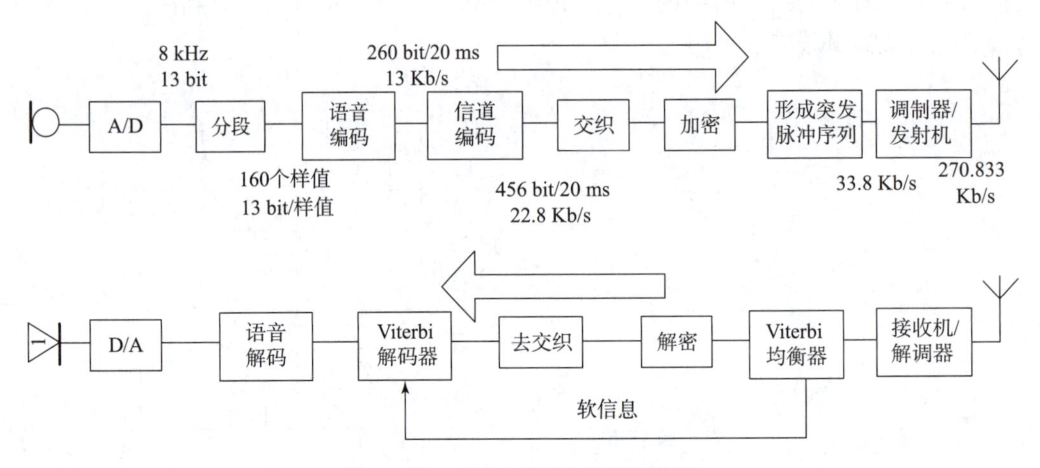

图 2－23　GSM 移动台的原理框图

码率为代价了。将有用比特数除以总比特数就等于编码效率了，不同的编码方式，其编码效率有所不同。

（1）语音编码。

由于 GSM 系统是一种全数字系统，语音或其他信号都要进行数字化处理。语音编码器主要有波形、声源（参量）和混合码 3 种编码类型。

PCM 编码就是波形编码，要把语音模拟信号采用 A 律波形编码转换成数字信号，即经过抽样、量化和编码 3 步。这种编码方式，数字链路上的数字信号比特速率为 64 Kb/s，如果 GSM 系统也采用此种方式进行语音编码，那么每个语音信道是 64 Kb/s，8 个语音信道就是 512 Kb/s。考虑实际可使用的带宽，GSM 规范中规定载频间隔是 200 kHz。因此，要把它们保持在规定的频带内，必须大大降低每个语音信道的编码比特率，这与 GSM 的带宽控制是矛盾的。这就要靠改变语音编码的方式来实现。

声源（参量）编码的原理是模仿人类发音器官——喉、嘴、舌的组合，将该组合看作一个滤波器，人发出的声音使声带振动就成为激励脉冲。当然“滤波器”脉冲的频率是在不断地变换，但在很短的时间内（10 ~ 30 ms）观察它，则发音器官是没有变换的，因此，声码器要做的事是将语音信号分成 20 ms 的段，然后分析这一时间段内相应的滤波器参数，并提取此时脉冲串频率，输出其激励脉冲序列。相继的语音段是十分相似的，LTP 将当前段与前一段进行比较，相应的差值被低通滤波后。进行一种波形编码。

声码器编码可以是很低的速率（可以低于 5 Kb/s），虽然不影响语音的可懂性，但语音的失真性很大，很难分辨是谁在讲话。波形编码器语音质量较高，但要求的比特速率相应地较高。因此，GSM 系统语音编码器是采用声码器和波形编码器的混合物——混合编码器，全称为线性预测编码－长期预测编码－规则脉冲激励编码器（LPC－LTP－RPE 编码器），如图 2－24 所示。

LPC＋LTP 为声码器，RPE 为波形编码器，再通过复用器混合完成模拟语音信号的数字编码。语音信号被分成 20 ms 的帧，每帧有 160 个取样值，经过 RPE 编码形成 47 bit/5 ms，经过 LPC＋LTP 编码形成 72 bit/20 ms，经过复用器形成 13 Kb/s（260 bit/20 ms）。然后将信号送入信道编码。

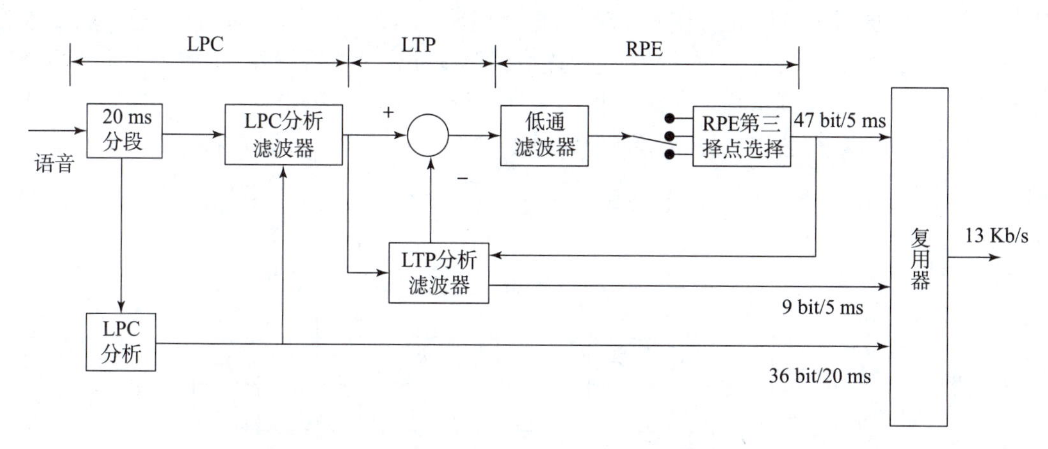

图 2-24　LPC-LTP-RPE 语音编码器框图

（2）信道编码。

信道编码又称纠错编码，在 20 ms 的语音编码帧中，把语音比特分为两类：第一类是对差错敏感的（这类比特发生误码将明显影响语音质量），占 182 bit；第二类是对差错不敏感的，占 78 bit。第一类比特加上 3 个奇偶校验比特和 4 个尾比特后共 189 bit，进行信道编码，也称为前向纠错编码。GSM 系统中采用码率为 1/2 和约束长度为 3 的卷积编码，即输入 1 bit，输出 2 bit，前后 3 个码元均有约束关系，共输出 378 bit，它和不加差错保护的 78 bit 合在一起共计 456 bit。通过卷积编码后速率为 456 bit/20 ms = 22.8 Kb/s，其中包括原始语音速率 13 Kb/s，纠错编码速率 9.8 Kb/s，如图 2-25 所示。

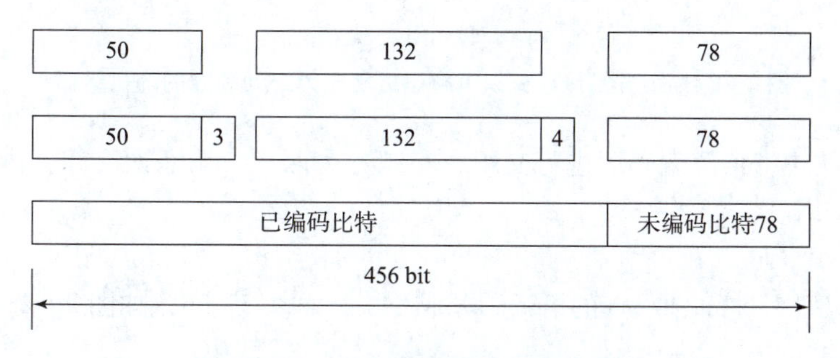

图 2-25　GSM 数字语音的信道编码

2. 交织技术

在陆地移动通信系统中，由于变参信道的影响，信号的深衰落谷点会影响到相继一串的比特，常造成成串的比特差错，而仅仅利用信道编码只能检测和校正单个差错或不太长的差错串，对突发差错编码很难完成其纠错，为了解决这一问题，希望能找到把一条消息中的相继比特分散开的方法，即一条消息中的相继比特以非相继方式被发送。这样，在传输过程中即使发生了成串差错，恢复成一条相继比特串的消息时，差错也就变成单个（或长度很短），这时再用信道编码纠错功能纠正差错，恢复原消息。这种方法就是交织技术。下面再谈交织编码的原理。

图 2-26 是一种分块交织器的工作原理图。分块交织器实际上是一个特殊的存储器，它

将数据逐行输入排成 m 列 n 行的矩形阵列，再逐列输出（水平写入，垂直读出）。去交织是交织的逆过程，去交织器将接收的数据逐列输入逐行输出。在传输过程中如果发生突发性误码，比如某一列全部受到干扰，实际上相当于每一行有一位码受到干扰，经去交织后集中出现的误码转换成每一行数据有一位误码，如图 2－27 所示，可以由信道解码器纠正。

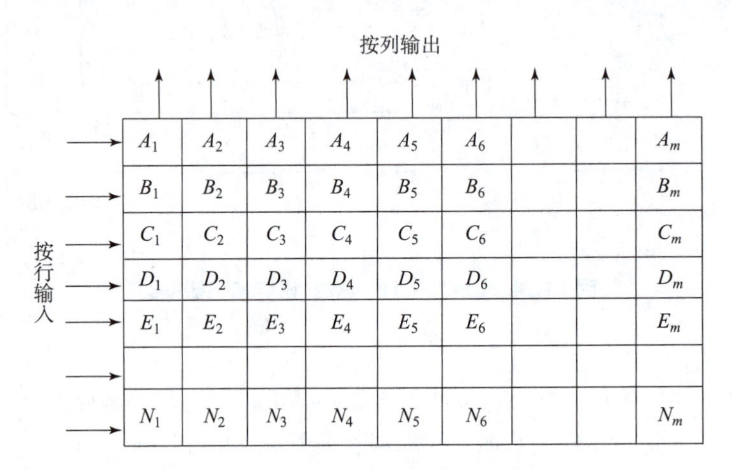

图 2－26　分块结构交织原理

突发错码
随机错码　随机错码　随机错码
○—— 信码　●—— 错码

图 2－27　突发错码经交织编解码之后成为统计独立的随机错码

在 GSM 系统中，信道编码后进行交织，交织分为两次，第一次交织为内部交织，第二次交织为块间交织。

1）一次交织

第一次交织把 456 bit/20 ms 的语音码分成 8 块，每块 57 bit，如图 2－28 所示。

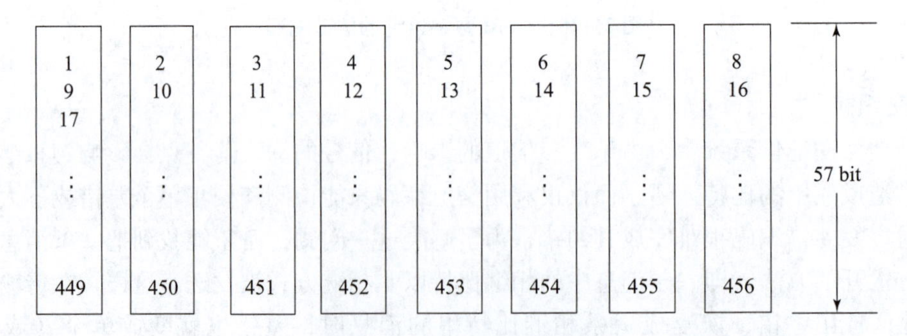

图 2－28　GSM 语音交织

2）二次交织（块间交织）

把每 20 ms 语音 456 bit 分成的 8 帧为一个块，假设有 *A*、*B*、*C*、*D* 这 4 块，如图 2 -29 所示，在第一个普通突发脉冲串中，两个 57 比特组分别插入 A 块和 D 块的各 1 帧（插入方式见图 2 -29），这样一个 20 ms 的语音 8 帧分别插入 8 个不同普通突发脉冲序列中，然后一个一个突发脉冲序列发送，发送的突发脉冲序列首尾相接处不是同一语音块，这样即使在传输中丢失一个脉冲串，只影响每一语音比特数的 12. 5%，而这能通过信道编码加以校正。

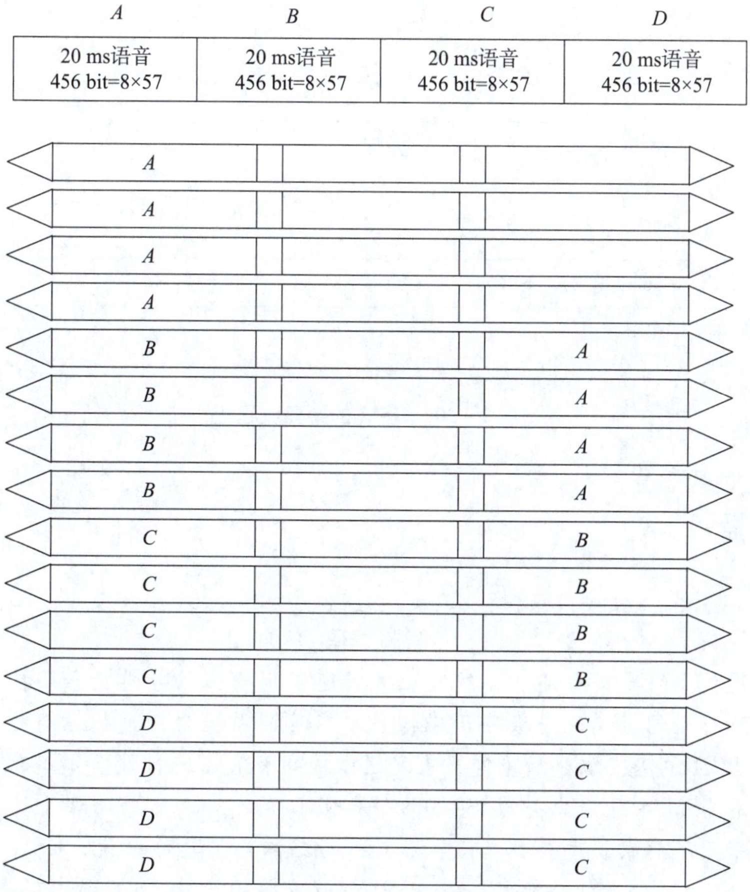

A	*B*	*C*	*D*
20 ms语音 456 bit=8×57	20 ms语音 456 bit=8×57	20 ms语音 456 bit=8×57	20 ms语音 456 bit=8×57

A			
A			
A			
A			
B			*A*
B			*A*
B			*A*
B			*A*
C			*B*
C			*B*
C			*B*
C			*B*
D			*C*
D			*C*
D			*C*
D			*C*

图 2 -29 GSM 二次交织

卷积编码后数据再进行交织编码，以对抗突发干扰。交织的实质是将突发错误分散开来。显然，交织深度越深，抗突发错误的能力越强。

本系统采用的交织深度为 8，参见图 2 -30 所示的 GSM 编码流程。即把 40 ms 中的语音比特（2 ×456 =912 bit）组成 8 ×114 矩阵，按水平写入、垂直读出的顺序进行交织，获得 8 个 114 bit 的信息段，每个信息段要占用一个时隙且逐帧进行传输。可见，每 40 ms 的语音需要用 8 帧才能传送完毕。

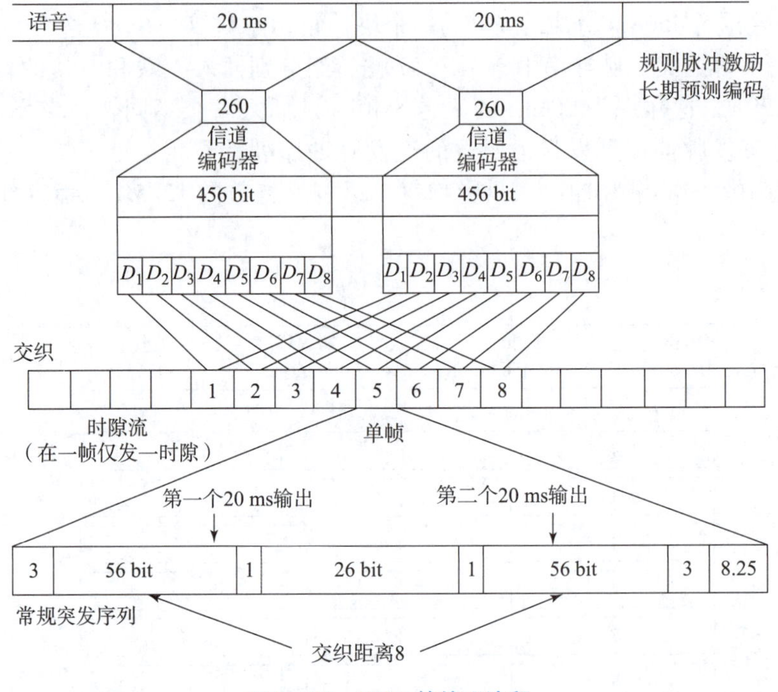

图2－30　GSM的编码流程

知识拓展

信道编码

第一代通信系统是模拟通信系统，业务信道采用模拟信号传输，而控制信道传输数字信令并进行了信道编码与数字调制操作。以英国系统为例，基站与终端信道编码采用不同的BCH编码，编码后重复5次发送以提高衰落信道性能。第二代移动通信系统，如欧洲的GSM系统、北美的IS－95都是数字通信系统。GSM在全速率业务信道与控制信道采用了约束长度为5、码率为1/2的卷积码。具体来说，GSM全速率业务信道20ms业务帧包含260个比特，其中50个最重要的比特、132个重要比特、78个不重要比特。50个重要比特首先进行循环冗余校验（Cyclic Redundancy Check，CRC）编码得到53 bit的码字，然后与后面的132个重要比特与4个全零尾比特一起采用1/2码率的卷积码进行编码得到378 bit，最后的78 bit不予保护得到456 bit的语音编码块。对于半速率业务信道，为了改善通话质量采用码率为1/3、约束长度为5的卷积编码。GSM控制信道采用外码为Fire码、内码为卷积码的串行级联编码方案，由于Fire码适于检测与纠正突发错误码，与善于纠正随机错误的卷积码结合可以进一步提高控制信令的可靠度。IS－95窄带CDMA系统的纠错编码是分别按照前向链路与反向链路来设计的，主要包括卷积编码与CRC编码。前向链路中除导频信道之外的同步信道、寻呼信道、业务信道都采用了约束长度为9、码率为1/2的（2，1，9）卷积码，反向链路（包括业务信道和接入信道）则采用了约束长度为9、码率为1/3的（3，1，9）卷积码。反向链路卷积码的码率更低，具有更强的纠错能力，有利于提高基站采用非相干解调接收时的抗干扰能力。

3G与2G相比要提供更高的传输速率、更多形式的数据业务，所以对纠错编码提出更高要求。3G仍然以IS－95中的卷积码作为语音信道和各个控制信道的纠错编码方案。确定Turbo码为数据、多媒体等业务的编码方案。

第四代移动通信（LTE）同样采用了卷积码与Turbo码作为纠错编码方案，而且卷积码用于控制信道，Turbo码用于数据信道。与WCDMA的纠错编码方案相比，LTE对纠错编码方案作了进一步优化。LTE卷积编码采用1/3码率的咬尾卷积码（Tail－Biting Convolutional Codes，TBCC），约束长度为7。

3. 5G信道编码

3GPP关于5G信道编码技术方面的工作计划可以分为3个阶段。

第一阶段的主要工作是确定5G采用的编码类型，具体包括选择5G候选信道编码方案、确定评估准则、对候选方案进行评估等工作。

第二阶段的主要工作是具体构造用于5G的LDPC码和Polar码，主要内容包括LDPC码参数的选择和校验矩阵的设计，以及Polar码的构造、Polar序列的设计、编译码算法和CRC添加方式等。

第三阶段的主要工作是对信道编码技术的编码链（Coding Chain）进行了讨论和研究，具体研究内容包括编码块分段、CRC添加、信道交织、速率匹配等。

经过漫长曲折的讨论，最终于2017年底美国Reno会议基本完成5G在eMBB场景的数据信道、控制信道、广播信道编码的设计工作，相关内容目前已经被写入NR的R15规范。

1）Polar码

Polar码基于信道极化理论，是一种线性分组码，相比于LDPC码，Polar码在理论上能够达到香农极限，并且有着较低复杂度的编译码算法。信道极化是Polar码的核心，信道极化过程包括信道组合和信道分解两个部分。极性编码（Polar Coding）技术通过一个简单的编码器和一个简单的连续干扰抵消（SC）解码器来获得理论上的香农极限容量（当编码块的大小足够大的时候）。大量的性能仿真实验结果表明，当编码块偏小时，在编码性能方面，极性编码与循环冗余编码，以及自适应的连续干扰抵消表（SC－list）解码器级联使用，可超越Turbo或LDPC低密度奇偶校验编码。

Polar码由于优良的编译码算法处理能力和高可靠性，已经被视为5G空口中前向纠错（FEC）的候选技术。

2）LDPC码

LDPC（Low－Density Parity－Check，低密度奇偶校验）码是由Gallager在1963年提出的一类具有稀疏校验矩阵的分组纠错码（Linear Block Codes），然而在接下来的30年来由于计算能力的不足，它一直被人们忽视。1993年，D MacKay、M Neal等对LDPC它重新进行了研究，发现LDPC码具有逼近香农极限的优异性能，并且具有译码复杂度低、可并行译码以及译码错误的可检测性等特点，从而成为信道编码理论新的研究热点。它的性能逼近香农极限，且描述和实现简单，易于进行理论分析和研究，译码简单且可实行并行操作，适合硬件实现。

LDPC 码具有巨大的应用潜力，将在深空通信、光纤通信、卫星数字视频、数字水印、磁/光/全息存储、移动和固定无线通信、电缆调制/解调器和数字用户线（DSL）中得到广泛应用。

与近香农极限的码——Turbo 码相比较，LDPC 码主要有以下几个优势。

（1）LDPC 码的译码算法，是一种基于稀疏矩阵的并行迭代译码算法，运算量要低于 Turbo 码译码算法，并且由于结构并行的特点，在硬件实现上比较容易。因此，在大容量通信应用中 LDPC 码更具有优势。

（2）LDPC 码的码率可以任意构造，有更大的灵活性。而 Turbo 码只能通过打孔来达到高码率，这样打孔图案的选择就需要十分慎重；否则会造成性能上有较大的损失。

（3）LDPC 码具有更低的错误平层，可以应用于有线通信、深空通信以及磁盘存储工业等对误码率要求更加苛刻的场合。而 Turbo 码的错误平层在 10^{-6} 量级上，应用于类似场合中，一般需要和外码级联才能达到要求。

（4）LDPC 码是 20 世纪 60 年代发明的，现在，在理论和概念上不再有什么秘密，因此在知识产权和专利上不再有麻烦。这一点给进入通信领域较晚的国家和公司，提供了一个很好的发展机会。

而 LDPC 码的劣势在于以下几点。

（1）硬件资源需求比较大。全并行的译码结构对计算单元和存储单元的需求都很大。

（2）编码比较复杂，更好的编码算法还有待研究。同时，由于需要在码长比较长的情况才能充分体现性能上的优势，所以编码时延也比较大。

（3）相对而言出现比较晚，工业界支持还不够。

练习题

1. 选择题

（1）分集技术的含义是（　　）。

A. 分散处理，集中传输　　B. 分散传输，集中处理

C. 分别传输，集中传输　　D. 分别处理，集中处理

（2）GSM 系统采用的调制技术是（　　）。

A. MSK　　B. GMSK　　C. QPSK　　D. OQPSK

2. 判断题

（1）时间分集是间隔一定的时间发射相同的信息实现的分集技术。（　　）

（2）信道编码可以实现检错、纠错。（　　）

（3）QPSK 调制在码元转换时刻相位是连续的。（　　）

（4）交织器会改变数据的传输顺序。（　　）

（5）信道编码对随机差错是有效的。（　　）

3. 问答题

（1）常用数字调制技术有哪些类型？引入数字调制的目的是什么？

（2）对移动通信的数字调制和解调器技术的要求主要有哪些？

（3）试述 MSK 调制和 FSK 调制的区别和联系。

（4）载频为 10.7 MHz，数据比特率为 16 Kb/s 的 MSK 信号，其传号频率 f_m 和空号频率 f_s 各为多少？在一个码元期间内，各包含多少个载频周期？

（5）一原始数据为［01 01 10 01 11 00 10 10］，试列表说明产生 MSK 信号的过程，求出经差分编码后同相数据、正交数据及最终频率。

（6）已知 $a_k=\{+1,\ -1,\ -1,\ +1,\ +1,\ +1\}$，并有 $a_0=0$，$N=1$，$m=3$，附加相位初始值为零。试求：附加相位的变化轨迹，并作出 MSK 信号波形图。

（7）与 MSK 相比，GMSK 的功率谱为什么可以得到改善？

（8）比较 MSK、GMSK、$\pi/4-$QPSK、QAM 几种调制技术的性能。

（9）在正交振幅调制中，应按什么准则来设计信号结构？

（10）为什么在移动通信中使用分集接收技术？分集技术有哪些类型？

模块二

移动网络规划设计

任务3　网络规划的流程

网络规划的流程

任务要求

知识目标

- 知道无线网络优化的定义，熟悉无线网络优化的流程。
- 会说明无线网络优化的要点。

技能目标

- 能画出无线网络优化的流程图。

素质目标

- 养成自主学习的良好习惯。
- 尊重他人、交流分享，积极参与小组协作任务。

知识点1　网络规划的基本流程

无线网络规划主要指通过链路预算、容量估算，给出基站规模和基站配置，以满足覆盖、容量的网络性能指标。

网络规划流程包括网络建设需求分析、无线环境分析、无线网络规模估算、预规划仿真、无线网络勘察、无线网络详细设计、网络仿真验证和规划报告输出，如图3-1所示。

1）网络建设需求分析

主要是分析网络覆盖区域、网络容量和网络服务质量，这是网络规划要求达到的目标。

2）无线环境分析

其中包括清频测试和传播模型测试校正。清频测试是为了找出当前规划项目准备采用的频段是否存在干扰，并找出干扰方位及强度，从而为当前项目选用合适频点提供参考，也可用于网络优化中问题定位。传播模型测试校正是通过针对规划区的无线传播特性测试，由测试数据进行模型校正后得到规划区的无线传播模型，从而为覆盖预测提供准确的数据基础。

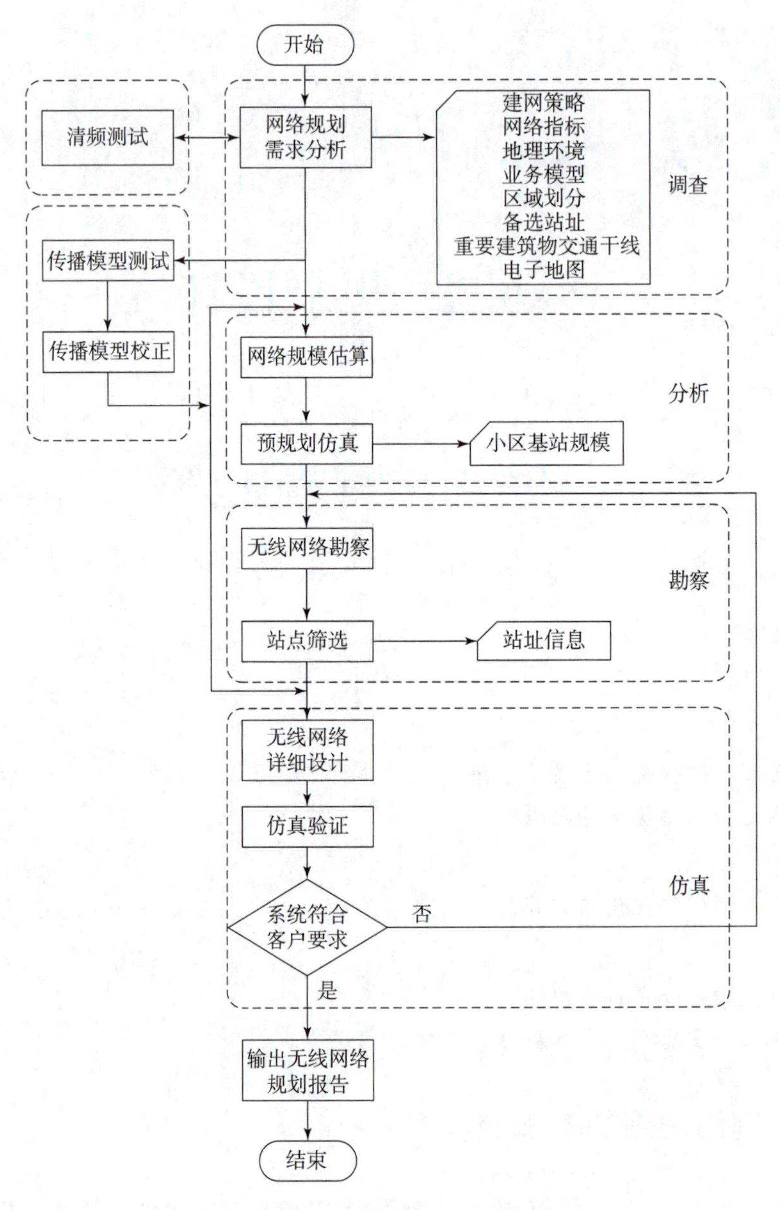

图3－1　无线网络规划流程

3）无线网络规模估算

包含覆盖规模估算和容量规模估算；针对规划区的不同区域类型，综合覆盖规模估算和容量规模估算，作出比较准确的网络规模估算。

4）预规划仿真

根据规模估算的结果在电子地图上按照一定的原则进行站点的模拟布点和网络的预规划仿真。

5）无线网络勘察

根据拓扑结构设计结果，对候选站站点进行勘察和筛选。

6）无线网络详细设计

主要指工程参数和无线参数的规划等。

7）网络仿真验证

验证网络站点布局后网络的覆盖、容量性能。

8）规划报告输出

输出最终的网络规划报告。

知识点 2　网络规划的原则

1. 无线网络规划思想

网络规划必须要达到服务区内最大程度无缝覆盖；科学预测话务分布，合理布局网络，均衡话务量，在有限带宽内提高系统容量；最大程度减少干扰，达到所要求的 QoS；在保证语音业务的同时，满足高速数据业务的需求；优化无线参数，达到系统最佳的 QoS；在满足覆盖、容量和服务质量前提下，尽量减少系统设备单元，降低成本。

2. 无线网络规划要点

无线网络规划要点包括覆盖规划、容量规划、无线参数规划。

1）覆盖规划

考虑不同无线环境的传播模型，考虑不同的覆盖率要求等来设计基站规模，以达到无线网络规划初期对网络各种业务的覆盖要求。

进行覆盖规划时，要充分考虑无线传播环境。由于无线电波在空间衰减存在较多的不可控因素，因此相对比较复杂。应对不同的无线环境进行合理区分，通过模型测试和校正，滤除无线传播环境对无线信号快衰落的影响，得到合理的站间距。

2）容量规划

考虑不同用户业务类型和话务模型来进行网络容量规划。

一般在城区的业务量比在郊区业务量大，同时各种地区的业务渗透率也有很大不同，应对规划区域进行合理区分，并进行业务量预测，来进行容量规划。

3）无线参数规划

在确定站点位置后，需要进行无线参数规划，包括基本无线参数（Cell ID、PCI、频段、ICIC 等）、邻接关系、邻接小区等参数。

任务 4　覆盖规划

任务要求

知识目标

- 描述自由传播空间的定义。
- 比较并区别电磁波传播的常见模型。

- 记忆最大允许传播路径损耗的计算公式。
- 知道小区的形状，描述区群、同频小区、激励方式、小区分裂的概念。

技能目标

- 能计算电磁波在自由空间的传播损耗。
- 能分析项目的覆盖需求，并根据需要完成5G工程项目的覆盖规划的计算。
- 能制定项目的覆盖规划报告。

素质目标

- 培养科学严谨的工作态度和爱岗敬业的职业精神。
- 养成自主学习的良好习惯。
- 尊重他人、交流分享，积极参与小组协作任务。

知识点1　覆盖规划的流程

1. 覆盖规划基本流程

覆盖规划一般遵照的流程如下。

(1) 确定链路预算中使用的传播模型。

(2) 根据传播模型，通过链路预算表分别计算满足上、下行覆盖要求的小区半径。

(3) 根据站型计算单个站点覆盖面积。

(4) 用规划区域面积除以单个站点覆盖面积得到满足覆盖的站点数。

2. 覆盖规划影响因素

1) 系统工作频段

因频段高低与传播损耗的大小有关，所以系统工作频段的分配会影响系统的小区覆盖半径，继而影响到系统的覆盖规划结果。在现网中，各运营商的各种制式均占用不同的频段组网，针对我国的2G、3G、4G网络频率分配具体情况如表4－1所示。

表4－1　三大运营商2G/3G/4G网络工作频段划分

运营商	上行频率/MHz	下行频率/MHz	频宽/MHz	制式	
中国移动	885～909	930～954	24	GSM900	2G
	1 710～1 725	1 805～1 820	15	GSM1800	2G
	2 010～2 025	2 010～2 025	15	TD～SCDMA	3G
	1 880～1 890 2 320～2 370 2 575～2 635	1 880～1 890 2 320～23 70 2 575～2 635	120	TD－LTE	4G
中国联通	909～915	954～960	6	GSM900	2G
	1 745～1 755	1 840～1 850	10	GSM1800	2G
	1 940～1 955	2 130～2 145	15	WCDMA	3G
	2 300～2 320 2 555～2 575	2 300～2 320 2 555～2 575	40	TD－LTE	4G
	1 755～1 765	1 850～1 860	10	LTE－FDD	4G

续表

运营商	上行频率/MHz	下行频率/MHz	频宽/MHz	制式	
中国电信	825～840	870～885	15	CDMA	2G
	1 920～1 935	2 110～2 125	15	CDMA2000	3G
	2 370～2 390 2 635～2 655	2 370～2 390 2635～2 655	40	TD－LTE	4G
	1 765～1 780	1 860～1 875	15	LTE－FDD	4G

3GPP 将 5G 频段分为低频段 FR1 和高频段 FR2。FR1 对应频段范围为 450～6 000 MHz，FR2 对应的频段范围为 24 250～52 600 MHz。为了保证 eMBB 业务所需的高速率，在 5G 部署时，需要满足 100 MHz 的连续频段带宽。不同的频段、不同的带宽，决定其覆盖特性和载波带宽容量能力的不同。在频段的使用规划中，6 GHz 以下的频段对于支持大多数 5G 使用场景是至关重要的，如 3 300～4 200 MHz 和 4 400～5 000 MHz 频段范围，适合在广域覆盖和容量之间取得平衡，在工信部公布的频段中，均有此范围的频段。

当前工信部向运营商颁布的 5G 试验频率使用许可如表 4－2 所示。

表 4－2　运营商 5G 频段划分

运营商	5G 频段/MHz	5G 频段号
中国电信	3 400～3 500	N78
中国移动	2 515～2 675、4 800～4 900	N41、N79
中国联通	3 500～3 600	N78
中国广电	4 900～4 960	N79

知识拓展

5G 高频段会有强辐射吗？

辐射是指能量在空间和其他介质中的传递，存在形式有电磁波、粒子流等。按辐射的效应分，可分为电离辐射与非电离辐射两类。电离辐射是使物质产生电离作用的电磁辐射（如 X 射线、γ 射线）或粒子辐射（如阿尔法射线、贝塔射线、高速电子、高速质子及其他粒子）。而波长大于 100 nm 的电磁波，由于其能量低，不能引起水和机体组织电离，故称为非电离辐射，如光和超声波等。

基站发射电磁波信号属于相对安全的非电离辐射。按照国家标准规定，通信频段功率密度应小于 40 $\mu W/cm^2$。但考虑到辐射源叠加，运营商通常会将功率密度控制在 8 $\mu W/cm^2$ 以下，可以说我国在基站方面对无线电辐射的标准是最严格的，远低于其他国家和地区。

在生活中超过基站辐射强度的电器产品随处可见，例如，电吹风的辐射为 100 μW/cm^2；电磁炉的辐射能达到 580 μW/cm^2；而太阳在地球上的辐射功率大约是 10 μW/cm^2。也就是说，标准基站辐射的强度仅仅是太阳光照射强度的 1/2 500，甚至难敌电磁炉。5G 的到来也有人会担心，速度比 4G 快百倍的 5G，工作频段更高的 5G 系统其基站辐射会不会也成倍增长呢？

其实，我国的 5G 网络的工作频段都在 6 GHz 以下，工作波长远大于 100 nm，不会产生电离辐射，且 5G 基站的辐射标准和 4G 保持一致，依旧是小于 40 μW/cm^2，因此 5G 高频段不会有强辐射。

生活中的电磁辐射有很多，但不必过度紧张。科学的认识和预防电磁辐射污染非常有必要。一般情况下，除了正常的电磁兼容测试外，电磁辐射并不强，但因为其具有累积效应，所以在生活中也应该加以注意，尽量远离辐射源。各种家用电器、办公设备、移动电话等都应当尽量避免长时间操作。操作时注意保持和它们之间的距离。当电器暂停使用时，最好关闭电源，不使其处于待机状态，即使是微弱的电磁辐射，长时间也会产生辐射积累。家中的电器也不要摆放得过于集中，尽量分散摆放。另外，可以多吃胡萝卜、西红柿、海带、瘦肉、动物肝脏等富含维生素 A、维生素 C 和蛋白质的食物，可以加强肌体抵抗电磁辐射的能力。

2）小区边缘用户速率

在 5G 无线网络中，不同场景对速率的要求并不相同，甚至差异巨大，因此在覆盖规划时，要首先确定边缘用户的数据速率目标，不同的目标数据速率对应不同的解调门限，导致覆盖半径也不同，因此，小区边缘用户速率是 5G 网络覆盖规划的重要参数，也是无线网络规划要实现的规划目标之一。根据不同的业务场景，小区边缘用户速率可以有不同的要求。在上行和下行边缘用户速率的匹配上，要综合考虑上、下行覆盖的均衡性。

3）时隙配比

5G NR 使用动态 TDD 技术，可以根据业务需求动态调整上、下行时隙配置。特别是在密集部署的情况下，每个基站只服务于少数几个终端，所以动态适应上、下行业务需求变化对密集部署尤为重要。对于密集部署，基站间干扰可以得到较好的控制。基站不需要过多考虑周边基站的上、下行情况，可以独立地调整上、下行配置。如果无法满足站间隔离的要求，基站也可以通过站间协调来作出上、下行配置的决定。如果需要，也可以直接限制上、下行动态调整，改为静态操作。

4）子载波间隔与工作带宽

5G 的子载波间隔（Sub - Carrier Space，SCS）是可变的，相比于 4G 子载波间隔固定为 15 kHz，5G 子载波间隔可选为 15 kHz、30 kHz、60 kHz、120 kHz、240 kHz。

不同的子载波间隔支持的工作带宽范围是不一样的，不同的子载波间隔下，5G 可以支持的工作带宽范围也不相同，因为工信部颁布频段都在 FR1 内，因此，当前规划时 5G 工作带宽最高为 100 MHz。

5）RB 配置

12 个子载波可以组成一个资源块（Resource Block，RB），5G NR 单载波最大支持 275

个 RB，即 3 300 个子载波，但因为 NR 需要设置保护带宽来降低误差矢量幅度、抑制相邻频道泄漏，NR 单载波实际支持 RB 数量达不到最大值。RB 资源块的数量对基站发射功率和接收机灵敏度均有影响，不同的 RB 配置可以影响上、下行链路的覆盖能力。

知识点 2　电波传播模型

电波传播模型

1. 自由空间的传播模型

自由空间是一个理想化的概念，是指天线周围为无限大真空时的电波传播，它是理想传播条件。电波在自由空间传播时，其能量既不会被障碍物所吸收，也不会产生反射或散射。自由空间为人们研究电波传播提供了一个简化的计算环境。

假设在自由空间中有一理想点源天线 O，如图 4－1 所示，为一个无大小、无体积的点，形成理想的球面波，沿 O 点朝任意方向出发，在距离 O 点较近的内球面上，任意一点的能量场假设为 E，在距离 O 点较远的外球面上，任意一点的能量场设为 E'。在自由空间中，内球面的能量和等于外球面的能量和，而内球面的面积小于外球面的面积，所以在图 4－1 中 $E>E'$，因此，可以得出一个结论，沿理想点源向外，测得的场强会逐渐变弱，即电磁波在自由空间中由于能量的扩散会产生损耗，且距离越远损耗越大，可以用式（4－1）计算得到，即

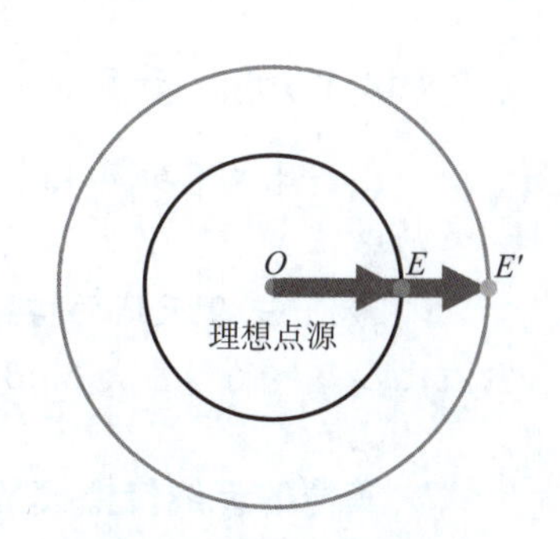

图 4－1　理想点源天线形成的场示意图

$$L_{fs}=32.45+20\lg d+20\lg f \qquad (4-1)$$

式中：d 的单位是 km；f 的单位是 MHz；L_{fs} 的单位是 dB。

L_{fs} 定义为自由空间路径损耗，有时又称为自由空间基本传输损耗，它表示自由空间中两个理想电源天线（增益系数 $g=1$ 的天线）之间的传输损耗。

需要指出，自由空间是不吸收电磁能量的理想介质。这里所谓的自由空间传输损耗是指球面波在传播过程中，随着传播距离增大，电磁能量在扩散过程中引起的球面波扩散损耗。实际上，接收天线所捕获的信号功率仅仅是发射天线辐射功率的很小一部分，大部分能量都散失掉了，自由空间损耗正反映了这一点。

自由空间基本传输损耗 L_{fs} 仅与频率 f 和距离 d 有关。当 f 和 d 扩大一倍时，L_{fs} 均增加 6 dB。

知识拓展

dB、dBm、dBi、dBd 的区分

1. dBm

dBm 用于表达功率的绝对值，相对于 1 mW 的功率，计算公式为：10 lg（P 功率值/1 mW）。在通信工程中，一般设备的发射或接收功率都按照 dBm 计算。

［例］如果发射功率 P 为 10 W，则按 dBm 单位进行折算后的值应为：10 lg（10 W/1 mW）=10 lg（100 00）=40 dBm，则可以说发射功率 P 为 40 dBm。

1 W = 30 dBm　100 mW = 20 dBm　10 mW = 10 dBm　1 mW = 0 dBm

2. dBi、dBd

dBi和dBd均用于表达功率增益，两者都是一个相对值，只是其参考的基准不一样。dBi的参考基准为理想的点源天线，dBd的参考基准为对称半波振子天线，因此两者的值略有不同，同一增益用dBi表示要比用dBd表示大2.15。

［例］对于增益为16 dBd的天线，其增益按单位dBi进行折算后为18.15 dBi（忽略小数点后为18 dBi）。

3. dB

dB用于表征相对比值，对于电压U、电流I、场强E，dB用$20\lg\frac{x}{y}$算；对于功率P，dB用$10\lg\frac{x}{y}$计算。

比如计算甲功率相对乙功率大或小多少dB时，按下面计算公式：10 lg（甲功率/乙功率）。

［例］若甲天线的增益为20 dBd，乙天线的增益为14 dBd，则可以说甲天线的增益比乙天线的增益大6 dB。

2. 其他的无线传播模型

多径效应与阴影效应造成的信号衰落受移动信道的影响，是完全随机的一个过程，很难计算精确的损耗值。在通信工程中，如果需要计算某种传播场景下的衰落损耗，一般是在大量场强测试的基础上，经过对数据的分析与统计处理，找出各种地形地物下的传播损耗与距离、频率以及天线高度的关系，给出传播特性的各种图表和计算公式，建立无线传播预测模型。

传播模型中需要考虑不同的地形地物影响，地形地物是如何分类的呢？

电波在不同的环境中传播，其特性不尽相同。从广义上讲，传播环境应包括电波传播地区的自然地形、人工建筑与植被状况等。现实中的地形地物又是多种多样，千差万别。在研究移动信道时，应根据地形的主要特征将传播环境的地形特征加以分类，并给出明确定义，这样才能研究在不同地形环境条件下电波的传播特性。

1）地形的分类及定义

（1）准平滑地形。地形起伏高度在20 m以内，起伏较平缓，地面平均高度相差不大的地形。

（2）不规则地形。

① 丘陵地形。用地形起伏高度参数Δh表示。Δh值等于从接收点向发射点方向计算得10 km内10%与90%的地形起伏高度差，如图4-2所示。

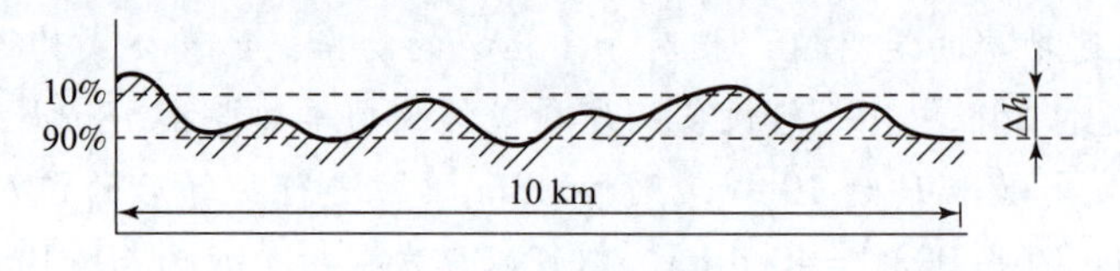

图4-2　地形起伏高度Δh

② 孤立山岳。指传播路径上的一个孤立山岳，除接收点邻近的障碍物以外，没有其他物体对接收信号有干扰。对于 VHF 及 UHF 频段，这种山岳可近似地看作刃形障碍。

③ 斜坡地形。

④ 海陆混合。

2）地物的分类与定义

根据建筑物分布、植被等密集情况对传播环境加以分类。

（1）开阔区。指传播路径上没有或很少有高建筑物及大树的开阔空间和前方 300 ~ 400m 内没有任何障碍物的地区，如农田和很少树木的荒地等。

（2）郊区。由村庄或公路组成，有分散的树和小房子。在郊区可能有些障碍物靠近移动台但不十分密集。

（3）一般城区。指一般的城市或大的市镇，有较高的建筑物和多层住宅。

（4）密集城区。指在大城市的市中心，建筑物非常密集，且高度在 10 层楼以上，街道也更加狭窄。

上述环境分类比较粗略。例如，在市区，还有一般市区和市中心之分。对于不属于上述传播环境的地区，也可根据具体情况按过渡地区处理。

3）链路预算中的传播模型

电波传播模型是为了更好、更准确地研究电波传播而设计出来的一种模型。在无线网络规划中，传播模型主要分两种：一种是直接应用电磁理论计算出来的确定型模型，如射线跟踪模型；另一种是基于大量测量数据的统计型模型，如 Okumura - Hata、COST231 - Hata、SPM、标准宏小区模型、Uma、Umi、Rma 等。

确定型模型对于信号预测准确度较高，但对计算条件的要求也高，一般需要高精度三维电子地图，计算量较大，计算周期较长。确定型模型一般用于仿真预测。

统计型模型是一种比较成熟的数学公式，影响电磁波传播的一些主要因素，如天线挂高、频率、收发天线间距离、地形地物类型等都以变量函数在路径损耗公式中反映出来。统计型模型计算比较简单，但是模型各参数的适用范围有一定的局限性，需要对模型进行校正。

在实际网络规划中，特别是在覆盖规划中常用的传播模型为 Okumura - Hata、COST231 - Hata、SPM、Uma 等统计型模型。从适用频段上看，Okumura - Hata、COST231 - Hata 和 SPM 适用频段均小于 2 GHz，SPM 模型最高适用频段为 3. 5 GHz，由于 5G 主要频段在 3. 3GHz 以上，Okumura - Hata、COST231 - Hata 已经不能适用 5G 高频段，SPM 也仅仅适用于 3. 5 GHz 以下部分 5G 频段。随着频率的升高，无线信号在传播过程中的衍射能力越来越差，受到周围建筑物和道路的影响越来越大，现有传播模型仅考虑频率、天线挂高、接收高度、衍射损耗、距离等因素，但是建筑物高度、街道宽度等对高频段信号传播也有一定影响，这与现有传播模型存在一定的差异。因此，在 5G 中，3GPP 协议定义了 3 种传播模型，即 Umi（Urban Micro，城区杆站）、Uma（Urban Marco，城区宏站）、Rma（Rural Marco，郊区宏站）。其中 Umi 用于城区的微站覆盖场景，典型高度 10 m；Uma 用于城区的宏站覆盖场景，典型高度 25 m；Rma 则用于农村地区的宏站覆盖场景，典型高度 35 m。Uma 模型是一种适用于高频的传播模型，适用频率为 0. 5 ~ 100 GHz，适用小区半径在 10 ~ 5 000 m 内的宏蜂窝系统，一般要求站点高度和建筑物平均高度不超过 50 m，街道平均宽度不大于 50 m，

UE 的高度为 1.5 ~22.5 m。

在实际应用中，3GPP 标准模型不够准确，在实际规划中需要对模型做适当的修正。

知识点3　链路预算

链路预算是网络规划的前提，它主要是通过对上、下行信号传播途径中各种影响因素的考察和分析，估算覆盖能力，得到保证一定信号质量下链路所允许的 MAPL（Maximum Allowed Path Loss，最大允许路径损耗）；然后将 MAPL 代入传播模型，继而算出小区的半径，如图 4-3 所示，并根据基站的站型得到小区覆盖面积；最后通过用总覆盖面积除以单站面积，确定满足连续覆盖条件下站点规模，如图 4-4 所示。

图 4-3　链路预算的方法

图 4-4　覆盖站点数估算

需要注意的是，链路预算上、下行需要独立计算，以受限的链路作为最终结果。一般来说，基站的能力强，发射功率大，可达 200 ~320 W，而手机的发射功率则要小得多，一般为 0.2 ~0.4 W。因此，上行的 MAPL 要小于下行，也就是说，覆盖是上行受限的，计算小区半径的时候，只考虑上行就可以了。链路预算针对每个物理信道和信号分别计算，以受限的信道作为最终的结果，但一般情况只考虑 PUSCH（Physical Uplink Shared CHannel，物理上行共享信道）、PDSCH（Physical Downlink Shared CHannel，物理下行共享信道）。

5G 链路预算的特点有：MassiveMIMO 大规模天线增益；100 MHz 大带宽提供更高业务速率。

1. 最大允许路径损耗

链路预算与很多参数有关，通过设置各种链路预算参数，得到最终的链路预算结果，即 MAPL。5G 和 4G 在 C 频段上差别不是很大，在毫米波频段需要额外考虑人体遮挡损耗、树木损耗、雨衰、冰雪损耗的影响。

最大允许路径损耗的计算较为复杂，图 4-5 以下行为例给出了需要考虑的主要因素。

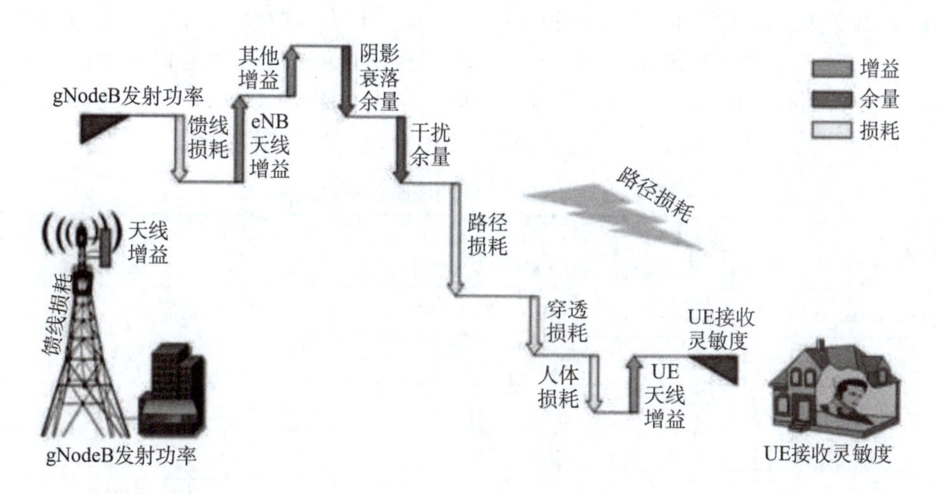

图 4－5　路径损耗示意图

最大允许路径损耗（dB）= 基站发射功率（dBm）－10log10（子载波数）＋基站天线增益（dBi）－基站馈线损耗（dB）－穿透损耗（dB）－植被损耗（dB）－人体遮挡损耗（dB）－干扰余量（dB）－雨/冰雪余量（dB）－慢衰落余量（dB）－人体损耗（dB）＋UE 天线增益（dB）－接收灵敏度（dBm）　　(4－2)

从式（4－2）中可知链路预算中有两大类因素。

（1）确定性因素，包括基站发射功率、基站天线增益、终端接收灵敏度、终端天线增益等；

（2）不确定性因素，包括慢衰落余量、雨/冰雪影响、干扰余量等，这些因素不是任意时候都会发生的，当作链路余量考虑。

①干扰余量：是指为了克服邻区及其他外界干扰导致的底噪抬升而预留的余量，其取值等于底噪抬升。

②雨/冰雪余量：为了克服概率性的较大降雪、降雨等导致信号衰减而预留的余量。

③慢衰落余量：信号强度中值随着距离变化会呈现慢速变化（遵从对数正态分布），与传播障碍物遮挡、季节更替、天气变化相关，慢衰落余量指的是为了保证长时间统计中值达到一定电平覆盖概率而预留的余量。

④接收灵敏度：接收灵敏度是指输入端在所分配的资源带宽内，满足业务质量要求的最小接收信号功率。其中，接收灵敏度与背景噪声灵敏度、子载波间隔、噪声系数及解调门限有关。这里解调门限即信号与干扰加噪声比门限，是计算接收机灵敏度的关键参数，在链路预算中占据相当重要的地位，是设备性能和功能算法的综合体现。不同场景需求不同，所需要的 SINR（Signal to Interference plus Noise Ratio，信号与干扰加噪声比）值就不同。实际上，如果场景目标速率越高，目标码率越高，花费的 RB 数目越多，则需要使用调制阶数和高码率调制模式更高的对 SINR 要求也更高。

⑤发射功率：是指发射端的功率值。在 5G 链路预算中，通常会给出 EIRP（Effective Isotropic Radiated Power，有效发射功率）参数，它是指信道发射功率和天线增益之和。理论上讲，最大发射功率越大，覆盖性能越好，但是在实际建网中，考虑到干扰、系统互操作及越区覆盖等各方面因素，上、下行信道的最大发射功率是有一定限制的。5G 基站一般发射

功率取最大200 W，即53 dBm，对于多流系统，每一流功率按照均匀分配考虑，则4流系统单流功率为50 W，即47 dBm。用户终端（User Equipment，UE）在FR1频段默认的最大发射功率定义为200 mW，即23 dBm，双流发射的最大功率为400 mW，即26 dBm。

表4－3对比了多个频段的5G链路预算与4G链路预算的不同之处。

表4－3 4G/5G系统的链路预算的差异

链路各因素	1.8 GHz（FDD 2R）	1.9 GHz（TDD 8R）	2.6 GHz（TDD 8R）	2.6 GHz（NR 64R）	3.5 GHz（NR 64R）	4.9 GHz（NR 64R）
频段/GHz	1.8	1.9	2.6	2.6	3.5	4.9
路径损耗差异/dB	3.2	2.7	0	0	－2.6	－5.5
UE发射功率/dBm	23	23	23	26	26	26
穿透损耗/dB	20	20	23	23	26	30
上下行时隙配比	全上行	（UL20% DL75%）	（UL20% DL75%）	（UL20% DL75%）	（UL30% DL70%）	（U30% DL70%）
基站天线配置	2R	8R	8R	64R	64R	64R
天线合并增益/dB	0	6	6	15	15	15
天线增益/dBi	18	14.5	16.5	11	11	10.4
馈线及连接损耗/dB	0.5	0.5	0.5	0	0	0
干扰余量	3	3	3	2	2	2
UE发射预编码增益/dB	0	0	0	3	3	3
垂直天线损耗/dB	3	3	3	0	0	0
综合	8.7	3.7	基线	14	10.2	2.8

表4－4中主要对比了2 600 MHz频段的5G系统和LTE系统的链路预算的差异。

表4－4 C频段5G与LTE链路预算的差异

链路影响因素	LTE链路预算	5G NR链路预算C频段
馈线损耗	RRU形态，天线外接存在馈线损耗	AAU形态，无外接天线馈线损耗；RRU形态，天线外接存在馈线损耗
基站天线增益	单个物理天线仅关联单个TRX，单个TRX天线增益即为物理天线增益	MM天线阵列，整列关联多个TRX，单个TRX对应多个物理天线，总的天线增益＝单TRX天线增益＋BF Gain 其中，链路预算中的天线增益仅为单个TRX，表的天线增益（64TR为10～11 dBi）。BF Gain体现在解调门限中（典型值15 dBi）
传播模型	Cost231－Hata	Uma/Rma/Umi
穿透损耗	相对较小	更高频段，更高穿透损耗
干扰余量	相对较大	MM波束天然带有干扰避让效果，干扰较小
人体遮挡损耗	N/A	N/A
雨衰	N/A	N/A
树衰	N/A	N/A

2. 穿透损耗

建筑物的穿透损耗（Penetration Loss）与具体的建筑物类型、电波入射角度等因素有关。不同材质在不同频率的穿透损耗值不同，随着频率升高，穿透损耗逐渐加大。

在链路预算中，通常会根据不同场景选取相应的传播损耗，典型场景的取值如表4－5所示。

表4－5　多频段不同覆盖场景的穿透损耗值

区域	频段/GHz					
	0.8	1.8	2.1	2.6	3.5	4.5
密集城区	18	21	22	23	26	28
一般城区	14	17	18	19	22	24
郊区	10	13	14	15	18	20
农村	7	10	11	12	15	17

3. 阴影衰落余量

阴影衰落余量是指为了保证长时间统计中，达到移动电平覆盖概率而预留的余量，通过边缘覆盖率和阴影衰落标准差得出。阴影衰落余量取决于传播环境，不同环境的标准偏差不同。慢衰落标准差如表4－6所示。

表4－6　慢衰落标准差

模型	视距/非视距（LOS/NLOS）	慢衰落标准差/dB
农村（Rma）	LOS	4
	NLOS	8
城区宏站（Uma）	LOS	4
	NLOS	6
城区微站（Umi－Street Canyon）	LOS	4
	NLOS	7.82
室内（InH Office）	LOS	3
	NLOS	8.03

通常认为阴影衰落服从对数正态分布。根据阴影衰落方差和边缘覆盖概率要求，可以得到所需的阴影衰落余量。例如，按照85.10%边缘覆盖率进行链路预算，取阴影衰落标准差4 dB，这样就需要留出4.16 dB的余量。

表4－7给出了区域覆盖概率95%条件下，Uma LOS/NLOS的慢衰落余量的典型值。

表4－7　Uma模型下的慢衰落余量

场景	区域覆盖概率/%	边缘覆盖率/%	慢衰落标准	慢衰落余量
LOS	95	85.10	4	4.16
NLOS	95	82.50	6	5.6

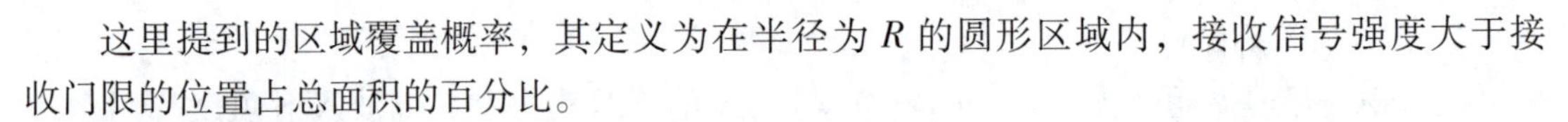

这里提到的区域覆盖概率，其定义为在半径为 R 的圆形区域内，接收信号强度大于接收门限的位置占总面积的百分比。

4. 干扰余量

链路预算是单个小区与单个UE之间的关系。实际网络是由很多站点共同组成的，网络中存在干扰。因此，链路预算需要针对干扰预留一定的余量，即干扰余量。

干扰余量的影响因素有以下几个。

（1）同一场景，站间距越小，则干扰余量越大。

（2）网络负荷越大，则干扰余量越大。

（3）下行干扰大于上行干扰（图4－6）。

图4－6　上/下行干扰示意图

干扰余量无法通过理论进行计算，通过系统仿真可以获得。表4－8给出了5G的干扰余量经验值，3.5 GHz频段天线采用64T64R的MIMO天线、连续组网；28 GHz频段是非连续组网。

表4－8　5G干扰余量经验值

频点	3.5 GHz（64T64R）				28 GHz			
场景	O2O		O2I		O2O		O2I	
	UL	DL	UL	DL	UL	DL	UL	DL
密集城区	2	17	2	7	0.5	1	0.5	1
一般城区	2	15	2	6	0.5	1	0.5	1
郊区	2	13	2	4	0.5	1	0.5	1
农村	1	10	1	2	0.5	1	0.5	1

注：OTO：Outdoor To Outdoor 室外到室外；OTI：Outdoor To Indoor 室外到室内

5. 人体遮挡损耗

人体遮挡，包括行人遮挡、近端遮挡（如手持设备、穿戴设备）。与人体距离收发段的位置、基站、终端的高度差、遮挡面积有关。在低频段场景中，一般认为人体遮挡损耗为0，通常在毫米波场景才考虑。

对于WTTx（Wireless To The x，无线宽带到户）场景，CPE位置较高，不受行人遮挡，则链路预算中无须考虑人体损耗。在eMBB场景，人体遮挡损耗的参考值如表4－9所示。

表4－9　人体遮挡损耗参考值　（单位：dB）

频段/GHz	NLOS	LOS
28	15	6
3.5	8	3

根据现场测试，针对28 GHz的毫米波频段，典型室内LOS场景下，人体损耗测试结果为：轻微遮挡5 dB，严重遮挡15 dB；典型室外LOS场景下，人体损耗测试结果为：较重遮挡18 dB，严重遮挡40 dB。

6. 雨衰余量

雨衰余量与雨滴的直径、信号的波长相关，而信号的波长由其频率决定，雨滴的直径与降雨率密切相关，所以雨衰与信号的频率及降雨率有关。同时雨衰余量是一个累积的过程，和信号在降雨区域中的传播路径长度相关。同时，还和要求达到保证速率的概率相关。一般在毫米波场景考虑雨衰的影响，表4－10给出了28 GHz毫米波段的雨衰余量参考值。

表4－10　28 GHz毫米波段的雨衰余量示例

<table>
<tr><td>项目</td><td colspan="4">美国</td><td colspan="3">加拿大</td><td rowspan="4">性能降低时间/年</td></tr>
<tr><td>典型站间距/km</td><td colspan="4">1</td><td colspan="3">3</td></tr>
<tr><td>典型半径/km</td><td colspan="4">0.67</td><td colspan="3">2</td></tr>
<tr><td>雨区</td><td>N</td><td>E</td><td>K</td><td>M</td><td>E</td><td>B</td><td>C</td></tr>
<tr><td>0.01%降雨率/(mm/h)</td><td>95</td><td>22</td><td>42</td><td>63</td><td>22</td><td>12</td><td>15</td><td rowspan="3">0.876</td></tr>
<tr><td>达到保证速率概率＝99.99%需考虑余量</td><td>15.17</td><td>4.44</td><td>7.64</td><td>10.74</td><td>7.85</td><td>4.78</td><td>5.74</td></tr>
<tr><td>雨衰下的速率（Mb/s）－基线1 Gb/s</td><td>0</td><td>481</td><td>182</td><td>0</td><td>149</td><td>429</td><td>330</td></tr>
<tr><td>0.1%降雨率/(mm/h)</td><td>35</td><td>6</td><td>12</td><td>22</td><td>6</td><td>3</td><td>5</td><td rowspan="3">8.76</td></tr>
<tr><td>达到保证速率概率＝99.99%需考虑余量</td><td>5.733</td><td>1.68</td><td>2.89</td><td>4.06</td><td>2.97</td><td>1.81</td><td>2.17</td></tr>
<tr><td>雨衰下的速率（Mb/s）－基线1 Gb/s</td><td>346</td><td>767</td><td>603</td><td>512</td><td>589</td><td>746</td><td>698</td></tr>
<tr><td>1%降雨率/(mm/h)</td><td>5</td><td>0.6</td><td>1.5</td><td>4</td><td>0.6</td><td>0.5</td><td>0.7</td><td rowspan="3">87.6</td></tr>
<tr><td>达到保证速率概率＝99.99%需考虑余量</td><td>1.58</td><td>0.46</td><td>0.8</td><td>1.12</td><td>0.82</td><td>0.5</td><td>0.6</td></tr>
<tr><td>雨衰下的速率（Mb/s）－基线1 Gb/s</td><td>777</td><td>937</td><td>882</td><td>838</td><td>876</td><td>928</td><td>912</td></tr>
</table>

5G毫米波场景对雨衰的估算同微波一致，都是参考ITU－R建议书的计算方法。但在微波传输中的余量要求比较严格，其对应的是规划区域0.01%的时间链路中断的概率，5G场景中，需要根据客户对保证速率概率的实际要求预留电平余量。

7. 植被损耗

植被损耗与植被类型、植被厚度、信号频率、信号路径的俯仰角有关，通常在毫米波场景考虑，可根据场景实际情况作调整，植被损耗的典型值如表4－11所示。

表 4-11　植被损耗典型参考值

场景	预期植被损耗/dB	典型值/dB
一棵稀疏的树	5~10	8
一棵茂密的树	15	11（树中下部） 16（树冠）
两棵树	15~20	19
三棵树	20~25	24

参考外场测试结果，一般建议，在 LOS 场景下，植被茂密的区域（要穿多棵树），高频考虑 17 dB 的植被损耗，也可以根据实际情况作相应的调整。

知识点 4　小区形状与基站站型

蜂窝技术

1. 小区形状

众所周知，全向天线辐射的覆盖区在理想的平面上应该是以天线辐射源为中心的圆形，为了对某一区域实现无缝覆盖，一个个天线辐射源产生的覆盖圆形必然会产生重叠，该重叠区就是干扰区。在考虑了交叠之后，实际上每个辐射区的有效覆盖区是一个多边形。根据交叠情况不同，有效覆盖区可为正三角形、正方形或正六边形，小区形状如图 4-7 所示。可以证明，要用正多边形无空隙、无重叠地覆盖一个平面的区域，可取的形状只有这 3 种。那么在理论上采用哪一种正多边形的无缝覆盖才能最接近实际的圆形覆盖呢？

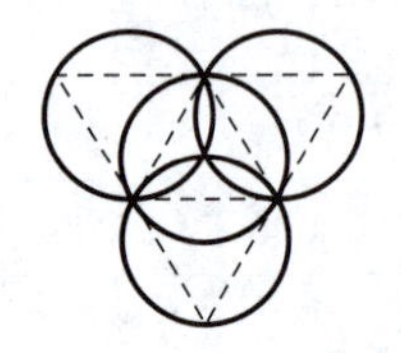
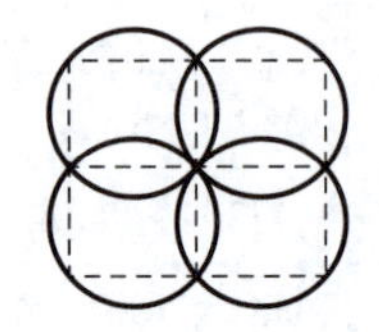

图 4-7　小区形状

在辐射半径 r 相同的条件下，计算出 3 种形状小区的邻区距离、小区面积、交叠区宽度和交叠区面积，如表 4-12 所示。

表 4-12　不同小区参数的比较

项目	小区形状		
	正三角形	正方形	正六边形
邻区距离	r	$\sqrt{2}r$	$\sqrt{3}r$
小区的面积	$\frac{3\sqrt{3}}{4}r^2=1.3r^2$	$2r^2$	$\frac{3\sqrt{3}}{2}r^2=2.6r^2$
重叠区面积	$(\pi-1.3)r^2\approx1.84r^2$	$(\pi-2)r^2\approx1.4r^2$	$(\pi-2.6)r^2\approx0.54r^2$

由表 4-12 可知，对同样大小的服务区域，用正六边形时重叠面积最小，最接近理想的

天线覆盖圆形区。因此，人们选择正六边形作为小区的形状，并称移动通信网为蜂窝网。

GSM 系统根据小区半径可分为宏蜂窝（Macrocell）和微蜂窝（Microcell），如表 4－13 所示。

表 4－13　小区的分类

小区半径	宏蜂窝（1～35 km）	微蜂窝（<1 km）
天线安装	基站天线安装在铁塔上或屋顶上	基站天线安装在建筑物墙上或屋顶上
传播情况	路径损耗主要由移动台附近建筑顶的绕射和散射来决定，即主射线在屋顶上方传播	电波传播由周围建筑物的绕射和散射来决定，主射线在街道和周围建筑物组成的“峡谷”内传播

2. 区群

在蜂窝移动通信系统中，为了避免干扰，显然相邻的小区不能采用相同的信道。为了在服务区内重复使用同一信道，必须保证同信道小区之间有足够的距离，附近的若干小区都不能用相同的信道。这些不同信道的小区组成一个区群（簇）(Cluster)，只有不同区群的小区才能进行相同频率的信道再用。

为了实现频率复用，使有限的频率资源得到有效的利用，同时有效控制同频道工作小区之间的相互干扰，发展了许多复用图案，区群组成的图案如图 4－8 所示。

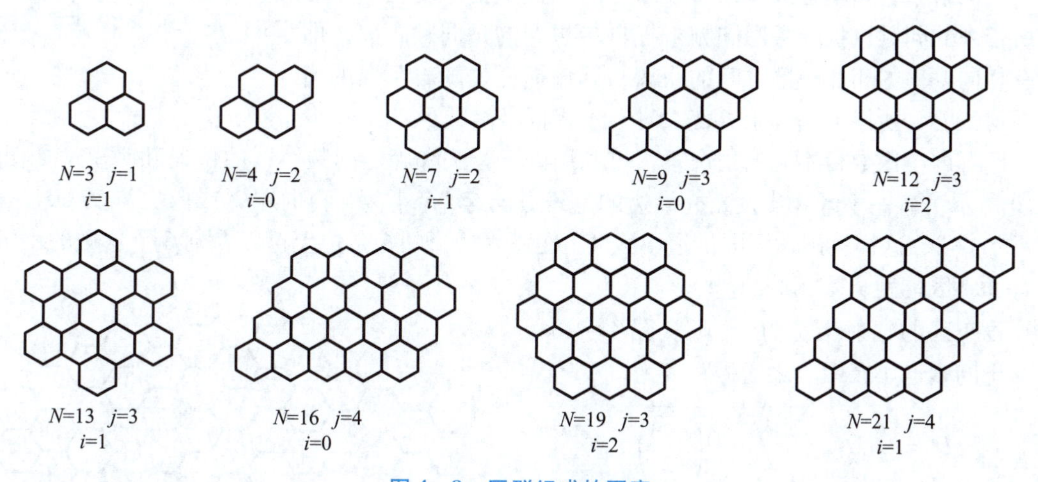

图 4－8　区群组成的图案

构成单元无线区群的基本条件如下所示。

（1）区群之间应能彼此邻接且无空隙、无重叠地覆盖整个面积。

（2）相互邻接的区群应保证各个相邻同信道的小区间距离相等。

满足上述条件的区群结构内的小区数目不是任意的，它应满足

$$N = i^2 + ij + j^2 \tag{4-3}$$

式中：$i = 0, 1, 2, \cdots$；$j = 0, 1, 2, \cdots$；且两者不同时为零。由此可计算出 N 的可能取值，见表 4－14，相应的区群形状如图 4－8 所示。

表4－14　区群小区数 N 的取值

N \ i / j	0	1	2	3	4
1	1	3	7	13	21
2	4	7	12	19	28
3	9	13	19	27	37
4	16	21	28	37	48

蜂窝网不仅成功地用于第一代模拟移动通信系统，在后面的各代中也得了应用，并在原有基本蜂窝网的基础上进一步改进和优化，如多层次的蜂窝网结构等。在第一代模拟移动通信网中，经常采用7/21区群结构，即每个区群包含7个基站，而每个基站覆盖3个小区，每个频率只用一次。在第二代移动通信系统（如GSM网络）中，经常采用4/12模式，具体结构如图4－9所示。

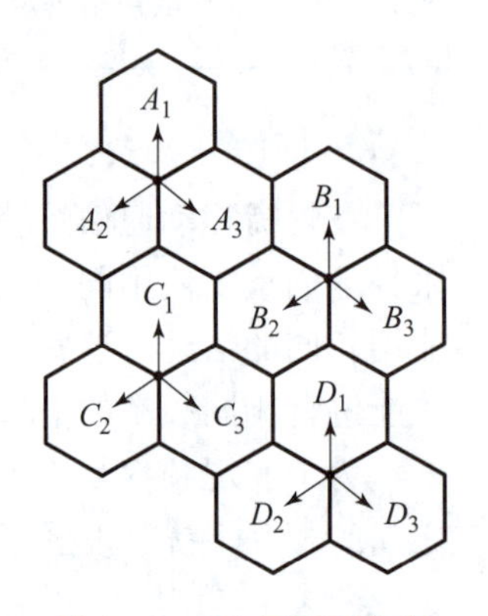

图4－9　4/12区群模式

3. 同频小区的距离

在网络中，移动台或基站可以承受的干扰主要体现在频率复用所带来的同频干扰。考虑同频干扰自然想到的是同频距离，即拥有相同频率的相邻小区之间的距离，传输损耗是随着距离的增加而增大的，所以当同频距离变大时，干扰也必然减少。

区群内小区数目不同的情况下，可利用以下方法来确定同频小区的位置和距离。如图4－10所示，自一小区 A 出发，先沿边的垂线方向跨 j 个小区，再向左（或向右）转60°，再跨 i 个小区，这样就到达了同信道小区 A，在正六边形的6条边上可以找到6个这样的小区，所有 A 小区的距离是相等的。

设小区的辐射半径为 r，则从图4－10可以算出同频道小区中心之间的距离为

$$
\begin{aligned}
D &= \sqrt{3}r\sqrt{\left(j+\frac{i}{2}\right)^2+\left(\frac{i\sqrt{3}}{2}\right)^2} \\
&= \sqrt{3\ (i^2+ij+j^2)}\cdot r \\
&= \sqrt{3N}\cdot r
\end{aligned}
\qquad (4-4)
$$

可见，区群内 N 越大，同信道小区距离就越远，抗同频干扰性能也就越好，但同时要注意到频率利用率也降低。反之，N 越小，同频距离变小，频率利用率会提高，但可能会造成较大的同频干扰，所以这是一对矛盾。

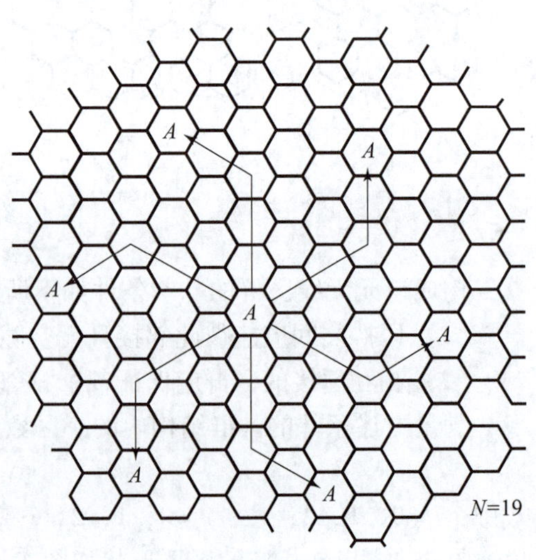

图4－10　同频小区的确定

4. 激励方式

当用正六边形来模拟覆盖范围时，基站发

射机可以放置在小区的中心，称为中心激励方式，如图4－11（a）所示。一旦小区内有大的障碍物，中心激励方式就难免会有辐射的阴影区。若把基站发射机放置在小区的顶点，则为顶点激励方式，如图4－11（b）所示，该方式可有效地消除阴影效应。

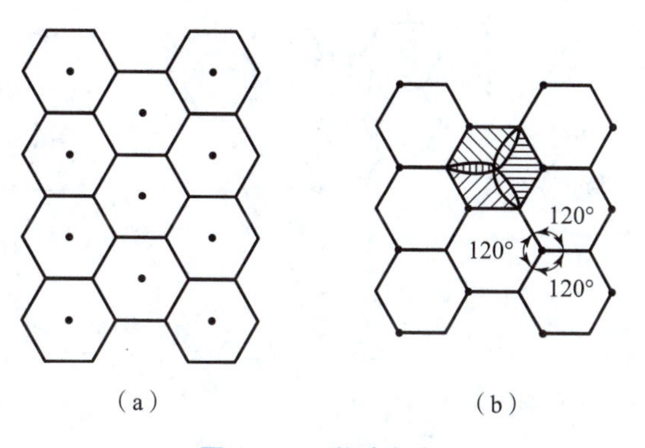

图4－11　激励方式

（a）中心激励；（b）顶点激励

例如，在正六边形的3个顶点上用120°的扇形覆盖的定向天线，分别覆盖3个相邻小区各1/3区域，每个小区由3副120°扇形天线共同覆盖，可以解决中心激励方式的阴影问题。它除了对消除障碍物的阴影有利外，对来自天线方向以外的干扰也有一定的隔离作用，接收的同频干扰功率仅为采用全向天线系统的1/3，可减少系统的同频道干扰，因而允许减小同频小区之间的距离，进一步提高频率的利用率，对简化设备、降低成本都有好处。

5. 小区分裂

移动通信网初期，各小区大小相等、容量相同，随着城市建设和用户数的增加，用户密度不再相等。为了适应这种情况，在高用户密度地区，将小区面积划小，或将小区中的基站全向覆盖改为定向覆盖，使每个小区分配的频道数增多，以满足话务量增大的需要，这种技术称为小区分裂。

小区分裂有以下两种情况。

（1）在原基站上分裂。在原小区的基础上，将中心设置基站的全向覆盖区分为几个定向天线的小区。

在原基站上分裂的优点如下。

①增加了小区数目，却不增加基站数量。

②重叠区小，有利于越区切换。

③利用天线的定向辐射性能，可以有效降低同频干扰。

④减小维护工作量和基站建设投资。

（2）增加新基站的分裂。将小区半径缩小，增加新的蜂窝小区，并在适当的地方增加新的基站，如图4－12所示。此时，原基站的天线高度适当降低，发射功率减小。

在总频率不增加的情况下，小区分裂使原小区范围内的使用频道数增加，以增大系统容量和容量密度。

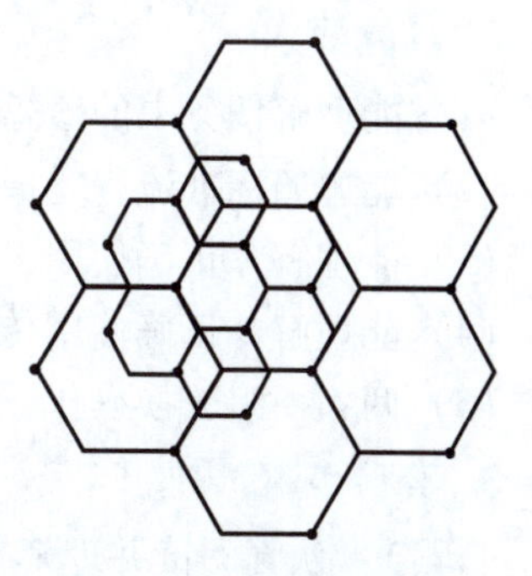

图4－12　增加新基站的小区分裂

6. 基站站型

基站站型一般包括全向站和三扇区定向站，如图4－13所示。在规模估算中，根据基站广播信道水平3 dB波瓣宽度的不同，常用的定向站有水平3 dB波瓣宽度为65°和90°两种。

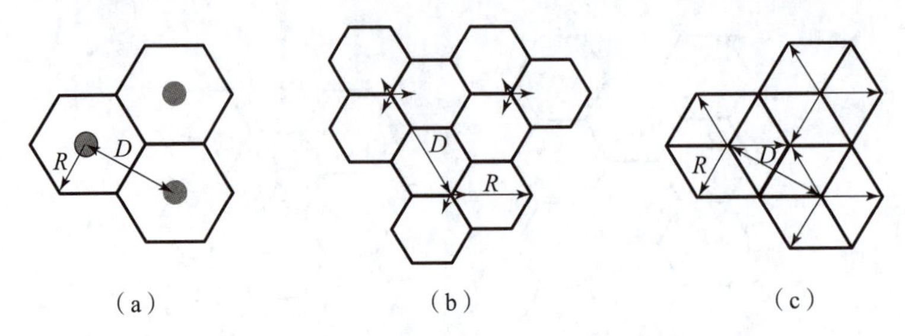

图4－13　基站站型图

（a）全向站型；（b）定向站型（65°，三扇区）；（c）定向站型（90°，三扇区）

对于5G来说，以2.6 GHz频段、边缘速率2 Mb/s为例，在密集城区的站间距约为450 m，一般城区约为700 m，郊区约为1 300 m。3.5 GHz由于频率高，覆盖要差些，站间距都要比2.6 GHz小100 m左右。站型与单站覆盖面积的关系见表4－15。

表4－15　站型与单站覆盖面积的关系

参数	全向站	定向站（广播信道65°，三扇区）	定向站（广播信道90°，三扇区）
站间距	$D=\sqrt{3}R$	$D=1.5R$	$D=\sqrt{3}R$
面积	$S=2.6R^2$	$S=1.95R^2$	$S=2.6R^2$

技能点　覆盖规划工程实践

1. 实验工具

（1）IUV－5G全网部署与优化教学仿真平台。

（2）计算机1台。

2. 实验要求

（1）能理解任务书的覆盖规划要求。

（2）能遵照标准流程完成项目容量规划。

（3）能理解并正确使用PUSCH、PDSCH信道中的各项参数。

（4）能理解并正确使用传播模型参数。

（5）两人一组轮换操作，完成实验报告，并总结实验心得。

3. 实验步骤

步骤1：认真阅读并理解任务书要求。

覆盖规划任务书：A市为一般城区，总移动上网用户数为200万，规划覆盖区域320 km²，用户密度较高。该市话务模型可参照表4－16至表4－18，试根据A市网络拓扑规划架构选择合适的无线网规划参数进行覆盖规划的计算。

表 4－16　PUSCH 信道参数规划

参数	取值
终端发射功率/dBm	26
终端天线增益/dBi	2
基站灵敏度/dBm	－126
基站天线增益/dBi	12
上行干扰余量/dB	3.5
线缆损耗/dB	0
人体损耗/dB	0
穿透损耗/dB	18
阴影衰落余量/dB	11
对接增益/dB	5
单站小区数/个	3

表 4－17　PDSCH 信道参数规划

参数	取值
基站发射功率/dBm	53
基站天线增益/dBi	12
终端灵敏度/dBm	－107
终端天线增益/dB	0
下行干扰余量/dBi	7
线缆损耗/dB	0
人体损耗/dB	0
穿透损耗/dB	18
阴影衰落余量/dB	11
对接增益/dB	5
单站小区数/个	3

表 4－18　传播模型参数

参数	取值
平均建筑高度/m	20
街道宽度/m	18
终端高度/m	1.5
基站高度/m	22
工作频率/GHz	3.5
本市区域面积/km^2	320

步骤2：计算 PUSCH 的最大允许路径损耗。将表4－16中的参数准确填写到计算公式中，并计算出 PUSCH 信道的 MAPL 值，如图4－14所示。

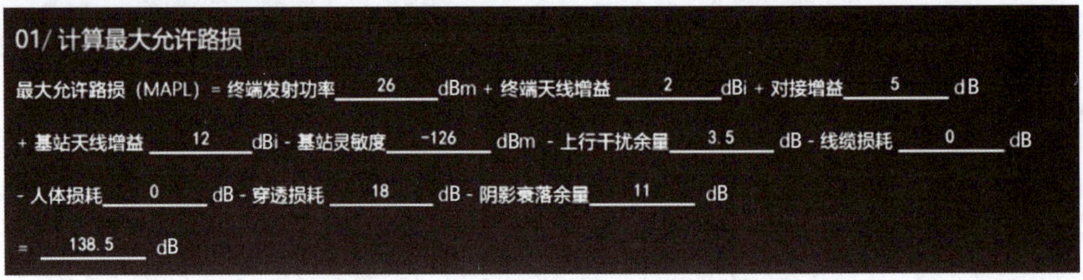

01/ 计算最大允许路损

最大允许路损 (MAPL) = 终端发射功率__26__dBm + 终端天线增益__2__dBi + 对接增益__5__dB

+ 基站天线增益__12__dBi - 基站灵敏度__-126__dBm - 上行干扰余量__3.5__dB - 线缆损耗__0__dB

- 人体损耗__0__dB - 穿透损耗__18__dB - 阴影衰落余量__11__dB

= __138.5__dB

图4－14　PUSCH 的 MAPL 计算

步骤3：将 PUSCH 信道的 MAPL 值、表4－16中的参数代入图4－15中的公式，计算终端与基站之间的直线距离 d_{3D1}，如图4－15所示。

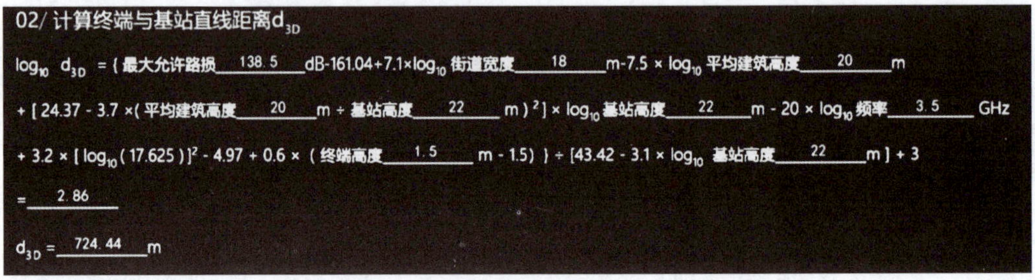

02/ 计算终端与基站直线距离d_{3D}

$\log_{10} d_{3D}$ = { 最大允许路损__138.5__dB-161.04+7.1×$\log_{10}$ 街道宽度__18__m-7.5 × $\log_{10}$ 平均建筑高度__20__m

+ [24.37 - 3.7 ×(平均建筑高度__20__m ÷ 基站高度__22__m) ²] × $\log_{10}$ 基站高度__22__m - 20 × $\log_{10}$ 频率__3.5__GHz

+ 3.2 × [$\log_{10}$(17.625)]² - 4.97 + 0.6 × (终端高度__1.5__m - 1.5) } ÷ [43.42 - 3.1 × $\log_{10}$ 基站高度__22__m] + 3

= __2.86__

d_{3D} = __724.44__m

图4－15　终端与基站直线距离计算

步骤4：计算 PDSCH 的最大允许路径损耗。将表4－17中的参数准确填写到计算公式中，并计算出 PDSCH 信道的 MAPL 值，如图4－16所示。

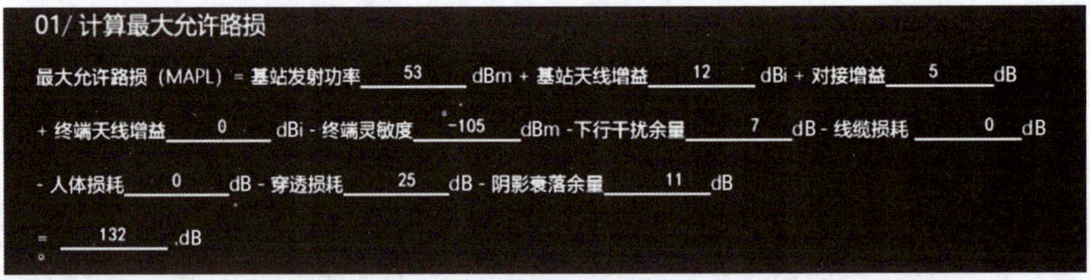

01/ 计算最大允许路损

最大允许路损 (MAPL) = 基站发射功率__53__dBm + 基站天线增益__12__dBi + 对接增益__5__dB

+ 终端天线增益__0__dBi - 终端灵敏度__-105__dBm - 下行干扰余量__7__dB - 线缆损耗__0__dB

- 人体损耗__0__dB - 穿透损耗__25__dB - 阴影衰落余量__11__dB

= __132__dB

图4－16　PDSCH 的 MAPL 计算

步骤5：将 PDSCH 信道的 MAPL 值、表4－16中的参数代入图4－17中的公式，计算基站与终端之间的直线距离 d_{3D2}。

步骤6：将 PUSCH 信道的 d_{3D1} 值与 PDSCH 信道的 d_{3D2} 值进行比较，取较小的值作为 MAPL 值。因 $d_{3D1} < d_{3D2}$，所以印证了前面学习的上行信道受限的结论。将 PUSCH 的 d_{3D1} 值作为最终的终端与基站的直线距离值 d_{3D}。

02/ 计算终端与基站直线距离d_{3D}

$\log_{10} d_{3D}$ = { 最大允许路损 141 dB-161.04+7.1×$\log_{10}$ 街道宽度 18 m-7.5 × $\log_{10}$ 平均建筑高度 20 m

+ [24.37 - 3.7× (平均建筑高度 20 m ÷ 基站高度 22 m) ^{2}] × $\log_{10}$ 基站高度 22 m - 20 × $\log_{10}$ 频率 3.5 GHz

+ 3.2 × [$\log_{10}$ (17.625)]^2 - 4.97 + 0.6 × (终端高度 1.5 m - 1.5) } ÷ [43.42 - 3.1 × $\log_{10}$ 基站高度 22 m] + 3

= 2.92

d_{3D} = 831.76 m

图 4－17　终端与基站直线距离计算

步骤 7：将终端与基站之间的直线距离 d_{3D}、基站高度、终端高度等数据代入图 4－18 的公式中，可以计算出单扇区覆盖半径 d_{2D}。

03/ 计算单扇区覆盖半径d_{2D}

覆盖半径d_{2D} = $\sqrt{(d_{3D}\ 724.44\ m)^2 - (基站高度\ 22\ m - 终端高度\ 1.5\ m)^2}$

= 724.15 m

图 4－18　单扇区覆盖半径计算

步骤 8：将覆盖半径代入图 4－19 中的单站覆盖面积公式，可以计算出单站的覆盖面积。再用市区面积除以单站覆盖面积，求得最终的覆盖规划的站点数目。

04/ 计算本市无线覆盖规划站点数

单站覆盖面积 = 1.95 × （覆盖半径 724.15 m）^{2} ÷ 3 × 单站小区数目 3 × 10^{-6}

= 1.02 km^2

覆盖规划站点数目 = 本市区域面积 320 km^2 ÷ 单站覆盖面积 1.02 km^2

= 314 个

图 4－19　覆盖规划站点数计算

至此，已经完成了本项目中覆盖规划所需要的站点数的估算，可以查看覆盖规划报告。

练习题

1. 选择题

（1）在计算自由空间的传播损耗时，若频率 f 增大 1 倍，那么自由空间的传播损耗(　　)。

A. 增加 3 dB　　B. 增加 6 dB　　C. 减小 3 dB　　D. 减小 6 dB

（2）5G系统中常用的电磁波传播模型有（　　）。

A. Uma　　B. Umi　　C. Rma　　D. 奥村模型

（3）自由空间的传播损耗 L_{fs} 跟电磁波（　　）。

A. 传播距离的平方成正比　　B. 传播距离成正比

C. 频率成正比　　D. 频率的平方成正比

（4）属于不规则地形的有（　　）。

A. 丘陵地　　B. 孤立山岳　　C. 斜坡地　　D. 水陆混合

（5）蜂窝网中，小区的形状是（　　）。

A. 正三角形　　B. 正方形　　C. 正六边形　　D. 正八边形

（6）在计算最大允许路径损耗时，需要考虑（　　）等因素。

A. 天线增益　　B. 基站馈线损耗　　C. 穿透损耗　　D. 干扰余量

E. 路径损耗

2. 判断题

（1）任意多个小区都可以构成区群。（　　）

（2）Uma传播模型适用于城区的宏站覆盖场景。（　　）

（3）基站的激励方式有顶点激励和中心激励。（　　）

（4）小区分裂主要是为了适应覆盖区域人口密度的变化。（　　）

（5）5G和4G在C频段上差别不是很大，在毫米波频段也不需要额外考虑人体遮挡损耗、树木损耗、雨衰、冰雪损耗的影响。（　　）

3. 问答题

（1）简述覆盖规划的基本流程。

（2）小区的形状为何选择正六边形？

（3）对比分析常见的电波传播模型。

（4）构成区群需要满足哪些条件？

（5）同频小区如何定义？

任务5　容量规划

任务要求

知识目标

- 解释爱尔兰的概念。
- 阐明容量规划的流程，归纳影响容量估算的因素。
- 区分不同的多址技术，并整理其在移动通信系统中的典型应用。
- 记忆最大允许传播路径损耗的计算公式。
- 比较固定信道配置法与动态信道配置法的异同。

技能目标

- 能根据常见的业务模型计算业务容量。
- 能分析项目的覆盖需求，并根据需要完成5G工程项目的容量规划的计算。
- 能制定项目的容量规划报告。

素质目标

- 培养科学严谨的工作态度、爱岗敬业的职业精神。
- 养成自主学习的良好习惯。
- 尊重他人、交流分享，积极参与小组协作任务。

容量规划

知识点1 容量规划的流程

1. 容量规划基本流程

容量规划一般遵循以下流程。

（1）计算基站的单站吞吐量。根据系统仿真结果，得到一定站间距下的单站吞吐量。

（2）根据话务模型计算用户业务的总吞吐量需求或者由用户给出。其中吞吐量需求的因素包括地理分区、用户数量、用户增长预测、保证速率等。

（3）用总吞吐量除以单站的吞吐量，得到容量规划的基站数量。

上述流程是理论计算方法，通常情况下可能无法直接获得话务模型或者直接估算基站吞吐量。

2. 影响系统容量的因素

对早期的1G、2G移动通信系统来说，主要业务是语音业务，因此影响系统容量的主要因素有以下几个。

（1）每个小区的可用信道数，此数值越大系统容量越大。系统容量可以用信道效率来表示。即给定频段中所能提供的最大信道数目进行度量。一般来说，数目越大，系统容量越大，在蜂窝通信网络中用每个小区的可用信道数，即每个小区可同时容纳的用户数来衡量系统容量。但是一个小区又不能分配太多的信道，因为一个小区占用太多的信道就会影响频率的利用率，整个系统的容量也会受到限制。

（2）任何一个通信系统的设计都要满足一定的通话质量要求，为了保证通话质量，系统接收端的常用信号载波功率与干扰信号的载波功率的比值 C/I 也是影响系统容量的因素之一。C/I 越大，其系统容量就越小。

（3）影响数字蜂窝系统通信容量的重要因素是语音编码的比特率，比特率越小，系统容量就越大。

而在LTE系统、5G系统中，主要传输的是数据业务，影响系统容量的主要因素有以下几个。

（1）资源配置和分配算法。系统带宽配置直接决定小区的峰值速率，分配的带宽越高，系统的吞吐量越大。在小区服务中，系统需要对用户分配带宽资源，用户带宽资源直接影响用户的数据速率。用户分配带宽由两个因素决定：一是激活用户数；二是频率资源分配算法。

（2）网络信道环境和链路质量。在资源的分配和调制编码方式的选择上，LTE 是完全动态的系统，因此实际信道环境和链路质量，对系统的容量也有着至关重要的影响。

（3）MIMO 天线模式对系统容量有直接影响。与 GSM 和 TD－SCDMA 不同，LTE 和 5G 在天线技术上有了更多的选择。多天线设计的设计理念，使得网络可以根据实际网络需要以及天线资源，实现单流分集、多流复用、复用与分集自适应、单流波束赋形、多流波束赋形等，这些技术的使用场景不同，但都会在一定程度上影响用户容量。

（4）干扰消除技术。由于 OFDMA 的特性，小区内的用户信息承载在相互正交的不同子载波和时域符号资源上，因此可以认为小区内不同用户间的干扰很小，系统内的干扰主要来自同频的其他小区。若系统可用载波较少，很可能会面临同频组网干扰的问题，这进一步加剧了同频小区之间的干扰。而小区间干扰消除技术可以有效消除同频干扰的影响，提高小区容量。

（5）话务模型的准确性。LTE 系统、5G 系统能够提供种类繁多的数据业务，由于不同业务各自具有的特性会给系统带来不同的业务负荷，从而影响整个系统性能的评估。另外，移动通信系统工作于各种复杂的无线环境中，满足用户随时随地的自由接入、提供可靠的服务质量至关重要。在各种应用场景中，由于用户分布、对具体的业务需求不同，必须使用不同的模式来满足不同环境的应用需求，因此，建立科学、准确的话务模型对系统容量规划具有重要的意义。

知识点2　多址技术

多址技术

蜂窝移动通信系统中，多个移动用户要同时通过一个基站和其他移动用户进行通信，就必须对基站和不同的移动用户发出的信号赋予不同的特征，使基站能从众多移动用户的信号中区分出是哪一个移动用户发来的信号，同时各个移动用户又能够识别出基站发出的信号中哪个是发给自己的。

蜂窝移动通信系统是以信道来区分通信对象的，一个信道只容纳一个用户进行通话，许多同时通话的用户，互相以信道来区分，这就是多址。如何建立用户之间的无线信道的连接，就是多址接入方式。

目前常用的多址方式有频分多址（Frequency Division Multiple Access，FDMA）、时分多址（Time Division Multiple Access，TDMA）、码分多址（Code Division Multiple Access，CDMA）、空分多址（Space Division Multiple Access，SDMA）等。

下面对各种多址方式的原理逐一进行介绍。

1. FDMA

FDMA 是应用最早的一种多址技术，AMPS、NAMPS、TACS 等第一代移动通信系统所采用的多址技术就是 FDMA。

FDMA 是指将给定的频谱资源划分为若干个等间隔的频道（或称信道）供不同的用户使用。图 5－1 所示为 FDMA 原理图。

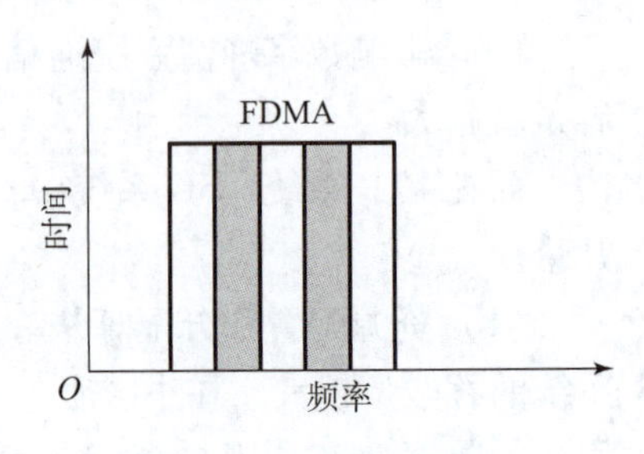

图 5－1　FDMA 原理图

下面以 TACS 系统为例讨论 FDMA 方式。

TACS 系统占用的频段为：上行频段为 890～915 MHz，下行频段为 935～960 MHz。收发频段间隔为 45 MHz，以防止发送的强信号对接收的弱信号的影响。每个语音信道占用 25 kHz 频带。TACS 系统可支持的信道数约为 1000 个。

FDMA 具有以下特点。

（1）每个信道只传送一路信号。只要给移动台分配了信道，移动台与基站之间会连续不断收发信号。

（2）由于发射机与接收机同时工作，为了发、收隔离，必须采用双工器。

（3）FDMA 采用单载波（信道）单路方式，若一个基站有 30 个信道，则每个基站需要 30 套收发信机设备，不能共用，即公用设备成本高。

（4）与 TDMA 相比，连续传输开销小、效率高，无须复杂组帧与同步，无需信道均衡。

2. TDMA

TDMA 在第二代移动通信系统中得到了广泛应用，如 GSM、PACS 等。

TDMA 把时间分割成周期性的帧，每一帧再分割成若干个时隙（无论帧还是时隙都是互不重叠的），然后根据一定的分配原则，使各个移动台在每帧内只能在指定的时隙向基站发送信号。在满足定时和同步的条件下，基站可分别在各时隙中接收到各移动台的信号而互不混扰。同时，基站发向多个移动台的信号都按顺序排序安排在预定的时隙中传输，各移动台只要在指定的时隙内接收，就能在合路的信号中把发给它的信号区分出来，如图 5－2 所示。

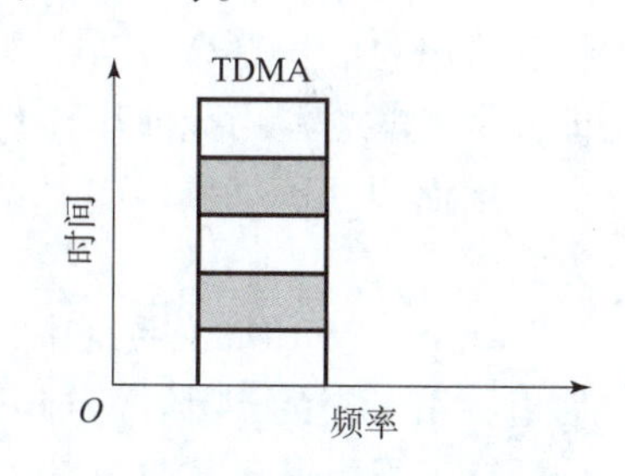

图 5－2 TDMA 原理图

下面以 GSM 系统为例讨论 TDMA 方式。

在 GSM 系统中，GSM 系统总共可提供 124 个频点数，而每个频点提供 8 个时隙，即最多可以 8 个用户共享一个载波，不同用户之间采用不同时隙来传送自己的信号。因此，GSM 总共可提供的信道数为 124×8＝992。GSM 系统中的 TDMA 帧结构如图 5－3 所示。

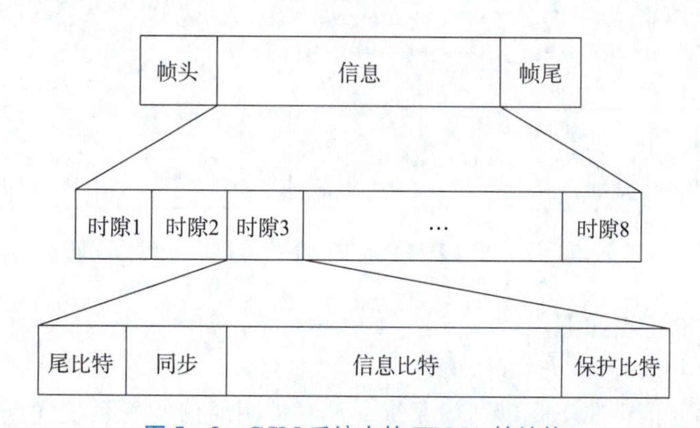

图 5－3 GSM 系统中的 TDMA 帧结构

TDMA 的特点如下。

（1）每个载波可分为多个时隙信道，每个信道可提供一个用户使用，因此每个载波可以提供给多个用户使用，大大提升了频道的利用率。

（2）每个移动台发射是不连续的，只能在规定的时隙内才发送信号。

（3）传输开销大。

（4）同一载波上的用户由于时分特性可以共用一套收发设备，与 FDMA 相比，降低了成本。

（5）TDMA 系统必须有精确的定时和同步，保证各移动台发送的信号不会在基站发生重叠或混淆，并且能准确地在指定的时隙中接收基站发给的信号。同步技术是 TDMA 系统正常工作的重要保证。

3. CDMA

在第二代移动通信系统中除了 TDMA 方式以外，还有 CDMA 技术，如在 IS－95 系统中进行采用。另外，在第三代移动通信主流的 3 种体制中都采用了 CDMA，分别为 WCDMA、TD－SCDMA 和 CDMA2000。

CDMA 是基于码型来划分信道，即对不同的用户赋予不同的码序来实现多址方式。不同用户传输信息所用的信号是靠各自不相同的编码来区分的，即各个用户共享频谱和时间资源，如图 5－4 所示。

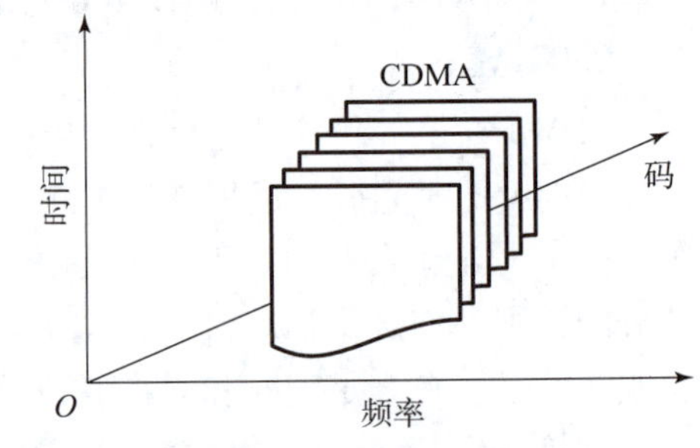

图 5－4　CDMA 原理图

下面以 IS－95 CDMA 系统为例讨论 CDMA 方式。

在 IS－95 CDMA 系统中，一个基站共有 64 个信道，用正交的 64 阶 Walsh 码序列来区别不同的信道。下行信道配置如图 5－5 所示。64 个下行信道中有 55 个信道为业务信道，即一个基站可提供 55 个业务信道，一个频段提供最大基站数为 512 个，总共有 20 个频段数，则 IS－95 系统总共可以提供最多 CDMA 业务用户数大约为 55×512×20＝563 200 个。

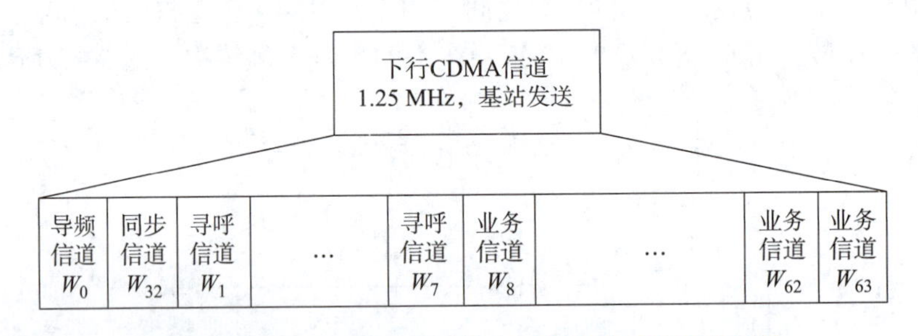

图 5－5　IS－95 CDMA 系统中下行信道码序列分配图

IS－95 CDMA 的特点如下。

（1）所有用户共享频率、时间资源。

（2）采用扩频通信，属于宽带通信系统，具有扩频通信的一系统优点，如抗干扰性强、低功率谱密度等。

（3）为一个干扰受限的系统，其容量不同于 FDMA、TDMA 中的硬容量，为软容量。

4. SDMA

SDMA 技术是利用空间资源分割构成不同的信道，利用 SDMA 接入的多个用户可以使用完全相同的频率、时间和码道资源。事实上，所熟知的蜂窝概念本身就是一种空分复用技术，不同小区中的用户可以使用完全相同的资源，其也应用在智能天线中。

采用智能天线技术进行 SDMA 的技术，通常称为基于波束赋形的 SDMA 技术。基于波束赋形的 SDMA 技术的主要思想是，通过形成不同的波束，对准不同的用户，不同用户可以使用相同的频率、时间和码道资源，仅存在空间上的隔离，有效提升了系统容量。

5. OFDMA

正交频分多址（Orthogonal Frequency Division Multiple Access，OFDMA）是在 OFDM 技术基础上的一种接入技术，它通过为每个用户提供部分可用子载波的方法来实现多用户接入。OFDMA 方案可以看作将总资源（时间、带宽）在频率上进行分割，实现多用户接入。

如图 5－6 所示，OFDMA 系统的资源是时频二维资源。具体地，在纵轴（即频率轴）上，资源被分为若干个子信道，每个子信道包含一组子载波；在横轴（即时间轴）上，资源被分为周期性的帧，每一帧再分割成若干个时隙，每一帧包含若干个 OFDM 符号，所以在 OFDMA 系统中分配的基本资源单元是时频格（即一个 OFDM 符号中的一个子信道）。

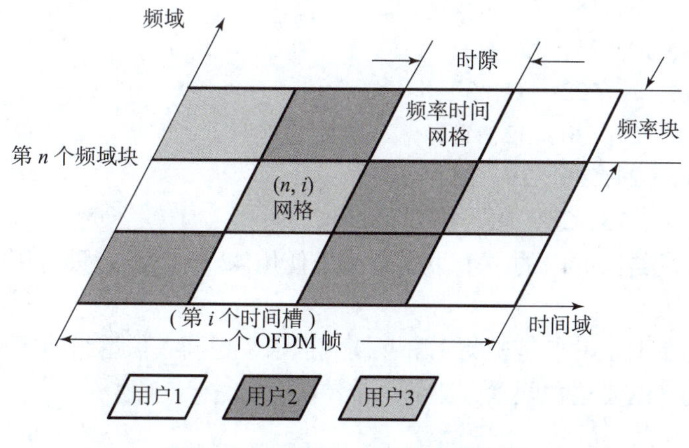

图 5－6　OFDMA 系统资源帧结构

由图 5－6 可知，由于 OFDMA 系统资源的时频二维特性，OFDMA 系统资源分配有很大的灵活性，如可动态地分配资源、可以产生时频分集增益。由于不同用户占用互不重叠的子载波集，在理想同步情况下，系统无多户间干扰，即无多址干扰（MAI）。另外，对于相同的子信道，用户的移动造成每个用户在同一子信道上经历的衰落是独立的。假如有一个用户在此子信道上经历深度衰落，那么其他用户则很有可能在这个子信道上增益较好，这样若合理地分配资源，还可以产生多用户分集效果。所以，动态分配 OFDMA 系统资源是高效利用无线资源的关键。

与传统的 FDMA 不同，OFDMA 方法不需要在各个用户频率之间采用保护频段来区分不同的用户，这大大提高了系统的频谱利用率。

知识点 3　信道配置

信道分配

信道（频率）配置主要用于解决将给定的信道（频率）如何分配给一个区群的各个小区，频率配置主要针对 FDMA 和 TDMA 系统，在 CDMA 系统中，所有用户使用相同的工作频率因而无须进行频率配置。

按其分配方式不同，可以分为固定信道分配方式和动态信道分配方式两种。

1. 固定信道分配方式

将某一组信道固定分配给某一基站，适用于移动台业务相对固定的情况，频率利用率不高。

固定信道分配的方式主要有两种：一是分区分组配置法；二是等频距配置法。

1）分区分组配置法

分区分组配置法所遵循的原则是：尽量减小占用的总频段，以提高频段的利用率；同一区群内不能使用相同的信道，以避免同频干扰；小区内采用无3阶互调的相容信道组，避免互调干扰。现举例说明如下。

设给定的频段以等间隔划分为信道，按顺序分别标明各信道的号码为1，2，3，…。若每个区群有7个小区，每个小区需6个信道，按上述原则进行分配，可得到：

第一组　1，5，14，20，34，36；
第二组　2，9，13，18，21，31；
第三组　3，8，19，25，33，40；
第四组　4，12，16，22，37，39；
第五组　6，10，27，30，32，41；
第六组　7，11，24，26，29，35；
第七组　15，17，23，28，38，42。

每一组信道分配给区群内的一个小区。这里使用42个信群就只占用了42个信道的频段，是最佳的分配方案。

以上分配中的主要出发点是避免3阶互调，但未考虑同一信道组的频率间隔，可能会出现较大的邻道干扰，这是这种配置方法的一个缺陷。

2）等频距配置法

等频距配置法是按等频率间隔来配置信道的，只要频距选得足够大，就可以有效地避免邻道干扰。这样的频率配置可能正好满足产生互调的频率关系，但因频距大，干扰易于被接收机输入滤除而不易作用到非线性器件，这也避免了互调的产生。

等频距配置时，根据群内的小区数 N 来确定同一信道组内各信道之间的频率间隔。例如，第一组用（$1, 1+N, 1+2N, 1+3N, \cdots$），第二组用（$2, 2+N, 2+2N, 2+3N, \cdots$）等。

若每个区群有7个小区，每个小区需5个信道，则信道的配置为：

第一组　1，8，15，22，29；
第二组　2，9，16，23，30；
第三组　3，10，17，24，31；
第四组　4，11，18，25，32；
第五组　5，12，19，26，33；
第六组　6，13，20，27，34；
第七组　7，14，21，28，35。

这样同一信道组内的信道最小频率间隔为 7 个信道间隔，若在 TACS 系统中，信道间隔为 25 kHz，则其最小频率间隔可达 175 kHz，这样接收机的输入滤波器便可有效地避免邻道干扰和互调干扰。

等频距配置方法是大容量蜂窝网广泛采用的频率分配方法，我国的 GSM 网络中各小区的频道配置采用了这种方法。

例如，GSM 采用的频率复用结构有很多种，有 4/12、3/9 和 1/3 以及同心圆、MRP 等多种结构，根据 GSM 体制规范的建议，在各种 GSM 系统中常采用 4/12 和 3/9。

“4/12” 复用方式针对每基站划分为 3 扇区的规划区域。12 个频率为一组，并轮流分配到 4 个站点，每个站点可用其中的 3 个频率。信道组常分配数字或名字如 A_1，B_1，C_1，…，D_3。频率复用如图 5 - 7 和图 5 - 8 所示，信道分配情况见表 5 - 1。

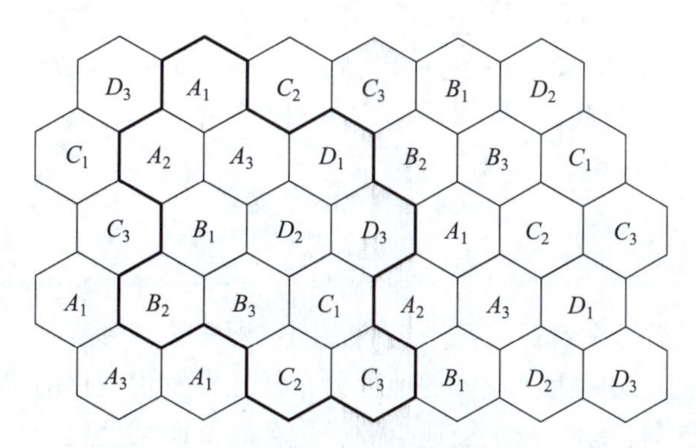

图 5 - 7　4/12 复用

表 5 - 1　4/12 频率分配

A_1	11	23	35	47	59	71	83
B_1	12	24	36	48	60	72	84
C_1	13	25	37	49	61	73	85
D_1	14	26	38	50	62	74	86
A_2	15	27	39	51	63	75	87
B_2	16	28	40	52	64	76	88
C_2	17	29	41	53	65	77	89
D_2	18	30	42	54	66	78	90
A_3	19	31	43	55	67	79	91
B_3	20	32	44	56	68	80	92
C_3	21	33	45	57	69	81	93
D_3	22	34	46	58	70	82	94

知识拓展

"3/9"复用方式应该如何分配频率呢？

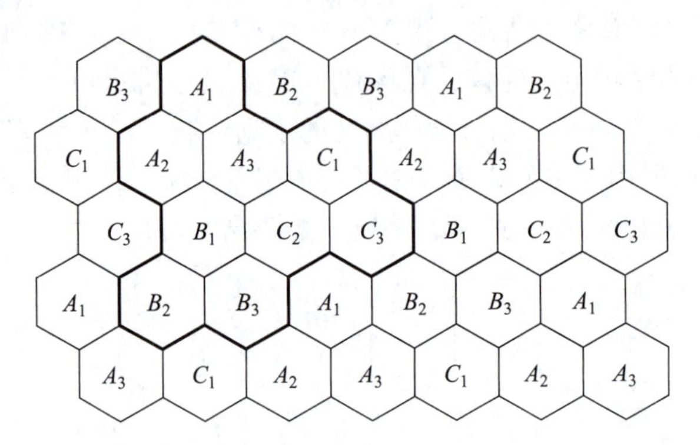

图5-8　3/9复用

以上介绍的信道配置方法都是将某一组信道固定配置给某一基站，这只能适应移动台业务分布相对固定的情况。实际上，业务的地理分布是经常发生变化的。例如，早上从住宅向商业区移动，傍晚又反向移动，发生交通事故或集会时又向某处集中。此时，若某一小区业务量增大，原来配置的信道就可能不够用，而相邻小区业务量小，原来配置的信道就可能空闲。对于固定信道配置法，由于小区之间的信道是固定的，因此频率的利用率不高，这就是固定配置信道的缺点。若采用动态信道分配方式就可以弥补上述不足。

2. 动态信道分配方式

为了提高频率利用率，使信道的配置随移动通信业务量地理分布的变化而变化，可采用动态信道分配方法，根据其特点可分为两种方法。

1）动态配置法

随业务量的变化重新配置全部信道，即各个小区的信道全部都不固定，当业务量分布不均匀时，要根据新的业务量的分布情况不同，重新在各个小区间进行信道的再分配。动态信道分配与固定信道分配相比，信道利用率可提高20%～50%。但在动态信道分配中要考虑同频复用距离及邻道干扰等因素，若要实现，则信道动态配置控制复杂，设备成本也较高。

2）柔性配置法

柔性配置法是指预留若干个信道，在需要时提供给某小区使用。各基站都能使用预留的信道，这样可应付局部业务量的变化，是一种比较实用的方法。

知识点4　话务模型

1. 话务量的相关概念

在讲具体呼损率概念之前，首先给出一个很重要的概念——话务量。

在语音通信中，业务量的大小用话务量来量度。话务量是度量通信系统通话业务繁忙程度的指标。其性质如同客流量，具有随机性，只能靠统计来获取。

话务量又分为呼叫话务量和完成话务量。呼叫话务量的大小取决于单位时间（1 h）内平均发生的呼叫次数 λ 和每次呼叫平均占用信道时间（含通话时间）S。显然，λ 和 S 的加大都会使业务量加大，因而可定义呼叫话务量 A 为

$$A = S \cdot \lambda \tag{5-1}$$

式中：λ 的单位是（次/h）；S 的单位是（h/次）；两者相乘得到 A，是一个无量纲的量，专门命名它的单位为“Erl”（爱尔兰）。

如果在一个小时之内连续地占用一个信道，则其呼叫话务量为 1 Erl。

例如，设在 10 个信道上，平均每小时有 255 次呼叫，平均每次呼叫的时间为 2 min，那么这些信道上的呼叫话务量为

$$A = (255 \times 2) \div 60 = 8.5(\text{Erl}) \tag{5-2}$$

在一个通信系统中，呼叫失败的概率称为呼叫损失概率，简称呼损率，记为 B。

在信道共用的情况下，当 M 个用户共用 n 个信道时，由于用户数远大于信道数，即 $M \geqslant n$。因此，会出现大于 n 个用户同时要求通话而信道数不能满足要求的情况。这时，只能保证 n 个用户通话。而另一部分用户虽然发出呼叫，但因无信道而不能通话，称此为呼叫失败。设单位时间内成功呼叫的次数为 $\lambda_0(\lambda_0 < \lambda)$，就可计算出完成话务量 A_0，即

$$A_0 = \lambda_0 \cdot S \tag{5-3}$$

呼叫话务量 A 与完成话务量 A_0 之差，即损失话务量。损失话务量占呼叫话务量的比值即为“呼损率”，用符号 B 表示，即

$$B = \frac{A - A_0}{A} = \frac{\lambda - \lambda_0}{\lambda} \tag{5-4}$$

呼损率的物理意义是损失话务量与呼叫话务量之比的百分数。因此，呼损率在数值上等于呼叫失败次数与总呼叫次数之比的百分数。显然，呼损率 B 越小，成功呼叫的概率越大，用户就越满意。因此，呼损率也称为系统的服务等级（或业务等级），记为 GOS。

GOS 是系统的一个重要质量指标。例如，某系统的呼损率为 10%，即说明该通信系统内的用户每呼叫 100 次，其中有 10 次因信道均被占用而打不通电话，其余 90 次则能找到空闲信道而实现通话。但是，对于一个通信网来说，要想使呼损率小，要么增加信道数，要么让呼叫的话务量小些，即容纳的用户数少些，这是不希望的。可见，呼损率与话务量是一对矛盾，即服务等级与信道利用率是矛盾的。

实际上，一天 24 h 中，每一小时的话务量是不可能相同的，了解蜂窝网日常话务量统计数据，对于通信系统的建设者、设计者和管理经营者来说极为重要。因为，只要“忙时”信道够用，那么“非忙时”就不成问题了。因此，在这里引入忙时话务量的概念。

忙时话务量是指一天中话务量最大的一个时段，网络设计应按忙时话务量来进行计算，最忙 1 h 内的话务量与全天话务量之比称为集中系数，用 k 表示，一般 $k = 10\% \sim 15\%$。每个用户的忙时话务量需用统计的办法确定。

设通信网中每一用户每天平均呼叫次数为 C(次/天)，每次呼叫的平均占用信道时间为 T（s/次），集中系数为 k，则每用户的忙时话务量为

$$a = C \cdot T \cdot k \cdot \frac{1}{3\,600} \tag{5-5}$$

例如，每天平均呼叫3次（$C=3$次/天），每次呼叫平均占用2 min（$T=120$ s/次），集中系数为10%（$k=0.1$），则每个用户忙时话务量为0.01Erl/用户。

在用户的忙时话务量a确定后，每个信道所能容纳的用户数m就不难计算，即

$$m=\frac{A/n}{a}=\frac{\frac{A}{n}\cdot 3\,600}{C\cdot T\cdot k} \tag{5-6}$$

2. 5G业务模型

业务量是制定5G无线网络规划方案的重要输入依据，它直接决定着通信网络系统的建设规模和服务能力，对整个无线网络规划设计具有举足轻重的意义。不同于4G无线网络，5G中的业务量预测与典型场景有关，在5G三大典型场景中，eMBB场景实际上包含“连续广覆盖”和“热点高容量”两个技术场景，mMTC场景对应“低功耗大链接”技术场景，uRLLC场景则对应“低时延高可靠”场景，不同的场景对应不同的关键性能挑战指标，确定这些技术指标参数的过程就是场景业务模型建立过程。

IMT-2020推进组还提出8种应用场景，包括办公室、密集住宅区、体育场、露天集会、地铁、快速路、高铁、广域覆盖，这8种场景属于“技术场景”的细分场景。这8种场景具有超高流量密度、超高连接密度、超高移动性等特征，会对5G无线网络形成挑战。

5G网络需要通过数据调研来分析未来通信业务的发展趋势，以此判断各种应用场景的指标参数，预测各应用场景下可能发生的业务等，最终确定应用场景的业务模型。而通过项目前期资料收集及用户预测，获取规划区域面积及用户数量后，结合业务模型推导出用户体验速率等关键指标，即可推断规划区域的总业务量需求，以此作为规划的输入，将影响后续规划的结果。此外，由于各地的实际情况不同，应用场景的设定也可以更改或重新定义。

3. 5G典型业务分析

1）视频会话

5G时代，视频会话业务很可能会代替语音会话成为主流。为了达到良好的使用体验，传输4K高清视频时，视频会话双方的上、下行速率应大于60 Mb/s，同时，视频会话业务时延应控制在50~100 ms内。

2）视频播放

5G时代，用户将对视频播放有更高的要求，视频播放将以8K分辨率为主。传输8K高清视频，下行速率应达到240 Mb/s，上行速率则无具体要求，其时延应控制在50~100 ms。

3）虚拟现实

虚拟现实技术可以让使用者享受沉浸式的体验。虚拟现实属于交互类/会话类业务，时延应控制在50~100 ms，一般为3D场景，在8K高清视频的分辨率时才能有很好的体验，以8K高清视频传输作为要求，下行速率应达到960 Mb/s，上行速率则无具体要求。

4）增强现实

增强现实技术可以在屏幕上把虚拟世界套在现实世界并进行互动。增强现实属于时延敏感的交互类业务，时延需控制在5~10 ms，在5G时代，为保证游客良好的体验，其业务需要4K高清视频的分辨率。根据4K高清视频传送要求，上行速率应达到60 Mb/s，下行速率应达到60 Mb/s。

5）实时视频共享业务

实时视频共享业务也属于交互类/会话类业务。5G 时代，实时视频共享业务将拥有更好的体验。根据高清视频的传输速率要求，当直播清晰度在 4K 时，上行速率应达到 60 Mb/s，实时视频共享业务对下行速率没有具体要求，其需要 50～100 ms 的时延才能提供非常良好的业务体验。

6）联网无人机

5G 技术将增强无人机视频回传能力，以最小的延时传输海量的数据，使其在景区的安防、监控、体育赛事的直播中，可以发挥越来越重要的作用。无人机若传输 1080P 高清视频，上行速率应大于 15 Mb/s，时延应控制在 5～10 ms 内。

4. 5G 业务评价指标

IMT－2020 推进组给出的业务技术指标，使用连接密度数、用户体验速率、时延、移动性、流量密度等。

1）连接密度数

连接密度数是指单位面积内可以支持的在线设备总和，是衡量 5G 无线网络对海量规模终端设备支持能力的重要指标。显然，在不同场景下，5G 终端连接数量是不同的，需要根据场景中 5G 终端激活数量确定。

2）用户体验速率

用户体验速率是指真实网络环境下单用户可获得的实际感知速率。用户体验速率可以通过场景中各业务发生的概率推断，业务发生的概率需要根据经验或预测设定一个经验值。

3）时延

在某场景下，每个可能发生的业务都有其时延指标要求，时延要求显然是优先满足时延要求最低的业务。

4）移动性

在室内及机动车禁止进入的景区，移动性只需要满足人步行速度即可，即 6 km/h，而城市道路则对移动性要求较高，按照 60 km/h 进行考虑。

5）流量密度

在某场景中有发生多个业务的可能性，则该场景的流量密度是指该场景下区域内所有可能发生业务总的数据流量。

5. 5G 场景业务模型

下面以密集住宅区为例，展示 5G 场景业务模型。

5G 典型业务包括视频会话、视频播放、虚拟现实、实时视频共享。根据密集住宅区的特点，其业务发生的概率分别为视频会话 5%、视频播放 20%、增强现实 10%、虚拟现实 5%、实时视频共享 10%。

住宅区人数可以参照现行城市规划法规体系编制的各类居住用地控制性详细规划规定，即住宅区容积率不大于 5，假定人均居住面积 50 m^2，则一块 1 km^2 的容积率为 5 的居民小区，小区人口密度应为 10 万人/km^2。假定居住地与社区 5G 终端的渗透率是 1.2，5G 设备的激活率是 30%，则连接密度数为 3.6 万个/km^2。

按场景业务模型技术参数的计算公式，得到密集住宅区场景业务模型如表 5－2 所示。

表5-2 密集住宅区的业务模型

业务指标	数值
连接数密度	3.6万个/km^2
体验速率	上行14.79 Mb/s，下行102.68 Mb/s
时延	50~100 ms
移动性	静止
流量密度	上行0.52 Tb/s/km^2，下行3.61 Tb/s/km^2

需要注意的是，以上业务场景模型测试中，连接数密度是按照场景预估值计算的，实际场景中应按照5G用户预测结果计算。其他场景的业务模型可以参照上面的进行计算。

技能点 容量规划工程实践

1. 实验工具

（1）IUV-5G全网部署与优化教学仿真平台。

（2）计算机1台。

2. 实验要求

（1）能理解任务书的容量规划要求。

（2）能遵照标准流程完成项目容量规划。

（3）能理解并正确使用上、下行容量规划的各项参数。

（4）两人一组轮换操作，完成实验报告，并总结实验心得。

3. 实验步骤

步骤1：认真阅读并理解任务书要求。

覆盖规划任务书：A市为一般城区，总移动上网用户数为200万，规划覆盖区域320 km^2，用户密度较高。该市话务模型参照表5-3和表5-4，请根据A市网络拓扑规划架构选择合适的无线网规划参数进行容量规划的计算。

表5-3 上行容量计算参数规划

参数名	取值
调制方式	64QAM
流数	2
μ	1
帧结构	1111111200
缩放因子	0.75
S时隙中上行符号数	4

续表

参数名	取值
最大 RB 数	273
R_{max}	948/1024
开销比例	0.08
单小区 RRC 最大用户数	800
本市 5G 用户数	200 万
编码效率	0.8
上行速率转化因子	0.7
在线用户比例	0.08

表 5－4　下行容量计算参数规划

参数名	取值
调制方式	256QAM
流数	4
μ	1
帧结构	1111111200
缩放因子	0.8
S 时隙中下行符号数	6
最大 RB 数	273
R_{max}	948/1024
开销比例	0.14
单小区 RRC 最大用户数	800
本市 5G 用户数	200 万
编码效率	0.8
下行速率转化因子	0.7
在线用户比例	0.08

步骤 2：计算上行单时隙时长。代入 μ 值，可得结果如图 5－9 所示。

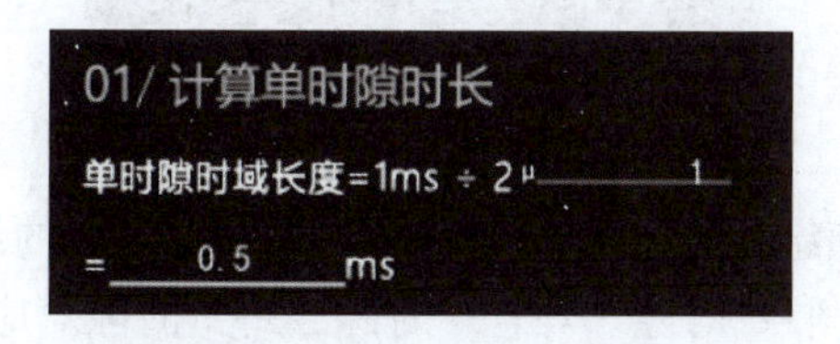

图 5－9　上行单时隙时长计算

步骤3：计算上行符号占比。

在5G NR中定义了3种时隙类型，即上行时隙、下行时隙和灵活时隙。其中，上、下行时隙通常由网络侧决定；而灵活时隙可由终端决定，已知一个时隙为0.5 ms，包含14个OFDM符号，灵活时隙可以根据终端需求，灵活分配这14个OFDM符号的上、下行配比，同时，也需要预留时隙保护的空域。在eMBB场景下，按照30 kHz的子载波间隔设置，NR几种典型的时隙配比方案如表5－5所示。

表5－5　5G NR典型时隙配比方案对比

时隙配比方案	7：3	4：1	3：1	8：2
属性	*DDDSUDDSUU* 2.5 ms双周期结构	*DDDSU* 2.5 ms单周期结构	*DDSU* 2.5 ms单周期结构	*DDDDDDDSUU* 5 ms周期结构
灵活时隙建议配置（DL：GP：UL）	10：2：2	10：2：2	12：2：0	6：4：4
优势	上、下行时隙配比均衡	下行有更多时隙，有利于下行吞吐量的提升	有效减少时延	下行容量能力强
劣势	双周期时隙较复杂	上下行切换交频繁	转换点增多	时延相对较大
下行符号占比/%	64.30	74.30	71.40	64.30
上行符号占比/%	32.90	22.90	25	32.90
GP符号占比/%	2.90	2.90	3.60	2.90

注：*D*为下行时隙，*U*为上行时隙，*S*为灵活时隙。DL为下行，GP为时隙保护的空域，UL为上行。

在仿真软件中，可以参看图5－10所示的帧结构进行相关的容量计算。

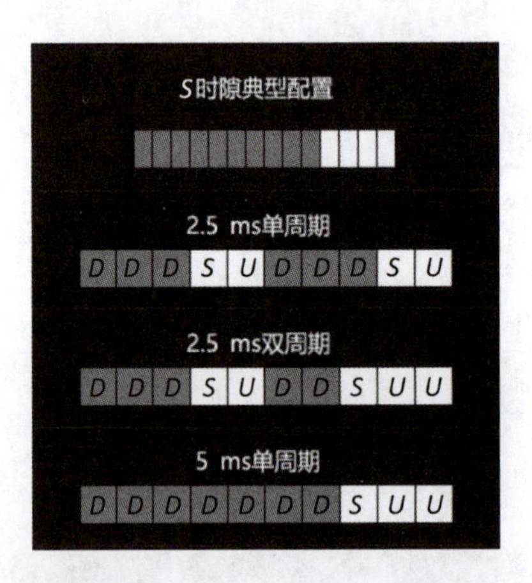

图5－10　5G典型帧结构

因为参数中已经给定帧结构为1111111200，对应的是8:2的结构类型，在一个5 ms的周期内，有1个*S*时隙、2个*U*时隙、7个*D*时隙，每个时隙对应14个符号。参数中给出*S*时隙上行符号数为4，2个*U*时隙对应28个符号，整个周期对应140个符号，代入图5－11所示的公式中，可得上行符号占比。

02/ 计算上行符号占比
重复周期内上行符号占比= (S时隙中上行符号数 4 个 +上行时隙中符号数 28 个) ÷ 总符号数 140 个
= 0.23

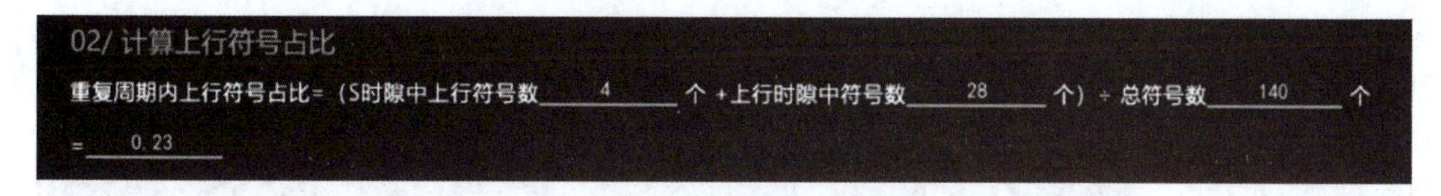

图 5－11　上行符号占比计算

步骤 4：计算上行理论峰值速率。

将表 5－3 中的参数代入图 5－12 中的公式中，可计算得到上行理论峰值速率。

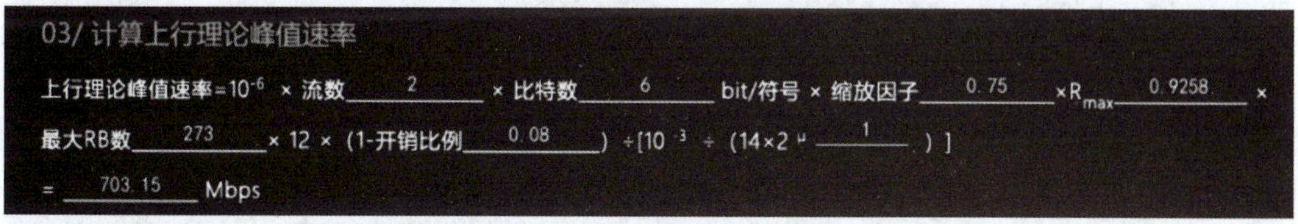
03/ 计算上行理论峰值速率
上行理论峰值速率=10⁻⁶ × 流数 2 × 比特数 6 bit/符号 × 缩放因子 0.75 ×Rmax 0.9258 ×
最大RB数 273 × 12 × (1-开销比例 0.08) ÷[10⁻³ ÷ (14×2^μ 1)]
= 703.15 Mbps

图 5－12　上行理论峰值速率计算

步骤 5：计算上行实际平均速率。

将表 5－3 中的参数及图 5－12 中的结果代入图 5－13 中的公式中，可计算得到上行实际平均速率。

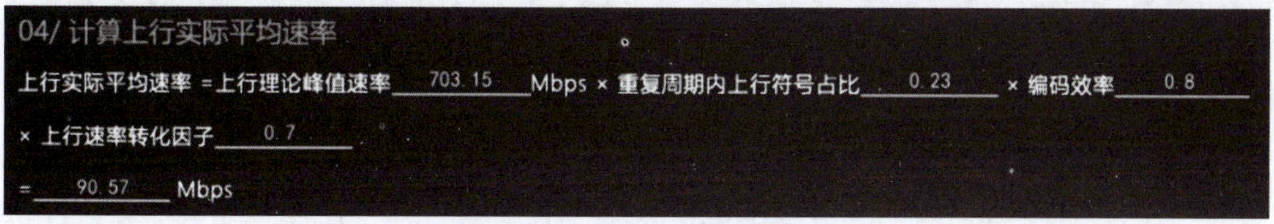
04/ 计算上行实际平均速率
上行实际平均速率 =上行理论峰值速率 703.15 Mbps × 重复周期内上行符号占比 0.23 × 编码效率 0.8
× 上行速率转化因子 0.7
= 90.57 Mbps

图 5－13　上行实际平均速率计算

步骤 6：计算上行单站平均吞吐量与站点数。

若站型采用 S 定向站，每个站点有 3 个扇区，并将上述步骤中计算的结果和表 5－3 中的参数代入图 5－14 中的公式中，即可得到最终的上行容量规划站点数为 834。

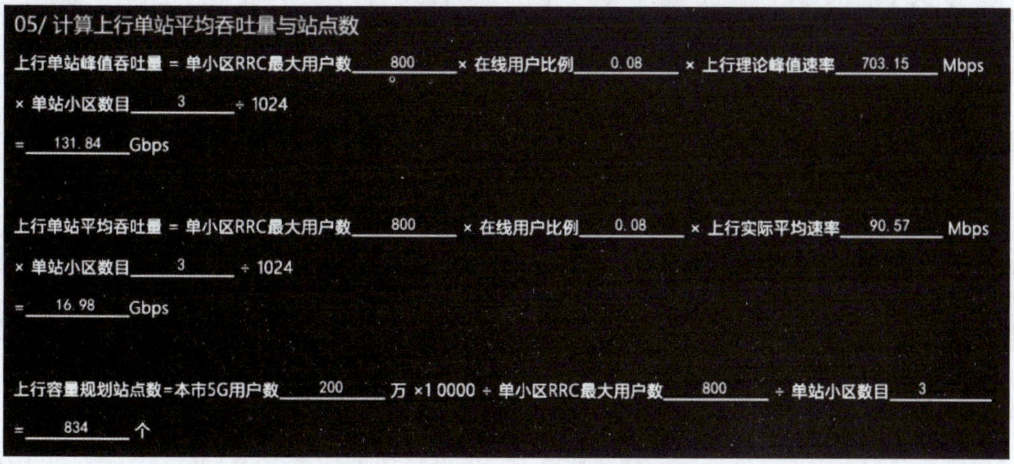
05/ 计算上行单站平均吞吐量与站点数
上行单站峰值吞吐量 = 单小区RRC最大用户数 800 × 在线用户比例 0.08 × 上行理论峰值速率 703.15 Mbps
× 单站小区数目 3 ÷ 1024
= 131.84 Gbps
上行单站平均吞吐量 = 单小区RRC最大用户数 800 × 在线用户比例 0.08 × 上行实际平均速率 90.57 Mbps
× 单站小区数目 3 ÷ 1024
= 16.98 Gbps
上行容量规划站点数=本市5G用户数 200 万 ×1 0000 ÷ 单小区RRC最大用户数 800 ÷ 单站小区数目 3
= 834 个

图 5－14　上行单站平均吞吐量与站点数计算

步骤7：根据表5－4中所给的下行容量计算参数，可以计算出单时隙时长、下行符号占比、下行理论峰值速率、下行实际平均速率等数据，如图5－15所示。

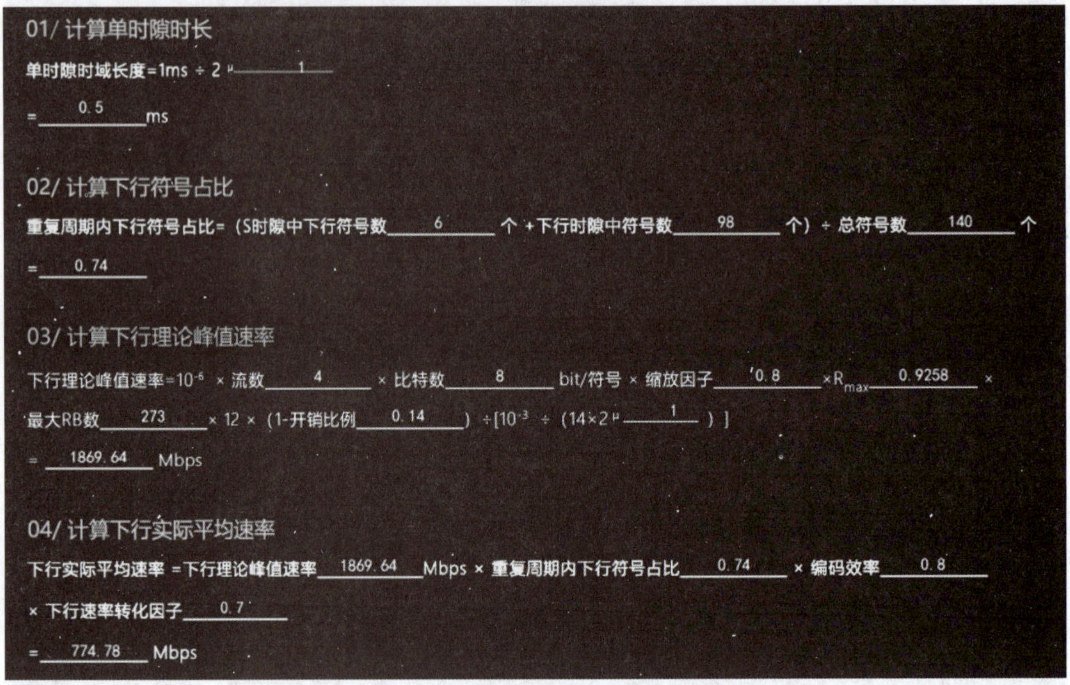

01/ 计算单时隙时长

单时隙时域长度＝1ms ÷ 2$^{\mu}$____1____

＝____0.5____ms

02/ 计算下行符号占比

重复周期内下行符号占比＝（S时隙中下行符号数____6____个＋下行时隙中符号数____98____个）÷ 总符号数____140____个

＝____0.74____

03/ 计算下行理论峰值速率

下行理论峰值速率＝10^{-6} × 流数____4____ × 比特数____8____ bit/符号 × 缩放因子____0.8____ × R_{max}____0.9258____ ×

最大RB数____273____ × 12 ×（1-开销比例____0.14____）÷［10^{-3} ÷（14×2$^{\mu}$____1____）］

＝____1869.64____ Mbps

04/ 计算下行实际平均速率

下行实际平均速率＝下行理论峰值速率____1869.64____Mbps × 重复周期内下行符号占比____0.74____ × 编码效率____0.8____

× 下行速率转化因子____0.7____

＝____774.78____ Mbps

图5－15　下行容量计算

步骤8：根据前面计算的结果，可以代入图5－16中的公式，计算得到下行单站平均吞吐量与站点数。

05/ 计算下行单站平均吞吐量与站点数

下行单站峰值吞吐量＝单小区RRC最大用户数____800____ × 在线用户比例____0.08____ × 下行理论峰值速率____1869.64____ Mbps

× 单站小区数目____3____ ÷ 1024

＝____350.56____Gbps

下行单站平均吞吐量＝单小区RRC最大用户数____800____ × 在线用户比例____0.08____ × 下行实际平均速率____774.78____ Mbps

× 单站小区数目____3____ ÷ 1024

＝____145.27____Gbps

下行容量规划站点数＝本市5G用户数____200____万 ×1 0000 ÷ 单小区RRC最大用户数____800____ ÷ 单站小区数目____3____

＝____834____个

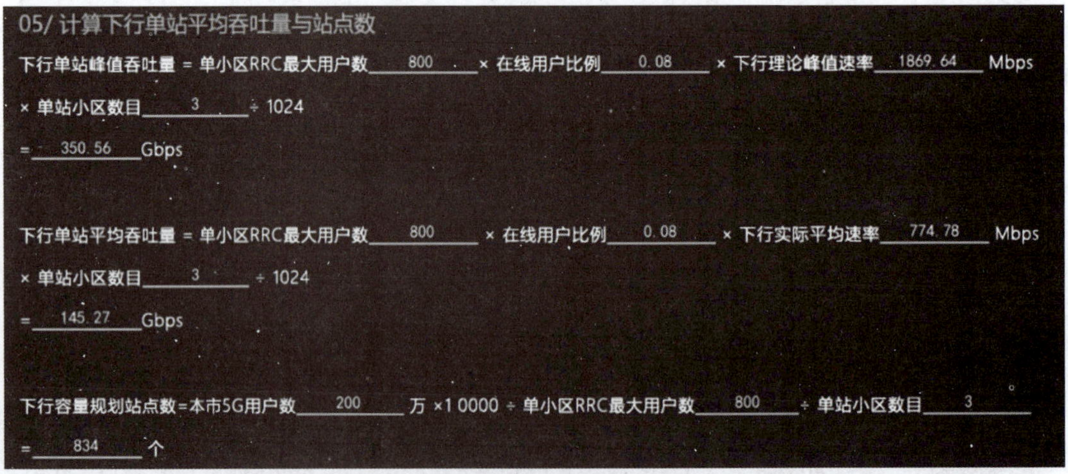

图5－16　下行单站平均吞吐量与站点数计算

至此，已经完成了本项目中容量规划所需要的站点数的估算值为834，将上、下行容量估算的站点数相比较，选择大的数作为最终的容量规划站点数。

练习题

1. 选择题

（1）常用的多址技术有（　　）。

A. FDMA　　B. TDMA　　C. CDMA　　D. SDMA

（2）在 LTE 和 5G 系统中，影响系统容量的因素有（　　）。

A. 资源配置和分配算法　　B. 网络信道环境和链路质量

C. 话务模型的准确性　　D. MIMO 天线的模式

（3）GSM 系统中采用的多址技术是（　　）。

A. FDMA　　B. TDMA　　C. CDMA　　D. SDMA

（4）呼损率在数值上等于（　　）。

A. 呼叫失败次数与总呼叫次数之比

B. 呼叫失败次数与成功呼叫次数之比

（5）CDMA 是基于（　　）划分信道。

A. 频率　　B. 时隙　　C. 码道　　D. 空间

2. 判断题

（1）不考虑频率复用，GSM 系统可提供的信道数为 992 个。（　　）

（2）TDMA 系统对定时和同步的要求不高。（　　）

（3）CDMA 系统是干扰受限的系统，具有软容量。（　　）

（4）分区分组法信道配置时，在同一信道组不能出现 3 阶互调干扰。（　　）

（5）系统容量规划一般要满足最忙时话务量的要求。（　　）

3. 问答题

（1）简述容量规划的基本流程。

（2）对比分析 FDMA、TDMA、CDMA 技术的不同，并说明其在移动通信系统中的应用。

（3）固定信道配置法与动态信道配置法的优、缺点是什么？

（4）若某体育场馆举办演唱会，该场馆最多可容纳 5 000 个用户，平均每个用户在观看演出期间拨打 1 次电话，每次通话时间约 90 s，请计算该场演出期间所产生的话务量是多少？

任务 6　参数规划

网络规划是一项系统工程，从无线传播理论的研究到天馈设备指标分析、从网络能力预测到工程详细设计、从网络性能测试到系统参数调整优化，贯穿了整个网络建设的全部过程，大到总体设计思想，小到每一个小区参数。

在移动通信系统中，网络与无线设备和接口有关的参数对网络服务性能的影响最为敏感。网络中的无线参数是指与无线设备和无线资源有关的参数。这些参数对网络中小区的覆盖、信令流量的分布、网络的业务性能等具有至关重要的影响，因此，合理调整无线参数是网络优化的重要组成部分。

知识点　移动网络中的无线参数

PCI 规划

根据无线参数在网络中的服务对象，无线参数一般可以分为两类：一类为工程参数；另一类为资源参数。

工程参数是指与工程设计、安装和开通有关的参数，如天线增益、电缆损耗等，这些参数一般在网络规划设计中必须确定，在网络的运行过程中不轻易更改。

资源参数是指与无线资源的配置、利用有关的参数，这类参数通常会在无线接口（Um）上传送，以保持基站与移动台之间的一致。大多数资源参数在网络运行过程中可以通过一定的人机界面进行动态调整。

本章所涉及的无线参数主要是无线资源参数，主要包括 PCI 参数、TA 参数、邻区参数等。

1. PCI 参数

PCI（Physical Cell Identifier）是物理小区标识的简称，也称为物理小区 ID，在 LTE 中用来区分不同小区的无线信号。其作用类似于 CDMA 中的 PN、UMTS 中的扰码，因为 PCI 参数有总数限制，面临复用的问题，所以它的规划总体思路和 PN 规划、扰码规划类似。PCI 参数如图 6－1 所示。

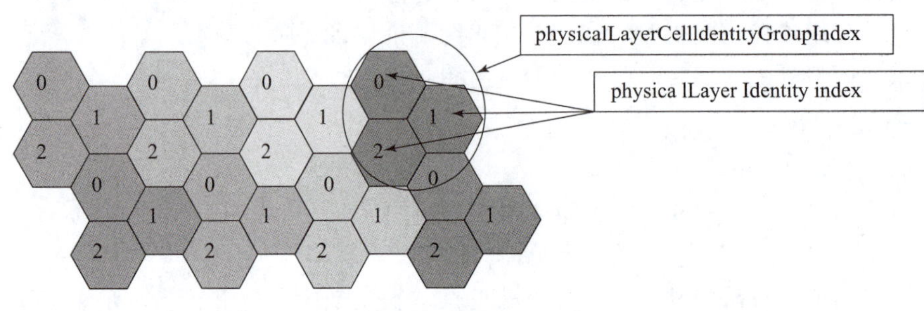

图 6－1　PCI 参数

PCI 由 PSS（主同步信号）和 SSS（辅同步信号）组成，对应关系表达式为：PCI = PSS + 3 · SSS，其中，PSS 的取值范围为 0～2；SSS 的取值范围为 0～167。PCI 共有 504 个，取值范围为 0～503。

在 LTE 小区搜索流程中，通过将检索得到的 PSS 值与 SSS 值相结合来确定具体的小区 ID 值。

2. PCI 规划

在移动网络无线参数规划过程中，需要对相邻小区的 PCI 进行合理的配置以避免相邻小区的参考信号干扰。因此，PCI 规划需要遵循以下规则。

1）不冲突原则

PCI 冲突是指在某一指定位置，手机可同时接收到两个不同小区发射的包含相同 PCI 信息的信号，即两个互为邻区的小区使用了相同的 PCI。当出现 PCI 冲突后会出现以下状况。

（1）在最坏的状况下，UE 将无法接入这两个干扰小区中的任何一个。

（2）在最好的状况下，UE 能够接入其中一个小区，但将受到很严重的干扰。

PCI 不冲突原则的主旨是保证同频邻小区之间的 PCI 值不相等。PCI 不冲突原则如图 6－2 所示。

图 6－2　PCI 不冲突原则

2）不混淆原则

PCI 混淆是指一个指定小区，在其已知或未知的情况下，拥有两个使用相同 PCI 的邻区。UE 使用 PCI 来识别小区和关联测量报告，当出现 PCI 混淆后会出现以下状况。

（1）在最坏的状况下，eNodeB 只知道其中一个邻小区，UE 将会切换至错误的小区，造成大量的切换失败和掉话。

（2）在最好的状况下，eNodeB 知道这两个邻小区，UE 将先确定上报小区的 CGI（全球小区识别码），再触发切换。

PCI 不混淆原则的主旨是保证某个小区的同频邻小区 PCI 值不相等，并尽量选择无 MOD3 干扰的 PCI 值。PCI 不混淆原则如图 6－3 所示。

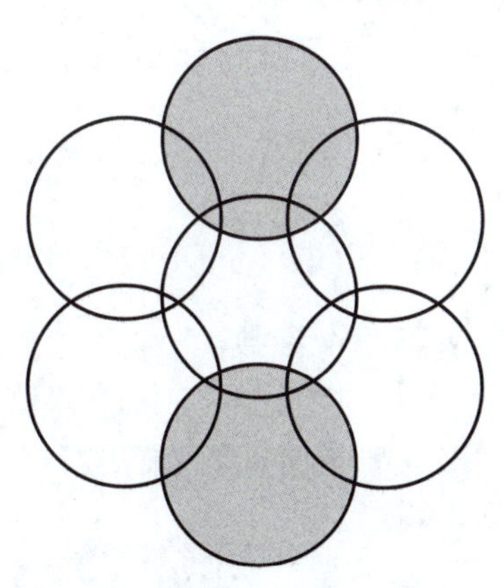

图 6－3　PCI 不混淆原则

3）MOD3 干扰

MOD3 干扰是指同频的两个小区的 PCI 除以 3 的余数相同（即 PSS 相同），且两个小区的 RSRP 值相近。MOD3 干扰如图 6－4 所示。

产生 MOD3 干扰之后，会造成下行小区参考信号的相互干扰，影响信道评估，从而导致 SINR 值、CQI 值、下行速率、接入性能、保持性能、切换性能等指标的全面恶化。

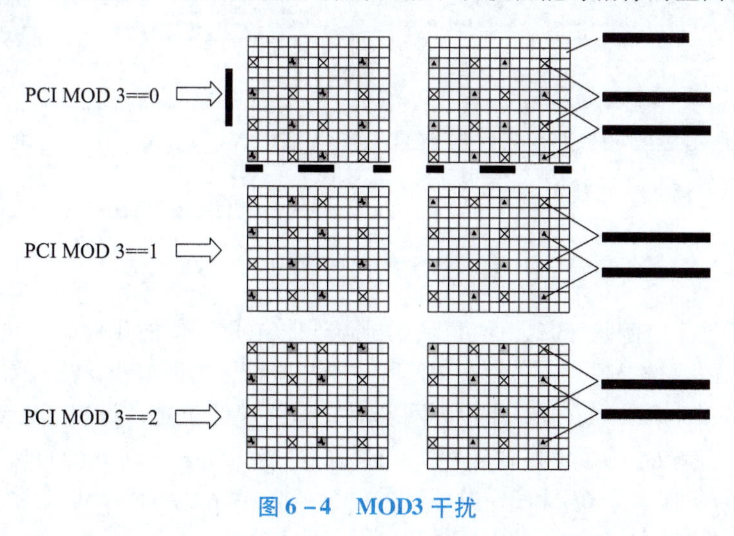

图 6－4　MOD3 干扰

4）PCI 复用最优化原则

PCI 复用要求主要包括以下几点。

（1）复用距离：使用相同 PCI 的两个小区之间的距离需要大于规划站间距乘以 2。

（2）复用层数：使用相同 PCI 的两个小区之间的层数需要大于源小区的第 2 层邻区。

PCI 复用最优化原则的主旨是保证同 PCI 的小区具有足够的复用距离，并在同频邻小区之间选择干扰最优的 PCI 值，如图 6－5 所示。

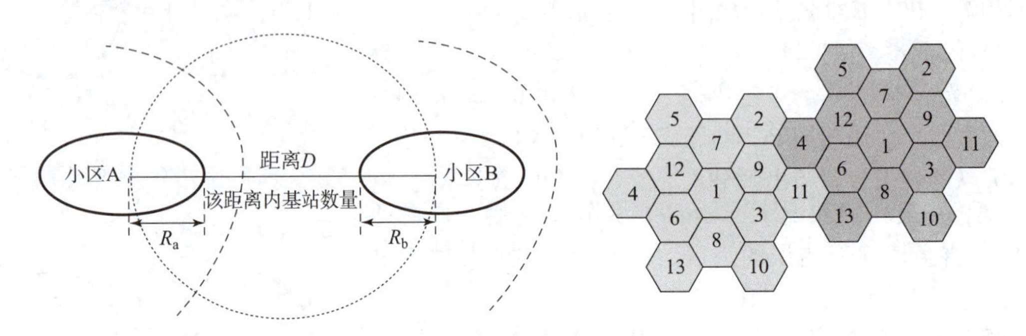

图 6－5　PCI 复用最优化原则

3. TA 参数

TA（Tracking Area，跟踪区）是 LTE 为 UE 的位置管理新设立的概念，其功能为实现对 UE 位置的寻呼和位置更新管理，TA 参数如图 6－6 所示。具体体现在以下几点。

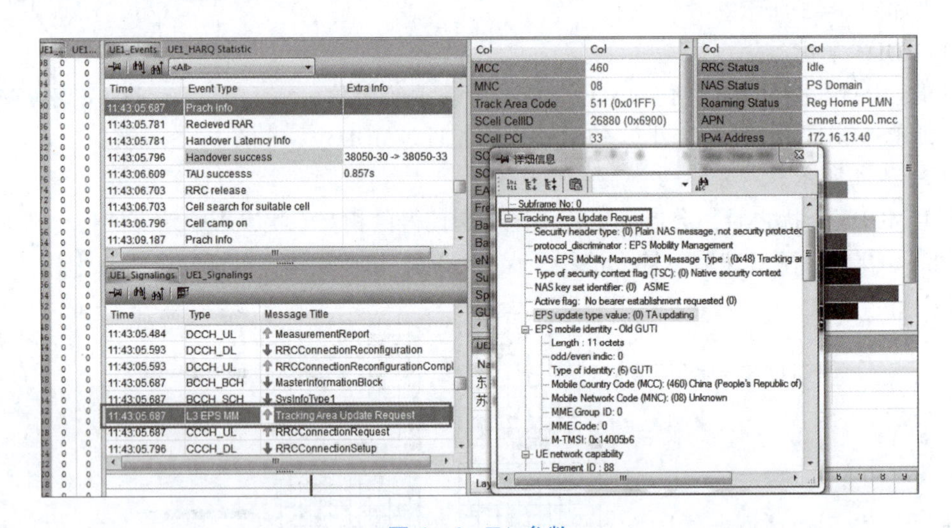

图 6－6　TA 参数

（1）当 UE 处于空闲状态时，通过 TA 注册告知核心网当前的 TA。

（2）当 UE 需要被寻呼时，必须在 UE 所注册的跟踪区的所有小区进行寻呼。

早在 2G、3G 时期，为了能够让核心网及时知道终端的位置，设置了 LA（位置区）和 RA（路由区）等参数。为了更好地理解 TA 参数的功能，先了解以下几个概念。

（1）LA（位置区）是 2G 和 3G 电路域的概念，当寻呼终端时，MSC 对终端所在 LA 中的所有小区进行搜索。一般进行跨 LA 更新和周期性 LA 更新。

（2）RA（路由区）是2G和3G分组域的概念，能够让GPRS服务支持节点（SGSN）及时知道终端的位置，在发起数据传输前，先向SGSN和HLR注册，后在RA中寻呼，一般进行跨RA更新和周期性RA更新。

LA、RA、TA的概念及相关扩展参数如表6-1所示。

表6-1　LA、RA、TA的概念及相关扩展参数

参数归属	参数名	全称	中文译名
2G和3G电路域	LA	Location Area	位置区
	LAI	LA Identity	位置区标识
	LAC	LA Code	位置区编码
2G和3G分组域	RA	Routing Area	路由区
	RAI	RA Identity	路由区标识
	RAC	RA Code	路由区编码
LTE	TA	Tracking Area	跟踪区
	TAI	TA Identity	跟踪区标识
	TAC	TA Code	跟踪区编码

4. TA List的概念

TA作为TA List下的基本组成单元，想更好地了解TA，需要先明白TA List的概念。一个TA List包含1~16个TA。MME可以为每个UE分配一个TA List，并发送给UE保存。根据TA List判定是否执行TA更新的机制为以下几个。

（1）UE在该TA List区域内时，不需要执行TA更新，以减少与网络的频繁交互。

（2）UE进入新的TA List区域时，需要执行TA更新，MME给UE重新分配一组TA。

（3）在有业务需求时，网络会在TA List所包含的所有小区内向UE发送寻呼消息。

因此，在LTE系统中，寻呼和位置更新都是基于TA List进行的。TA List的引入可以避免在TA边界处由于乒乓效应导致的频繁TA更新。TA List参数如图6-7所示。

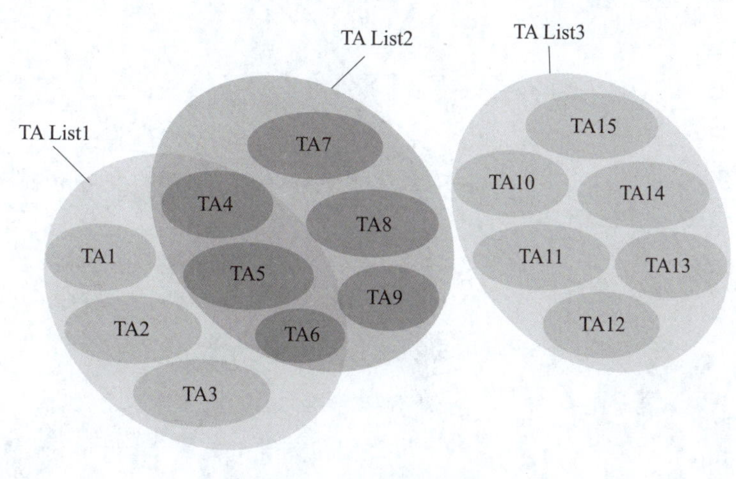

图6-7　TA List参数

5. TA 规划

TA 规划需要满足以下几点原则。

1）TA 面积不宜过大

TA 面积过大则 TA List 包含的 TA 数目将受到限制，降低了基于用户的 TA List 规划的灵活性，TA List 引入的目的不能达到。

2）TA 面积不宜过小

TA 面积过小则 TA List 包含的 TA 数目就会过多，MME 维护开销及位置更新的开销就会增加。

3）应设置在低话务区域

TA 的边界决定了 TA List 的边界。为减小位置更新的频率，TA 边界不应设在高话务量区域及高速移动等区域，并应尽量设在天然屏障位置（如山川、河流等）。

在市区和城郊交界区域，一般将 TA 区的边界放在外围一线的基站处，而不是放在话务密集的城郊结合部，避免结合部用户频繁位置更新。同时，TA 划分尽量不要以街道为界，一般要求 TA 边界斜交于街道，避免产生乒乓效应的位置或路由更新。TA 规划如图 6－8 所示。

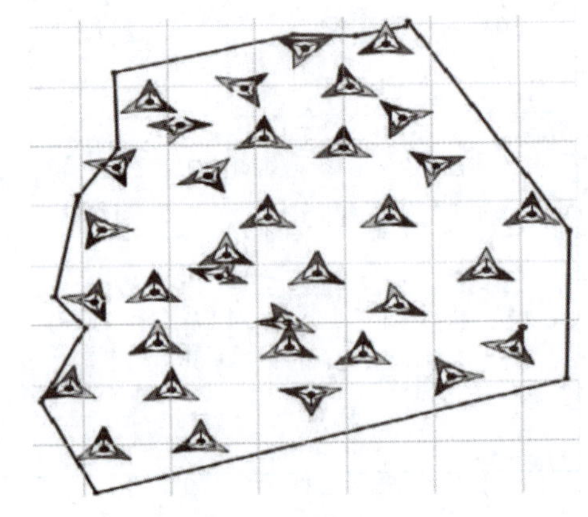

图 6－8　TA 规划

6. 邻区参数

邻区是相邻基站小区的简称，是基站为了终端能顺利切换而设置的目标小区的集合。

为了能顺利切换，源基站与目标基站间必须建立连接，传送相关信息。这些目标基站就是源基站的邻区。邻区参数如图 6－9 所示。

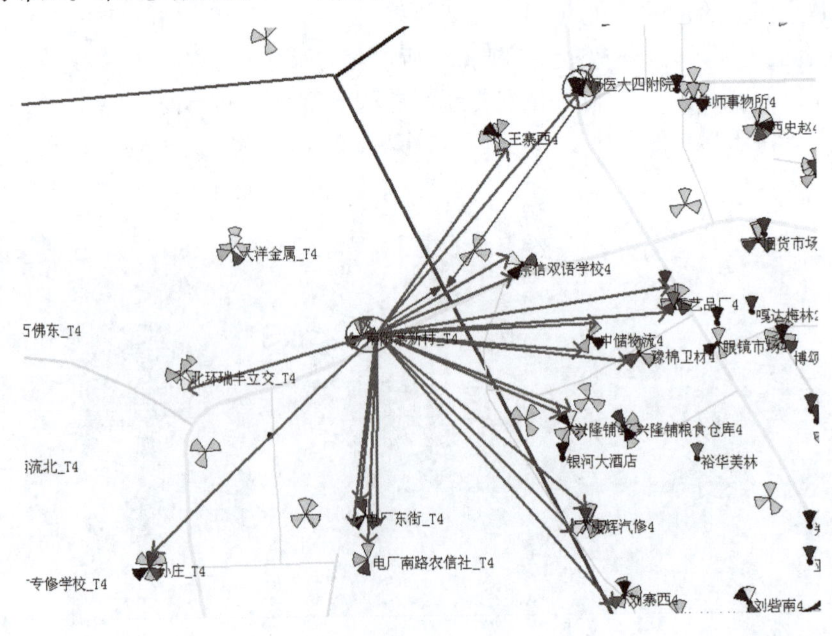

图 6－9　邻区参数

7. 邻区规划

LTE 网络是快速硬切换网络，邻区规划需综合考虑各小区的覆盖范围、站间距、接收功率等信息。

如图 6－10 所示，如果邻区规划不合理，会带来以下网络问题。

（1）邻区过多，会导致终端测量不准确，引起切换不及时、误切换、重选慢等问题。

（2）邻区过少，会引起孤岛效应问题。

（3）邻区信息错误，会影响到网络正常的切换流程。

图 6－10　邻区规划不合理

这些问题都会对网络的接通、掉话和切换产生不利的影响。因此，要保证稳定的网络性能，就需要进行合理的邻区规划。

那么，正确的邻区规划思路主要如下。

（1）使用规划软件进行邻区初步规划，如图 6－11 所示。

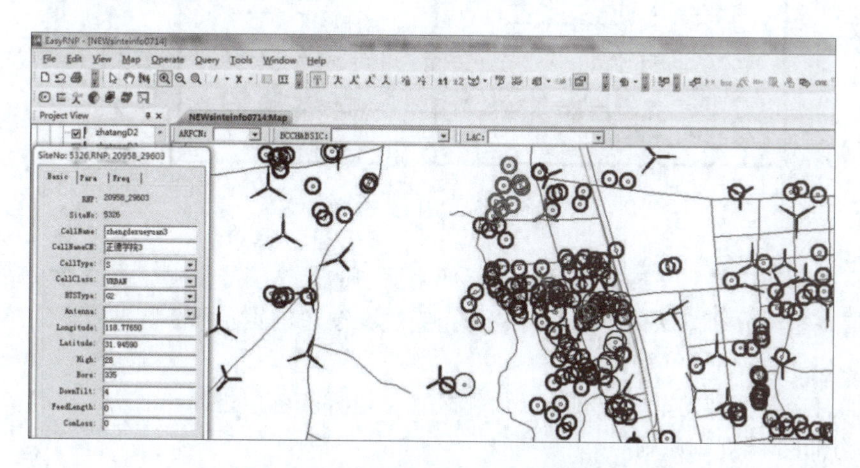

图 6－11　使用规划软件进行邻区规划

（2）根据初步规划结果，结合各个基站的实际情况增删邻区和调整邻区优先级别。

邻区规划的原则可分为系统内和系统间两个部分。细则内容主要如下。

1）系统内邻区规划原则

（1）4G 宏站（图 6－12）。

①添加本基站的所有小区互为邻区。

②添加第一圈小区（以本基站为圆心，与圆心最近的第一圈的所有小区）为邻区。

③添加第二圈正打小区（以本基站为圆心，第二圈的所有方位角朝向圆心的所有小区）为邻区。

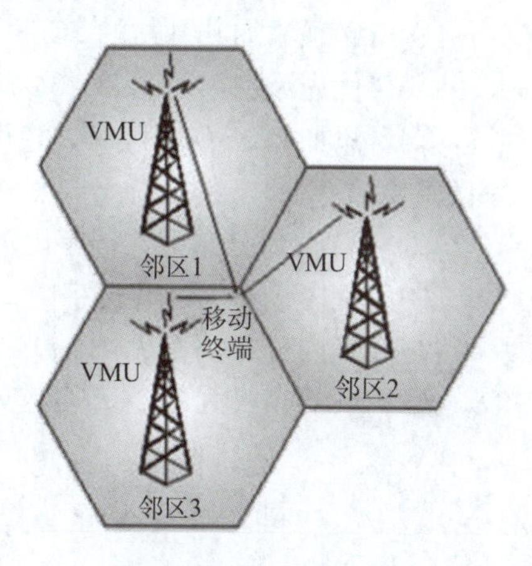

图 6－12　宏站邻区规划

④添加邻区关系数量要设置在上限范围内。

(2) 4G室内分布（图6-13）。

①概念：一般将楼宇按照楼层层数，分为低层（如地下、1F、2F）、中层、高层。

②添加室内分布低层与宏站小区互为邻区，保证覆盖连续性。

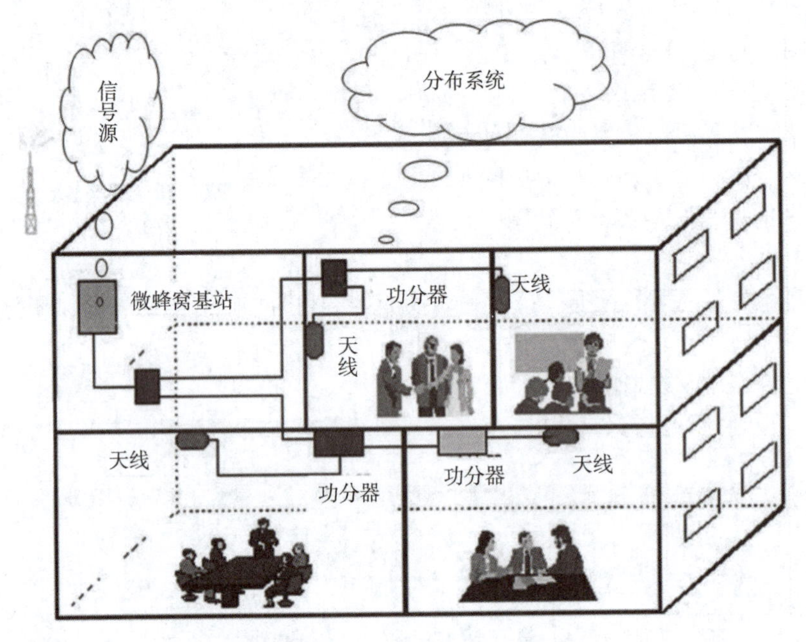

图6-13 室内分布系统

③在室内分布中层、室内分布高层时，如果窗边的宏站信号很强，需添加宏站小区至室内分布中层、室内分布高层的单向邻区，防止终端在窗边信号脱网小区选择至宏站无法切回至室内分布，导致掉话等问题。

④添加有交叠区域的室内分布小区为邻区（如电梯和各层之间）。

2）系统间邻区规划原则

(1) 4G宏站与2G/3G宏站配置。

①4G必须添加共基站的2G/3G为邻区。

②4G优先添加第一圈2G/3G为邻区。

③4G添加2G/3G邻区时，建议最多添加10个2G邻区、6个3G邻区（具体需根据厂家设备要求）。

(2) 4G室内分布与共楼宇内2G/3G室内分布配置。

①4G室内分布添加共楼宇内2G/3G邻区。

②4G室内分布周围无4G宏站信号覆盖时，需根据楼宇出入口处的2G/3G信号强度列表，挑选3~6个最强的2G/3G宏站与4G室内分布相互添加双向邻区。

技能点 1　PCI 规划

1. 实验工具

（1）UltraRF。

（2）计算机 1 台。

2. 实验要求

（1）能正确完成 PCI 参数规划与配置。

（2）能正确完成 MOD3 干扰优化任务。

（3）两人一组轮换操作，完成实验报告，并总结实验心得。

3. 实验步骤

步骤 1：打开“LTE 移动通信网络优化仿真实训平台（UltraRF）”软件，选择“MOD3 干扰导致质差”案例，如图 6－14 所示。

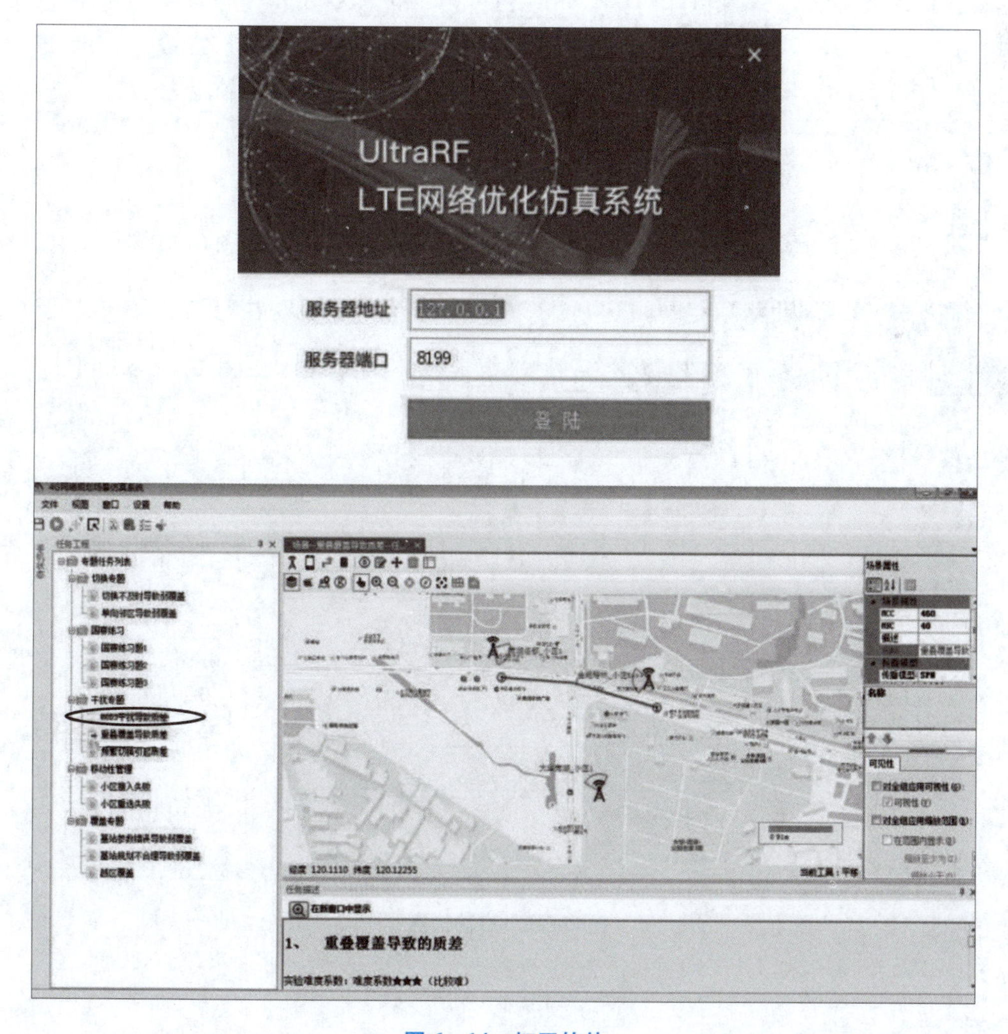

图 6－14　打开软件

步骤2：单击场景中的手机进行“部署手机”，在弹出的手机属性窗口直接选择确定，如图6－15所示。

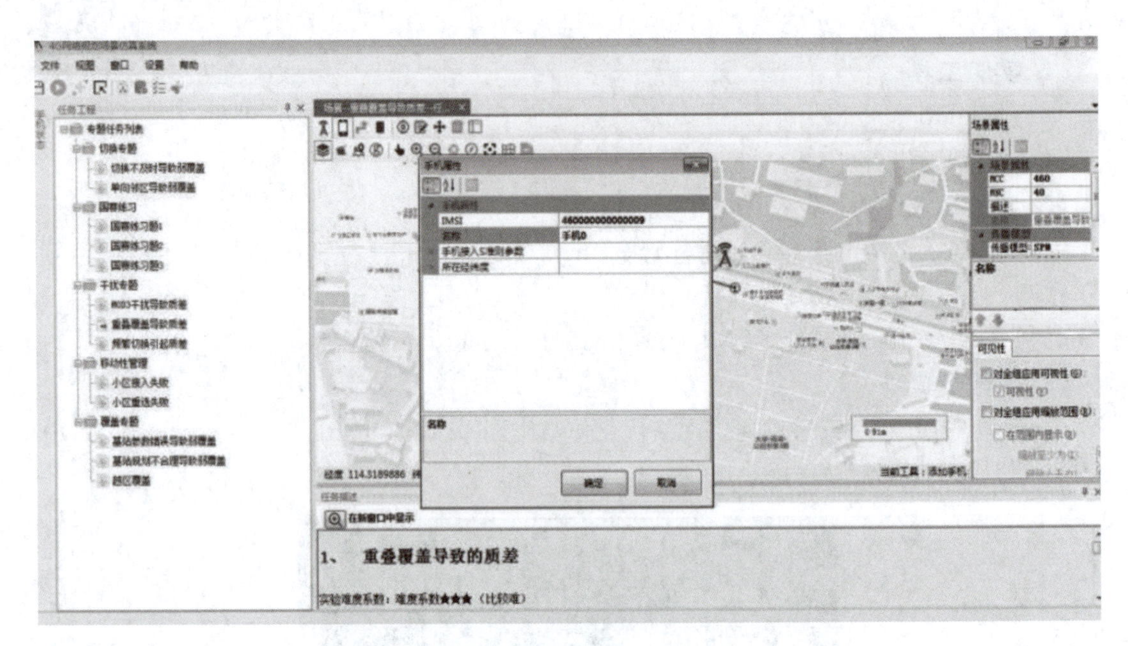

图6－15 部署手机

步骤3：启动仿真，在软件的工具栏选择“启动仿真”按钮，如图6－16所示。

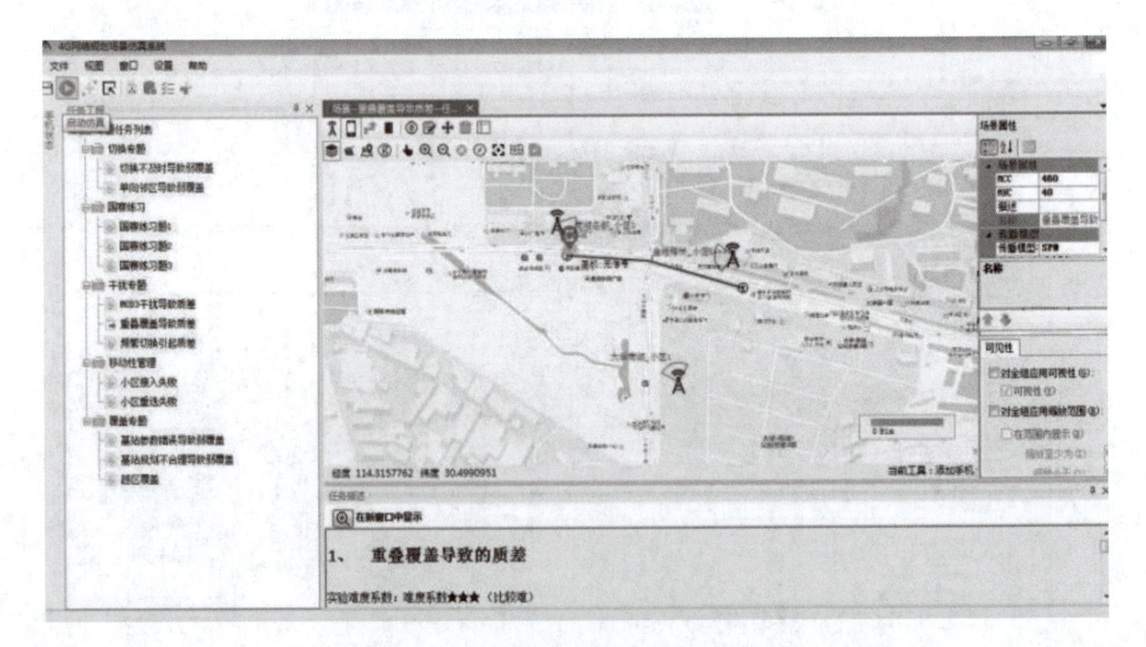

图6－16 启动仿真

步骤4：打开“LOG”记录按钮，进行软件测试数据的记录及分析，如图6－17所示。

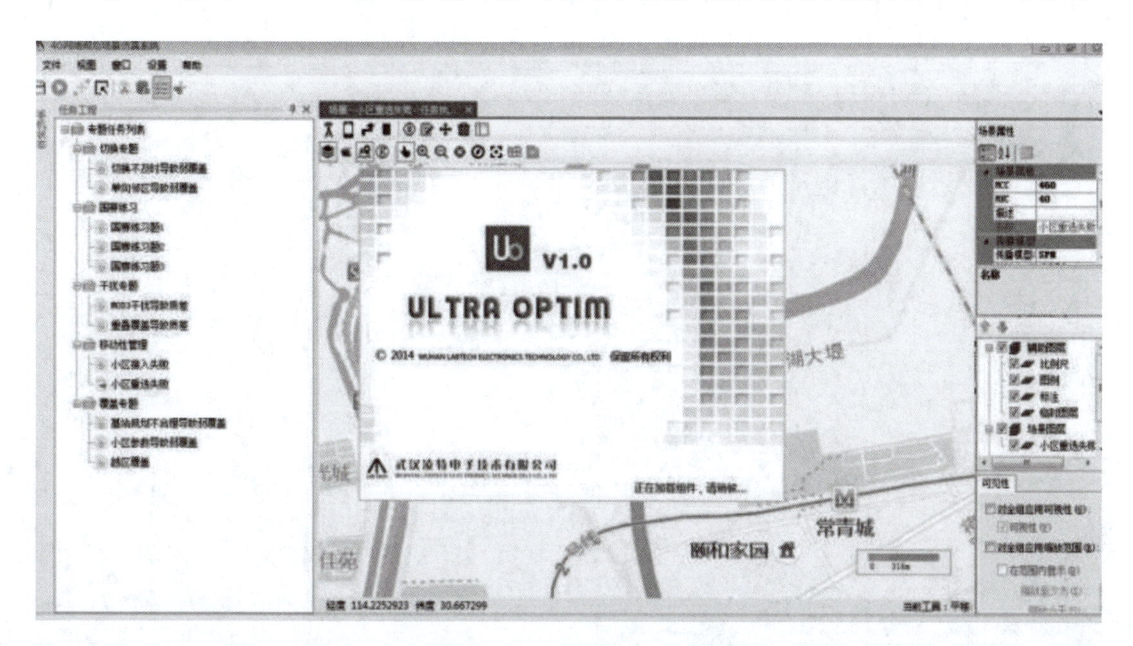

图6－17　打开“LOG”记录按钮

步骤5：添加“仿真手机”设备，仿真手机是LTE网络优化仿真软件的测试数据源，如图6－18所示。

图6－18　添加“仿真手机”设备

步骤6：进行数据记录，单击路测端软件工具栏的“开始记录”按钮，如图6－19所示。

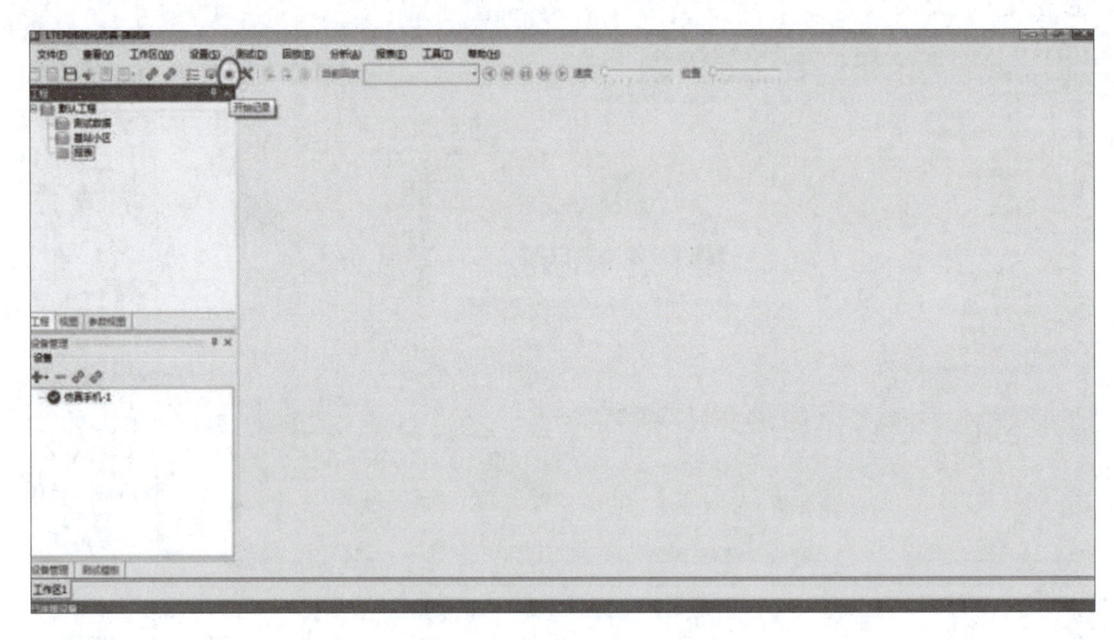

图6－19　“开始记录”数据

步骤7：调整手机状态，该案例需要建立在一个连接的环境下，进行一次切换测试，因此，需要将手机调整为连接状态，如图6－20所示。

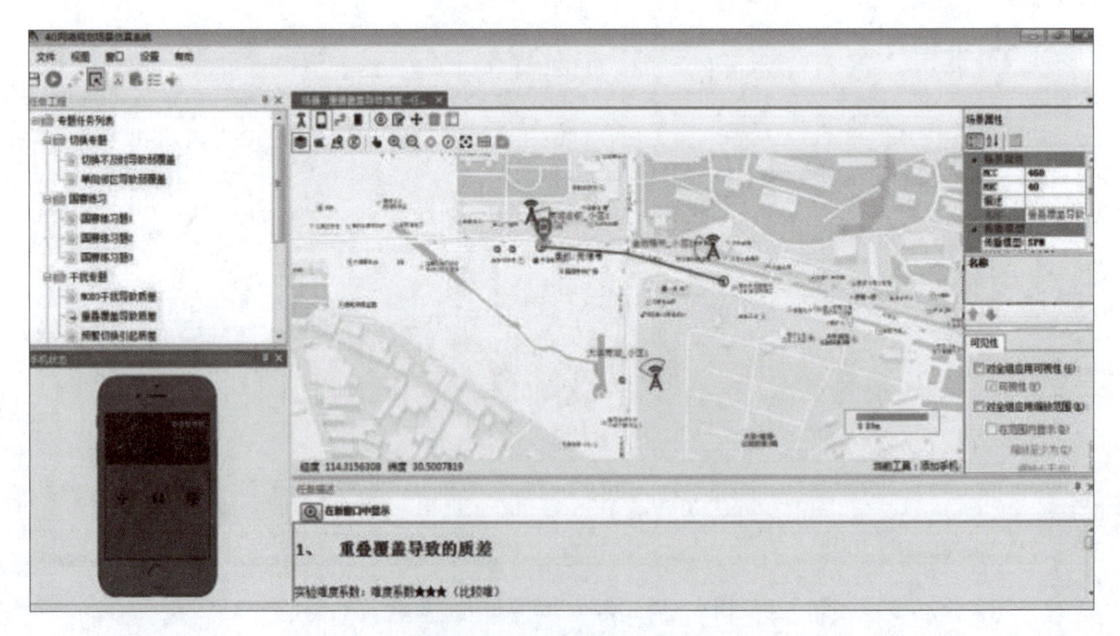

图6－20　调整手机状态

步骤8：选择“开始移动”，这样仿真手机就开始测试移动了，待测试完成后单击“停止仿真”按钮，整个测试轨迹由蓝色转成红色，如图6-21所示。

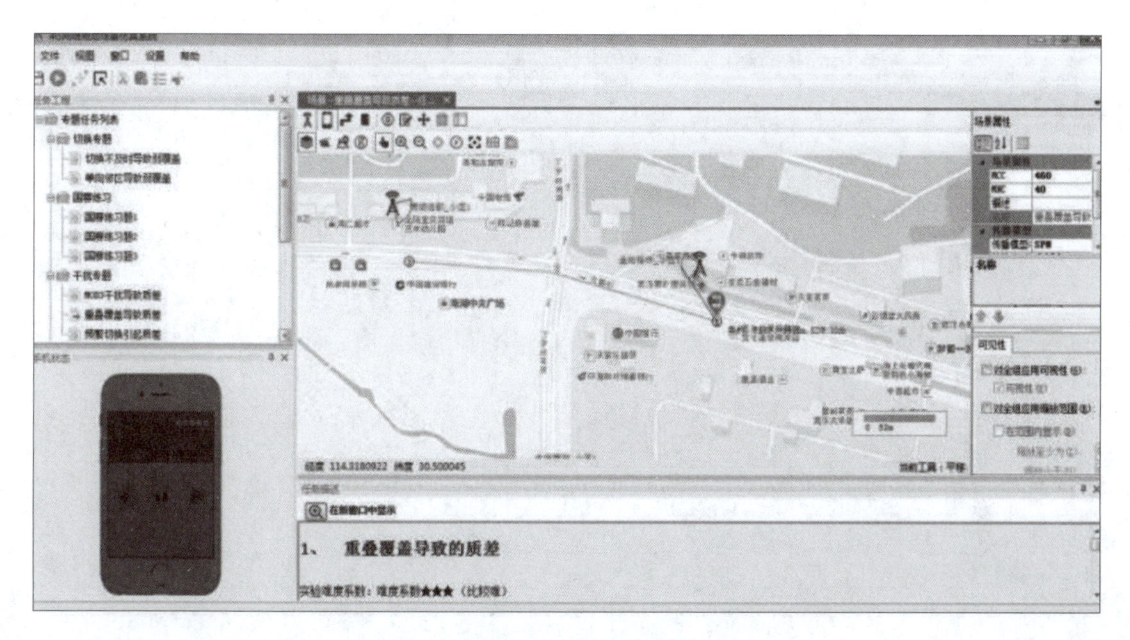

图6-21　停止仿真

步骤9：最后单击“停止记录”按钮，仿真软件将生成一个以开始记录时间为名称的测试文件，后续可利用这个文件进行数据的回放和分析，如图6-22所示。

图6-22　停止记录

步骤10：找到左下角的“设备管理”窗口，单击该窗口工具栏中的“断开设备”按钮，如图6－23所示。

图6－23　断开设备

步骤11：在左上角的工程窗口，右键单击“默认工程”→“测试数据”中刚才测试生成的测试数据，选择快捷菜单中“导入”命令，如图6－24所示。

图6－24　导入“LOG”

步骤 12：导入“基站数据库”，如图 6－25 所示。

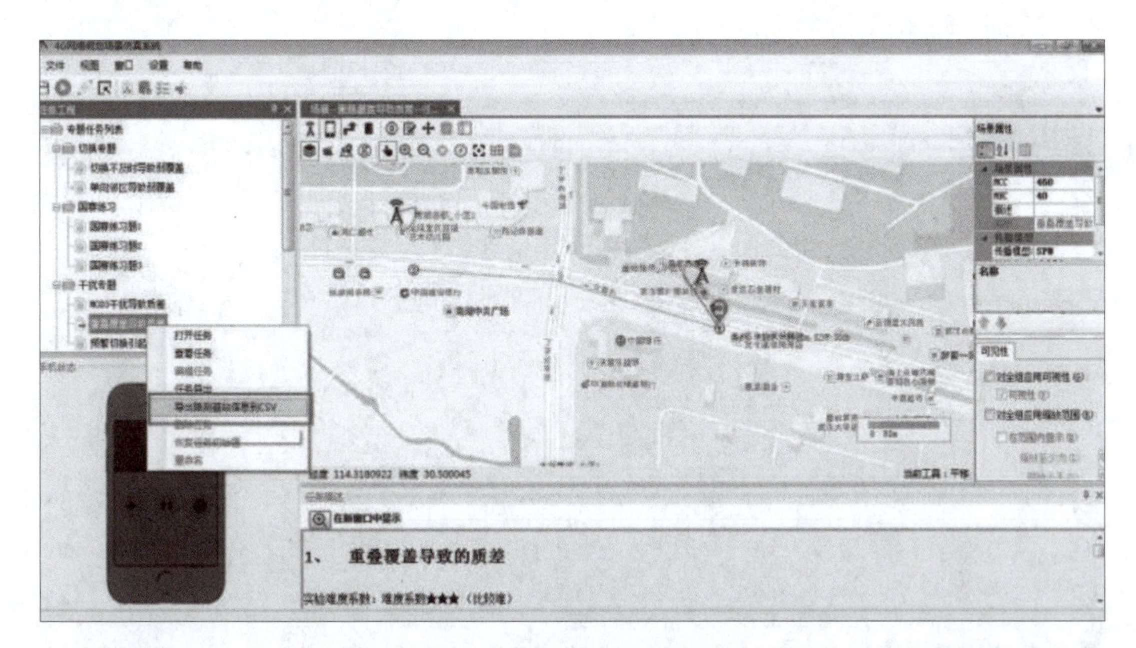

图 6－25　导入“基站数据库”

步骤 13：导入“地图数据库”，如图 6－26 所示。

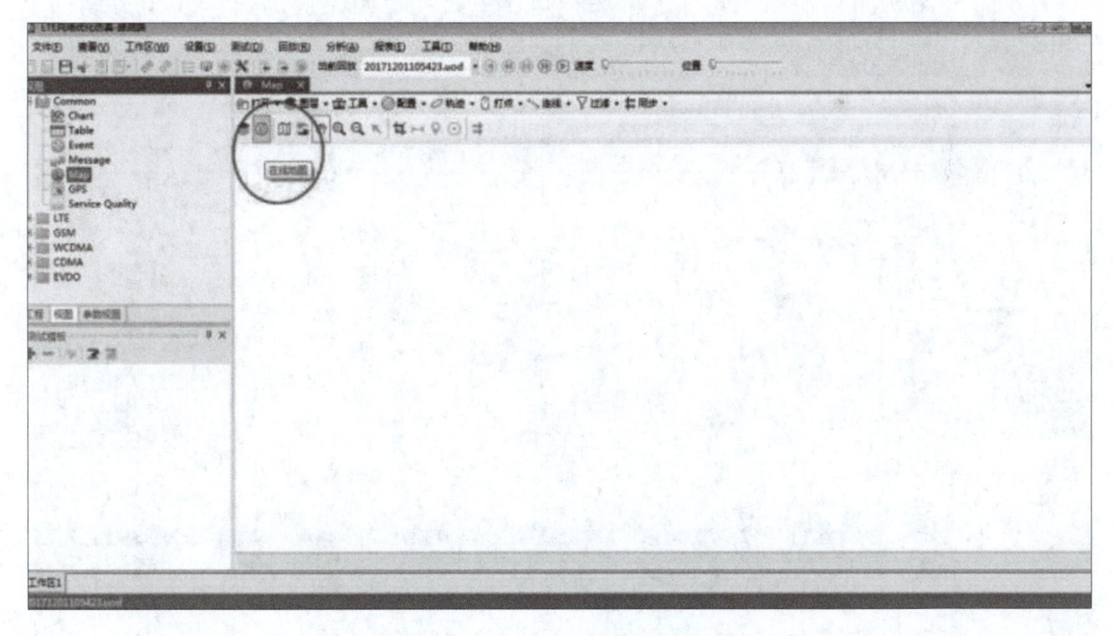

图 6－26　导入“地图数据库”

步骤 14：导入轨迹，在地图窗口内的菜单栏中选择“打开”，弹出的下拉菜单中选择“导入轨迹”命令，如图 6 – 27 所示。

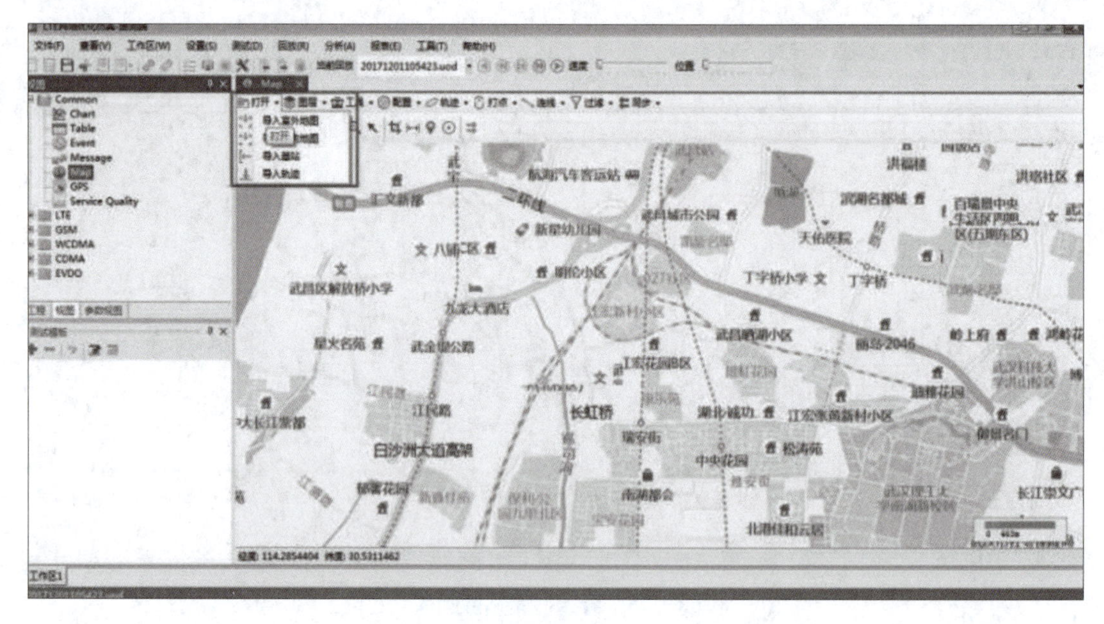

图 6 – 27　导入轨迹

步骤 15：案例问题描述：测试手机在华师桂中路和梅园路周围，SINR 值持续低于 6 dBm，属于质差，如图 6 – 28 所示。

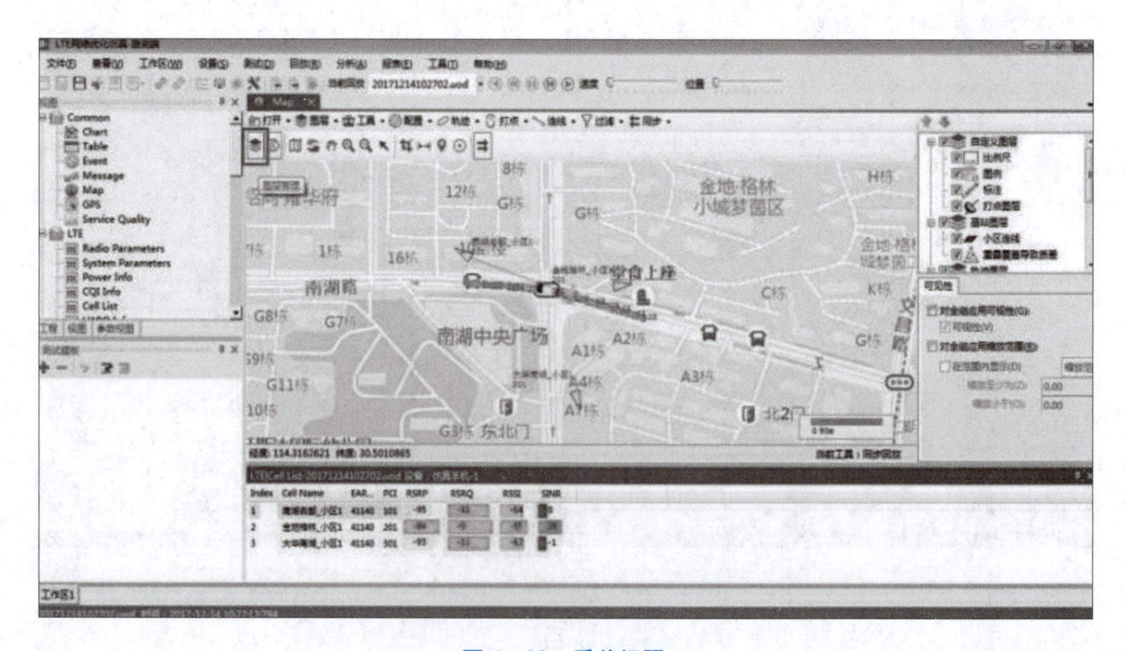

图 6 – 28　质差问题

步骤 16：案例问题分析：通过查看前后网络覆盖，可以发现在质差位置，手机接收到 2 号教学楼 – 小区 2（PCI = 101）和出版社科学研究中心 – 小区 3（PCI = 203）之间存在 MOD3 干扰。对于 MOD3 干扰需要调整 PCI，一般思路如下。

①顺时针方向调整 PCI。

②逆时针方向修改 PCI。

③互换 PCI。

优化调整的核心是，避免在优化该小区时出现其他的 MOD3 干扰，权衡利弊后将出版社科学研究中心 – 小区 3 与出版社科学研究中心 – 小区 1 互换 PCI。最后的优化方案如下。

①将出版社科学研究中心 – 小区 3 的 PCI 从 203 调整到 201。

②将出版社科学研究中心 – 小区 1 的 PCI 从 201 调整到 203。

步骤 17：按照之前的所有操作步骤进行复测，测试结果表明案例问题得到解决，如图 6 – 29 所示。

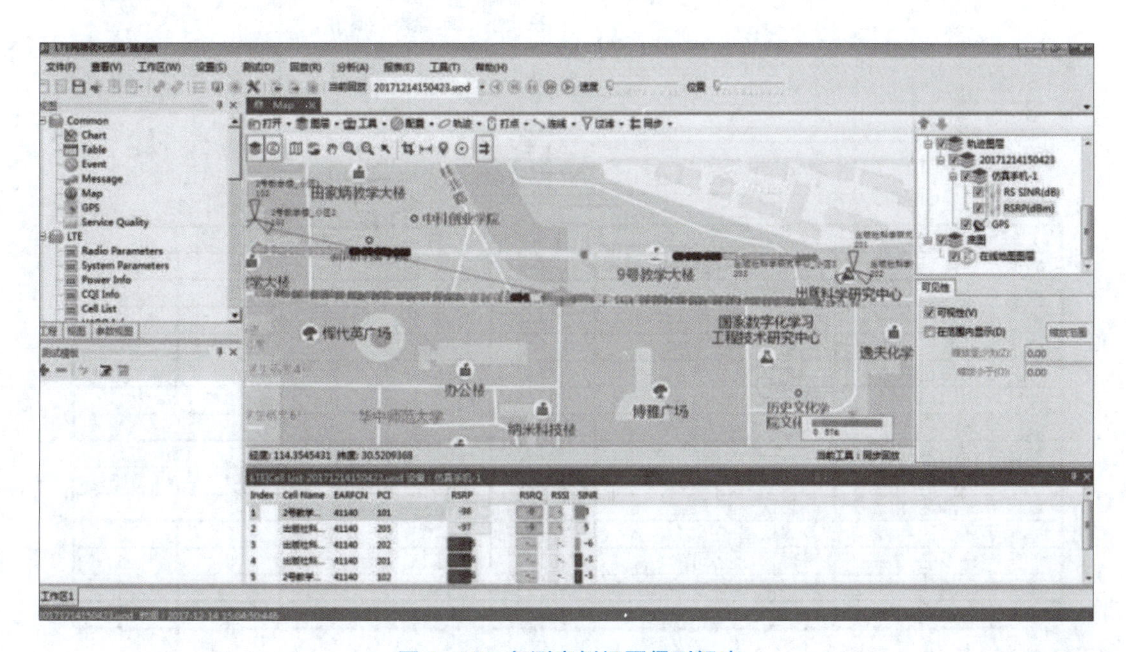

图 6 – 29　复测案例问题得到解决

技能点 2　TA 规划

TA 规划

LTE 小区 TAC 配置不合理导致 CSFB 失败处理案例。

案例描述：1 月 1 日，在城区半岛酒店中，测试终端（iPhone5 手机）占用城区半岛酒店 – HLW 的室内分布站下进行 CSFB 测试，主叫和被叫都失败。1 月 2 日，在相同地点，测试终端（华为 D2 手机）占用城区半岛酒店 – HLW 的室内分布站下进行 CSFB 测试，被叫都失败。

案例分析：问题排查主要包括以下步骤

步骤 1：基站状态查询。查询城区半岛酒店 – HLW 站点无当前活跃告警及历史告警存在，因此排除主设备硬件告警导致。

步骤2：测试终端问题排查。相同终端在占用其他已经开启 CSFB 功能的 LTE 小区时，都能正常进行 CSFB 语音业务，因此排除终端问题。

步骤3：无线参数排查。通过 LST ENODEBALGOSWITCH 命令查看城区半岛酒店 - HLW 站点的 CSFB 功能已开启，且都配置了相应的 GSM 邻区关系，如图 6 - 30 所示。

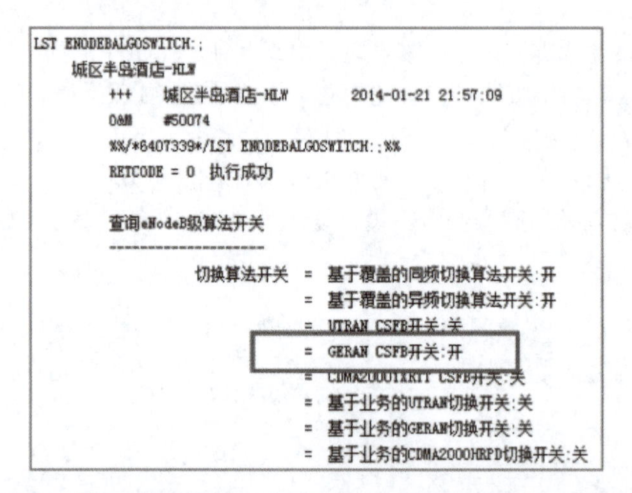

LTE小区名称	2G小区名称	LAC	CI	NCC	BCC	BCCH
城区半岛酒店-HLW-1	城区骏王酒店HD1-2	28745	10422	3	6	533
城区半岛酒店-HLW-1	城区海关HD1-3	28745	10783	0	3	513
城区半岛酒店-HLW-1	城区分公司HG1-1	28745	19531	5	5	1
城区半岛酒店-HLW-1	城区分公司HG1-2	28745	19532	6	7	19
城区半岛酒店-HLW-1	城区分公司HG1-3	28745	19533	0	0	21
城区半岛酒店-HLW-1	城区南苑科技楼HG1-3	28745	39373	3	5	27
城区半岛酒店-HLW-1	城区安华酒店HG1-2	28745	49332	3	6	11
城区半岛酒店-HLW-2	城区骏王酒店HD1-2	28745	10422	3	6	533
城区半岛酒店-HLW-2	城区海关HD1-3	28745	10783	0	3	513
城区半岛酒店-HLW-2	城区分公司HG1-1	28745	19531	5	5	1
城区半岛酒店-HLW-2	城区分公司HG1-2	28745	19532	6	7	19
城区半岛酒店-HLW-2	城区分公司HG1-3	28745	19533	0	0	21
城区半岛酒店-HLW-2	城区南苑科技楼HG1-3	28745	39373	3	5	27
城区半岛酒店-HLW-2	城区安华酒店HG1-2	28745	49332	3	6	11

图 6 - 30　CSFB 功能开关和邻区关系

步骤4：信令分析。

1 月 2 日 16：00 在该室内分布站下，使用华为 D2 手机进行 CSFB 测试，被叫呼叫失败。通过对信令跟踪分析，由于 LTE 在无线侧无法进行单用户跟踪，所以只能跟踪该站点的 UU、S1 口信令，并且确保该站点无其他用户。

D2 作被叫时，通过 S1 口信令分析，在信令上可以看到 16：00：18（141）在 S1AP_UE_CONTEXT_MOD_REQ 消息上看到 MME 发起 CSFB 请求，之后 UE 给 MME 发送回应，如图 6 - 31 所示。

之后从 S1 口信令上 16：00：18（172）的消息 S1AP_UE_CONTEXT_REL_REQ 可以看到 ue - not - available - for - ps - service 消息，说明发起 CSFB 后，网络侧对 PS 域进行拆链，如图 6 - 32 所示。

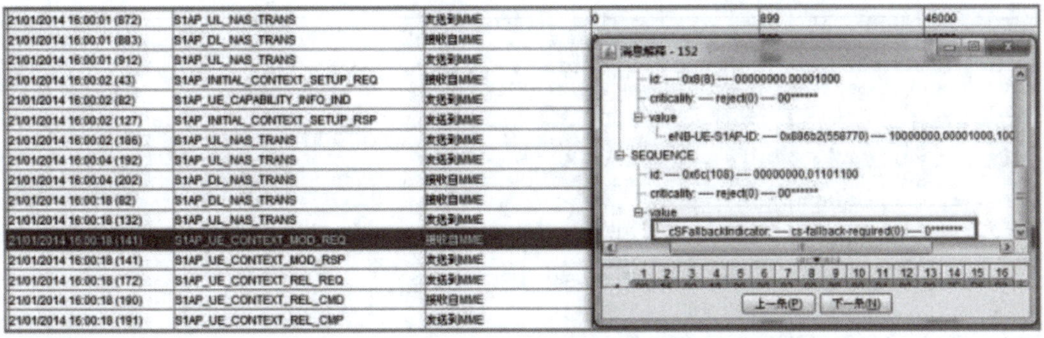

21/01/2014 16:00:01 (872)	S1AP_UL_NAS_TRANS	发送到MME	0	899	46000
21/01/2014 16:00:01 (883)	S1AP_DL_NAS_TRANS	接收自MME			
21/01/2014 16:00:01 (912)	S1AP_UL_NAS_TRANS	发送到MME			
21/01/2014 16:00:02 (43)	S1AP_INITIAL_CONTEXT_SETUP_REQ	接收自MME			
21/01/2014 16:00:02 (82)	S1AP_UE_CAPABILITY_INFO_IND	发送到MME			
21/01/2014 16:00:02 (127)	S1AP_INITIAL_CONTEXT_SETUP_RSP	发送到MME			
21/01/2014 16:00:02 (186)	S1AP_UL_NAS_TRANS	发送到MME			
21/01/2014 16:00:04 (192)	S1AP_UL_NAS_TRANS	发送到MME			
21/01/2014 16:00:04 (202)	S1AP_DL_NAS_TRANS	接收自MME			
21/01/2014 16:00:18 (82)	S1AP_DL_NAS_TRANS	接收自MME			
21/01/2014 16:00:18 (132)	S1AP_UL_NAS_TRANS	发送到MME			
21/01/2014 16:00:18 (141)	S1AP_UE_CONTEXT_MOD_REQ	接收自MME			
21/01/2014 16:00:18 (141)	S1AP_UE_CONTEXT_MOD_RSP	发送到MME			
21/01/2014 16:00:18 (172)	S1AP_UE_CONTEXT_REL_REQ	发送到MME			
21/01/2014 16:00:18 (190)	S1AP_UE_CONTEXT_REL_CMD	接收自MME			
21/01/2014 16:00:18 (191)	S1AP_UE_CONTEXT_REL_CMP	发送到MME			

消息解释 - 152

```
id: — 0x8(8) — 00000000,00001000
criticality: — reject(0) — 00******
value
  eNB-UE-S1AP-ID: — 0x886b2(558770) — 10000000,00001000,100
SEQUENCE
  id: — 0x6c(108) — 00000000,01101100
  criticality: — reject(0) — 00******
  value
    cSFallbackIndicator: — cs-fallback-required(0) — 0*******
```

上一条(P)　下一条(N)

图 6-31　信令 S1AP_UE_CONTEXT_MOD_REQ 消息

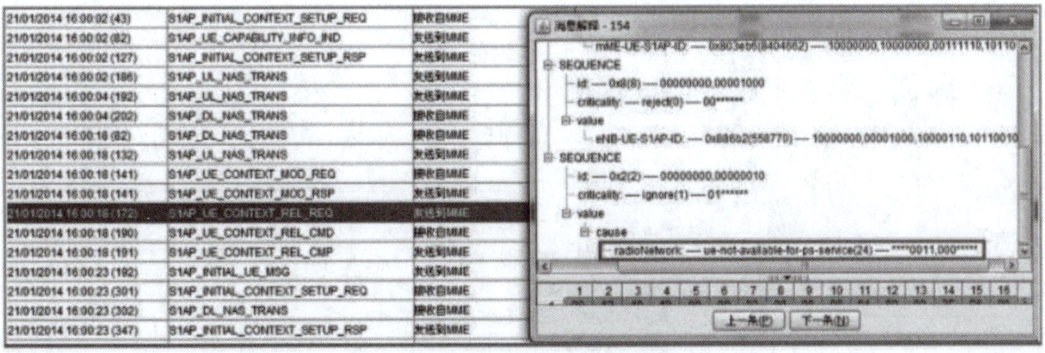

21/01/2014 16:00:02 (43)	S1AP_INITIAL_CONTEXT_SETUP_REQ	接收自MME
21/01/2014 16:00:02 (82)	S1AP_UE_CAPABILITY_INFO_IND	发送到MME
21/01/2014 16:00:02 (127)	S1AP_INITIAL_CONTEXT_SETUP_RSP	发送到MME
21/01/2014 16:00:02 (186)	S1AP_UL_NAS_TRANS	发送到MME
21/01/2014 16:00:04 (192)	S1AP_UL_NAS_TRANS	发送到MME
21/01/2014 16:00:04 (202)	S1AP_DL_NAS_TRANS	接收自MME
21/01/2014 16:00:18 (82)	S1AP_DL_NAS_TRANS	接收自MME
21/01/2014 16:00:18 (132)	S1AP_UL_NAS_TRANS	发送到MME
21/01/2014 16:00:18 (141)	S1AP_UE_CONTEXT_MOD_REQ	接收自MME
21/01/2014 16:00:18 (141)	S1AP_UE_CONTEXT_MOD_RSP	发送到MME
21/01/2014 16:00:18 (172)	S1AP_UE_CONTEXT_REL_REQ	发送到MME
21/01/2014 16:00:18 (190)	S1AP_UE_CONTEXT_REL_CMD	接收自MME
21/01/2014 16:00:18 (191)	S1AP_UE_CONTEXT_REL_CMP	发送到MME
21/01/2014 16:00:23 (192)	S1AP_INITIAL_UE_MSG	发送到MME
21/01/2014 16:00:23 (301)	S1AP_INITIAL_CONTEXT_SETUP_REQ	接收自MME
21/01/2014 16:00:23 (302)	S1AP_DL_NAS_TRANS	接收自MME
21/01/2014 16:00:23 (347)	S1AP_INITIAL_CONTEXT_SETUP_RSP	发送到MME

消息解释 - 154

```
mME-UE-S1AP-ID: — 0x803eb6(8404662) — 10000000,10000000,00111110,10110
SEQUENCE
  id: — 0x8(8) — 00000000,00001000
  criticality: — reject(0) — 00******
  value
    eNB-UE-S1AP-ID: — 0x886b2(558770) — 10000000,00001000,10000110,10110010
SEQUENCE
  id: — 0x2(2) — 00000000,00000010
  criticality: — ignore(1) — 01******
  value
    cause
      radioNetwork: — ue-not-available-for-ps-service(24) — ***0011,000*****
```

上一条(P)　下一条(N)

图 6-32　信令 S1AP_UE_CONTEXT_REL_REQ 消息

查询 UU 口信令 RRC 连接释放，从 RRC REL 消息中看到已经携带 GSM 相关频点信息（UU 口），如图 6-33 所示。

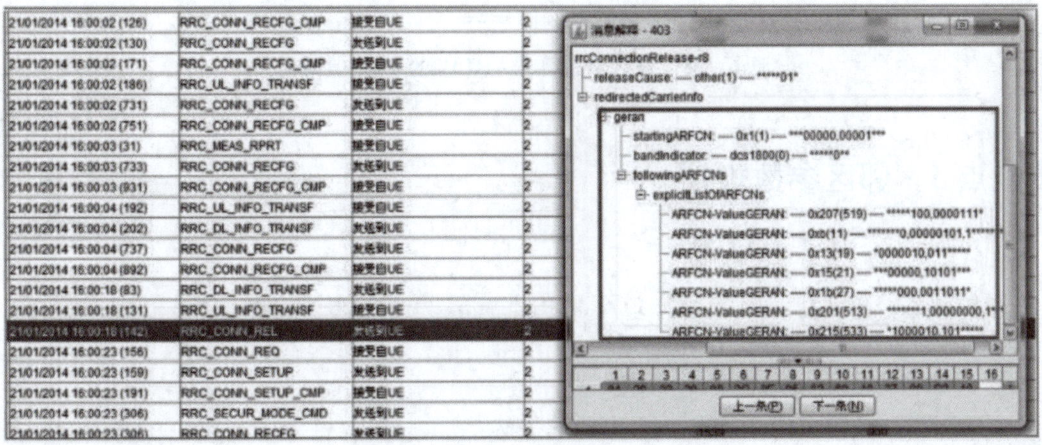

21/01/2014 16:00:02 (126)	RRC_CONN_RECFG_CMP	接受自UE	2
21/01/2014 16:00:02 (130)	RRC_CONN_RECFG	发送到UE	2
21/01/2014 16:00:02 (171)	RRC_CONN_RECFG_CMP	接受自UE	2
21/01/2014 16:00:02 (186)	RRC_UL_INFO_TRANSF	接受自UE	2
21/01/2014 16:00:02 (731)	RRC_CONN_RECFG	发送到UE	2
21/01/2014 16:00:02 (751)	RRC_CONN_RECFG_CMP	接受自UE	2
21/01/2014 16:00:03 (31)	RRC_MEAS_RPRT	接受自UE	2
21/01/2014 16:00:03 (733)	RRC_CONN_RECFG	发送到UE	2
21/01/2014 16:00:03 (931)	RRC_CONN_RECFG_CMP	接受自UE	2
21/01/2014 16:00:04 (192)	RRC_UL_INFO_TRANSF	接受自UE	2
21/01/2014 16:00:04 (202)	RRC_DL_INFO_TRANSF	发送到UE	2
21/01/2014 16:00:04 (737)	RRC_CONN_RECFG	发送到UE	2
21/01/2014 16:00:04 (892)	RRC_CONN_RECFG_CMP	接受自UE	2
21/01/2014 16:00:18 (83)	RRC_DL_INFO_TRANSF	发送到UE	2
21/01/2014 16:00:18 (131)	RRC_UL_INFO_TRANSF	接受自UE	2
21/01/2014 16:00:18 (142)	RRC_CONN_REL	发送到UE	2
21/01/2014 16:00:23 (156)	RRC_CONN_REQ	接受自UE	2
21/01/2014 16:00:23 (159)	RRC_CONN_SETUP	发送到UE	2
21/01/2014 16:00:23 (191)	RRC_CONN_SETUP_CMP	接受自UE	2
21/01/2014 16:00:23 (306)	RRC_SECUR_MODE_CMD	发送到UE	2
21/01/2014 16:00:23 (308)	RRC_CONN_RECFG	发送到UE	2

消息解释 - 403

```
rrcConnectionRelease-r8
  releaseCause: — other(1) — *****01*
  redirectedCarrierInfo
    geran
      startingARFCN: — 0x1(1) — ***00000,00001***
      bandIndicator: — dcs1800(0) — *****0**
      followingARFCNs
        explicitListOfARFCNs
          ARFCN-ValueGERAN: — 0x207(519) — *****100,0000111*
          ARFCN-ValueGERAN: — 0xb(11) — *******0,00000101,1*****
          ARFCN-ValueGERAN: — 0x13(19) — *0000010,011*****
          ARFCN-ValueGERAN: — 0x15(21) — ***00000,10101***
          ARFCN-ValueGERAN: — 0x1b(27) — *****000,0011011*
          ARFCN-ValueGERAN: — 0x201(513) — *******1,00000000,1*
          ARFCN-ValueGERAN: — 0x215(533) — *1000010,101*****
```

上一条(P)　下一条(N)

图 6-33　信令 RRC REL 消息

GSM 侧信令分析：在 BSC 侧查看信令，发现 16：00 没有信令，可见 CSFB 不能正常回落到 GSM，如图 6-34 所示。

10013	2014-01-21 15:59:22(180)	111463	1:2:2	down link(ABIS Int	Deactivate SACCH	TS:3-bm	110174069
10014	2014-01-21 15:59:22(410)	113307	1:2:2	up link(ABIS Interf	Measurement Result	TS:3-bm; ID=4; ul=0/-70dbr	110174069
10015	2014-01-21 15:59:22(410)	113308	1:2:2	down link(ABIS Int	MS Power Control	TS:3-bm; power-level=6	110174069
10016	2014-01-21 15:59:22(420)	113387	1:2:2	up link(ABIS Interf	Release Indication	TS:3-bm	110174069
10017	2014-01-21 15:59:23(620)	122940	1:2:2	down link(ABIS Int	RF Channel Release	TS:3-bm	110174069
10018	2014-01-21 15:59:23(630)	123084	1:2:2	up link(ABIS Interf	RF Channel Release Acknowledge	TS:3-bm	110174069
10019	2014-01-21 16:03:32(520)	147184	1:2:1	up link(ABIS Interf	Channel Required	TS:uplink-ccch-rach; relev=-(	101123746
10020	2014-01-21 16:03:32(520)	147185	1:2:1	down link(ABIS Int	Channel Activation	TS:1-sd8[0]; intra-cell-immec	101123746
10021	2014-01-21 16:03:32(550)	147185	1:2:1	up link(ABIS Interf	Channel Activation Acknowledge	TS:1-sd8[0]	101123746
10022	2014-01-21 16:03:32(550)	147185	1:2:1	down link(ABIS Int	Immediate Assign Command	TS:downlink-ccch-pagch; Lo(	101123746

图6－34　BSC侧信令

通过查询，由于该站点经纬度有误，该站点落入LAC＝28741的覆盖范围内，该站点的TAC配置为28741。但该站点实际位置是在TAC＝28745的覆盖范围内，导致4G的TAC配置与2G邻区的LAC不一致，由于核心网配置的LAC与TAC对应关系，容易导致UE无法找到对应的GSM服务小区，导致CSFB无法做业务。

案例解决：通过命令MOD CENOPERTORTA将城区半岛酒店－HLW的TAC值修改为28745（图6－35），复测后发现华为D2、iPhone5手机在该站下都能正常发起CSFB业务。

LST CNOPERATORTA:;
城区半岛酒店-HLW
+++ 城区半岛酒店-HLW 2014-01-21
O&M #50082
%%/*6407807*/LST CNOPERATORTA:;%%
RETCODE = 0 执行成功

查看跟踪区域配置信息

本地跟踪区域标识
运营商索引值 = 0
跟踪区域码 = 28741
(结果个数 = 1)

图6－35　城区半岛酒店－HLW的TAC值修改

邻区参数规划

技能点3　邻区参数规划

LTE邻区漏配导致掉话案例。

案例描述：在日常优化中，测试车辆由北向南方向行驶到图示位置附近，RSRP在－100 dBm以下终端多次上发测量信息，均未得到响应，导致终端UE重建被拒，如图6－36所示。

案例分析：从层3信令（图6－37）UE上发的Measurement Report里可以看到PCI＝31小区的RSRP值明显大于其他目标小区的RSRP值，然而Cells To Add Mod List（图6－38）中没有PCI＝31小区，由于邻区漏配导致源小区切换到RSRP值较差的PCI＝330目标小区，RSRP突降，终端UE重建被拒绝。

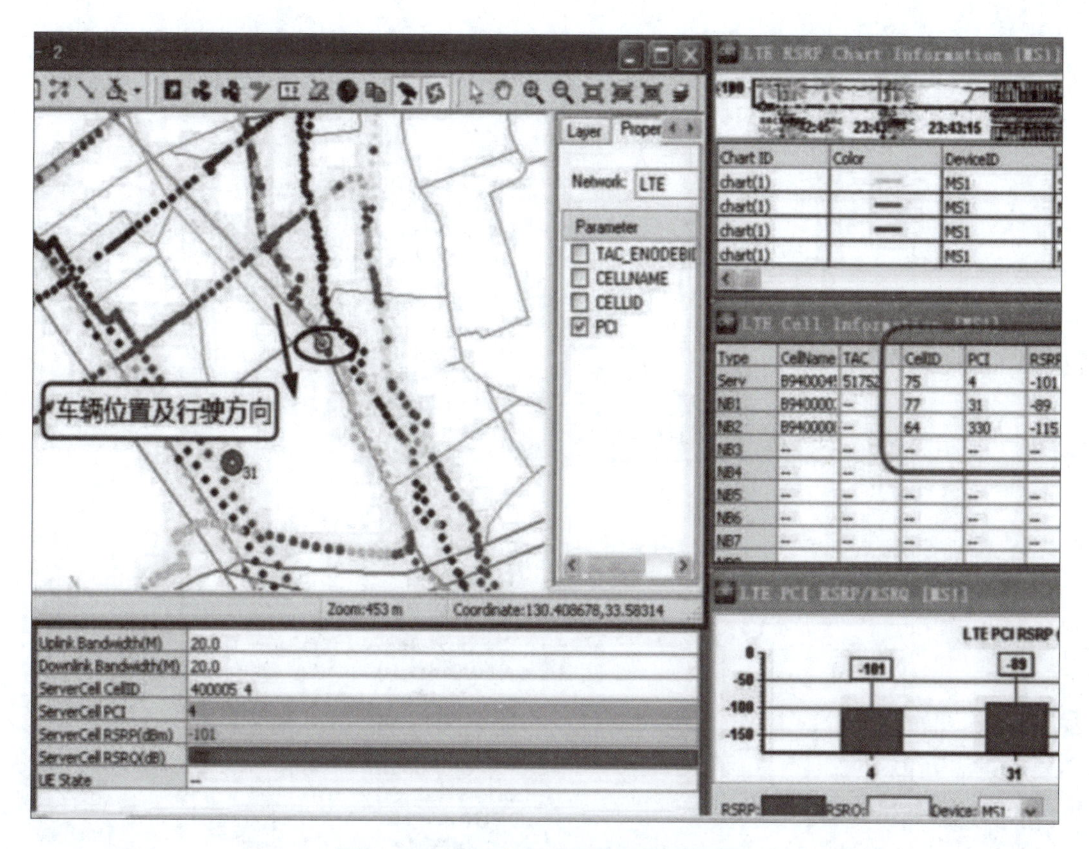

图 6－36　LTE 邻区漏配导致掉话问题点

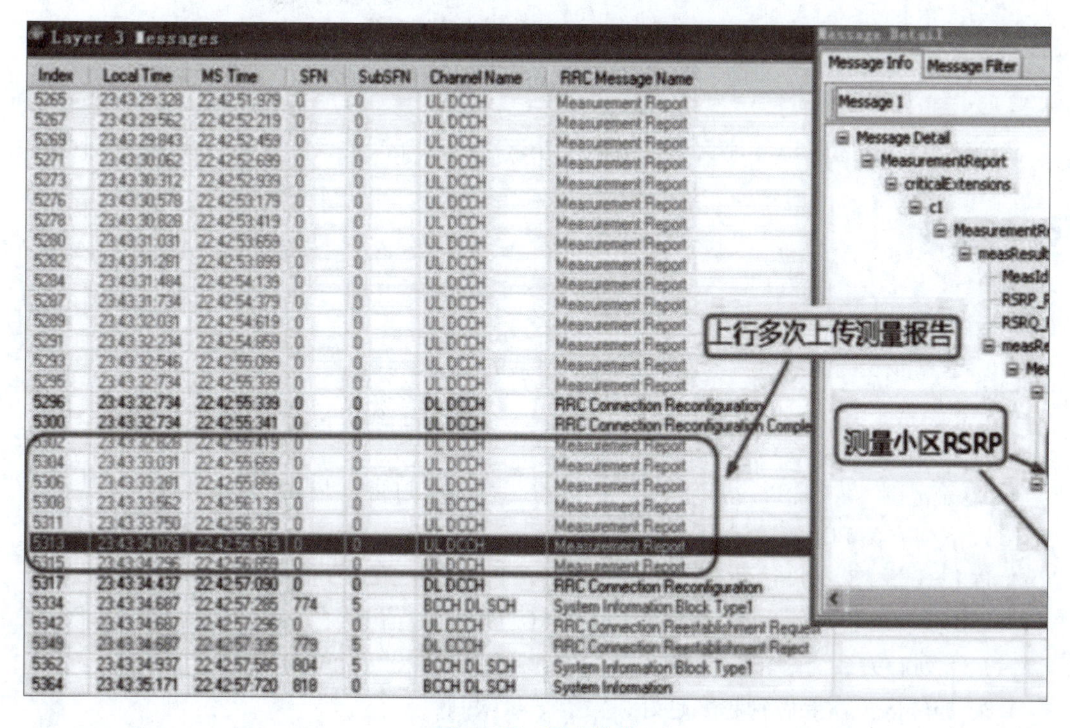

图 6－37　层 3 信令

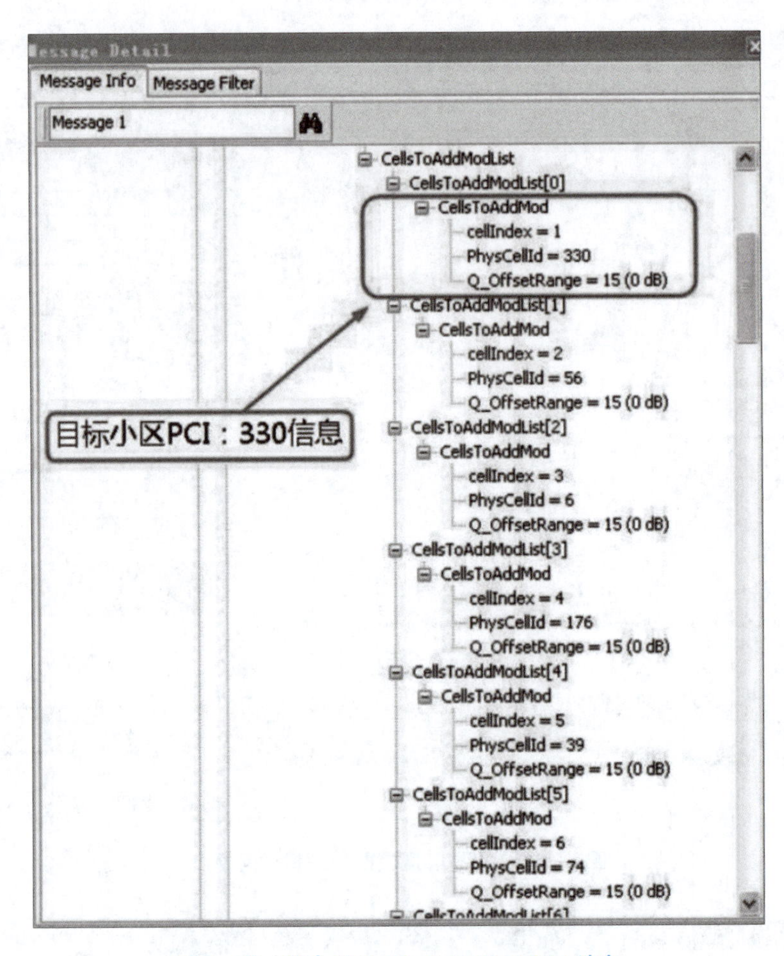

图 6-38　信令 Cells To Add Mod List 消息

案例解决：添加 PCI = 4 小区与 PCI = 31 小区之间的邻区关系。复测后此问题得到解决。

练习题

1. 选择题

（1）本章涉及的无线资源参数，下列不包括的是（　　）。

A. PCI 参数　　B. 邻区参数　　C. 方位角参数　　D. 邻区参数

（2）邻区规划需综合考虑各小区的（　　）参数。

A. 覆盖范围　　B. 站间距　　C. 行政区归属　　D. 接收功率

（3）下列有关 PCI 的描述中，正确的是（　　）。

A. PCI = PSS + 3 × SSS　　B. PCI 共有 503 个

C. PSS 共有 168 个　　D. PCI 的取值范围为 0 ~ 503

（4）下列有关系统内邻区规划原则 4G 宏站的描述中，正确的是（　　）。

A. 添加邻区关系要做到越多越好，没有数量限制

B. 添加本基站的所有小区互为邻区

C. 添加第一圈小区为邻区

D. 添加第二圈正打小区为邻区

（5）下列有关 TA 概念的描述中，错误的是（　　）。

A. LAC 代表位置区编码　　B. RAC 代表路由区标识

C. TA 代表跟踪区　　D. TAC 代表跟踪区编码

2. 判断题

（1）大多数资源参数在网络运行过程中可以通过一定的人机界面进行动态调整。（　　）

（2）在 PCI 的组成结构中，PSS 的取值范围为 0 ~ 167；SSS 的取值范围为 0 ~ 2。PCI 共有 504 个，取值范围为 0 ~ 503。（　　）

（3）当同频的两个小区的 PCI 除以 3 的余数相同（即 PSS 相同），就会产生 MOD3 干扰。（　　）

（4）PCI 冲突是指在某一指定位置，手机可同时接收到两个不同小区发射的包含相同 PCI 信息的信号，即两个互为邻区的小区使用了相同的 PCI。（　　）

（5）TA 规划需要满足的原则主要包括 TA 面积不宜过大、TA 面积越小越好、应设置在低话务区域。（　　）

模块三

典型移动通信系统

2G 移动通信系统

任务7　2G 移动通信系统

任务要求

知识目标

- 能画出 GSM 系统的基本组成结构。
- 知道 GSM 系统的主要无线参数，并计算频点。
- 能描述 GSM 系统的无线信道的作用。
- 会比较 GSM 系统与 IS－95 系统，给出各自的特点。
- 会比较 GSM 系统与 GPRS 系统，给出各自的特点。

技能目标

- 能对信令流程进行分析。

素质目标

- 养成自主学习的良好习惯。
- 尊重他人、交流分享，积极参与小组协作任务。

知识点1　GSM 系统

GSM 开始是欧洲为 900 MHz 波段工作的通信系统所制定的标准。由于模拟通信系统的扩充能力有限，因此基于增加业务容量的需求发展了该项技术，并取得了全球性的成功。GSM 成为当今被广泛认可的无线电通信标准。

1. GSM 系统的发展历程

GSM 数字移动通信的发展过程可归纳如下。

1982 年：欧洲邮电行政会议（CEPT）设立了“移动通信特别小组”，即 GSM（Group Special Mobile）。它以开发第二代移动通信系统为目标。

1986 年：在巴黎采纳了欧洲各国经大量研究和实验后提出的 8 个建议，并进行现场试验。

1987年：GSM成员国经现场测试和论证比较，就数字系统采用“窄带时分多址TDMA，规则脉冲激励长期预测（RPE－LTP）语音编码和高斯滤波最小移频键控（GMSK）调制方式”达成一致意见。

1988年：18个欧洲国家达成GSM谅解备忘录（MOU）。

1989年：GSM标准生效。

1991年：GSM系统正式在欧洲问世，网络开通运行。

1992年：GSM标准基本冻结。

1993年：GSM第二阶段标准基本完成了主要部分。

1994年：为了进一步完善GSM作为移动数据业务的平台又增加了一个研究阶段即Phase 2＋。

2. GSM系统的网络结构及接口

GSM网络的基本结构如图7－1所示。可见，GSM数字移动通信系统主要由网络交换子系统（NSS）、基站子系统（BSS）、操作维护子系统（OMS）和移动台（MS）构成。

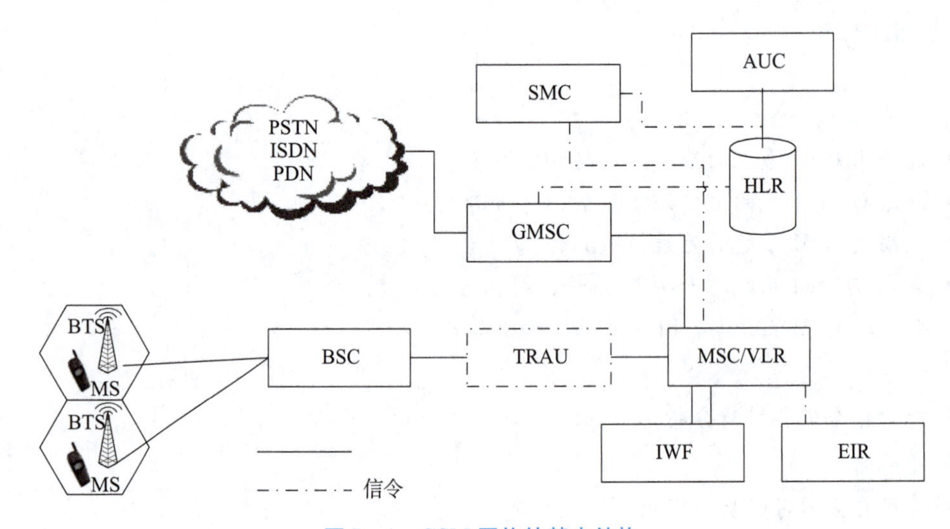

图7－1　GSM网络的基本结构

图7－1中各缩写名称含义如下。

- MS（Mobile Station）：移动台。
- BTS（Base Transceiver Station）：基站收发信台。
- BSC（Base Station Controller）：基站控制器。
- TRAU（Transcoding and Rate Adaptation Unit）：码变换和速率适配单元。
- IWF（Inter-Working Function）：交互功能。
- EIR（Equipment Identity Register）：设备识别寄存器。
- MSC（Mobile Switching Center）：移动交换中心。
- VLR（Visitor Location Register）：拜访位置寄存器。
- GMSC（Gateway MSC）：网关MSC。
- HLR（Home Location Register）：归属位置寄存器。

- AUC（AUthentication Center）：鉴权中心。
- SMC（Short Message Center）：短消息业务中心。
- PSTN（Public Switched Telephone Network）：公用电话网。
- ISDN（Integrated Services Digital Network）：综合业务数字网。
- PDN（Public Data Networks）：公用数据网。

下面具体描述各部分的功能。

1）网络交换子系统（NSS）

NSS 主要完成交换功能以及用户数据管理、移动性管理、安全性管理所需的数据库功能。

NSS 由移动交换中心（MSC）、归属位置寄存器（HLR）、拜访位置寄存器（VLR）、设备识别寄存器（EIR）、鉴权中心（AUC）和短消息中心（SMC）等功能实体构成。

（1）MSC：GSM 系统的核心，完成最基本的交换功能，即完成移动用户及其他网络用户之间的通信连接；完成移动用户寻呼接入、信道分配、呼叫接续、话务量控制、计费、基站管理等功能；提供面向系统其他功能实体的接口、到其他网络的接口以及与其他 MSC 互连的接口。

（2）HLR：是系统的中央数据库，存放与用户有关的所有信息，包括用户的漫游权限、基本业务、补充业务及当前位置信息等，从而为 MSC 提供建立呼叫所需的路由信息。一个 HLR 可以覆盖几个 MSC 服务区甚至整个移动网络。

（3）VLR：VLR 存储了进入其覆盖区的所有用户的信息，为已经登记的移动用户提供建立呼叫接续的条件。VLR 是一个动态数据库，需要与有关的归属位置寄存器 HLR 进行大量的数据交换以保证数据的有效性。当用户离开该 VLR 的控制区域，重新在另一个 VLR 登记，原 VLR 将删除临时记录的该移动用户数据。在物理上，MSC 和 VLR 通常合为一体。

（4）AUC：是一个受到严格保护的数据库，存储用户的鉴权信息和加密参数。在物理实体上，AUC 和 HLR 共存。

（5）EIR：存储与移动台设备有关的参数，可以对移动设备进行识别、监视和闭锁等，防止未经许可的移动设备使用网络。

2）基站子系统（BSS）

BSS 是 NSS 和 MS 之间的桥梁，主要完成无线信道管理和无线收发功能。BSS 主要包括基站（BSC）和基站收发信台（BTS）两部分。

（1）BSC：位于 MSC 与 BTS 之间，具有对一个或多个 BTS 进行控制和管理的功能，主要完成无线信道的分配、BTS 和 MS 发射功率的控制以及越区信道切换等功能。BSC 也是一个小交换机，它把局部网络汇集后通过 A 接口与 MSC 相连。

（2）BTS：基站子系统的无线收发设备，由 BSC 控制，主要负责无线传输功能，完成无线与有线的转换、无线分集、无线信道加密、跳频等功能。BTS 通过 Abis 接口与 BSC 相连，通过空中接口 Um 与 MS 相连。

此外，BSS 系统还包括码变换和速率适配单元（TRAU）。TRAU 通常位于 BSC 和 MSC 之间，主要完成 16 Kb/s 的 RPE－LTP 编码和 64 Kb/s 的 A 律 PCM 编码之间的码型变换。

3）操作维护子系统（OMS）

OMS 是 GSM 系统的操作维护部分，GSM 系统的所有功能单元都可以通过各自的网络连接到OMS，通过OMS可以实现GSM网络各功能单元的监视、状态报告和故障诊断等功能。

OMS分为两部分，即OMC-S（操作维护中心-系统部分）和OMC-R（操作维护中心-无线部分）。OMC-S用于NSS系统的操作和维护，OMC-R用于BSS系统的操作和维护。

4）移动台（MS）

MS是GSM系统的用户设备，可以是车载台、便携台和手持机。它由移动终端和用户识别卡（SIM）两部分组成。

（1）移动终端主要完成语音信号处理和无线收发等功能。

（2）SIM卡存储了认证用户身份所需的所有信息以及与安全保密有关的重要信息，以防非法用户入侵，移动终端只有插入了SIM卡后才能接入GSM网络。

在以上的系统结构中，各组成单元之间的通信依赖于定义的接口，这里主要介绍3个主要接口，这3种主要接口的定义和标准化保证不同供应商生产的移动台、基站子系统和网络子系统设备能纳入同一个GSM数字移动通信网运行和使用，如图7-2所示。

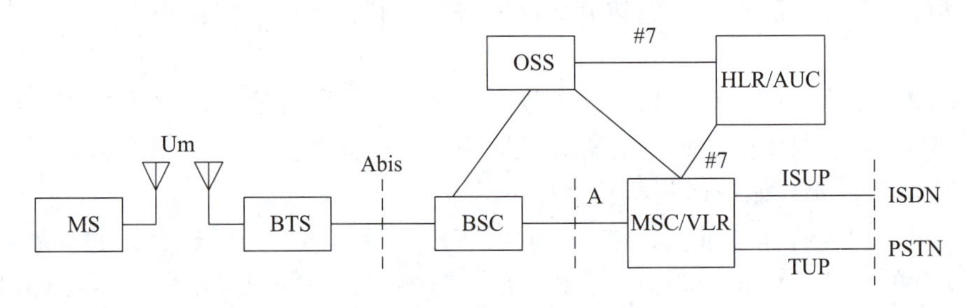

图7-2　GSM系统接口

（1）A接口。A接口定义为网络子系统（NSS）与基站子系统（BSS）之间的通信接口，从系统的功能实体来说，就是移动业务交换中心（MSC）与基站控制器（BSC）之间的互联接口，其物理链接通过采用标准的2.048Mb/s PCM数字传输链路来实现。此接口传递的信息包括移动台管理、基站管理、接续管理等。

（2）Abis接口。Abis接口定义为基站子系统的两个功能实体，即基站控制器（BSC）和基站收发信台（BTS）之间的通信接口，用于BTS（不与BSC并置）与BSC之间的远端互联方式，物理链接通过采用标准的2.048 Mb/s或64 Kb/s PCM数字传输链路来实现。此接口支持所有向用户提供的服务，并支持对BTS无线设备的控制和无线频率的分配。

（3）Um接口（空口接口）。Um接口定义为移动台与基站收发信台（BTS）之间的通信接口，用于移动台与GSM系统的固定部分之间的互通，其物理链接通过无线链路实现。

3. GSM系统的无线技术

1）工作频段的分配

GSM通信系统采用900 MHz频段：

①890~915 MHz（移动台发、基站收）；

②935~960 MHz（基站发、移动台收）。

双工间隔为45 MHz，工作带宽为25 MHz，载频间隔为200 kHz，频道序号为1~124，共124个频点。

频道序号和频点标称中心频率的关系为

上行 $$F_u(n)=(890+0.2n)\text{MHz} \tag{7-1}$$

下行 $$F_d(n)=F_u(n+45)\text{MHz} \tag{7-2}$$

式中：$1\leqslant n\leqslant 124$，$n$ 为频道序号，或称绝对射频信道号 ARFCN。

随着业务的发展，可视需要向下扩展，或向 1.8 GHz 频段的 GSM1800 过渡，即 1 800 MHz 频段：

①1 710 ~ 1 785（移动台发、基站收）；

②1 805 ~ 1 880（基站发、移动台收）。

双工间隔为 95 MHz，工作带宽为 75 MHz，载频间隔为 200 kHz。频道序号为 512 ~ 885，共 374 个频点。

频道序号和频点标称中心频率的关系为

$$F_u(n)=[1710.2+0.2\times(n-512)]\text{MHz} \tag{7-3}$$

$$F_d(n)=(F_u(n)+95)\text{MHz} \tag{7-4}$$

式中：$512\leqslant n\leqslant 885$。

2）多址方案

GSM 系统所采用的多址技术为频分多址（FDMA）和时分多址（TDMA）相结合的形式。

在 GSM 系统中，每个载频被定义为一个 TDMA 帧，相当于 FDMA 系统的一个频道。每帧包括 8 个时隙（TS0 ~ TS7）。每个 TDMA 帧有一个 TDMA 帧号。

3）GMSK 调制

GMSK 是一种特殊的数字 FSK 调制方式，调制速率为 270.833 kBd。在 GSM 中，使用高斯预调制滤波器进一步减小调制频谱，它可以降低频率转换速度。

4）信道编码

GSM 中使用的信道编码有卷积码和分组码，在实际应用中是把这两种方式组合在一起使用。卷积码主要用于纠错，当解调器采用最大似然估计方法时，可以产生十分有效的纠错结果。分组码主要用于检测和纠正成组出现的错码，通常与卷积码混合使用。

5）跳频技术

数字移动通信系统中，为了提高系统抗干扰能力，常用到扩频技术，其中包括直扩方式和跳频方式，在 GSM 系统中采用的是跳频方式。

引入跳频的原因有两个：一是基于频率分集的原理，用于对抗瑞利衰落，通过跳频，突发脉冲不会被瑞利衰落以同一种方式破坏；二是基于干扰源特性。在业务量密集区，蜂窝系统容易受到频率复用产生的干扰限制，相对载干比（C/I）可能在呼叫中变化很大。引入跳频使得它可以在一个可能干扰小区的许多呼叫之间分散干扰，而不是集中在一个呼叫上。

6）功率控制

功率控制可以分为上行功率控制和下行功率控制，上行、下行功率控制是独立进行的。不论是上行功率控制还是下行功率控制，通过降低发射功率，都能够减少上行或下行方向的干扰，同时降低手机或基站的功耗，表现出来的最明显好处就是：整个 GSM 网络的平均通话质量大大提高，手机的电池使用时间也大大延长。

7）非连续发送（DTX）

语音传输有两种方式：一种是无论用户是否讲话，语音总是连续编码（每20 ms一个语音帧）；另一种是非连续发送方式（Discontinuous Transmission，DTX）：在语音激活期进行13 Kb/s编码，在语音非激活期进行500 b/s编码，每480 ms传输一个舒适噪声帧（每帧20 ms）。

采用DTX方式有两个目的：一是降低空中总的干扰电平；二是节约发射机的功率。DTX模式与普通模式是可选的，因为DTX模式会使传输质量稍有下降。

8）时间提前量

在GSM系统中，由于空中接口采用TDMA技术，移动台必须在指配给它的时隙内发送，而在其他的时间必须保持寂静；否则会干扰使用同一载频其他时隙上的用户。在GSM系统中，移动台收发信号要求有3个时隙的间隔。

4. GSM系统的无线信道

GSM是数字通信系统，其任务是传输比特流。为了更好地把通信业务与传输方案对应起来，引进了信道（Channel）的概念。不同的信道可以同时传输不同的比特流，信道可分为物理信道和逻辑信道，逻辑信道至物理信道的映射是指将要发送的信息安排到合适的TDMA帧和时隙的过程。

知识拓展

逻辑信道是根据物理信道上所传送信息类型的不同而定义的一类信道。例如，火车的一节节车厢，可以认为是一条条物理信道，车厢里有不同的对象：司机、乘务员、乘客等，这些不同对象对应不同的逻辑信道。可见，逻辑信道必须承载在物理信道上。

1）无线帧结构

GSM的无线帧结构有5个层次，即时隙、TDMA帧、复帧、超帧和超高帧。图7-3给出了GSM系统分级帧结构的示意图。

时隙是物理信道的基本单元。

TDMA帧由8个时隙组成，是占据载频带宽的基本单元，即每个载频有8个时隙。

复帧有以下两种类型。

①由26个TDMA帧组成的复帧。这种复帧用于TCH、SACCH和FACCH。

②由51个TDMA帧组成的复帧。这种复帧用于BCCH、CCCH和SDCCH。

超帧是一个连贯的51×26的TDMA帧，由51个26帧的复帧或26个51帧的复帧构成。

超高帧是由2048个超帧构成。

TDMA帧号是以3 h 28 min 53 s 760 ms（2 048×51×26×8BP或者说2 048×51×26个TDMA帧）为周期循环编号的。每2 048×51×26个TDMA帧为一个超高帧，每一个超高帧又可分为2 048个超帧，一个超帧是51×26个TDMA帧的序列（6.12 s），每个超帧又是由复帧组成。复帧分为两种类型。

①26帧的复帧：它包括26个TDMA帧（26×8BP），持续时长120ms。51个这样的复帧

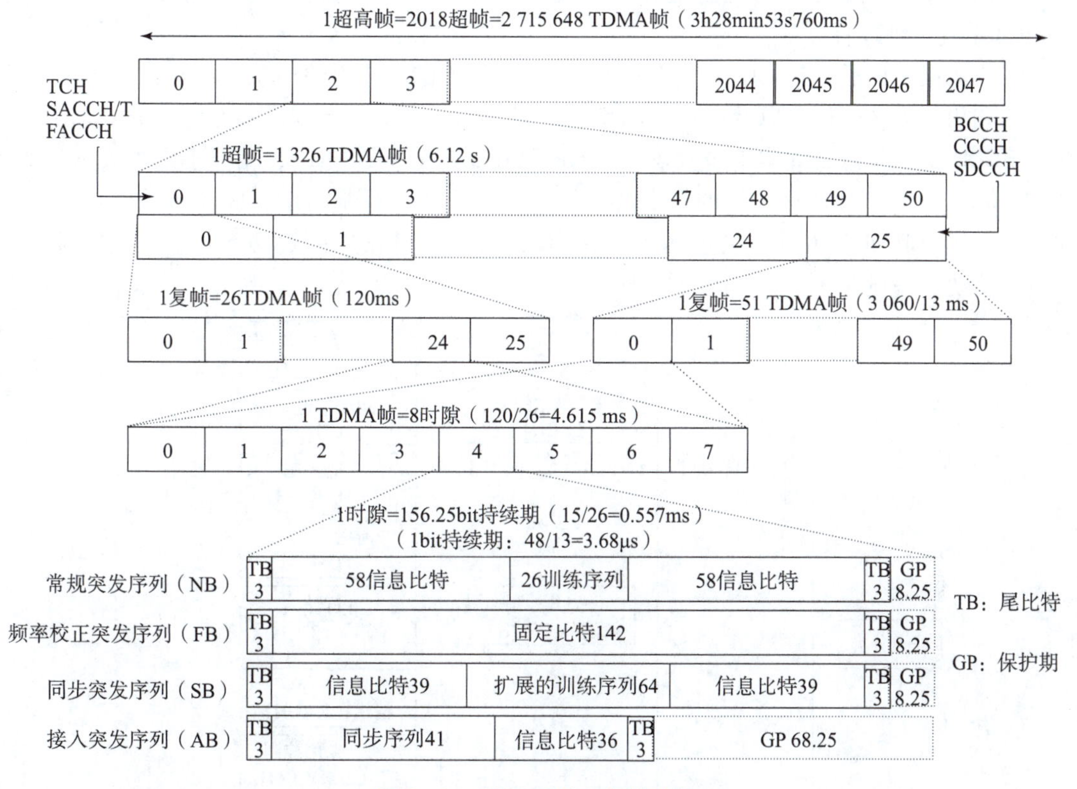

图 7－3　GSM 系统分级帧结构

组成一个超帧。这种复帧用于携带 TCH（和 SACCH 加 FACCH）。

②51 帧的复帧：它包括 51 个 TDMA 帧（51 ×8BP），持续时长 3 060/13 ms。26 个这样的复帧组成一个超帧。这种复帧用于携带 BCH 和 CCCH。

2）物理信道

GSM 系统采用 TDMA 多址技术，在 GSM900 的每个载频上按时间分为 8 个时间段，每个时隙段称为一个时隙（Time Slot），如图所示。这样的时隙作信道，或者叫物理信道。一个载频上连续的 8 个时隙组成一个 TDMA 帧，即 GSM 的一个载频上可提供 8 个物理信道。

3）逻辑信道

如果把 TDMA 帧的每个时隙看作物理信道，那么在物理信道所传输的内容就是逻辑信道。逻辑信道是指依据移动网通信的需要，为传送的各种控制信令和语音或数据业务在 TDMA 的 8 个时隙所分配的控制逻辑信道或语音、数据逻辑信道。

GSM 数字系统在物理信道上传输的信息是由大约 100 多个调制比特组成的脉冲串，称为突发脉冲序列——“Burst”。以不同的“Burst”信息格式来携带不同的逻辑信道。

逻辑信道分为控制信道和业务信道两大类，控制信道又可分为广播信道、公共控制信道和专用控制信道。GSM 所定义的各种逻辑信道如图 7－4 所示。

（1）广播信道（BCH）是从基站到移动台的单向信道，它包括以下几种。

①频率校正信道（FCCH）：此信道用于给用户传送校正移动台频率的信息。移动台在该信道接收频率校正信息，并用来校正移动台用户自己的时基频率。

②同步信道（SCH）：此信道用于传送帧同步（TDMA 帧号）信息和 BTS 识别码（BSIC）信息给移动台。

③广播控制信道（BCCH）：此信道用于广播每个 BTS 通用的信息，如在该信道上广播本小区和相邻小区的信息以及同步（频率和时间）信息。移动台则周期性地监听 BCCH，以获取 BCCH 上的信息，如本地位置识别（Local Area Identity，LAI）、相邻小区列表（List of Neighboring Cell）、本小区使用的频率表、小区识别、功率控制指示、间断传输允许、接入控制（如紧急呼叫）、CBCH 的说明等。BCCH 载波是由基站以固定功率发射，其信号强度被所有移动台测量。

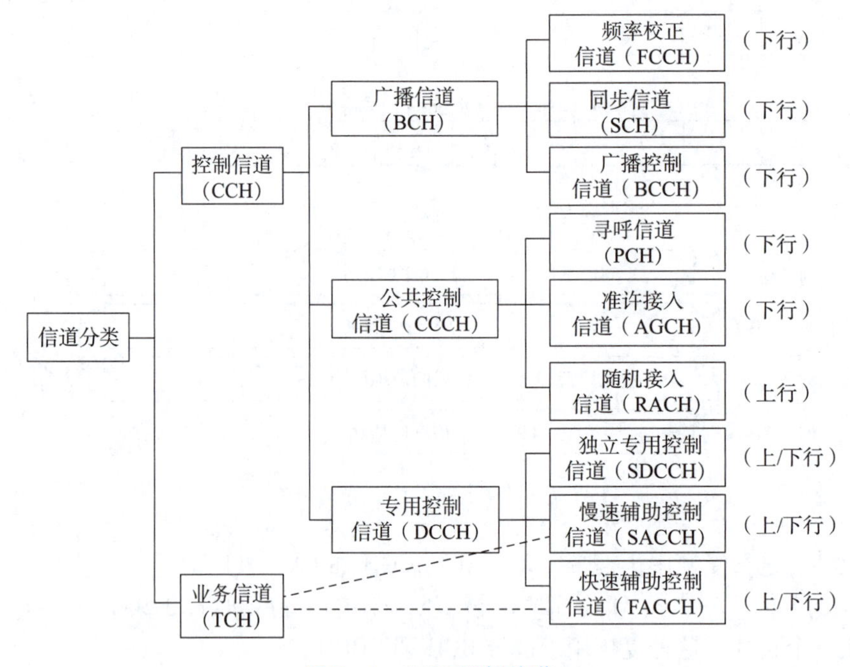

图 7-4　GSM 逻辑信道

（2）公共控制信道（CCCH）。CCCH 是基站与移动台间一点对多点的双向信道。包括以下几种。

①寻呼信道（PCH）：此信道用于广播基站寻呼移动台的寻呼消息，是下行信道。

②随机接入信道（RACH）：移动台随机接入网络时用此信道向基站发送信息。发送的信息包括对基站寻呼消息的应答、移动台始呼时的接入。移动台在此信道还向基站申请一独立专用控制信道（SDCCH）。此信道是上行信道。

③接入允许信道（AGCH）：AGCH 用于基站向随机接入成功的移动台发送指配了的独立专用控制信道（SDCCH）。此信道是下行信道。

（3）专用控制信道（DCCH）。DCCH 是基站与移动台间的点对点的双向信道。它包括以下几种。

①独立专用控制信道（SDCCH）：其用在分配 TCH 之前呼叫建立过程中传送系统信令。用于传送基站和移动台间的指令与信道信息，如鉴权、登记信令消息等。此信道在呼叫建立期间支持双向数据传输以及短消息业务信息的传送。

②慢速辅助控制信道（SACCH）：其与 TCH 或 SDCCH 相关，在基站和移动台之间传送

连续信息。基站一方面用此信道向移动台传送功率控制信息、帧调整信息；另一方面，基站用此信道接收移动台发来的信号强度报告和链路质量报告。

③快速辅助控制信道（FACCH）：其与一个 TCH 相关，此信道主要用于传送基站与移动台间的越区切换的信令消息。工作于借用模式，即偷帧技术。在语音传输过程中，如果突然需要以比 SACCH 所能处理的高得多的速度传送信令信息，则借用 20 ms 的语音（数据）来传送。一般在切换时发生。由于语音编码器会重复最后 20 ms 的语音，因此不会被用户察觉。

业务信道（TCH）是用于传送用户的语音和数据业务的信道。根据交换方式的不同，业务信道可分为电路交换信道和数据交换信道；依据传输速率的不同，可分为全速率信道和半速率信道。GSM 系统全速率信道的速率为 13 Kb/s；半速率信道的速度为 6.5 Kb/s。另外，增强型全速率信道是指其速率与全速率信道的速率一样，为 13 Kb/s，只是其压缩编码方案比全速率信道的压缩编码方案优越，所以它有较好的语音质量。

知识拓展

以 MS 开机拨打电话为例说明逻辑信道的应用。

FCCH——接收频率校正信息。

SCH——接收 BTS 同步信号。

BCCH——接收系统消息。

RACH——接入申请。

AGCH——允许接入并分配 SDCCH。

SDCCH/SACCH——在 SDCCH 上进行鉴权和加密，在 SACCH 上进行功率控制并传送 TA 值。

TCH——进入 TCH 进行通话，通话期间短消息通过 SACCH 传送，切换信令通过 FACCH 传送。

BCCH——通话结束后，进入空闲状态，守候在 BCCH 信道上。

知识点 2　IS－95 CDMA 系统

CDMA 蜂窝系统最早是由美国的 Qualcomm（高通）公司成功开发出来的，在 1993 年形成标准，即 IS－95 标准，其定义了 CDMA 空中接口的物理层、第二层和第三层的规范。IS－95 包括 IS－95A 和 IS－95B 两个标准，其中 IS－95B 是对 IS－95A 的加强，在 IS－95A 的基础上，完全兼容 IS－95A 配置（包括基站硬件），通过对物理信道捆绑应用，实现比 IS－95A 更高比特率的数据业务。

人们将基于 IS－95 的一系列标准和产品统称为 CDMAOne，它包括更多的相关标准。在工作中，通常将 CDMAOne 系统称为 IS－95 CDMA 系统。为了与第三代采用 5MHz 带宽的 CDMA 系统相区别，又将 IS－95 系统称为 N－CDMA（窄带 CDMA）系统。

1. IS－95 系统空中接口参数

由于 IS－95 系统最早要求与模拟通信系统 AMPS 兼容，因此频点编号继承了 AMPS 的频点编号，频率描述比较复杂，如图7－5所示。

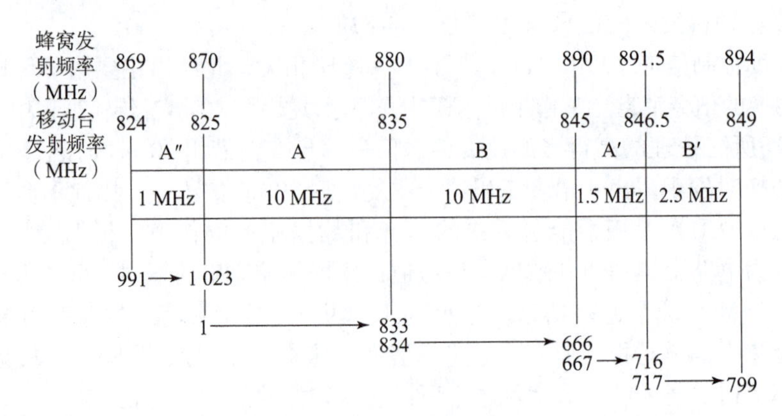

图7－5　频段分配

频点编号N与中心频率点f（单位为MHz）之间的关系为

$$f_{up}=\begin{cases}0.03N+825.00\ \text{MHz},\ 1\leqslant N\leqslant 799\\0.03\ (N-1\ 023)\ +825.00\ \text{MHz},\ 990\leqslant N\leqslant 1023\end{cases}$$

$$f_{dw}=\begin{cases}0.03N+870.00\ \text{MHz},\ 1\leqslant N\leqslant 799\\0.03\ (N-1\ 023)\ +870.00\ \text{MHz},\ 990\leqslant N\leqslant 1023\end{cases}$$

知识拓展

例如，$N=689$，则前向链路的中心频率为890.67 MHz；反向链路中心频率为845.67 MHz。

与GSM系统相比，CDMA系统使用的频点数量少得多。当然，CDMA系统每个频点占用了1.25 MHz的带宽，远超过GSM一个频点的带宽。

IS－95系统空中接口参数见表7－1。

表7－1　IS－95系统空中接口参数

项目	指标
下行频段	870 ～880 MHz
上行频段	825～835 MHz
上、下行间隔	45 MHz
频点宽度	1.23 MHz
多址方式	CDMA
工作方式	FDD
调制方式	QPSK（基站侧），OQPSK（移动台侧）
语音编码	CELP
语音编码速率	8 Kb/s
信道编码	卷积编码

续表

项目	指标
传输速率	1.228 8 Mb/s
比特时长	0.8μs
终端最大发射功率	200 mW ~ 1 W

2. IS－95 系统网络结构

IS－95 系统的网络结构与 GSM 系统网络结构基本相同，如图 7－6 所示。具体设备功能不再一一叙述。

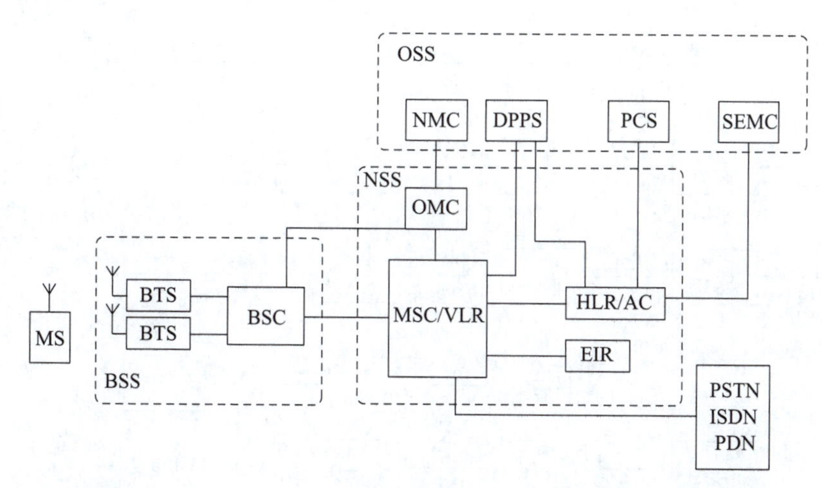

OSS：操作子系统　　BSS：基站子系统　　NSS：网络子系统
NMC：网络管理中心　　DPPS：数据后处理系统　　SEMC：安全性管理中心
PCS：用户识别卡个人化中心　　OMC：操作维护中心　　MSC：移动交换中心
VLR：拜访位置寄存器　　HLR：归属位置寄存器　　AC：鉴权中心
EIR：移动设备识别寄存器　　BSC：基站控制器　　BTS：基站收发信台
PDN：公用数据网　　PSTN：公用电话网　　ISDN：综合业务数字网
MS：移动台

图 7－6　CDMA 网络参考模型

3. 无线信道

IS－95 系统中空中接口的逻辑信道可分为正向信道（Forward Channel）和反向信道（Reverse Channel）两大类。正向信道指基站发而移动台收的信道，反向信道指从移动台到基站的信道。各个信道又有不同的信息承载。具体分类如图 7－7 所示。

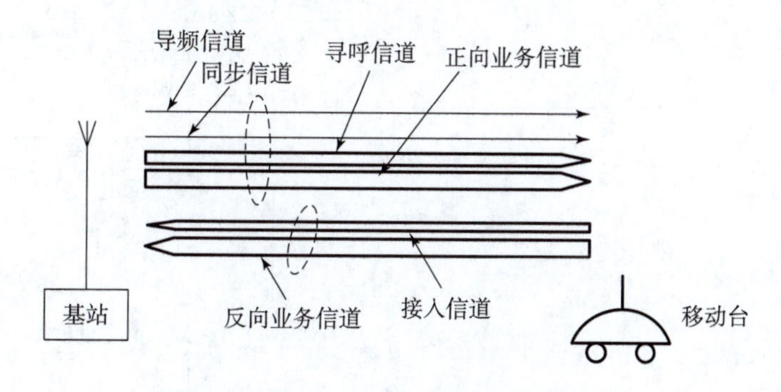

图 7－7　CDMA 系统逻辑信道分类

1）正向CDMA信道

正向CDMA信道由以下码分信道组成，即导频信道、同步信道、寻呼信道和若干个业务信道。

正向CDMA信道最多有64条同时传输的信道，每条信道有不同的功能，它们以正交形式复用到同一条载波。

正向码分信道的配置并不是固定的，其中导频信道一定要有，其余的码分信道可根据情况配置。例如，极端的情况下，最多可以达到有1个导频信道、0个寻呼信道、0个同步信道和63个业务信道。图7-8所示为正向信道的电路框图。

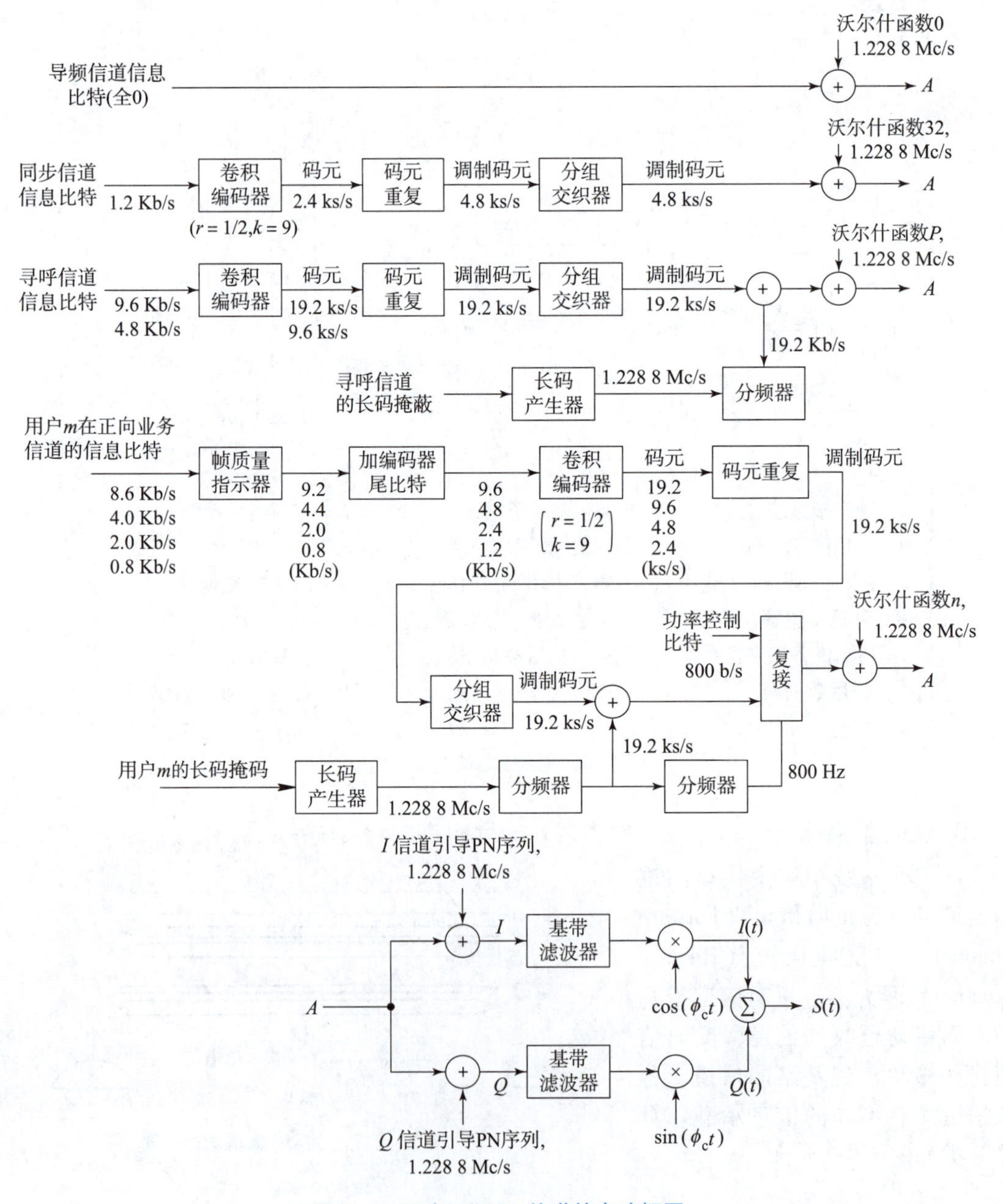

图7-8 正向CDMA信道的电路框图

由电路图可知，不同的信道用64阶Walsh码进行扩频，码片速率为1.2288 Mc/s。长码出现的作用是为了加扰，对信息起到加密的作用。短码的出现是为了区分不同的基站。另外，在正向电路中，信道编码采取卷积码，编码效率为1/2，约束长度为9；调制方式为QPSK。

2）反向CDMA信道

反向CDMA信道由接入信道和反向业务信道组成。

当长码掩码输入长码发生器时，会产生唯一的用户长码序列，其长度为$2^{42}-1$。对于接入信道，不同基站或同一基站的不同接入信道使用不同的长码掩码，而同一基站的同一接入信道用户使用的长码掩码则是一致的。进入业务信道以后，不同的用户使用不同的长码掩码，也就是不同的用户使用不同的相位偏置。

反向CDMA信道的数据传输以20 ms为一帧，所有的数据在发送之前均要经过卷积编码、块交织、64阶正交调制、直接序列扩频及基带滤波。接入信道和业务信道调制的区别在于：接入信道调制不经过最初的“增加帧指示比特”和“数据突发随机化”这两个步骤，也就是说，反向接入信道调制中没有加CRC校验比特，而且接入信道的发送速率是固定的4 800 b/s，而反向业务信道选择不同的速率发送。

反向业务信道支持9 600 b/s、4 800 b/s、2 400 b/s、1 200 b/s的可变数据速率。但是反向业务信道只对9 600 b/s和4 800 b/s两种速率使用CRC校验。

图7-9所示为反向CDMA信道的电路框图。

知识点3　GPRS网络

GPRS（General Packet Radio Service，通用分组无线业务）是在现有的GSM移动通信系统基础之上发展起来的一种移动分组数据业务。GPRS网络引入了分组交换和分组传输的概念，为GSM用户提供了数据通信应用，如E-mail、Internet等。GPRS是GSM Phase2.1规范实现的内容之一，能提供比现有GSM网9.6 Kb/s更高的数据率。GPRS采用与GSM相同的频段、频带宽度、突发结构、无线调制标准、跳频规则以及相同的TDMA帧结构，具有充分利用现有的网络、资源利用率高、实时在线、传输速率高、资费合理等特点。

1. GPRS的优点和缺点

1）GPRS的优点

和GSM系统相比，GPRS具有以下优势。

（1）资源利用率高。

按电路交换模式来说，在整个连接期内，用户无论是否传送数据都将独自占有无线信道。而对于分组交换模式，用户只有在发送或接收数据期间才占用资源，这意味着多个用户可高效率地共享同一无线信道，从而提高了资源的利用率。

（2）传输速率高。

GPRS可提供高达115 Kb/s的传输速率（最高值为171.2 Kb/s，不包括FEC）。而电路交换数据业务速率为9.6 Kb/s，因此电路交换数据业务（简称CSD）与GPRS的关系就像是9.6K Modem和33.6K、56K Modem的区别一样，这意味着通过便携式计算机，GPRS用户能和ISDN用户一样快速地上网浏览，同时也使一些对传输速率敏感的移动多媒体应用成为可能。

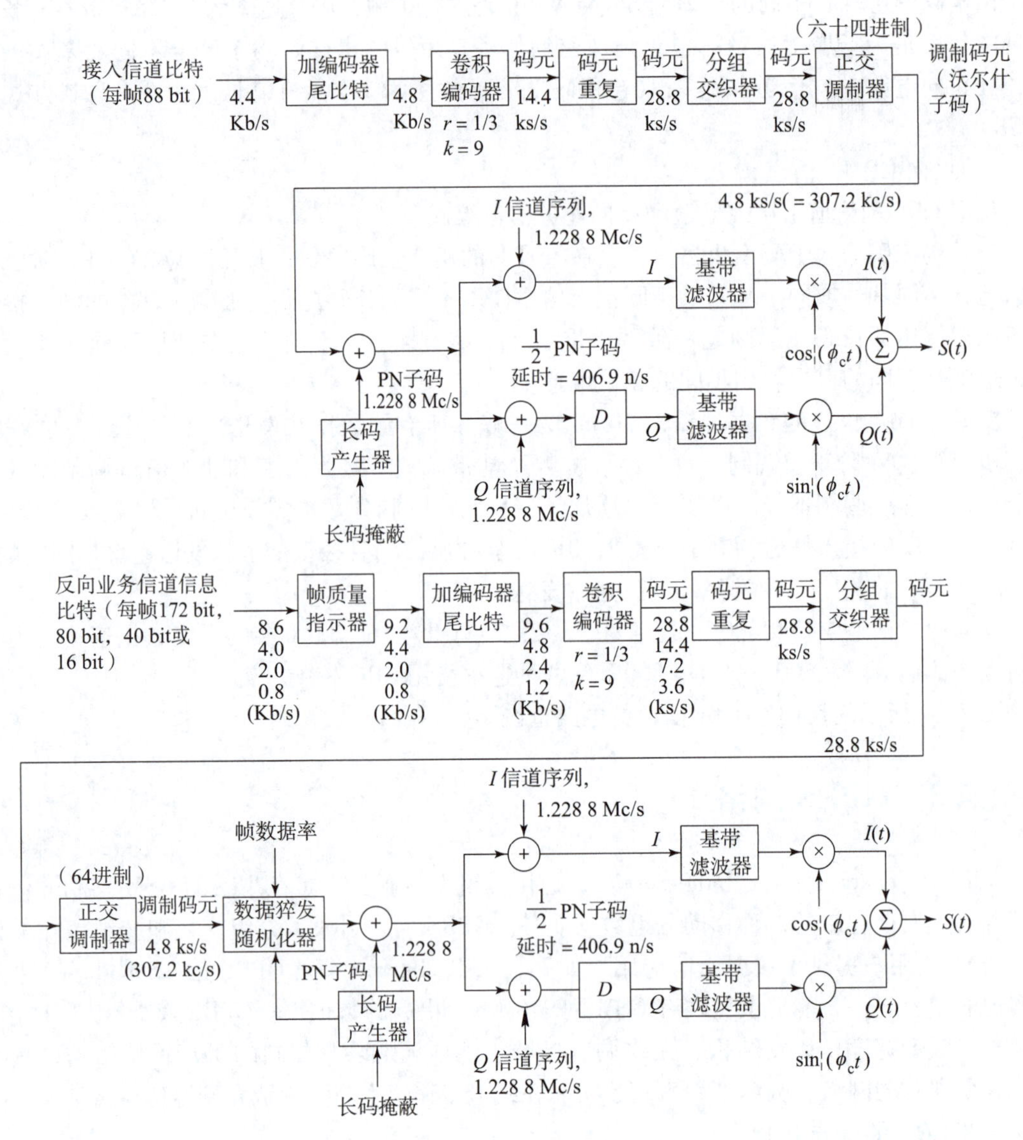

图 7－9　反向 CDMA 信道的电路框图

（3）实时在线。

GPRS 具有“永远在线”的特点，即用户随时与网络保持联系。用户访问互联网时，手机就在无线信道上发送和接收数据，没有数据传送时，手机就进入一种“准休眠”状态，手机释放所用的无线频道给其他用户使用，这时网络与用户之间还保持一种逻辑上的连接，当用户再次单击，手机立即向网络请求无线频道用来传送数据，不像普通拨号上网那样断线后还得重新拨号才能上网冲浪。

（4）接入时间短。

分组交换接入时间缩短为少于 1 s，能提供快速即时的连接，可大幅度提高一些事务（如信用卡核对、远程监控等）的效率，并可使已有的 Internet 应用（如 E－mail、网页浏览等）操作更加便捷、流畅。

2）GPRS 的缺点

GPRS 大幅提高了频谱的利用和开发，是一种重要的移动数据服务，但仍存在一些限制，如下所述。

（1）实际传输速度比理论低得多。

达到理论上的最高传输速度 172.2 Kb/s 的条件是，只一个用户占用全部 8 个时隙并且没有任何错误保护程序。现实中，营运商不可能允许单个 GPRS 用户占用全部时隙。另外，GPRS 终端时隙支持能力受很大局限。因此，理论上最大速度要考虑到现实环境的约束而重新检验。

（2）终端不支持无线终止功能。

启用 GPRS 服务时，用户确认就服务内容的流量支付费用。用户就要为不想收取的垃圾内容付费。GPRS 终端是否支持无线终止，威胁 GPRS 的应用和市场开拓。

（3）调制方式不是最优。

GPRS 使用 GMSK 调制技术。EDGE 基于一种新的调制方法 8PSK，允许无线接口有更高的比特率。8PSK 也用于 UMTS。

（4）传输延迟。

GPRS 分组通过不同的方向发送数据，最终达到相同的目的地，那么数据在通过无线链路传输的过程中就可能发生一个或几个分组数据丢失或出错的情况。

2. GPRS 的网络结构

在 GSM 系统的基础上构建 GPRS 系统时，GSM 系统中的绝大部分部件都不需要作硬件改动，只需作软件升级。构成 GPRS 系统的方法如下。

（1）在 GSM 系统中引入 3 个主要组件，即 GPRS 服务支持节点（Serving GPRS Supporting Node，SGSN）、GPRS 网关支持节点（Gateway GPRS Support Node，GGSN）和分组控制单元（Packet Control Unit，PCU）。

（2）对 GSM 的相关部件进行软件升级。

GPRS 系统结构如图 7－10 所示。

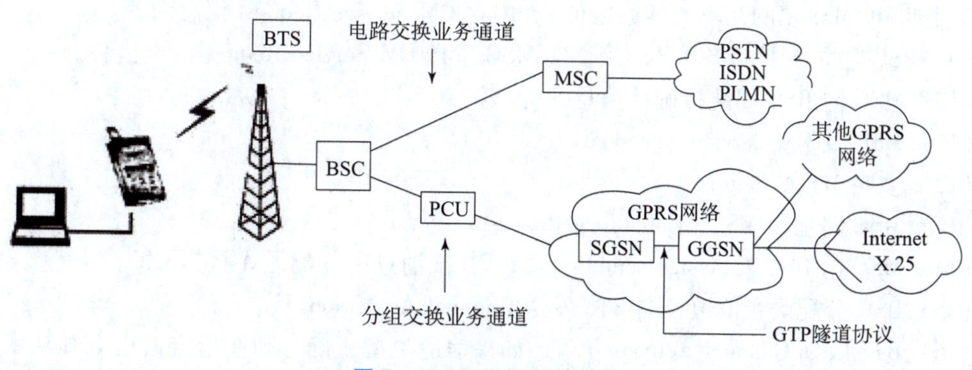

图 7－10　GPRS 系统结构

PCU 是在 BSS 侧增加的一个处理单元，主要完成 BSS 侧的分组业务处理和分组无线信道资源的管理。

SGSN 是为移动终端（MS）提供业务的节点，主要作用就是记录移动台的当前位置信息，并且在移动台和 SGSN 之间完成移动分组数据的发送和接收。SGSN 可以通过任意 Gs 接口向 MSC/VLR 发送定位信息，并可经 Gs 接口接收来自 MSC/VLR 的寻呼请求。

GGSN 是 GPRS 网络与外部 PDN 相连的网关，它可以和多种不同的数据网络（如 ISDN、LAN 等）连接。GGSN 又被称为 GPRS 路由器。GGSN 可以把 GSM 网中的 GPRS 分组数据包进行协议转换，从而可以把这些分组数据包传送到远端的 TCP/IP 或 X. 25 网络。GGSN 通过配置一个 PDP 地址被分组数据网接入。它存储属于这个节点的 GPRS 业务用户的路由信息，并根据该信息将 PDU 利用隧道技术发送到 MS 当前的业务接入点，即 SGSN。

技能点　GSM 移动主叫流程分析

根据指配流程类别（Early Assignment、Late Assignment、Very Early Assignment），移动主叫正常流程分成3类，其中 Early Assignment、Late Assignment 流程的选择是 MSC 决定的；Very Early Assignment 流程是由 BSS 根据无线资源等情况决定的。本处以 Early Assignment 为例对移动主叫建立流程进行信令分析。

信令流程图如图 7－11 所示，且流程说明如下。

（1）MS 在空中接口的接入信道上向 BTS 发送 Channel Request（该消息内含接入原因值为 MOC。但是该消息中的原因值并不完全准确，因为 MS 在作移动主叫和 IMSI 分离时都填的是该原因值）。

（2）BTS 向 BSC 发送 Channel Required 消息。

（3）BSC 收到 Channel Required 后，分配信令信道，向 BTS 发送 Channel Activation。

（4）BTS 收到 Channel Activation 后，如果信道类型正确，则在指定信道上开功率放大器，上行开始接收信息，并向 BSC 发送 Channel Activation Acknowledge。

（5）BSC 通过 BTS 向 MS 发送 Immediate Assignment Command。

（6）MS 发 SABM 帧接入。

（7）BTS 回 UA 帧进行确认。

（8）BTS 向 BSC 发 Establishment Indication（该消息准确地反映了 MS 的接入原因，此时对移动主叫和 IMSI 填的是不同的原因值），内含 CM Service Request 消息内容。

（9）BSC 建立 A 接口 SCCP 链接，向 MSC 发送 CM Service Request。

（10）MSC 向 BSC 回链接确认消息。

（11）MSC 发 CM Service Accepted。

（12）主叫 MS 发 Setup。

（13）MSC 向主叫 MS 发 Call Proceeding。

（14）MSC 向 BSC 发 Assignment Request，在该消息中分配了 A 接口 CIC。

（15）BSC 分配语音信道，向 BTS 发送 Channel Activation。

（16）BTS 收到 Channel Activation 后，如果信道类型正确，则在指定信道上开功率放大器，上行开始接收信息，并向 BSC 发送 Channel Activation Acknowledge。

（17）BSC 通过 BTS 向 MS 发送 Assignment Command。

（18）MS 发 SABM 帧在 Assignment Command 中指定的信道上接入。

（19）BTS 回 UA 帧进行确认。

（20）BTS 向 BSC 发 Establishment Indication。

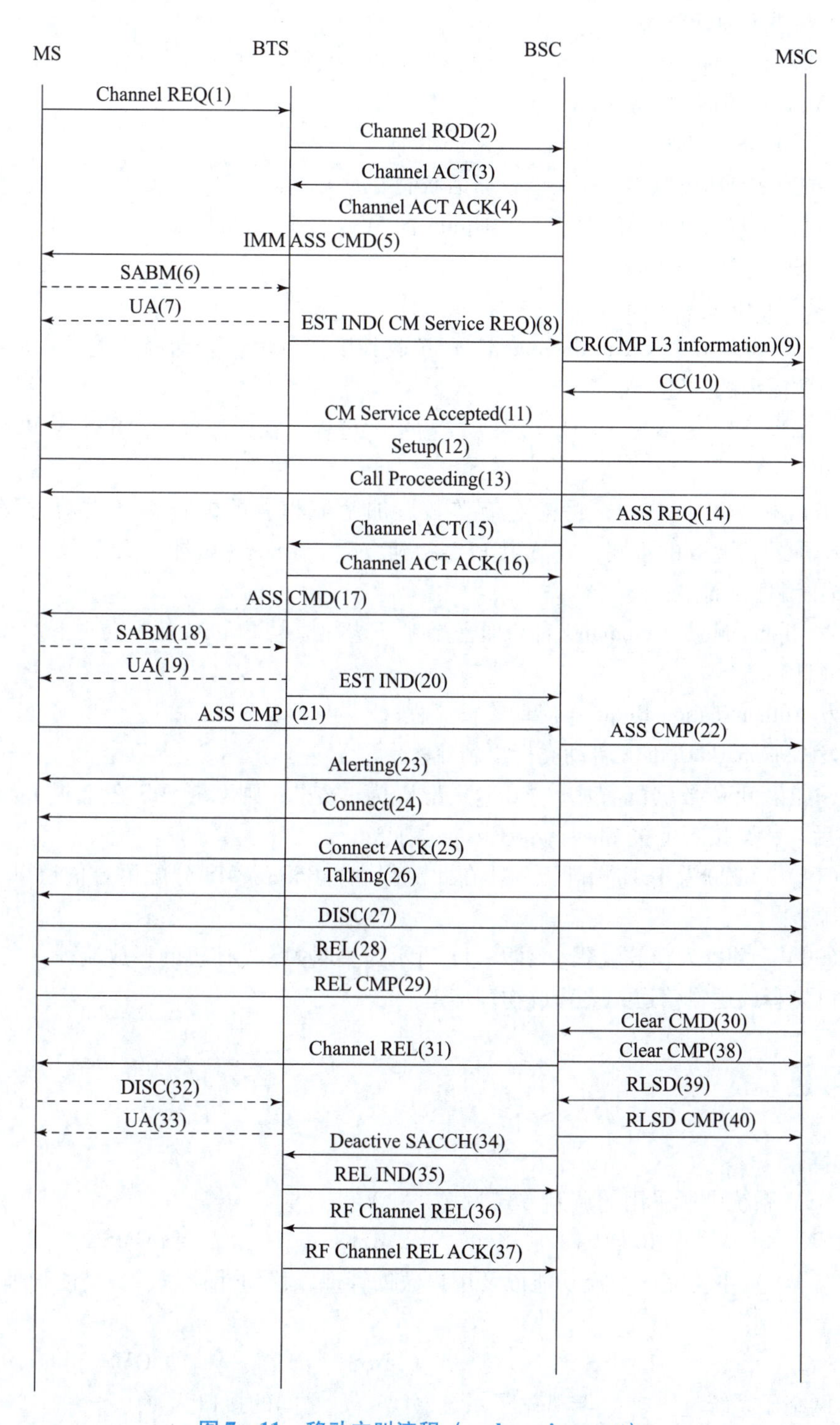

图 7－11　移动主叫流程（early assignment）

（21）MS 在接入语音信道后，向 BSC 发送 Assignment Complete。

（22）无线业务信道和地面电路均成功连接后，BSC 向 MSC 发送 Assignment Complete，并认为该呼叫进入通话状态。

（23）MSC 向主叫 MS 发 Alerting，说明被叫 MS 振铃。

（24）MSC 向主叫 MS 发 Connect。

（25）主叫 MS 向 MSC 回 Connect Acknowledge。

（26）主叫 MS 和被叫 MS 进入语音通话状态。

（27）通话完毕，主叫 MS 挂机，主叫 MS 向 MSC 发 Disconnect。

（28）MSC 向 MS 发 Release。

（29）MS 回 Release Complete。

（30）MSC 向 BSC 发 Clear Command，BSC 收到该消息后，启动释放流程；后续的释放流程参见释放流程的描述。

其中，流程（1）~（8）为随机接入、立即指配过程。在此过程中，BSS 为 MS 分配信令信道。

在（10）和（11）之间，可能会有鉴权、加密流程、类标查询（更新过程）。根据 MSC 的数据配置情况等的不同，在 A 接口链接建立后，MSC 有可能不会立即下发 CM Service Accepted 消息，而是：

①下发 Cipher Mode Command 启动加密流程（这种情况下 MSC 就不会再下发 CM Service Accepted 消息）；

②下发 Authentication Request 启动鉴权流程；

③下发 Classmark Update 启动类标更新流程。

此外，如果 BSC 数据配置中“ECSC”配置为“是”，则双频 MS 在上报 Establishment Indication 后，将紧接着上报 Classmark Change 消息。

流程(14)~(22)为 TCH 指配流程。在此流程中，BSS 为 MS 分配语音信道以及 A 接口电路等资源。

流程(30)~(40)为释放流程。图 7-11 所示为主叫 MS 先挂机的释放流程。在资源释放时，无线口先释放逻辑信道，再释放物理信道。

练习题

1. 选择题

（1）GSM 系统中所采用的调制方式为（　　）。

A. BPSK　　B. QPSK　　C. MSK　　D. GMSK

（2）（　　）主要完成交换功能以及用户数据管理、移动性管理、安全性管理所需的数据库功能。

A. MS　　B. BSS　　C. NSS　　D. OMS

（3）网络子系统（　　）与基站子系统（　　）之间的接口为（　　）。

A. NSS　　B. Abis　　C. BSS　　D. Um

（4）GSM 的一个载频上可提供（　　）个物理信道。

A. 1　　B. 2　　C. 4　　D. 8

（5）IS-95 系统每个频点占用了（　　）MHz 的带宽。

A. 1. 25　　　B. 2　　　C. 25　　　D. 40

2. 问答题

（1）试画出 GSM 网络结构图，并简述各功能实体的作用。

（2）已知 GSM 的频道序号为 124，试计算上、下行中心频率点。

（3）请对 GSM 的逻辑信道进行分类，并简述各信道的作用。

（4）请对 IS－95 系统的逻辑信道进行分类，并简述各信道的作用。

（5）IS－95 系统中采用了哪些地址码？分别起到怎样的作用？

（6）GPRS 在 GSM 网络的基础上引入了哪 3 个关键组件？并叙述各自功能。

任务 8　LTE 移动通信系统

LTE 系统

任务要求

知识目标

- 能描述 LTE 系统的演进路线。
- 能画出 LTE 系统的基本组成结构。
- 知道 LTE 系统中的无线资源以及相互之间的关系。
- 能描述 LTE 系统的无线信道的作用。

技能目标

- 能对信令流程进行分析。

素质目标

- 养成自主学习的良好习惯。
- 尊重他人、交流分享，积极参与小组协作任务。

知识点 1　LTE 系统概述

3GPP 组织于 2004 年 12 月开始 LTE 相关标准的研究工作。2008 年 12 月，R8 LTE RAN1 冻结，2008 年 12 月，R8 LTE RAN2、RAN3、RAN4 完成功能冻结，2009 年 3 月，R8 LTE 标准完成，此协议的完成能够满足 LTE 系统首次商用的基本功能。

知识拓展

中国 4G 运营牌照发放

4G 牌照是无线通信与国际互联网等多媒体通信结合的第四代移动通信技术（4G）业务经营许可权，由中华人民共和国工业和信息化部许可发放。

2013年12月4日工信部正式向三大运营商发放4G牌照，中国移动、中国电信和中国联通均获得TD－LTE牌照，宣告我国通信行业进入4G时代。

工业和信息化部发放4G牌照

为贯彻落实《国务院关于促进信息消费扩大内需的若干意见》要求，工业和信息化部根据相关企业申请，依据《中华人民共和国电信条例》，本着“客观、及时、透明和非歧视”原则，按照《电信业务经营许可管理方法》，对企业申请进行审核，于2013年12月4日向中国移动通信集团公司、中国电信集团公司和中国联合网络通信集团有限公司颁发“LTE/第四代移动蜂窝移动通信业务（TD－LTE）”经营许可。

2015年2月27日，工业和信息化部向中国电信集团公司和中国联合网络通信集团有限公司发放“LTE/第四代数字蜂窝移动通信业务（FDD－LTE）”经营许可。

1. 主要指标

3GPP要求LTE支持的主要指标和需求如图8－1所示。

1）峰值数据速率

下行链路的瞬时峰值数据速率在20 MHz下行链路频谱分配的条件下，可以达到100 Mb/s（5 b/s/Hz）（网络侧2发射天线，UE侧2接收天线条件下）。

上行链路的瞬时峰值数据速率在20 MHz上行链路频谱分配的条件下，可以达到50 Mb/s（2.5 b/s/Hz）（UE侧1发射天线情况下）。

宽频带、MIMO、高阶调制技术都是提高峰值数据速率的关键所在。

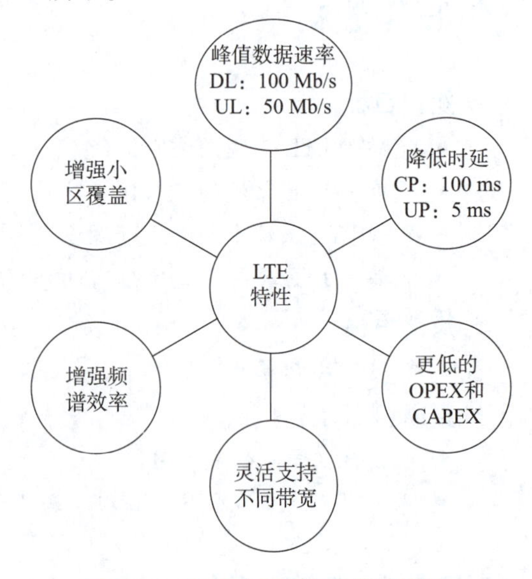

图8－1 LTE主要指标和需求概括

2）时延

（1）控制面时延。

从驻留状态到激活状态，控制面的传输延迟时间小于100 ms，这个时间不包括寻呼延迟时间和NAS延迟时间。

从睡眠状态到激活状态，控制面传输延迟时间小于50 ms，这个时间不包括DRX间隔。

（2）用户面时延。

用户面时延定义为一个数据包从UE/RAN边界节点（RAN Edge Node）的IP层传输到RAN边界节点/UE的IP层的单向传输时间。这里所说的RAN边界节点指的是RAN和核心网的接口节点。

在“零负载”（即单用户、单数据流）和“小IP包”（即只有一个IP头、不包含任何有效载荷）的情况下，期望的用户面延迟不超过5 ms。

3）频谱效率

（1）下行链路。

在一个有效负荷的网络中，LTE频谱效率（用每站址、每赫兹、每秒的比特数衡量）

的目标是 R6 HSDPA 的 3～4 倍。此时，R6 HSDPA 是 1 发 1 收，而 LTE 是 2 发 2 收。

（2）上行链路。

在一个有效负荷的网络中，LTE 频谱效率（用每站址、每赫兹、每秒的比特数衡量）的目标是 R6 HSUPA 的 2～3 倍。此时，R6 HSUPA 是 1 发 2 收，LTE 也是 1 发 2 收。

4）覆盖

E－UTRA 系统应该能在重用目前 UTRAN 站点和载频的基础上灵活地支持各种覆盖场景，实现上述用户吞吐量、频谱效率和移动性等性能指标。

E－UTRA 系统在不同覆盖范围内的性能要求如下。

（1）覆盖半径在 5 km 内：用户吞吐量、频谱效率和移动性等性能指标必须完全满足。

（2）覆盖半径在 30 km 内：用户吞吐量指标可以略有下降，频谱效率指标可以下降，但仍在可接受范围内，移动性指标仍应完全满足。

（3）覆盖半径最大可达 100 km。

5）频谱灵活性

频谱灵活性，一方面支持不同大小的频谱分配，如 E－UTRA 可以在不同大小的频谱中部署，包括 1.4 MHz、3 MHz、5 MHz、10 MHz、15 MHz 及 20 MHz，支持成对和非成对频谱；另一方面支持不同频谱资源的整合。

6）减小 CAPEX 和 OPEX

LTE 网络架构的扁平化和中间节点的减少使得设备成本和维护成本显著降低。

2. 总体架构

LTE 采用了与 2G、3G 均不同的空中接口技术，即基于 OFDM 技术的空中接口技术，并对传统 3G 的网络架构进行优化，图 8－2 给出了 E－UTRAN 系统结构图，由图可知 LTE 的系统架构分成两部分，包括演进后的核心网 EPC（MME/S－GW）和演进后的接入网 E－UTRAN。其中接入网采用扁平化的网络架构，即 E－UTRAN 不再包含 RNC，仅包含节点 eNB，演进后的系统仅存在分组交换域。新的网络结构可以带来以下好处。

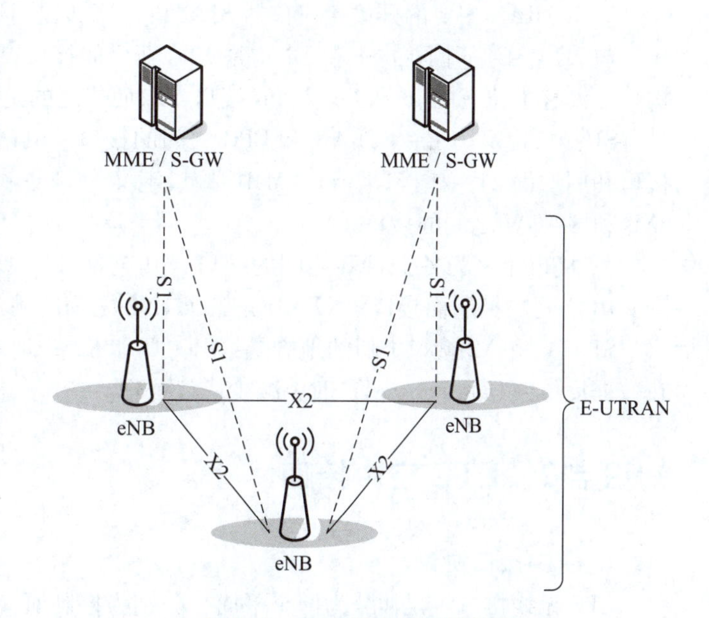

图 8－2　E－UTRAN 系统结构

（1）网络扁平化使系统延时减少，从而改善了用户体验，可开展更多业务。

（2）网元数目减少，使网络部署更为简单，网络的维护更加容易。

（3）取消了 RNC 的集中控制，避免单点故障，有利于提高网络稳定性。

eNB 之间由 X2 接口互连，每个 eNB 又和 EPC 通过 S1 接口相连。S1 接口的用户面终止在服务网关（S－GW）上，控制面终止在移动性管理实体（MME）上，控制面和用户面的另一端终止在 eNB 上。图 8－2 中各网元节点的功能说明如下。

1）eNB

LTE 的 eNB 除了具有原来 NodeB 的功能外，还承担了原来 RNC 的大部分功能，包括物理层功能、MAC 层功能（包括 HARQ）、RLC 层（包括 ARQ 功能）、PDCP 功能、RRC 功能（包括无线资源控制功能）、调度、无线接入许可控制、接入移动性管理以及小区间的无线资源管理功能等。

2）MME

MME 是 SAE 的控制核心，主要负责用户接入控制、业务承载控制、寻呼、切换控制等控制信令的处理。

MME 功能与网关功能分离，这种控制平面/用户平面分离的架构，有助于网络部署、单个技术的演进以及全面灵活的扩容。

3）S－GW

S－GW 作为本地基站切换时的锚定点，主要负责以下功能：在基站和公共数据网关之间传输数据信息；为下行数据包提供缓存；基于用户的计费等。

负责 LTE 系统用户面数据处理的除 S－GW 外还有公共数据网关 P－GW，S－GW 和 P－GW 可以在一个物理节点或不同物理节点实现。

P－GW 作为数据承载的锚定点，提供以下功能：包转发、包解析、合法监听、基于业务的计费、业务的 QoS 控制以及负责和非 3GPP 网络间的互联等。

E－UTRAN 主要的开放接口包括 S1 接口、X2 以及 LTE－Uu 接口。

与 2G、3G 都不同，S1 和 X2 均是 LTE 新增的接口。从图 8－2 中可见，在 LTE 网络架构中，没有了原有的 Iu 和 Iub 及 Iur 接口，取而代之的是新接口 S1 和 X2。

S1 接口定义为 E－UTRAN 和 EPC 之间的接口。S1 接口包括两部分：控制面 S1－MME 接口和用户面 S1－U 接口。S1－MME 接口定义为 eNB 和 MME 之间的接口；S1－U 定义为 eNB 和 S－GW 之间的接口。

X2 接口定义为各个 eNB 之间的接口，其包含 X2－CP 和 X2－U 两部分。X2－CP 是各个 eNB 之间的控制面接口，X2－U 是各个 eNB 之间的用户面接口。

S1 接口和 X2 接口类似的地方是：S1－U 和 X2－U 使用同样的用户面协议，以便于 eNB 在数据反传（Data Forward）时，减少协议处理。

知识点 2　LTE 空中接口

LTE 空中接口

1. 空中接口协议

LTE 无线接口协议栈分为两个平面，分别为控制面（CP）和用户面（UP）。

控制面协议栈结构如图 8－3 所示。

RRC 在网络侧终止于 eNB，主要实现广播、寻呼、RRC 连接管理、RB 控制、移动性功能、UE 的测量上报和控制功能。

PDCP 在网络侧终止于 eNB，需要完成控制面的加密、完整性保护等功能。

RLC 和 MAC 在网络侧终止于 eNB，在用户面和控制面执行功能没有区别。其中，RLC 负责分段与连接、重传处理以及对高层数据的顺序传送；MAC 负责处理 HARQ 重传与上、

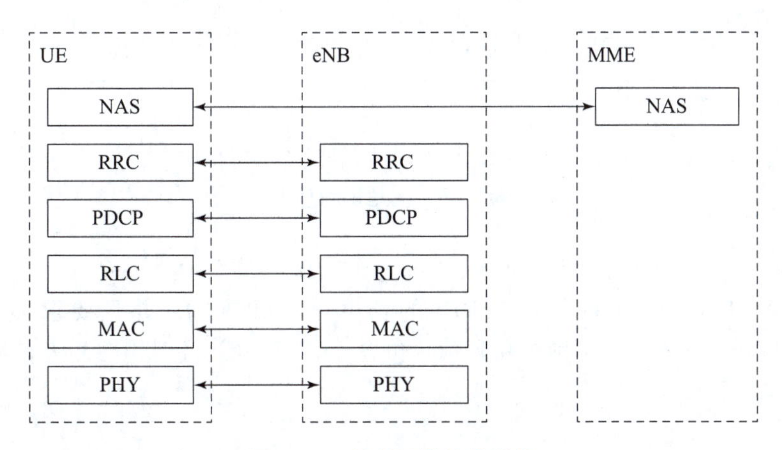

图 8－3 控制面协议栈结构

下行调度，以逻辑信道的方式为 RLC 层提供服务。

PHY 负责处理编译码、调制解调、多天线映射以及其他电信物理层功能。物理层以传输信道的方式为 MAC 层提供服务。

NAS 控制协议在网络侧终止于 MME，主要实现 EPS 承载管理、鉴权、ECM（EPS 连接性管理）空闲状态下的移动性处理、ECM 空闲状态下发起寻呼、安全控制功能。

用户面协议栈结构如图 8－4 所示。

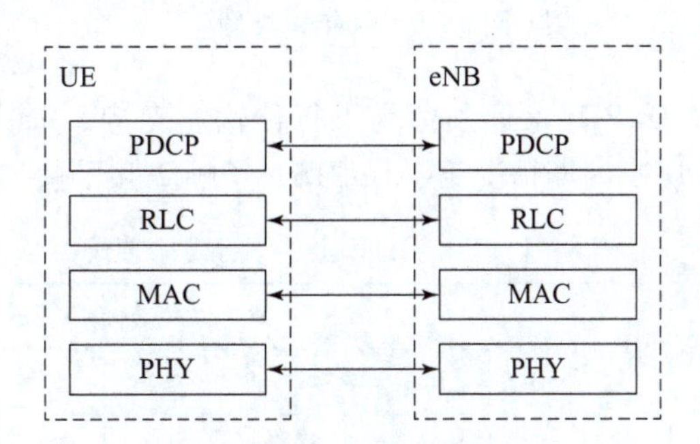

图 8－4 用户面协议栈结构

用户面 PDCP、RLC、MAC 在网络侧均终止于 eNB，主要实现头压缩、加密、调度、ARQ 和 HARQ 功能等。

2. 帧结构

LTE 支持两种类型的无线帧结构。

（1）类型 1，适用于 FDD 模式。

（2）类型 2，适用于 TDD 模式。

帧结构类型 1 如图 8－5 所示。每一个无线帧长度为 10 ms，分为 10 个等长度的子帧，每个子帧又由 2 个时隙构成，每个时隙长度均为 0.5 ms。

对于 FDD，在每个 10 ms 中，有 10 个子帧可以用于下行传输，并且有 10 个子帧可以用于上行传输。上、下行传输在频域上分开进行。

帧结构类型 2 适用于 TDD 模式，如图 8－6 所示。每个无线帧由两个半帧构成，每个半

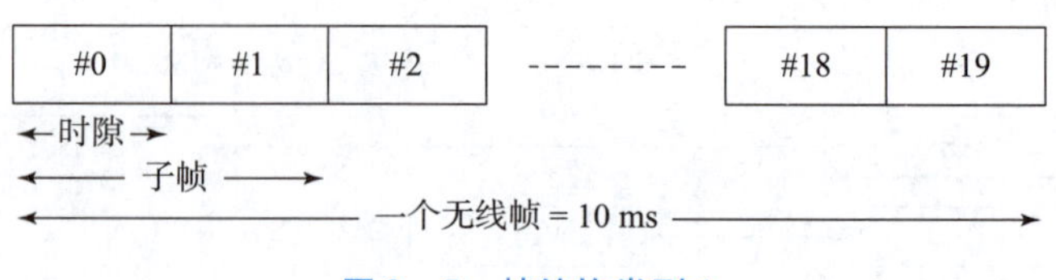

图8－5 帧结构类型1

帧长度为5 ms。每个半帧包括8个时隙（每一个时隙长度为0.5 ms）以及3个特殊时隙（DwPTS、GP和UpPTS，DwPTS和UpPTS的长度是可配置的，并且要求DwPTS、GP及UpPTS的总长度等于1 ms）。子帧1和子帧6包含DwPTS、GP及UpPTS，所有其他子帧包含两个相邻的时隙。

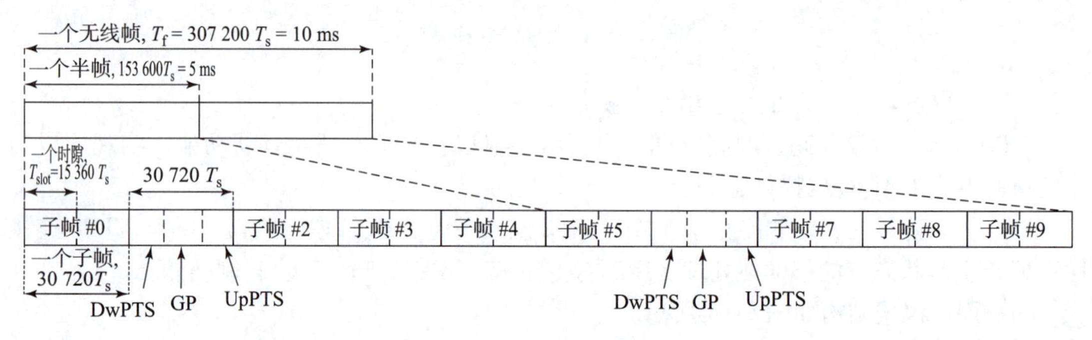

图8－6 帧结构类型2

子帧0和子帧5以及DwPTS永远预留为下行传输。支持5 ms和10 ms的切换点周期，如表8－1所示。在5 ms切换周期情况下，UpPTS、子帧2和子帧7预留为上行传输。

表8－1 TD－LTE上、下行配比方式

配置	切换时间间隔/ms	子帧编号									
		0	1	2	3	4	5	6	7	8	9
0	5	D	S	U	U	U	D	S	U	U	U
1	5	D	S	U	U	D	D	S	U	U	D
2	5	D	S	U	D	D	D	S	U	D	D
3	10	D	S	U	U	U	D	D	D	D	D
4	10	D	S	U	U	D	D	D	D	D	D
5	10	D	S	U	D	D	D	D	D	D	D
6	5	D	S	U	U	U	D	S	U	U	D

在10 ms切换周期情况下，DwPTS在两个半帧中都存在，但是GP和UpPTS只在第一个半帧中存在，在第二个半帧中的DwPTS长度为1 ms。UpPTS和子帧2预留为上行传输，子帧7到子帧9预留为下行传输。

表8－2给出了特殊子帧配比情况。

表 8-2 特殊子帧配比

配置	正常循环前缀			扩展循环前缀		
	DwPTS	GP	UpPTS	DwPTS	GP	UpPTS
0	3	10	1 OFDM 符号	3	8	1 OFDM 符号
1	9	4		8	3	
2	10	3		9	2	
3	11	2		10	1	
4	12	1		3	7	2 OFDM 符号
5	3	9	2 OFDM 符号	8	2	
6	9	3		9	1	
7	10	2		—	—	—
8	11	1		—	—	—

3. 物理资源

LTE 上、下行传输使用的最小资源单位叫做资源粒子（RE）。LTE 在进行数据传输时，将上、下行时频域物理资源组成资源块（RB），作为物理资源单位进行调度与分配。

一个 RB 由若干个 RE 组成，在频域上包含 12 个连续的子载波、在时域上包含 7 个连续的 OFDM 符号（在扩展 CP 情况下为 6 个），即频域宽度为 180 kHz，时间长度为 0.5 ms。

下行时隙的物理资源结构如图 8-7 所示。

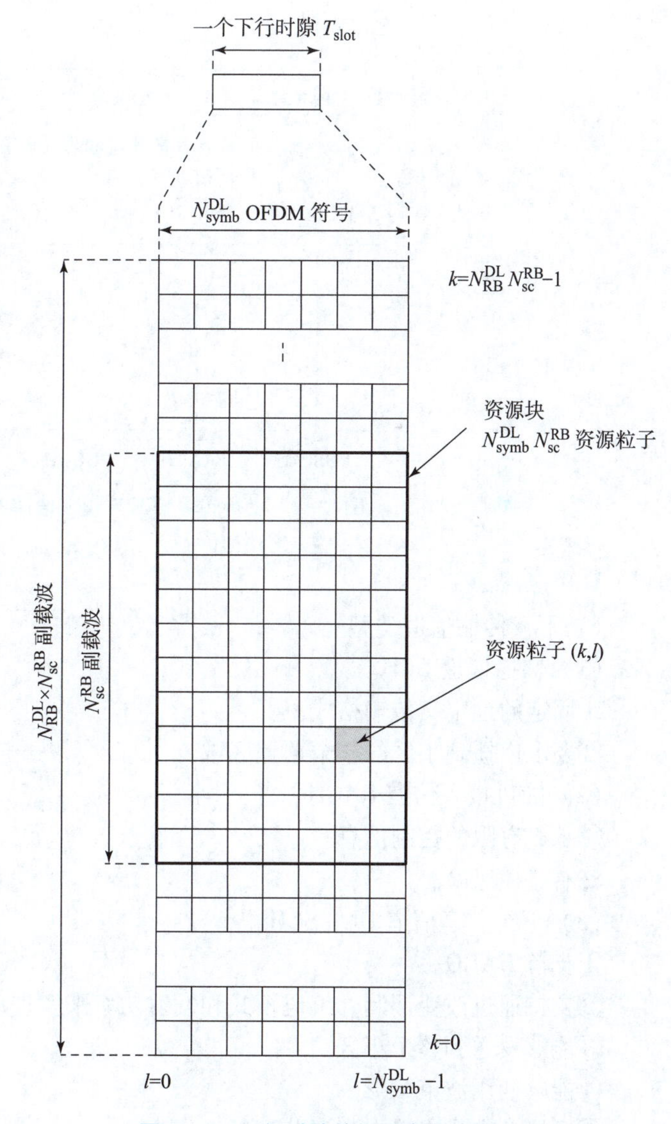

图 8-7 下行时隙的物理资源结构

知识点3　LTE无线信道

LTE的信道包括逻辑信道、传输信道及物理信道，其中逻辑信道存在于MAC层和RLC层之间，传输信道存在于MAC层和PHY层之间。图8－8所示为下行传输信道与物理信道的映射关系图，图8－9所示为上行传输信道与物理信道的映射关系图。

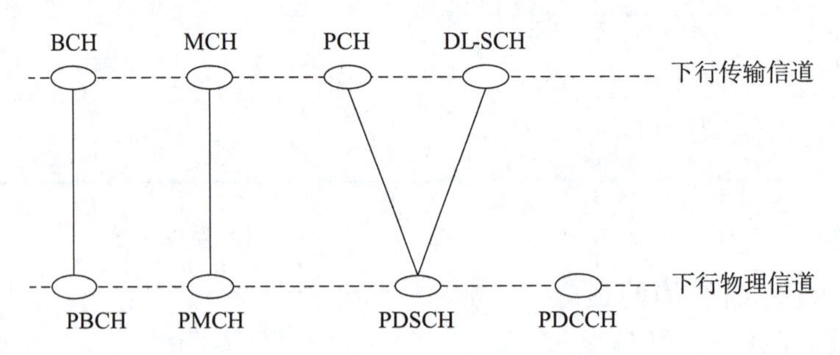

图8－8　下行传输信道与物理信道的映射关系图

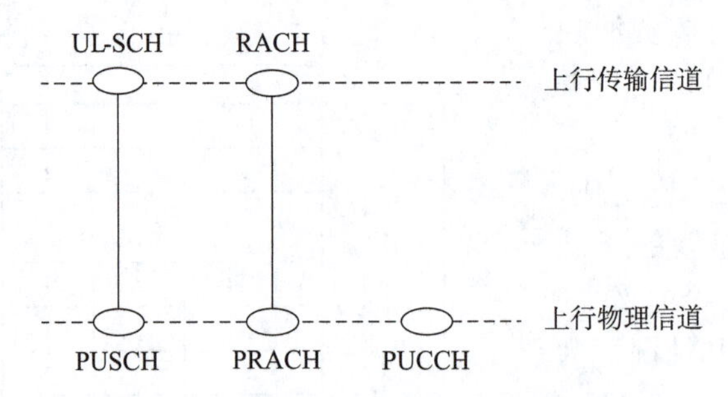

图8－9　上行传输信道与物理信道的映射关系图

1. 传输信道

1）下行传输信道类型

（1）广播信道BCH。

①固定的预定义传输格式。

②要求广播到小区的整个覆盖区域。

（2）随机接入信道RACH。

①承载有限的控制信息。

②有碰撞风险。

（3）下行共享信道DL－SCH。

①支持HARQ。

②支持通过改变调制、编码模式和发射功率来实现动态链路自适应。

③能够发送到整个小区。

④能够使用波束赋形。

⑤支持动态或半静态资源分配。

⑥支持 UE 非连续接收（DRX）以节省 UE 电源。
⑦支持 MBMS 传输。
（4）寻呼信道 PCH。
①支持 UE DRX 以节省 UE 电源（DRX 周期由网络通知 UE）。
②要求发送到小区的整个覆盖区域。
③映射到业务或其他控制信道也动态使用的物理资源上。
（5）多播信道 MCH。
①要求发送到小区的整个覆盖区域。
②对于单频点网络 MBSFN 支持多小区的 MBMS 传输的合并。
③支持半静态资源分配。
2）上行传输信道类型
上行传输信道类型为上行共享信道 UL－SCH。
①能够使用波束赋形。
②支持通过改变发射功率和潜在的调制、编码模式来实现动态链路自适应。
③支持 HARQ。
④支持动态或半静态资源分配。

2. 物理信道

1）下行物理信道
（1）物理广播信道 PBCH。
①已编码的 BCH 传输块在 40 ms 的间隔内映射到 4 个子帧。
②40 ms 定时通过盲检测得到，即没有明确的信令指示 40 ms 的定时。
③在信道条件足够好时，PBCH 所在的每个子帧都可以独立解码。
（2）物理控制格式指示信道 PCFICH。
①将 PDCCH 占用的 OFDM 符号数目通知给 UE。
②在每个子帧中都有发射。
（3）物理下行控制信道 PDCCH。
①将 PCH 和 DL－SCH 的资源分配以及与 DL－SCH 相关的 HARQ 信息通知给 UE。
②承载上行调度赋予信息。
（4）物理 HARQ 指示信道 PHICH。
承载上行传输对应的 HARQ ACK/NACK 信息。
（5）物理下行共享信道 PDSCH。
承载 DL－SCH 和 PCH 信息。
（6）物理多播信道 PMCH。
承载 MCH 信息。
2）上行物理信道
（1）物理上行控制信道 PUCCH。
①承载下行传输对应的 HARQ ACK/NACK 信息。
②承载调度请求信息。
③承载 CQI 报告信息。

（2）物理上行共享信道 PUSCH。

承载 UL－SCH 信息。

（3）物理随机接入信道 PRACH。

承载随机接入前导。

3. 物理信号

物理信号对应物理层若干 RE，但是不承载任何来自高层的信息。

1）下行物理信号

下行物理信号包括参考信号（Reference Signal）和同步信号（Synchronization Signal）。

（1）参考信号。

①小区特定（Cell－specific）的参考信号，与非 MBSFN 传输关联。

②MBSFN 参考信号，与 MBSFN 传输关联。

③UE 特定（UE－specific）的参考信号。

（2）同步信号。

①主同步信号（Primary Synchronization Signal）。

②辅同步信号（Secondary Synchronization Signal）。

对于 FDD，主同步信号映射到时隙 0 和时隙 10 的最后一个 OFDM 符号上，辅同步信号则映射到时隙 0 和时隙 10 的倒数第二个 OFDM 符号上。

对于帧结构 2，主同步信号映射到 DwPTS 中的第一个 OFDM 符号上的中间 72 个子载波上；辅同步信号映射到时隙 1 和时隙 11 的最后一个 OFDM 符号上的中间 72 个子载波上，如图 8－10 所示（以常规 CP 为例）。

2）上行物理信号

上行物理信号有参考信号（Reference Signal）。

上行链路支持两种类型的参考信号：

①解调用参考信号（Demodulation Reference Signal）：与 PUSCH 或 PUCCH 传输有关。

②探测用参考信号（Sounding Reference Signal）：与 PUSCH 或 PUCCH 传输无关。

解调用参考信号和探测用参考信号使用相同的基序列集合。

4. 物理信道处理流程

下行物理信道的一般处理流程如图 8－11 所示，物理信道的调制方式见表 8－3。

具体如下。

加扰：对将在一个物理信道上传输的每一个码字中的编码比特进行加扰。

调制：对加扰后的比特进行调制，产生复值调制符号。

层映射：将复值调制符号映射到一个或者多个传输层。

预编码：将每层上的复值调制符号进行预编码，用于天线端口上的传输。

资源单元映射：将每个天线端口上的复值调制符号映射到资源单元上。

OFDM 信号产生：为每个天线端口产生复值的时域 OFDM 信号。

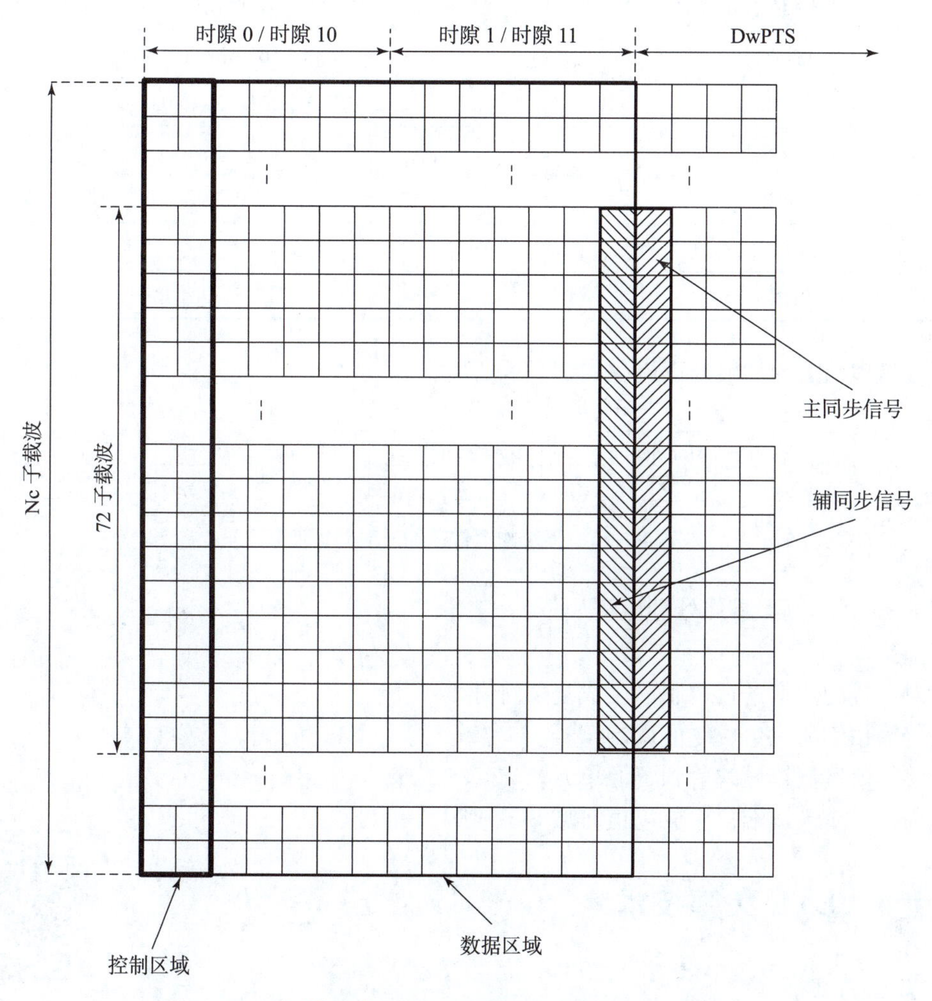

图 8－10　主/辅同步信号位置示意图（帧结构 2，常规 CP）

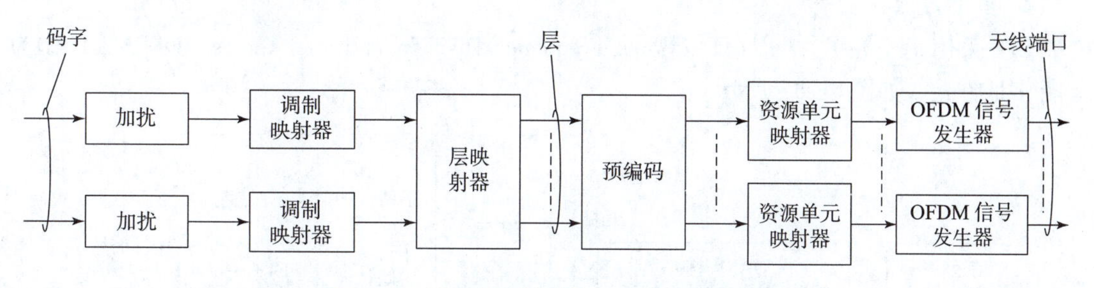

图 8－11　下行物理信道的一般处理流程框图

表8-3　物理信道的调制方式

物理信道	调制方式
PDSCH	QPSK，16QAM，64QAM
PMCH	QPSK，16QAM，64QAM
PDCCH	QPSK
PBCH	QPSK
PCFICH	QPSK
PHICH	

下行物理信道的一般处理流程如图8-12所示。

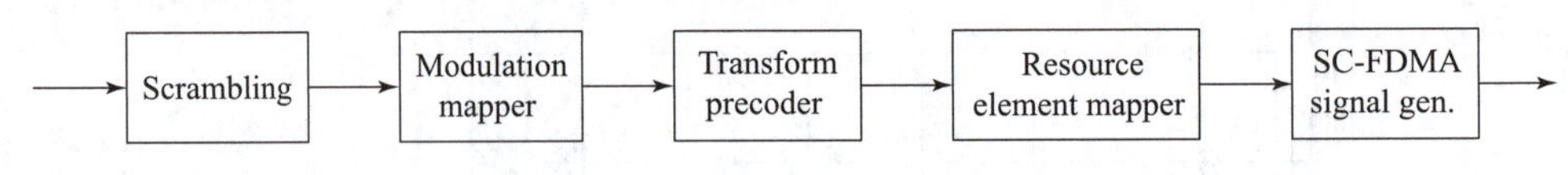

图8-12　下行物理信道的一般处理流程

以PUSCH为例，具体处理流程如下：

①加扰。

②对加扰的比特进行调制，生成复值符号。

③传输预编码，生成复值调制符号。

④将复值调制符号映射到资源单元。

⑤为每一个天线端口生成复值时域SC-FDMA信号。

知识点4　LTE关键技术

LTE关键技术

1. 双工方式

LTE支持FDD、TDD两种双工方式。

2. 多址方式

LTE采用正交频分多址（Orthogonal Frequency Division Multiple Access，OFDMA）作为下行多址方式，如图8-13所示。

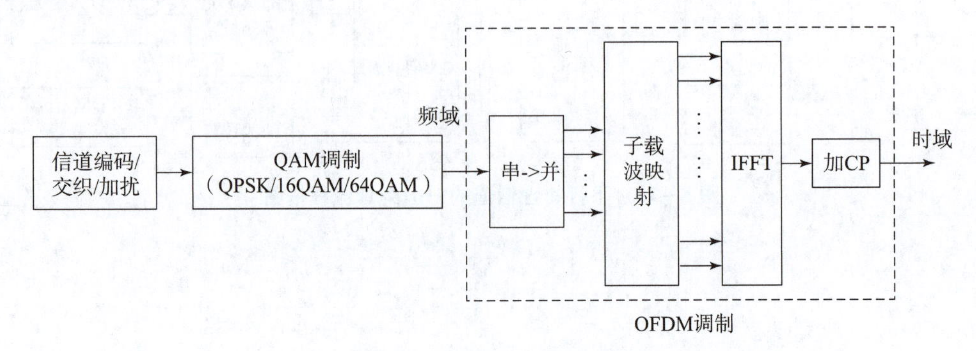

图8-13　LTE下行多址方式

LTE 采用 DFT－S－OFDM（离散傅里叶变换扩展 OFDM（Discrete Fourier Transform Spread OFDM）），或者称为 SC－FDMA（单载波 FDMA（Single Carrier FDMA））作为上行多址方式，如图 8－14 所示。

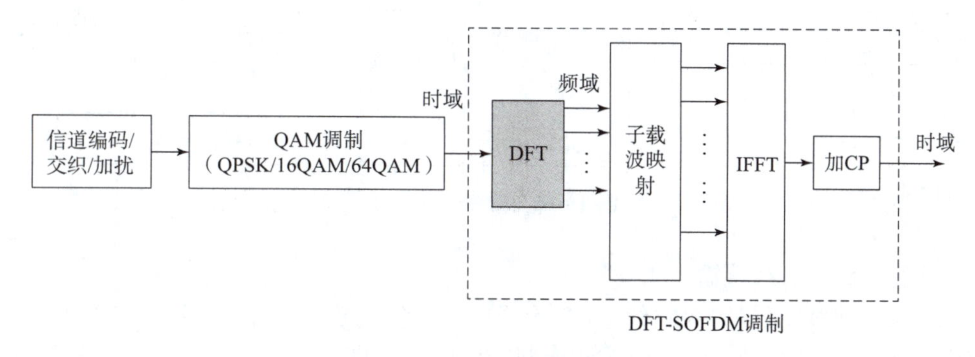

图 8－14　LTE 上行多址方式

OFDM 是一种多载波传输技术，与传统的多载波传输相比，OFDM 可以使用更多、更窄、彼此正交的子载波进行传输，如图 8－15 所示。

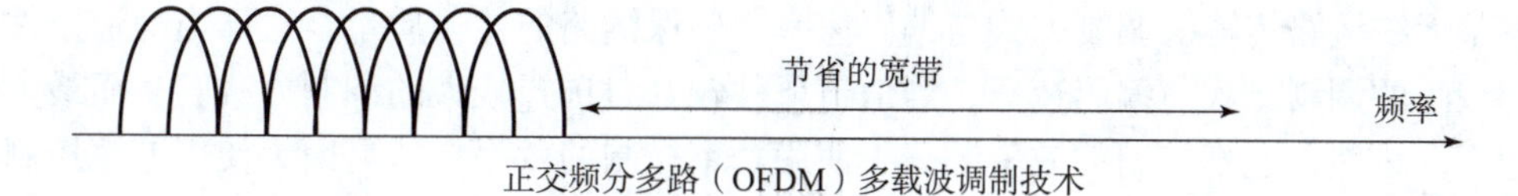

图 8－15　FDM 与 OFDM

其中 OFDM 的正交性是指，在一个 OFDM 符号中，任意两个子载波是彼此正交的，正因为这种正交性，OFDM 的解调也相对简单。

OFDM 调制和解调可以使用 IFFT 和 FFT 实现，从而降低 OFDM 实现的复杂度。

使用循环前缀（CP）可以有效地降低符号间干扰以及子载波间干扰。

3. 多天线技术

1）下行链路多天线传输

多天线传输支持 2 根或 4 根天线。码字最大数目为 2，与天线数目没有必然关系，但是码字和层之间有着固定的映射关系。码字（Code Word）、层（Layer）和天线端口（Antenna Port）的大致关系如图 8－16 所示。

多天线技术包括空分复用（Spatial Division Multiplexing，SDM）、发射分集（Transmit Diversity）、波束赋形等技术。SDM 支持 SU－MIMO 和 MU－MIMO。当一个 MIMO 信道都分配给一个 UE 时，称为 SU－MIMO（单用户 MIMO）；当 MIMO 数据流空分复用给不同的 UE

时，称为 MU－MIMO（多用户 MIMO）。

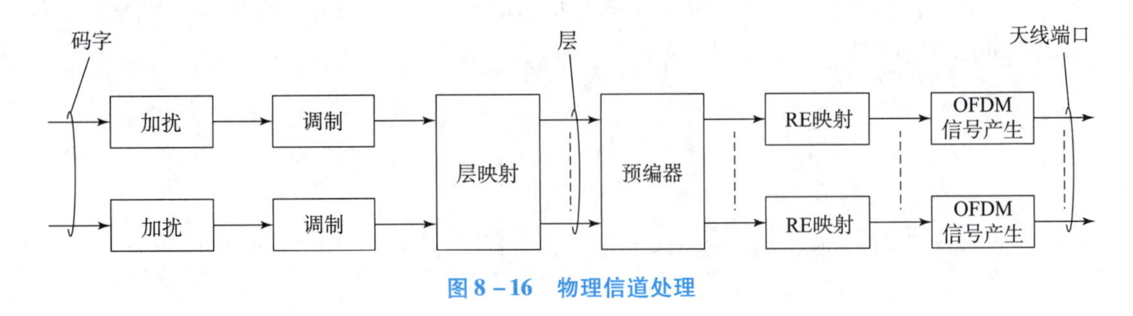

图 8－16　物理信道处理

2）上行链路多天线传输

上行链路一般采用单发双收的 1×2 天线配置，但是也可以支持 MU－MIMO，即每个 UE 使用一根天线发射，但是多个 UE 组合起来使用相同的时频资源可以实现 MU－MIMO。

4. 链路自适应

移动无线通信信道的典型特征就是其瞬时信道变化较快，并且幅度较大，信道调度（Channel－dependent Scheduling）以及链路自适应可以充分利用信道这种变化的特征，提高无线链路传输质量。

链路自适应技术包含两种，即功率控制和速率控制，其中速率控制即 AMC（Adaptive Modulation and Coding）技术。

功率控制的一个目的是通过动态调整发射功率，维持接收端一定的信噪比，从而保证链路的传输质量。这样，当信道条件较差时需要增加发射功率，当信道条件较好时需要降低发射功率，从而保证了恒定的传输速率。而链路自适应技术是在保证发送功率恒定的情况下，通过调整无线链路传输的调制方式与编码速率，确保链路的传输质量。这样当信道条件较差时选择较小的调制方式与编码速率，当信道条件较好时选择较大的调制方式，从而最大化了传输速率。显然，速率控制的效率要高于使用功率控制的效率，这是因为使用速率控制时总是可以使用满功率发送，而使用功率控制则没有充分利用所有的功率。

对于 LTE 的链路自适应技术，下行链路自适应主要指自适应调制编码（Adaptive Modulation and Coding，AMC），通过各种不同的调制方式（QPSK、16QAM 和 64QAM）和不同的信道编码率来实现。上行链路包括有 3 种链路自适应方法，即自适应发射带宽、发射功率控制以及自适应调制和信道编码率。

技能点　LTE 信令流程

此处以 UE 发起业务请求为例，给出具体的信令流程分析。图 8－17 所示为 UE 发起的 Service Request 流程图，图 8－18 所示为现网中抓取的具体信令图。

具体信令流程说明如下。

（1）处在 RRC_IDLE 态的 UE 进行 Service Request 过程，发起随机接入过程，即 MSG1 消息。

（2）eNB 检测到 MSG1 消息后，向 UE 发送随机接入响应消息，即 MSG2 消息。

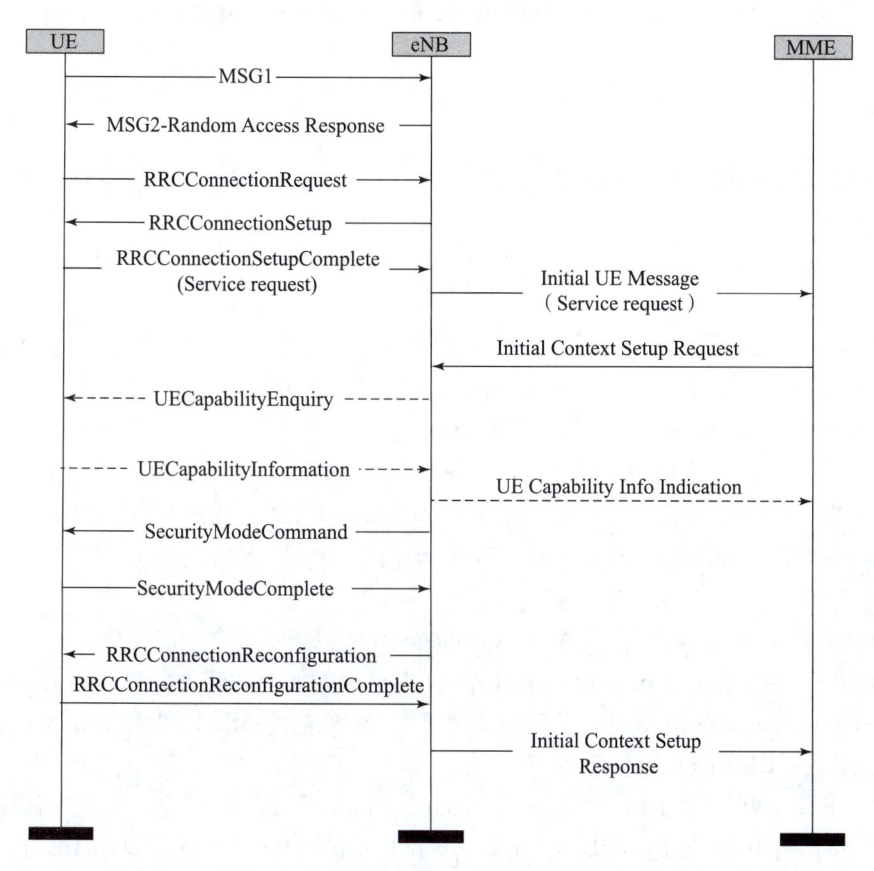

图 8－17　UE 发起的 Service Request 过程

E:\信令流程\信令流程参考资料\信令流程\开机ATTACH正常过程.std

Sequence	Time	Name	Type	Direction	GID	CellID	eNodeBID	MsgLen
359	9:47:23 460	RrcConnectionRequest	Uu Interface	Receiving	60	0	16	18
360	9:47:23 480	RrcConnectionSetup	Uu Interface	Sending	60	0	16	50
361	9:47:23 520	RrcConnectionSetupComplete	Uu Interface	Receiving	60	0	16	55
362	9:47:23 520	S1AP_InitialUeMessageMsg	S1 Interface	Sending	60	0	16	82
363	9:47:23 540	S1AP_InitialContextSetupRequestMsg	S1 Interface	Receiving	60	0	16	183
364	9:47:23 540	UeCapabilityEnquiry	Uu Interface	Sending	60	0	16	16
365	9:47:23 590	UeCapabilityInformation	Uu Interface	Receiving	60	0	16	301
366	9:47:23 590	S1AP_UeCapabilityInfoIndicationMsg	S1 Interface	Sending	60	0	16	321
367	9:47:23 590	SecurityModeCommand	Uu Interface	Sending	60	0	16	15
368	9:47:23 610	RrcConnectionReconfiguration	Uu Interface	Sending	60	0	16	146
369	9:47:23 640	SecurityModeComplete	Uu Interface	Receiving	60	0	16	18
370	9:47:23 640	RrcConnectionReconfigurationComplete	Uu Interface	Receiving	60	0	16	18
371	9:47:23 640	S1AP_InitialContextSetupResponseMsg	S1 Interface	Sending	60	0	16	45
372	9:47:23 640	UlInformationTransfer	Uu Interface	Receiving	60	0	16	26
373	9:47:23 640	S1AP_UplinkNasTransportMsg	S1 Interface	Sending	60	0	16	60

图 8－18　UE 发起的 Service Request 过程（信令跟踪图）

（3）UE收到随机接入响应后，根据MSG2的TA调整上行发送时机，向eNB发送RRC-ConnectionRequest消息。

（4）eNB向UE发送RRC Connection Setup消息，包含建立SRB1承载信息和无线资源配置信息。

（5）UE完成SRB1承载和无线资源配置，向eNB发送RRC Connection Setup Complete消息，包含NAS层Service Request信息。

（6）eNB选择MME，向MME发送Initial UE Message消息，包含NAS层Service Request消息。

（7）MME向eNB发送Initial Context Setup Request消息，请求建立UE上下文信息。

（8）eNB接收到Initial Context Setup Request消息，如果不包含UE能力信息，则eNB向UE发送UE Capability Enquiry消息，查询UE能力。

（9）UE向eNB发送UE Capability Information消息，报告UE能力信息。

（10）eNB向MME发送UE Capability Info Indication消息，更新MME的UE能力信息。

（11）eNB根据Initial Context Setup Request消息中UE支持的安全信息，向UE发送Security Mode Command消息，进行安全激活。

（12）UE向eNB发送Security Mode Complete消息，表示安全激活完成。

（13）eNB根据Initial Context Setup Request消息中的ERAB建立信息，向UE发送RRC-ConnectionReconfiguration消息进行UE资源重配，包括重配SRB1和无线资源配置，建立SRB2信令承载、DRB业务承载等。

（14）UE向eNB发送RRC Connection ReconfigurationComplete消息，表示资源配置完成。

（15）eNB向MME发送Initial Context Setup Response响应消息，表明UE上下文建立完成。

练习题

1. 选择题

（1）LTE的第一个标准为（　　）。

A. R99　　B. R4　　C. R8　　D. R10

（2）LTE下行链路的峰值数据速率可达到（　　）。

A. 10 Mb/s　　B. 50 Mb/s　　C. 100 Mb/s　　D. 不确定

（3）eNB与eNB之间的接口为（　　）。

A. NG　　B. Uu　　C. X2　　D. S1

（4）LTE系统中一个无线帧长为（　　）。

A. 1 ms　　B. 5 ms　　C. 10 ms　　D. 20 ms

（5）LTE系统中上行物理信道有（　　）。

A. PRACH　　B. PUCCH　　C. PUSCH　　D. PBCH

2. 问答题

（1）试画出E－UTRAN的网络结构图，并给出各部分的功能。

（2）试画出FDD－LTE和TDD－LTE各自的帧结构。

任务9　5G移动通信系统

任务要求

知识目标

- 知道5G的定义，熟悉5G的三大应用场景。
- 理解5G网络架构的特点，能画出5G网络的基本组成结构。
- 会分析比较两种5G网络部署方式的不同。
- 列举5G系统的典型关键技术，知道这些关键技术的作用。
- 能根据案例分析5G的典型应用。

技能目标

- 能根据要求画出5G网络部署方式示意图。
- 能根据具体案例分析5G的典型应用场景和性能要求。

素质目标

- 养成自主学习的良好习惯。
- 尊重他人、交流分享，积极参与小组协作任务。

5G系统概述

知识点1　5G系统概述

ITU - R（International Telecommunication Union - Radio Communication Sector，国际电信联盟无线通信委员会）在2015年6月无线电通信全会上确定了5G（The Fifth Generation，第五代）的法定名称为IMT - 2020（International Mobile Telecommunication for 2020 and Beyond，面向2020年及未来的全球移动通信）。

2018年6月，3GPP（3rd Generation Partnership Project，第三代合作伙伴计划）冻结了5G第一个版本的协议，2019年全球开始规模部署5G，标志着人类正式进入5G时代。

知识拓展

国际电信联盟（ITU）是联合国的15个专门机构之一，主管信息通信技术事务，由无线电通信（ITU - R）、电信标准化（ITU - T）和电信发展（ITU - D）三大核心部门组成。每个部门下设多个研究组，5G的相关标准化工作主要在ITU - R WP5D工作组下进行。

第三代合作伙伴计划（3GPP）是一个成立于1998年12月的标准化组织，最初的工作范围是为第三代移动通信系统制定全球适用的技术规范和技术报告。3GPP本质上是一个代表全球移动通信产业的产业联盟，其目标是根据ITU的需求，制定更加详细的技术规范和标准，规范产业的行为。

1.5G三大应用场景

国际电信联盟定义了未来5G系统三大应用场景，如图9－1所示。

1）增强型移动宽带业务（enhanced Mobile Broad Band，eMBB）

5G系统提供了超大带宽，峰值传输速率可以达到10 Gb/s，这意味着5G系统信息的传输能力是4G系统的100倍，这为人工智能社会的到来奠定了坚实的基础。

2）超高可靠低时延业务（Ultra Reliable and Low Latency Communication，URLLC）

5G网络是使能整个社会的，所以对网络的时延也有要求。5G系统提供了超低时延，与4G系统相比时延从50 ms降低至1 ms，这是从4G“永远在线”走向5G“永远在场”的关键技术。

3）大规模物联网业务（massive Machine Type Communication，mMTC）

5G网络将提供每平方千米100万个连接。意味着5G网络将超越人与人的连接，进入万物互联新时代，为工业控制、农业生产、物流跟踪等提供技术支持。

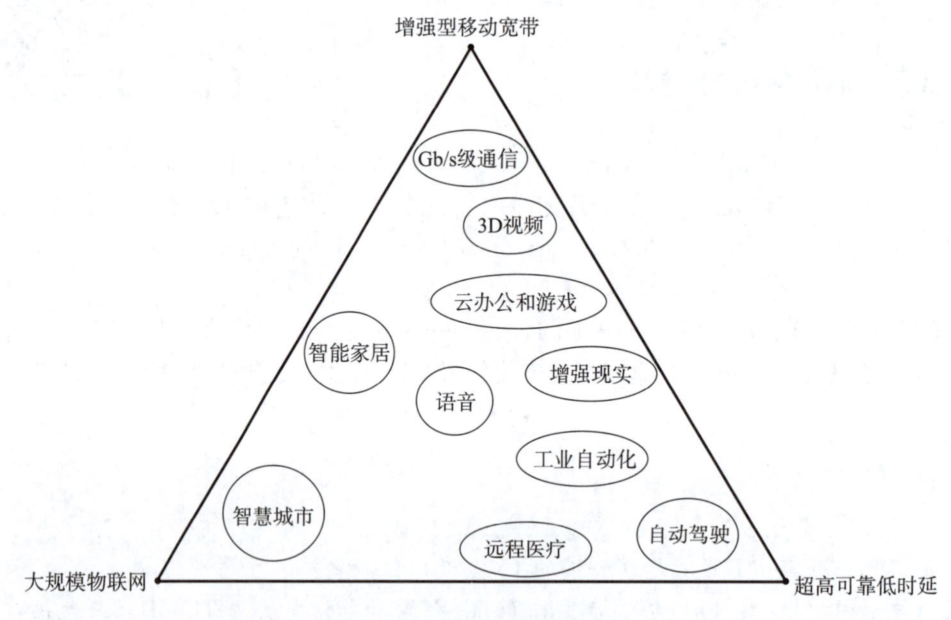

图9－1　5G三大应用场景

不同于以往的移动通信系统，5G系统带来的不仅是手机的网速变快，它将从人与人的通信向人与物、物与物的通信扩展。作为未来信息技术的基石，5G系统将与大数据、云计算、人工智能等信息技术紧密结合，在人类科技和社会发展中发挥更大的作用。

2. 5G 关键性能指标

国际电信联盟（ITU）在 2015 年除了明确 5G 网络的大带宽、低时延、大连接三大应用场景外，还确定了 5G 系统八大性能指标。如图 9－2 所示，除了传统的峰值速率、移动性、时延和频谱效率之外，ITU 还提出了用户体验速率、连接数密度、流量密度和能效四个关键能力指标，以适应多样化的 5G 场景及业务需求。其中，5G 的用户体验速率可达 100 Mb/s，能够带给用户极致的业务体验（如高质量虚拟现实）；5G 能够支持 500 km/h 的移动速率，能够在高速移动场景（如高铁、地铁）下提供良好的用户体验；5G 的峰值速率可达 10 Gb/s、流量密度可达 10 $Mb/s/m^2$，能够支持热点高容量场景（如体育馆、大型购物中心、会场）下业务流量的增长；5G 的频谱效率将比 4G 提高 3 倍，网络功耗效率将比 4G 提升 100 倍。

为了充分满足 ITU 定义的 5G 的需求、场景和指标要求，实现 5G 网络低时延、高可靠、高速率和大连接的新能力，5G 在系统架构和关键技术方面将带来革命性的变化。

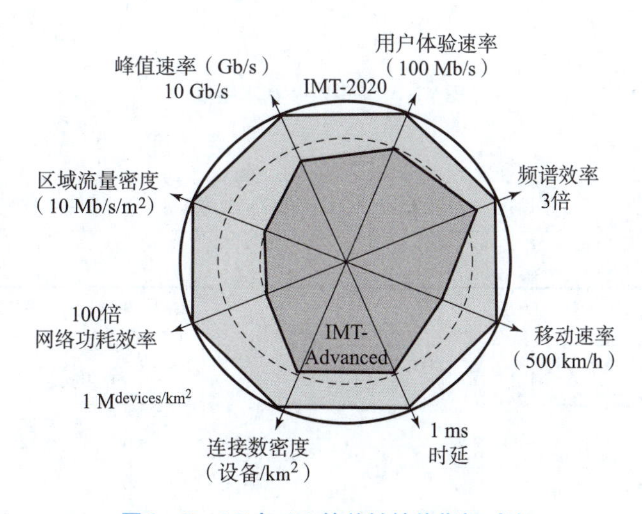

图 9－2　5G 与 4G 的关键性能指标对比

知识点 2　5G 网络架构及接口

5G 的网络架构及接口

5G 系统架构分为两部分，如图 9－3 所示，包括 5G 接入网（NG－RAN）和 5G 核心网 5GC（5G Core）。

gNB 是 5G 基站，基站之间通过 Xn 接口连接。基站和核心网之间通过 NG 接口连接。

5G 网络架构变革的主要标志是核心网架构的变化。为了适配未来不同服务的需求，5G 网络架构被寄予了非常高的期望。业界结合信息技术（Information Technology，IT）Cloud Native（云原生）的理念，将 5G 网络架构（图 9－4）进行了两个方面的变革。

（1）控制面和用户面分离。

5G 核心网实现了控制面和用户面的彻底分离。4G 核心网控制面和用户面并没有完全分离。用户面和控制面的彻底分离可以解决用户面和控制面交织导致的业务改动复杂、效率难

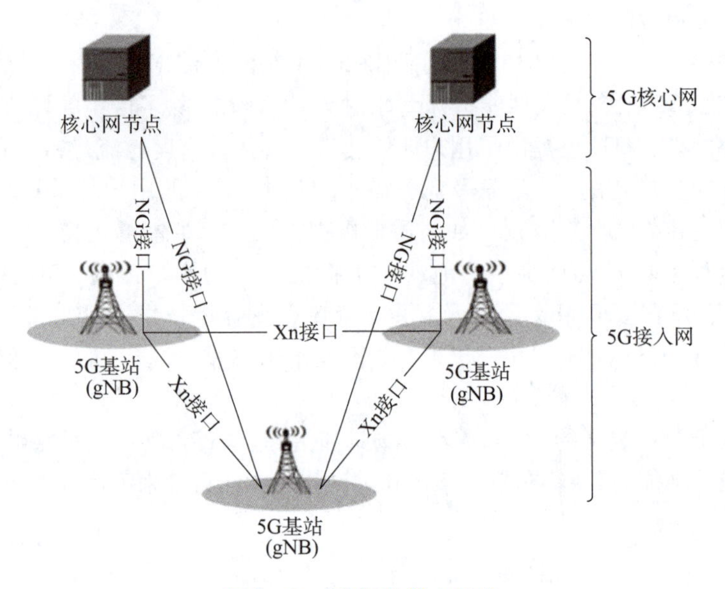

图9－3　5G网络基本组成

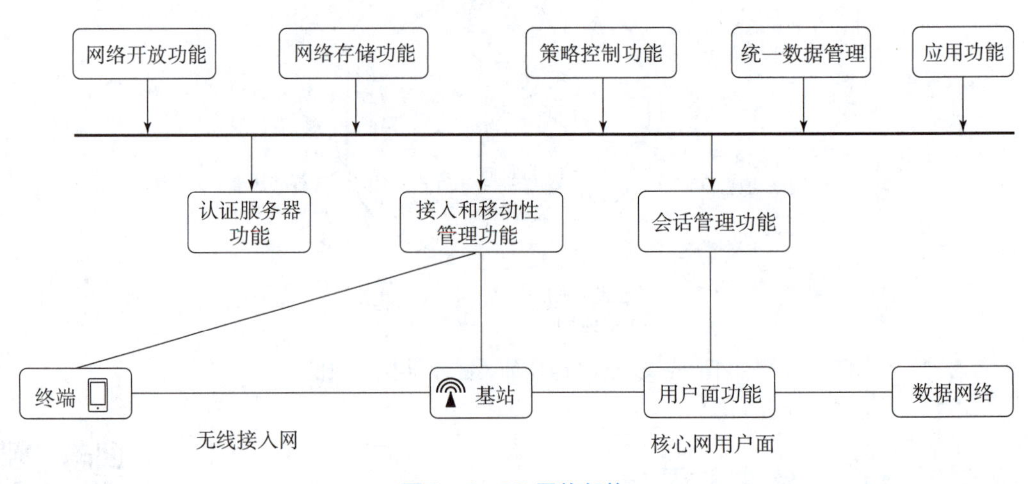

图9－4　5G网络架构

以优化、部署运维难度大的问题。另外，可以使网络用户面摆脱“中心化”的囚禁，使其既可部署于核心网，也可灵活“下沉”至接入网，最终实现可分布式部署。

（2）控制面功能抽象成为多个独立的网络服务，以软件化、模块化、服务化的方式来构建网络。

5G核心网基于服务的设计理念，将4G核心网原有网元功能拆分，形成网络上的各个服务提供者。4G网络中分散在多个网元中的会话管理相关功能剥离处理，集中到一起演变为5G的会话管理功能。这一变化会有一个明显的外部表现，就是网元大量增加。4G和5G核心网网元对比见表9－1。

表 9－1　4G 和 5G 核心网网元对比

<table>
<tr><th colspan="2">EPC 网元功能</th><th colspan="2">对应 NGC 网元功能</th></tr>
<tr><td rowspan="3">MME</td><td>移动性管理</td><td>AMF</td><td>移动性管理功能</td></tr>
<tr><td>鉴权管理</td><td>AUSF</td><td>鉴权服务器功能</td></tr>
<tr><td>PDN 会话管理</td><td rowspan="2">SMF</td><td rowspan="2">会话管理功能</td></tr>
<tr><td rowspan="2">PDN－GW</td><td>PDN 会话管理</td></tr>
<tr><td>用户面数据转发</td><td rowspan="2">UPF</td><td rowspan="2">用户面功能</td></tr>
<tr><td>SGW</td><td>用户面数据转发</td></tr>
<tr><td>PCRF</td><td>计费及策略控制</td><td>PCF</td><td>策略控制功能</td></tr>
<tr><td>HSS</td><td>用户数据管理</td><td>UDM</td><td>统一数据管理</td></tr>
</table>

知识点 3　5G 网络部署模式

5G 网络部署模式

不同于以前的 2G、3G、4G 网络，5G 网络有两种组网方式，即非独立组网（NSA）方式和独立组网（SA）方式。

1. 非独立组网（Non-Stand Alone，NSA）

为了 5G 网络的平滑引入，充分利用现有的网络资源，诞生了 5G 和 4G 核心网的组网理念，协议称为非独立组网（NSA）。NSA 组网方式下，用户驻留在 4G 网络，即用户到核心网的控制信息通过 4G 传递，充分利用 4G 已建网络的同时，加速 5G 上市。

5G 早期部署的 NSA 典型组网如图 9－5（a）所示。核心网是 4G 的核心网，接入侧既有 4G 基站也有 5G 基站，控制面信息通过 4G 网络传输，用户面数据信息通过 5G 基站进行分流。NSA 组网方式只支持 5G 的 eMBB 场景。

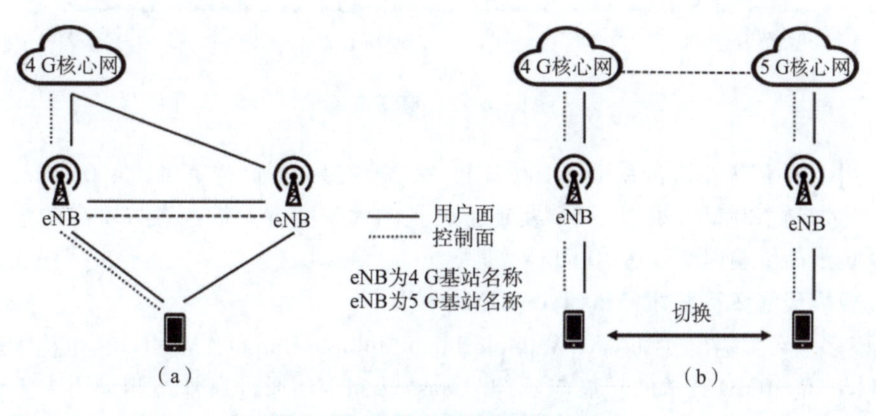

图 9－5　非独立组网和独立组网

（a）非独立组网；（b）独立组网

2. 独立组网（Stand Alone，SA）

独立组网架构下，需要新建5G核心网，用户一般驻留在5G网络，只有当进入无5G网络覆盖的区域时，用户才会回落到4G网络，5G网络和4G网络之间通过核心网交互。5G独立组网架构支持5G的全部功能，包括URLLC、mMTC及网络切片。

知识点4　5G系统关键技术

5G系统关键技术

1. 更大的带宽

通信领域有一个著名的香农公式，给出了信道能够传输的信息量上限，具体信道容量的表达式为

$$C = B\log_2\left(1 + \frac{S}{N}\right) \tag{9-1}$$

式中：C为信道容量，是信息在信道中传输速率的上限；B为信道带宽；$\frac{S}{N}$为信噪比，表示用户信号的质量。由此可见，信道能够传送的最大传输速率与信道带宽和用户信号质量有关。5G网络要提供高的传输速率就必须要提供高带宽。

在3GPP协议中，如图9-6所示，5G的总体频谱资源可以分为两个频谱范围。

第一个频谱范围：子6G频段，频率范围450 MHz～6 GHz。

第二个频谱范围：6G以上的毫米波（mmWave）频段，频谱范围为24～52 GHz。

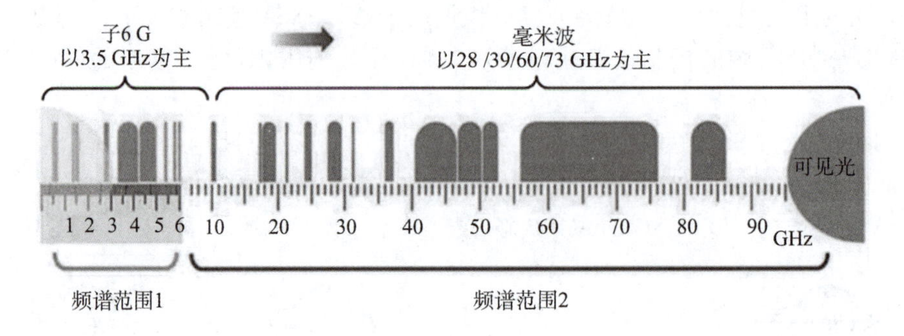

图9-6　5G频谱资源

子6G小区的最大小区带宽可达100 MHz，毫米波最大小区带宽可达400 MHz，与4G系统中小区最大带宽20 MHz相比，5G实现了真正的大带宽。大带宽意味着高的信息传输速率，5G系统最高传输速率可达10 Gb/s。

2. 大规模天线阵列技术Massive MIMO

大规模多输入多输出（Massive Multiple Input Multiple Output，MIMO），也称为大规模天线阵列技术，是MIMO技术的扩展与延伸。Massive MIMO通过在基站侧采用大量天线来提升数据速率和链路可靠性。在采用大规模天线阵列的Massive MIMO系统中，信号可以在水平和垂直方向进行动态调整，因此能量能够更加准确地集中指向特定的终端用户，从而减少了小区间干扰，能够支持多个终端用户间的空间复用。采用大量收/发信机与多个天线阵列，可以将波束赋形与用户间的空间复用相结合，大力提升区域频谱效率。

1）与传统的 MIMO 相比 Massive MIMO 的两大特点

（1）天线数更多。

4G 系统的 MIMO 最多 8 天线，5G 系统可以实现 64/128/256 天线，甚至更大规模，所以称之为大规模天线技术。天线的长度正常与电磁波信号的波长成正比，而 5G 使用毫米波后天线的长度可以变得很小，可以方便地集成大量的天线，如图 9－7 所示。

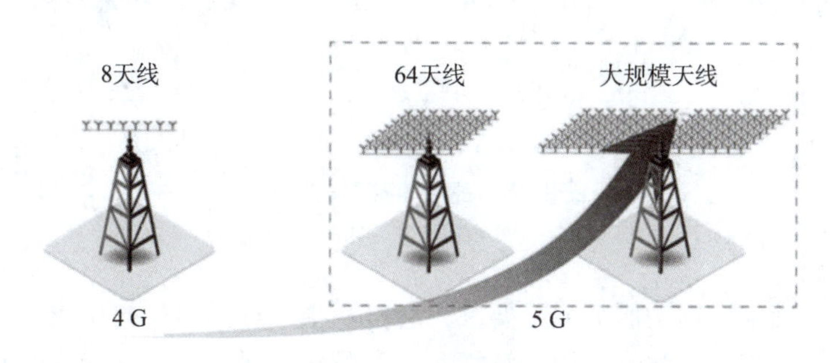

图 9－7　天线数目

（2）三维波束赋形。

传统的波束赋形是二维的，意味着波束只能在水平方向跟随手机用户进行方向的调整。5G 时代的波束赋形是三维的，意味着波束赋形的窄波束在水平方向和垂直方向都能随着目标手机的位置进行调整。

2）使用 Massive MIMO 技术的优势

（1）同时同频服务更多用户，提高小区吞吐量。

大规模天线技术是基于多用户波束赋形的原理，在基站端布置几百根天线，对多个目标接收机调制各自的波束，通过空间信号隔离，在同一时间同一频率资源上同时传输几十路信号。这种对空间资源的充分挖掘，可以有效利用宝贵而稀缺的频带资源，并且几十倍地提升网络容量。

（2）有效增强小区覆盖。

相对于传统的 BF（Beam Forming，波束赋形）只能在水平方向跟随手机用户进行方向的调整，3D BF 的窄波束在水平方向和垂直方向都能随着目标手机的位置进行调整，能够有效增强小区的覆盖。

如图 9－8（a）所示，传统的 8T8R 天线只能水平扫波，上下方向是扫不了的，所以会造成高层用户没有信号、电话经常掉话等现象。图 9－8（b）所示是使用 Massive MIMO 的情况，此时天线不仅可以水平扫波，也可以上下扫波，并且能量更集中，赋形增益也更好。上下扫波的角度目前可以到 30°，如果基站距离这栋楼一二百米的距离时，可以实现对高层建筑的深度覆盖。

Massive MIMO 适合的场景有：高楼覆盖场景，使用 Massive MIMO 能够实现高层的深度覆盖；重大活动保障场景，如演唱会、运动会等用户容量需求大的场景。

3. 切片技术

5G 网络需要同时支持多样化的使用场景，满足差异化服务对网络吞吐量、时延、连接数目和可靠性等性能指标的不同需求。部署一张物理网络是很难满足千差万别的垂直行业需

图9－8　高层建筑覆盖场景

（a）传统MIMO；（b）Massive MIMO

求的。所以，为了满足不同的服务质量要求，会把一张物理网络横向切成多张逻辑网络，切完之后，其中的一张逻辑网络专门用来承担某一类特定的业务，如图9－9中第一个切片用来承载超清视频。这样既可以保证某一类业务在它的切片里面质量是最好的，互相之间又不会有干扰。

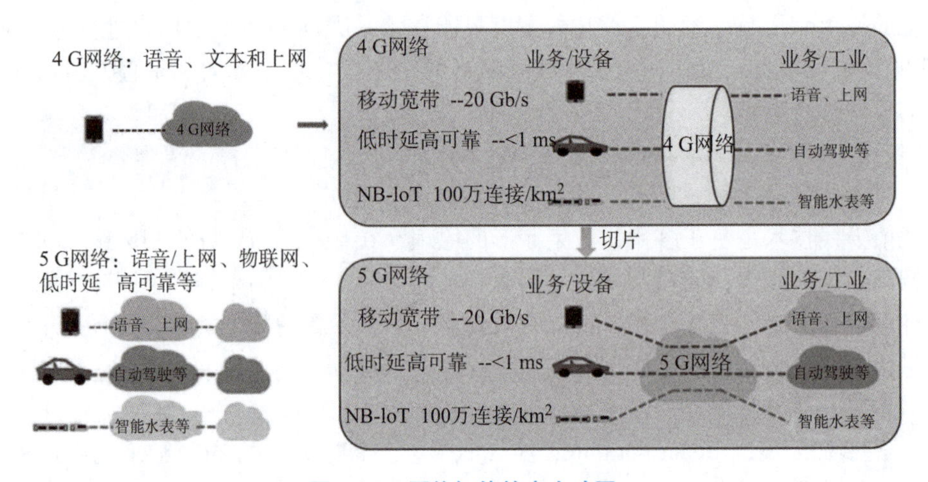

图9－9　网络切片的产生动因

网络切片是针对业务差异化、多租户需求提供的一类解决方案技术的统称，通过功能、性能、隔离、运维等多方面的灵活设计，使运营商能够基于垂直行业的需求创建定制化的网络。

想要实现灵活的切片，离不开两大使能技术，即网络功能虚拟化（Network Functions Virtualization，NFV）和软件定义网络（Software Defined Network，SDN）。

作为网络切片技术的使能技术之一，NFV实现软硬件解耦，将物理资源抽象成虚拟资源，使得网络中各节点的功能可以通过软件实现，并实现功能的重构和网络的智能编排；使得网络的硬件基础设施可以采用符合业界标准的高容量服务器、交换机和存储设备，降低了设备的成本。

除NFV外，SDN实现网络控制面和转发面的分离，转发面只负责转发，如何转发受上面的控制面这个大脑统一控制。SDN在控制面和转发面之间定义开放接口，实现对网络切片中的网络功能的灵活定义。

网络切片通过 SDN/NFV 完成部署，提供了多样化和个性化的网络服务。其中，切片间的隔离保证了网络间的安全性，而资源的按需分配和再分配过程实现了网络资源利用最优化，提高了切片间资源的共享和利用率。

4. 上、下行解耦技术

在通信中，高频段波长相比低频段传播损耗更大、绕射能力更弱，这会造成高频段的覆盖范围缩短，特别是上行覆盖会成为瓶颈。虽然通过提高手机功率可以提升上行的覆盖距离，但考虑到手机辐射、待机问题，不能仅靠提高手机功率去解决这个问题，所以需要寻找新的技术。

如果手机位于里面的圆圈范围，也就是在红色区域，离基站比较近，可以有多余的功率发射信号，不存在上行覆盖受限问题，如图 9 - 10（a）所示。如果手机从这个区域来到边缘区域，手机的上行会出现覆盖瓶颈，此时如果让手机上行切换到低频段发送信号，而下行依旧工作在高频段，就可以解决上行覆盖的问题，这就是上、下行频谱共享技术，也称为上、下行解耦技术。

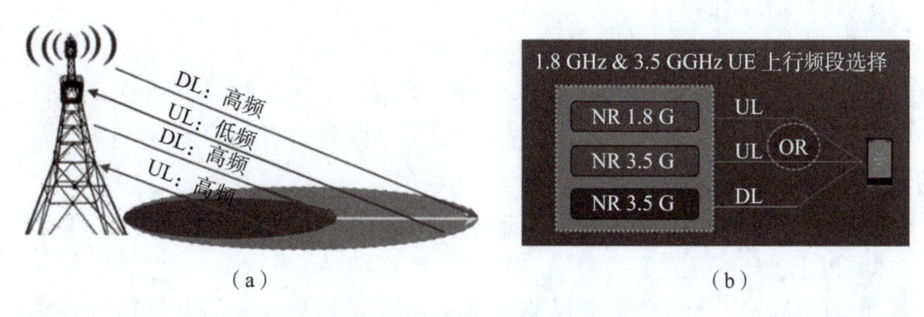

图 9 - 10 上、下行解耦技术

从图 9 - 10（b）中可以看出，下行只有 3.5 GHz 频段，而上行可以采用 1.8 GHz 或者是 3.5 GHz 频段。当手机离基站近的时候用 3.5 GHz 的高频段，离基站远的时候用 1.8 GHz 的低频段。1.8 GHz 属于 LTE 的频段，也就是 LTE 拿出一部分的频谱资源给 5G 共享。

5G 网络会使用高频段，高频段会带来一些缺点，如大尺度衰落、传播损耗比较大、上行覆盖受限等，为了解决这些问题，提出一些措施，如提高手机发射功率，但是考虑到手机辐射、待机等问题，最终靠上、下行解耦或者叫上行频谱共享来解决上行受限问题。

5. D2D 通信

D2D（Device to Device，设备到设备）通信技术，又称设备直通技术，D2D 通信不同于传统的蜂窝通信系统必须经过基站进行通信，而是收发双方直接进行设备之间的通信，如图 9 - 11 所示。D2D 技术改变了以基站为中心的移动通信格局，为大规模网络的零延迟通信、移动终端的海量接入及大数据传输开辟了新的途径。3GPP 已经把 D2D 技术列入新一代移动通信系统的发展框架中，成为第五代移动通信的关键技术之一。

与传统蜂窝通信方式相比，D2D 通信由于其不经过基站的特性而具有一系列优点。

1）降低基站和回传网络压力、降低网络时延

一旦 D2D 通信链路建立起来，传输数据就无需核心设备或中间设备的干预，可以降低基站负荷、缓解核心网压力。另外，直连设备之间通常距离较近，直接进行数据传输可以大

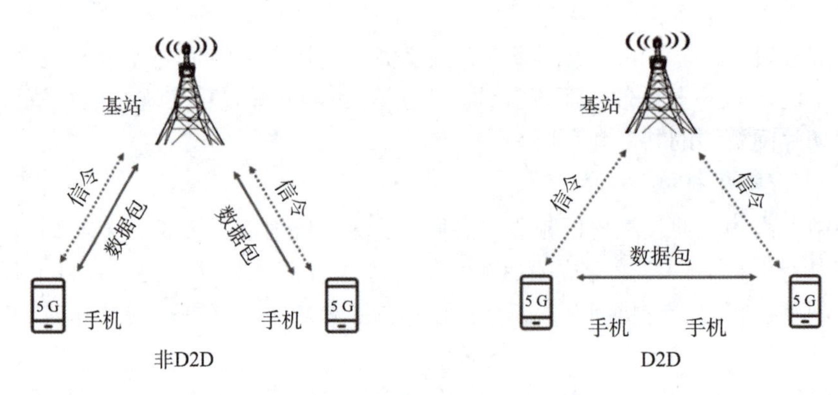

图9－11　X D2D与非D2D通信

大降低传输时延。

2）降低终端发射功率、提升待机时间

D2D通信通常被应用于通信距离较短的设备间，使得发送机所需发射功较小，降低了能耗，可以提升终端待机时间。

3）提高频谱效率、解决频谱资源匮乏的问题

D2D通信中复用了小区资源，并保证移动终端用户的通信性能，即保证移动终端用户业务不中断率情况下使用其资源。D2D通信利用了小区资源并保证蜂窝用户性能，这提升了小区的频谱利用效率。

另外，相比于其他近距离通信技术（蓝牙、WiFi Direct等），D2D覆盖距离较远，最远距离可达1 km以上。

由于其优越的特点以及结合未来网络发展的需求和趋势，人们开始研究较多可考虑的D2D通信的应用场景，如将D2D通信应用于未来车辆中，未来车联网需要车车、车路、车人（V2V、V2I、V2P，统称V2X）频繁交互的短程通信，通过D2D通信技术可以提供短时延、短距离、高可靠的V2X通信；还有一大场景就是应急通信，通信网络基础设施被破坏，终端之间仍然能够建立连接，保证终端之间的正常通信。

6. MEC

欧洲电信标准协会于2014年率先提出移动边缘计算（Mobile Edge Computing，MEC）的概念。如图9－12所示，MEC系统允许设备将计算任务卸载到网络边缘节点，如基站、无线接入点等，既满足了终端设备计算能力的扩展需求，也弥补了云计算时延较长的缺点。MEC迅速成为5G的一项关键技术，有助于达到5G业务超低时延、超高能效、超高可靠性等关键技术指标。

相比于传统的网络架构和模式，MEC具有很多明显的优势。

1）低时延

MEC将计算和存储能力“下沉”到网络边缘，由于距离用户更近，用户请求不再需要经过漫长的传输网络到达遥远的核心网处理，而是由部署在本地的MEC服务器将一部分流量进行卸载，直接处理并响应用户，通信时延将会大大降低。因此，MEC对于未来5G网络1 ms的时延要求来说是非常有价值的。

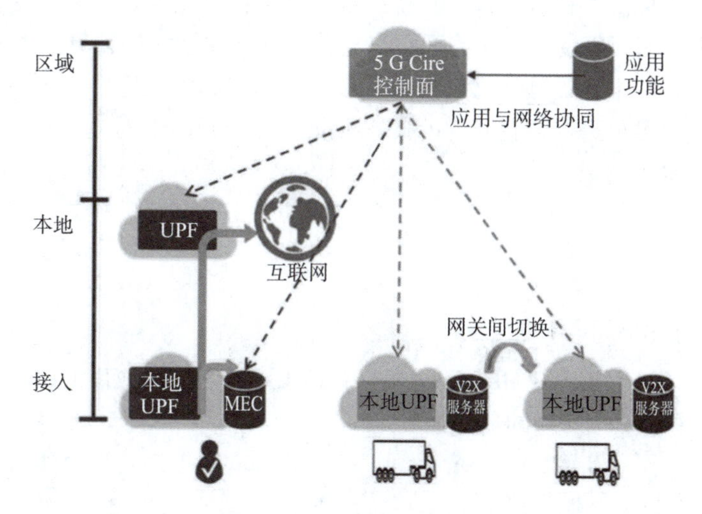

图 9-12　MEC 基本架构

2）改善链路容量

部署在移动网络边缘的 MEC 服务器能对流量数据进行本地卸载，从而极大地降低对传输网和核心网带宽的要求。

3）提高能量效率、实现绿色通信

MEC 的引入能极大地降低网络的能量消耗。MEC 自身具有计算和存储资源，能够在本地进行部分计算的卸载，对于需要大量计算能力的任务再考虑上交给距离更远、处理能力更强的数据中心或云进行处理，因此可以降低核心网的计算能耗。

技能点　5G 的行业应用

5G 云 VR

5G 网络高达 10 Gb/s 的传输速率、低至 10 ms 的时延、大连接、高可靠性等特性很适合承载 VR/AR 这类对大带宽、低时延和高可靠性有严格要求的应用。

按华为 iLab 实验室数据，VR 要达到舒适体验乃至极致体验，需要承载 4k/8k 高清内容，带宽达到 2 Gb/s 以上，网络时延要低于 15 ms。5G 网络作为最佳的网络承载方案，可以满足用户的极致体验需求。

目前主要有移动式 VR 和连接式 VR 两种类型。移动式 VR 终端必须和手机配合，使用手机的屏幕作为显示设备。高端一些的会内置传感器，如 Gear VR 内置了加速器、陀螺仪来跟踪头部运动。低端的设备就是用来固定手机，类似于安装了透镜的眼镜盒子。VR 体验完成依靠手机的处理能力，如果手机处理能力不足，则沉浸感体验一般。连接式 VR 终端通过线缆连接主机，由主机提供 VR 视频输入，对主机的处理能力要求高。呈现的 VR 沉浸感比手机式的体验要好。因受制于线缆连接和外部视觉阻隔，佩戴者的行为受限。所以，VR 最适合的场所就是家里。

是否有一种技术能综合移动 VR 和连接式 VR 的优点呢？结合 5G 网络特性，近年来云 VR 技术逐渐进入大众视野。云 VR 技术是将云端渲染、云计算的理念引入到 VR 中，主要在云端完成大量的图像渲染计算和编码压缩，通过高性能网络传输至用户终端，实现VR计算上云、内容上云。云VR技术，一方面可以充分发挥云端强大的计算能力和5G网络优势；另一方面可以降低终端本地处理压力，可以有效改善用户的沉浸感。5G带来的MEC边缘计算、网络切片等新技术可进一步优化VR服务质量，提升VR用户体验。

练习题

1. 选择题

（1）5G峰值速率是（　　）。

A. 10 Mb/s　　B. 100 Mb/s　　C. 10 Gb/s　　D. 1 Gb/s

（2）5G需求中移动性支持的最高速度是（　　）。

A. 100 km/h　　B. 250 km/h　　C. 300 km/h　　D. 500 km/h

（3）5G每平方公里至少支持（　　）台设备。

A. 1000　　B. 1万　　C. 10万　　D. 100万

（4）无人驾驶场景，属于5G三大应用场景中的（　　）。

A. 增强型移动宽带　　B. 海量大连接　　C. 低时延高可靠　　D. 低时延大带宽

（5）下面（　　）技术能够保证各种垂直行业应用和移动宽带业务在一张物理无线网络共存。

A. 移动边缘计算　　B. 设备对设备通信　　C. 切片　　D. 大规模天线技术

2. 判断题

（1）不同于以前的2G、3G、4G网络，5G网络有两种组网方式：独立组网和非独立组网方式。（　　）

（2）上、下行解耦是弥补C-Band上行覆盖短板的重要技术。（　　）

（3）移动边缘计算技术适用高带宽、低时延的场景。（　　）

（4）5G大规模天线可以有效提高频分复用增益、分集增益、空间复用增益。（　　）

（5）自动驾驶和远程医疗属于URLLC的典型应用场景，对时延和可靠性要求都很高。（　　）

3. 简答题

（1）简述5G系统的三大应用场景。

（2）5G与4G相比有哪些关键性能的提升？

模块四

5G 移动网络基站建设

5G 站点勘察

任务 10　5G 基站勘察

无线网络勘察是对实际的无线传播环境进行实地勘测和观察，并进行相应的数据采集、记录和确认工作。无线网络勘察的主要目的是为了获得无线传播环境情况、天线安装环境情况以及其他共站系统情况，同时基站勘测也起到对当前数据信息进行复核校对的作用。

知识点　基站勘察流程

基站勘察流程是为了规范基站勘察工作，避免出现因勘察步骤的不完善导致部分资料缺失的情况，从而实现基站勘察的完整性、准确性。图 10－1 所示为基站勘察流程。

1. 准备工作

完成资料准备，其内容主要包括合同（分工界面）、需勘察站点列表、站点终勘报告。能够全面了解工程站点的概况，包括工程情况、建设规模、现有机房平面图、网络拓扑图、设备面板图、机房内设备的信息（设备尺寸、设备质量、电源要求、设备面板等）以及相关人员联系方式（甲方项目负责人、运维人员、机房联系人等）。

完成必要工具的准备，其内容主要包括以下几项。

（1）基站勘察工具——坡度仪（图 10－2）。

仪表使用的具体步骤（图 10－3）如下。

①工具的检验、校准。

②将坡度仪最长的一边平贴天线背面。

③转动水平盘，使水泡处于玻璃管的中间（即水平），记录此时指针所指的刻度。

④测得上、中、下数值的平均值就是该天线的下倾角度。

（2）基站勘察工具——罗盘仪（图 10－4）。

仪表使用的具体步骤（图 10－5）如下。

①工具的检验、校准。

②镜子一侧对着自己怀里的时候，有刻度一侧指向天线覆盖正前方，必须要将天线套入反射镜，使其底面水平线与反射镜垂直线呈垂直交叉，看白针的方位。

③指针保持住30 s，待指针的摆动完全静止，读数。

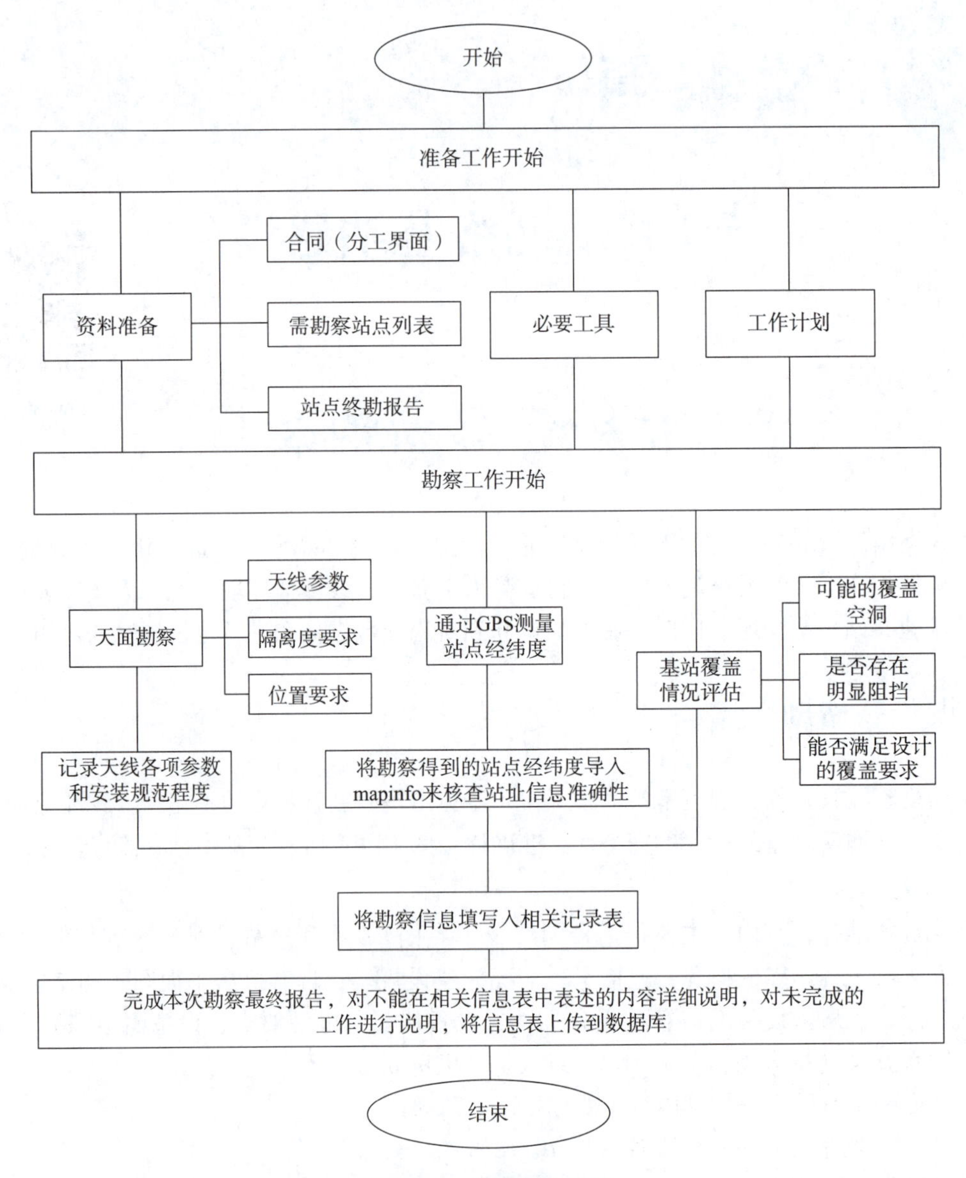

图10－1 基站勘察流程

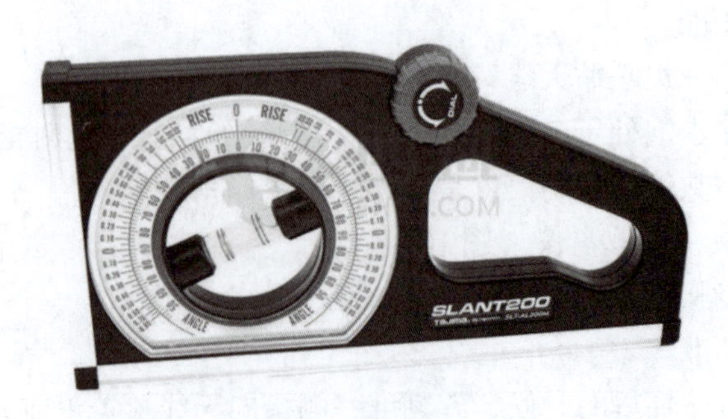

图10－2 坡度仪

图 10-3　坡度仪的使用

图 10-4　罗盘仪

图 10-5　罗盘仪的使用

（3）基站勘察工具——手持式 GPS（图 10-6）。

手持式 GPS 在开机之后，按面板功能执行操作即可。

手持式 GPS 使用注意事项：仪表的测量精度易受到各种外界因素影响，偶尔出现误差属于正常现象。一般来说，大面积测量精度高，小面积测量有一定误差。为了提高测量精度，小面积测量在可能的情况下，建议用户可多次测量取平均值。

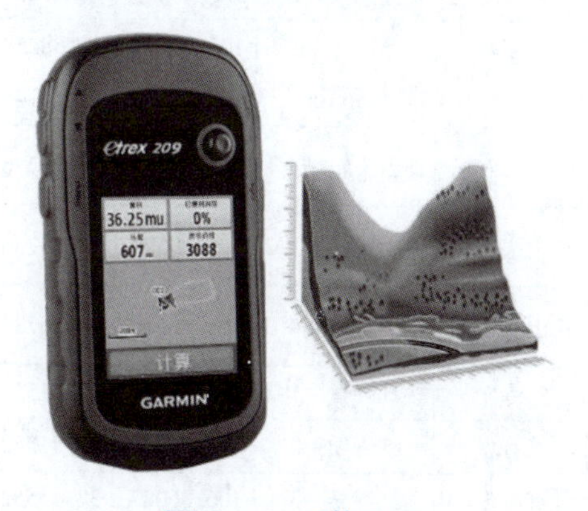

图 10-6　手持 GPS

（4）基站勘察工具——手持式激光测距仪（图10－7）。

手持式激光测距仪是新型的测距工具，其操作简单，可代替传统卷尺。其主要功能：直线测距、面积和体积测量。

仪表使用的具体步骤（图10－8）如下。

①正确安装电池，仪表开机。

图10－7　激光测距仪

图10－8　激光测距仪的使用

②直线距离测量：按测量按键进行测量读数。

③面积测量：按测量按键测得两边长的距离求其面积。

④体积测量：按测量按键测得长、高、宽，求其体积。

（5）基站工参表（表10－1）。

表10－1　基站工参表

站名	Cell－Name	经度	纬度	站型	BCCH	BSIC	HSN	天线类型	挂高/m	角度/(°)	倾斜度/(°)
沙巴沟	沙巴沟－1	106.102778	37.71644	s11	r 116	10	1	HTDB096517	54	10	3
沙巴沟	沙巴沟－2	106.102773	37.71644	s11	112	10	1	HTDB096517	54	190	3
孙家滩	孙家滩－1	106.25857	37.68258	311	r 110	16	2	HTDB096517	54	5	3
孙家滩	孙家滩－2	106.25357	37.68258	311	F 124	16	2	HTDB096517	54	180	3
1236	1236－1	105.88336	37.40145	01	112	17	3	A09009	50	0	0
长山头农场	长山头农场－1	105.69578	37.25736	S111	113	10	4	CTSD09－06516－ODM	50	90	3
长山头农扬	长山头农场－2	105.69578	37.25736	S111	117	10	4	CTSD09－06516－ODM	50	185	3
长山头农扬	长山头农炀－3	105.69578	37.25736	S111	120	10	4	CTSD09－06516－ODM	50	320	3
红寺堡	红寺堡－1	106.06027	37.41552	3332	123	11	5	HTDB096517	50	10	3
红寺堡	红寺堡－2	106.06027	37.41552	S332	113	11	5	HTDB096517	50	150	3
红寺堡	红寺堡－3	106.06027	37.41552	S332	121	11	5	HTDB096517	50	250	3

续表

站名	Cell - Name	经度	纬度	站型	BCCH	BSIC	HSN	天线类型	挂高/m	角度/(°)	倾斜度/(°)
长山头乡	长山头乡 - 1	105. 6053	37. 35311	S21	116	12	6	AP906514	45	10	3
长山头乡	长山头乡 - 2	105. 6053	37. 35311	321	124	12	6	AP906514	45	150	3
上滚泉	上滚泉 - 1	106. 07944	37. 62048	S111	122	17	7	AP906516	50	30	3
上滚泉	上滚泉 - 2	106. 07944	37. 62048	S111	118	17	7	AP906516	50	170	3
上滚泉	上滚泉 - 3	106. 07944	37. 62048	S111	114	17	8	AP906516	50	250	3
下流水	下流水 - 1	105. 4454	37. 0719	S21	116	16	8	HTDB099016	47	0	3
下流水	下流水 - 2	105. 4454	37. 0719	S21	120	16	8	HTDB099016	47	0	3
喊叫水	喊叫水 - 1	105. 61427	37. 07768	S111	113	14	9	HTDB096517	52	70	3
喊叫水	喊叫水 - 2	105. 61427	37. 07768	S111	116	14	9	HTDB096517	52	140	3
喊叫水	喊叫水 - 3	105. 61427	37. 07768	S111	123	14	10	HTDB096517	52	260	3
甘塘	甘塘 - 1	104. 5215	37. 45114	S11	113	13	10	AP906514	55	100	3
甘塘	甘塘 - 2	104. 5215	37. 45114	S11	124	13	10	AP906514	55	270	3
沙坡头	沙坡头 - 1	105. 0048	37. 46548	S121	111	12	11	AP906516	25	70	3
沙坡头	沙坡头 - 2	105. 0043	37. 46543	S121	F 118	12	11	AP906516	25	160	3
沙坡头	沙坡头 - 3	105. 0048	37. 46548	S121	F 121	12	12	AP906516	25	270	3
红泉	红泉 - 1	105. 21667	37. 23667	01	114	16	12	A09009	30	0	0
新庄集	新庄集 - 0	106. 23138	37. 26356	02	124	11	13	全向	50	0	0

在进行基站勘察之前，需要全面了解基站的相关信息，如基站编号、基站名称、基站经纬度、基站配置、基站位置等。

（6）基站勘察记录单（图10-9）。

基站勘察人员在勘察过程中，需要一边勘察一边记录数据，最终完成并存档基站勘察记录单。

完成工作计划的制订，其内容主要是依据基站勘察的难易度、基站勘察路程的远近、距离上一次勘察的时间跨度等因素，制定出基站勘察的优先级，从而制订出科学、合理的勘察计划表。

2. 勘察工作

（1）天面勘察。

天面勘察的内容主要包括天线参数、隔离度要求、位置要求以及记录天线各项参数和安装规范程度。可以将天面勘察获得的数据绘制在图纸中，天面勘察草图如图10-10所示。

（2）核查经纬度（图10-11）。

通过GPS测量站点经纬度，将勘察得到的站点经纬度导入Mapinfo来核查站址信息准确性。

<table>
<tr><td colspan="2">HUAWEI</td><td colspan="7">5G项目基站勘察表</td></tr>
<tr><td colspan="9">勘察人员</td></tr>
<tr><td colspan="2">勘察工程师</td><td colspan="2"></td><td>电话：</td><td colspan="2"></td><td>Email：</td><td></td></tr>
<tr><td colspan="2">勘察工程师</td><td colspan="2"></td><td>电话：</td><td colspan="2"></td><td>Email：</td><td></td></tr>
<tr><td colspan="2">勘察工程师</td><td colspan="2"></td><td>电话：</td><td colspan="2"></td><td>Email：</td><td></td></tr>
<tr><td colspan="2">勘察工程师</td><td colspan="2"></td><td>电话：</td><td colspan="2"></td><td>Email：</td><td></td></tr>
<tr><td colspan="2">勘察日期（年/月/日）</td><td colspan="3"></td><td colspan="2">备注：</td><td colspan="2"></td></tr>
<tr><td colspan="9">勘察-室外部分</td></tr>
<tr><td colspan="2">基站编号</td><td colspan="2"></td><td>基站名</td><td colspan="2"></td><td>站址</td><td></td></tr>
<tr><td rowspan="3">天面</td><td>东经</td><td></td><td>海拔</td><td>________m</td><td>气象状况</td><td colspan="3">□正常 □冰冻 □沙尘 □台风</td></tr>
<tr><td>北纬</td><td></td><td>地形</td><td colspan="5">□闹市区 □普通市区 □城乡结合处 □郊区 □交通干线 □风景点</td></tr>
<tr><td>长</td><td></td><td>宽</td><td></td><td colspan="2">是否有女儿墙</td><td colspan="2">□是 □否</td></tr>
<tr><td rowspan="4">天线</td><td>扇区</td><td>编号</td><td>天线类型</td><td>挂高</td><td>方位角</td><td>下倾角</td><td>塔型</td><td>备注（新建/利旧/共址）</td></tr>
<tr><td></td><td></td><td></td><td></td><td></td><td></td><td></td><td></td></tr>
<tr><td></td><td></td><td></td><td></td><td></td><td></td><td></td><td></td></tr>
<tr><td></td><td></td><td></td><td></td><td></td><td></td><td></td><td></td></tr>
<tr><td colspan="9">备注：塔型：1 落地塔 2 楼顶拉线塔 3 落地拉线塔 4 楼顶铁塔 5 桅杆 6 单管塔 7 三管塔</td></tr>
<tr><td colspan="9">主要覆盖情况描述（覆盖区地形、地势、建筑分布，现网信号强度，其他通信局站如雷达站、微波站、其他运营商基站等特别说明）：</td></tr>
<tr><td colspan="9">备注：
规划设计院代表：</td></tr>
</table>

图 10-9　基站勘察记录单

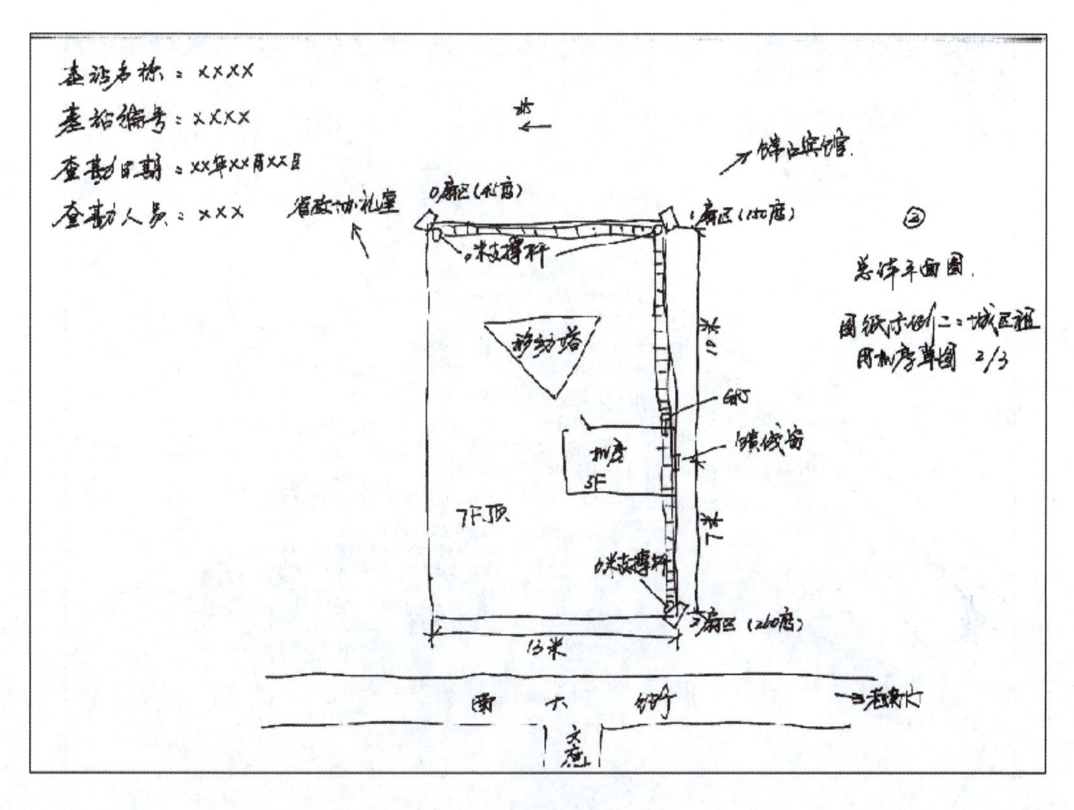

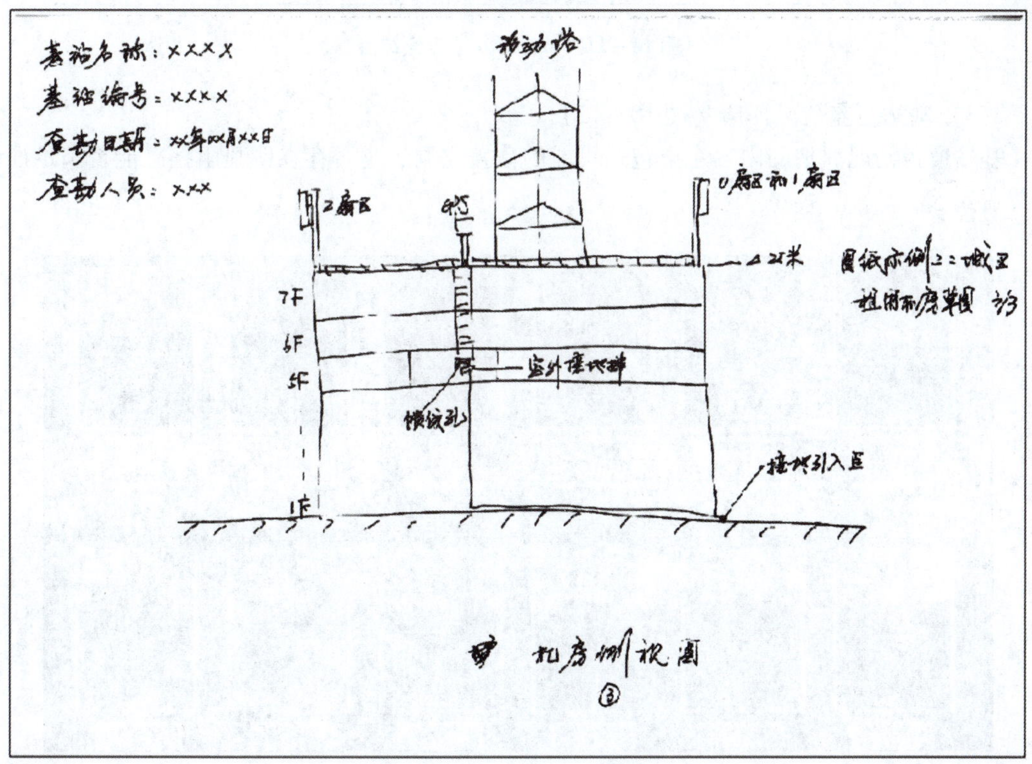

图 10－10 天面勘察草图

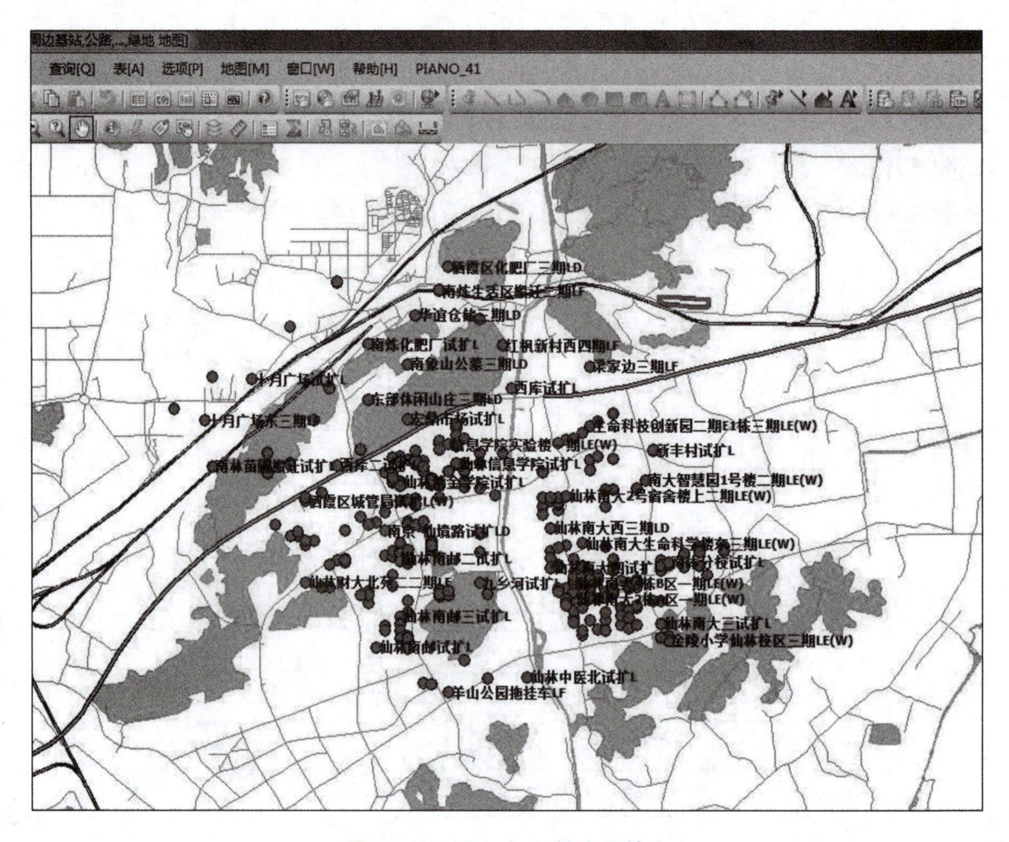

图 10－11　Mapinfo 核查经纬度

（3）基站覆盖情况评估（图 10－12）。

基站覆盖情况评估的内容主要包括可能的覆盖空洞、是否存在明显阻挡、能否满足设计的覆盖要求。

图 10－12　基站覆盖情况评估

3. 输出成果工作

将勘察信息填写入相关记录表，完成本次勘察最终报告，对不能在相关信息表中表述的内容详细说明，对未完成的工作进行说明，将信息表上传到数据库。基站勘察报告如图 10－13 所示。

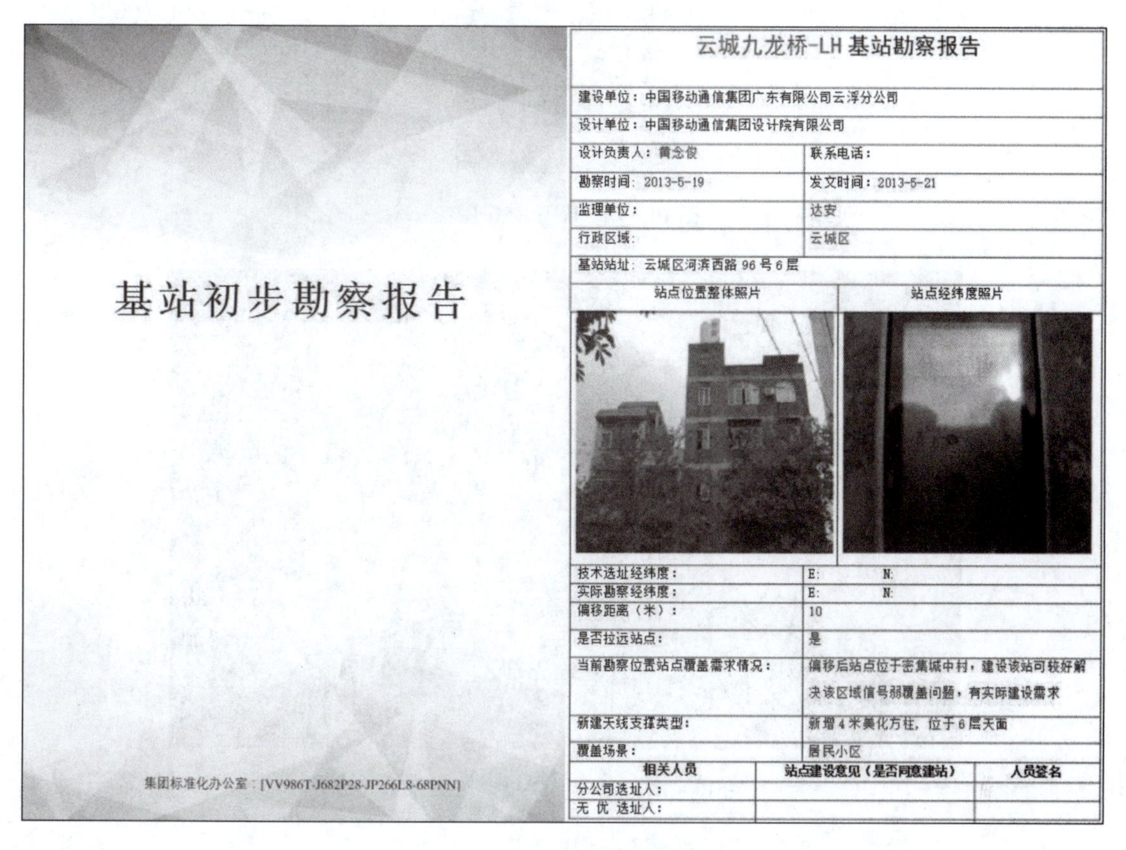

基站初步勘察报告

集团标准化办公室：[VV986T-J682P28-JP266L8-68PNN]

云城九龙桥-LH 基站勘察报告

建设单位：中国移动通信集团广东有限公司云浮分公司	
设计单位：中国移动通信集团设计院有限公司	
设计负责人：黄念俊	联系电话：
勘察时间：2013-5-19	发文时间：2013-5-21
监理单位：	达安
行政区域：	云城区
基站站址：云城区河滨西路 96 号 6 层	
站点位置整体照片	站点经纬度照片
技术选址经纬度：	E:　　N:
实际勘察经纬度：	E:　　N:
偏移距离（米）：	10
是否拉远站点：	是
当前勘察位置站点覆盖需求情况：	偏移后站点位于密集城中村，建设该站可较好解决该区域信号弱覆盖问题，有实际建设需求
新建天线支撑类型：	新增 4 米美化方柱，位于 6 层天面
覆盖场景：	居民小区

相关人员	站点建设意见（是否同意建站）	人员签名
分公司选址人：		
无优选址人：		

图 10－13　基站勘察报告

技能点　基站勘察

1. 实验工具

（1）IUV－5G 全网部署与优化教学仿真平台。

（2）计算机 1 台。

2. 实验要求

（1）能正确完成 5G 基站勘察表、线缆选型。

（2）遵照基站勘察规范完成基站勘察任务。

（3）排查常见的基站勘察设计故障。

（4）两人一组轮换操作，完成实验报告，并总结实验心得。

3. 实验步骤

步骤1：双击桌面IUV－5G软件图标，如图10－14所示；选择5G站点工程模块，如图10－15所示。

图10－14　IUV－5G图标

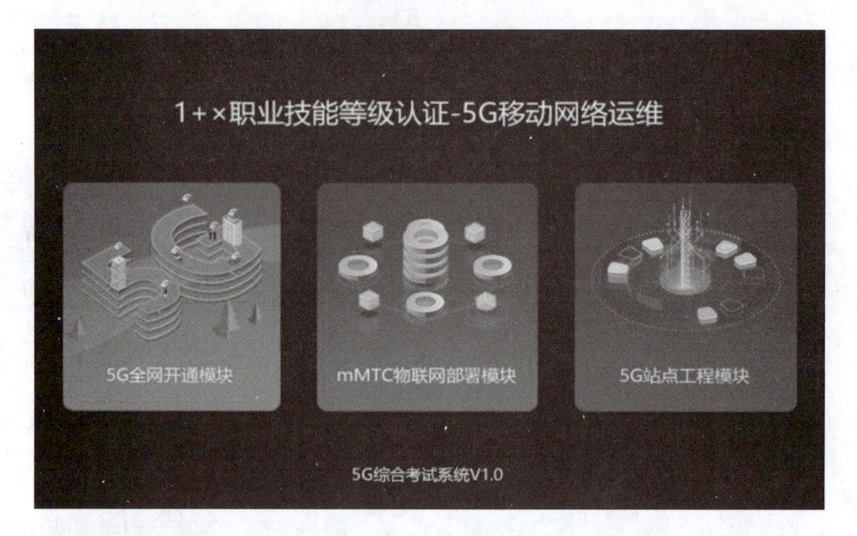

图10－15　IUV－5G模块选择界面

打开仿真软件，输入账号、密码，如图10－16所示。

图10－16　IUV－5G站点工程模块登录界面

进入工程文件管理界面，单击“新建工程”选项，根据需求输入“新建工程”名称和说明，如图 10－17 所示。

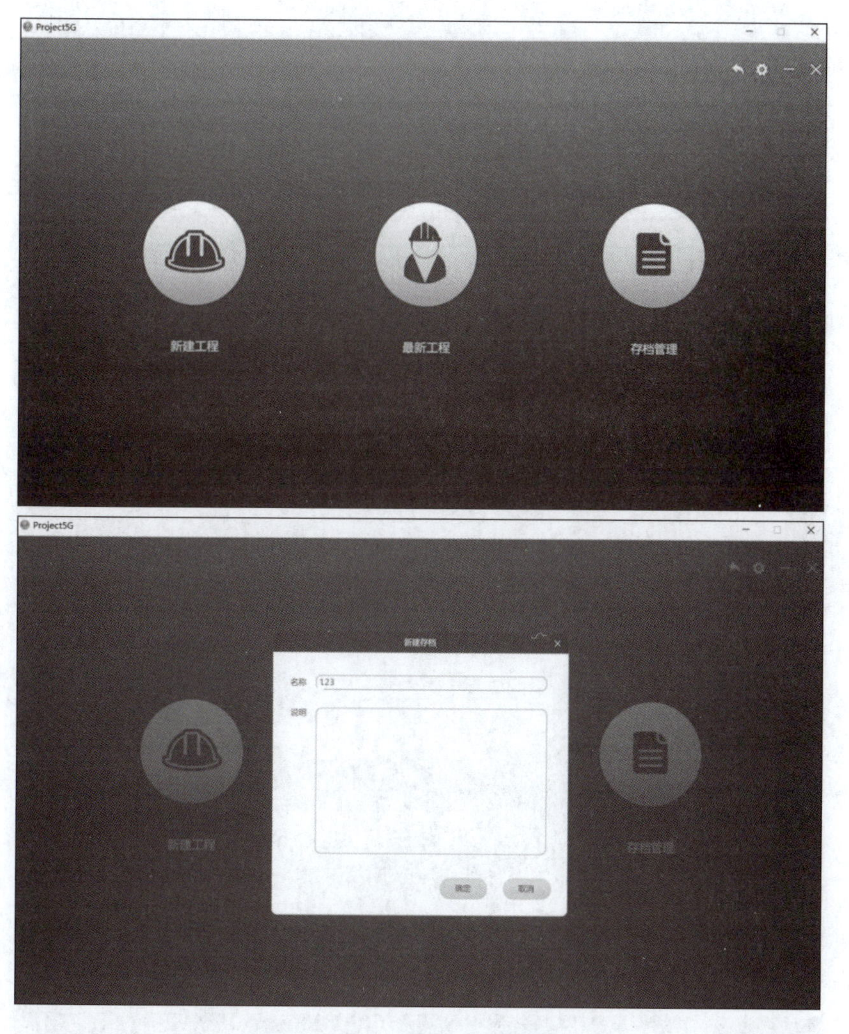

图 10－17　工程文件管理界面

进入工程规划选择界面，可以选择“密集区域”“一般区域”和“偏远区域”，下面以选择“密集区域”的工程规划为例进行基站勘察。单击“密集区域”选项，选择“默认”规划参数，单击“确定”按钮，如图 10－18 所示。

进入“站点选址”界面，选择“密集城区”，快速选择“商业广场为建站地址”，单击“确定”按钮，如图 10－19 所示。

进入“站点勘察”界面，选择“工程规划”，查看勘察的站点信息，如图 10－20 所示。

在“站点勘察”界面中，选择“工具箱”，查看基站勘察的工具包括 GPS、指南针、照相机、卷尺、激光测距仪等设备，如图 10－21 所示。

在“站点勘察”界面中，单击“记录表”，通过完成“无线基站勘察报告”作为整个基站站点勘察的全过程，为了方便操作，该记录表缩小放置在界面左侧，如图 10－22 所示。

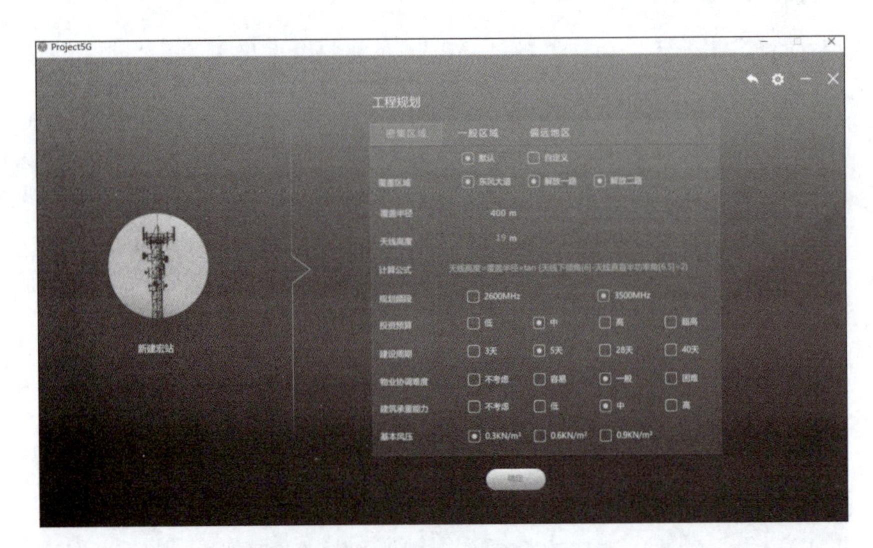

图 10－18　工程规划选择界面

图 10－19　选择“商业广场为建站地址”界面

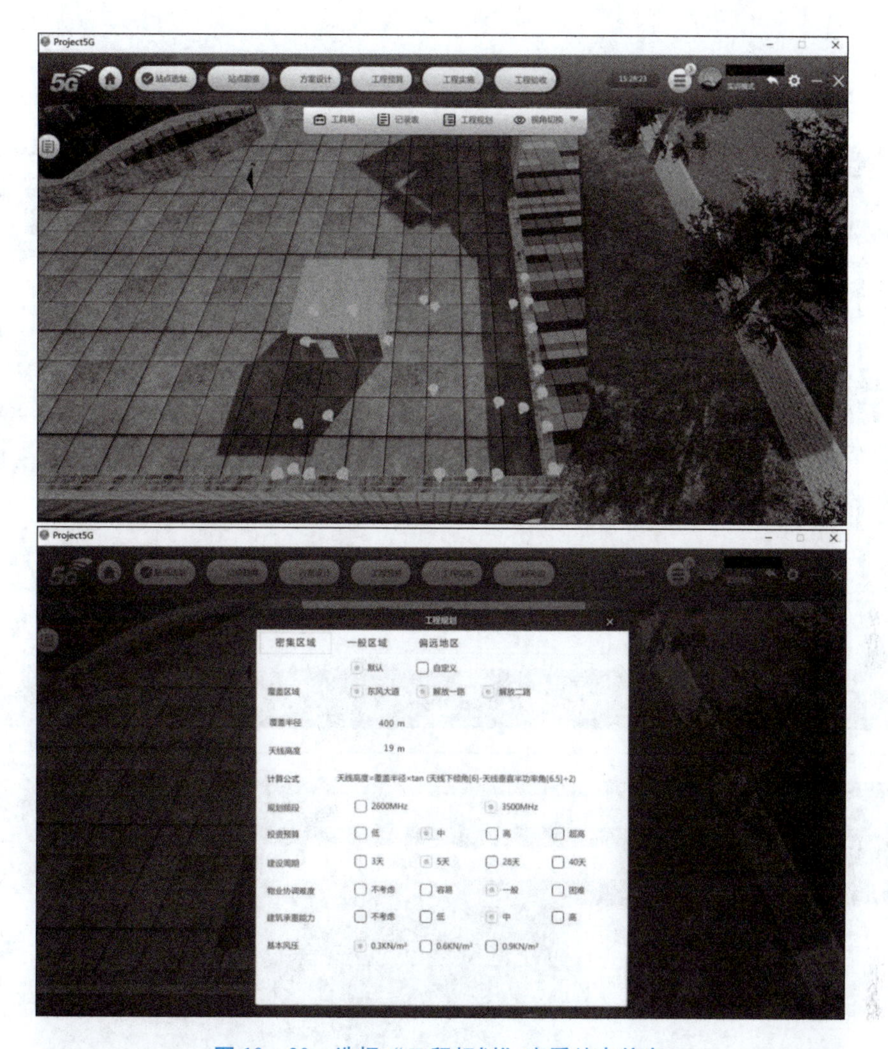

图 10－20　选择“工程规划”查看站点信息

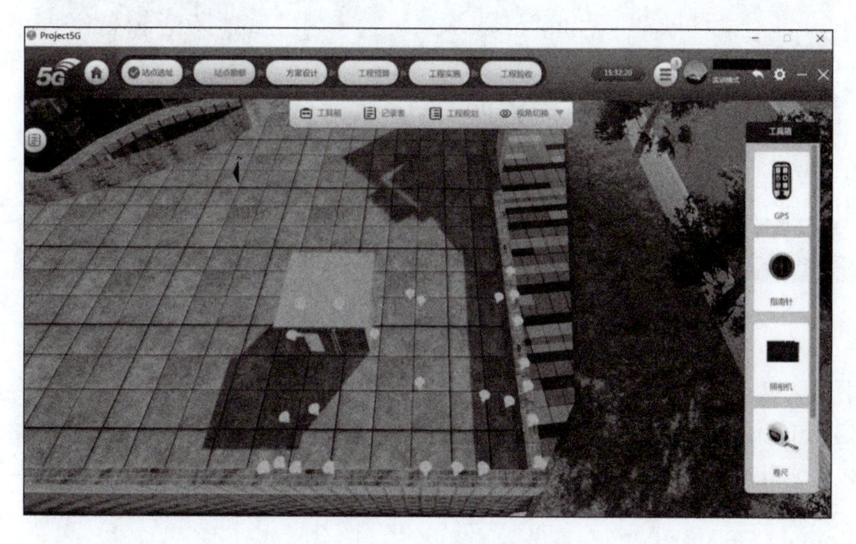

图 10－21　基站勘察的工具

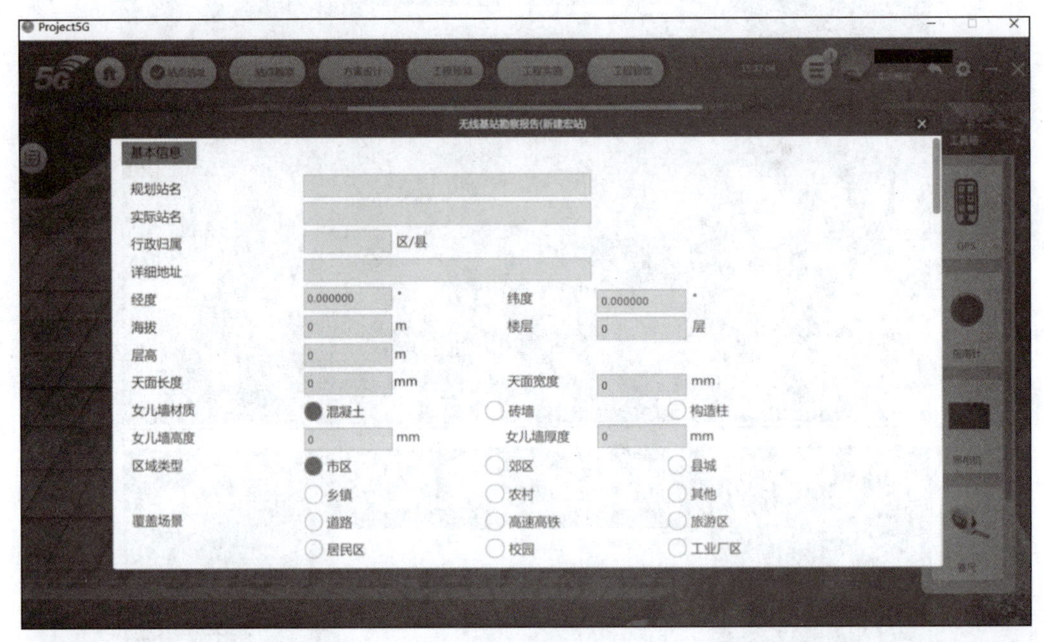

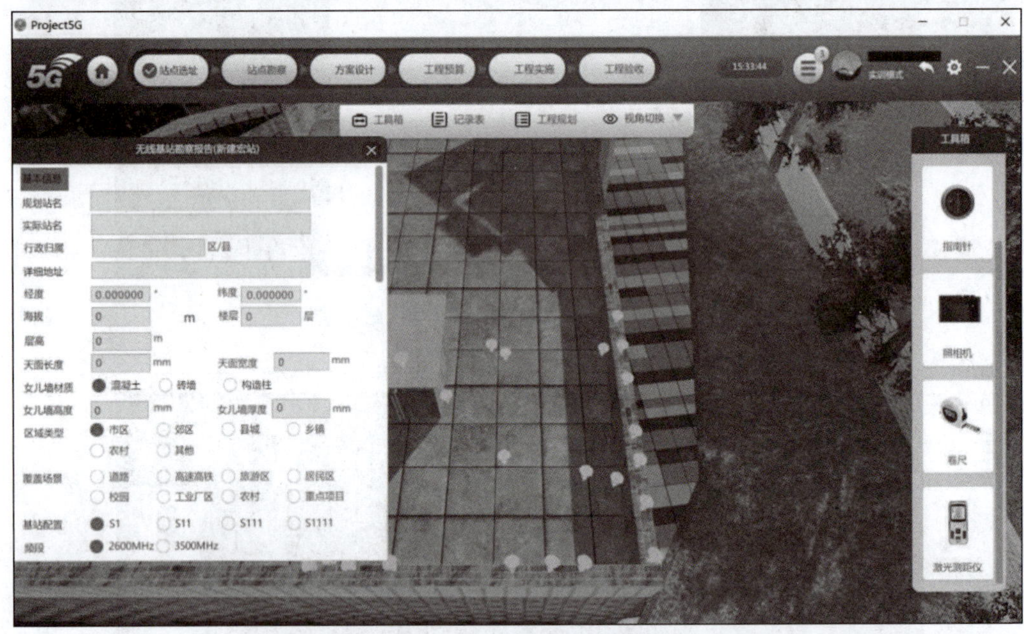

图 10－22　无线基站勘察报告

接下来进入站点勘察环节。

步骤2：填写站点的基本信息。单击界面中间的蓝色标注点，获取站点的基本信息，包括规划站名、实际站名、行政归属、详细地址等，如图10－23所示。

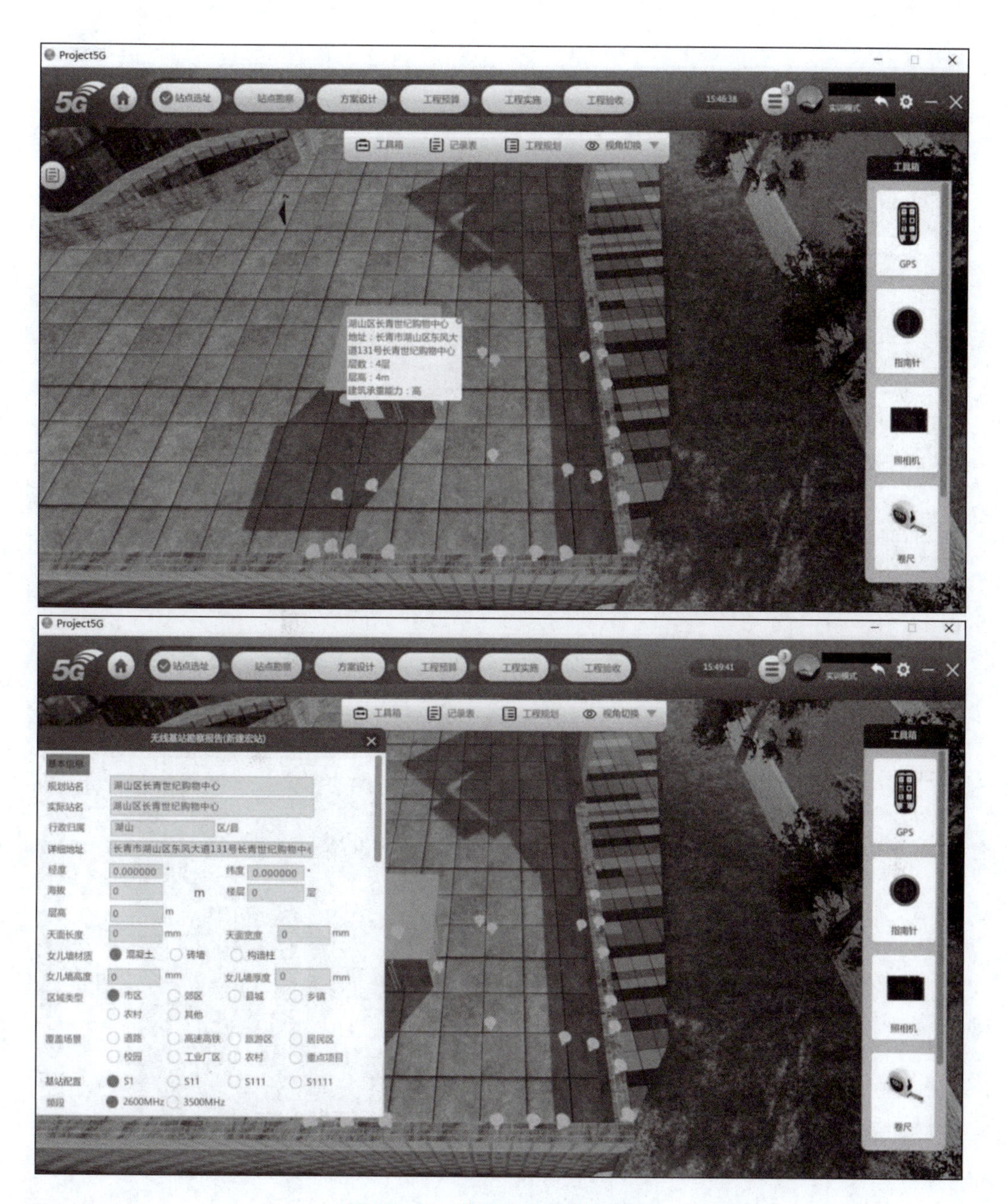

图 10－23　填写站点的基本信息

步骤 3：填写站点的经纬度信息。选择“GPS”，拖动单击界面中的指定标注点，可获取站点的经纬度信息，包括经度、纬度、海拔等，如图 10－24 所示。

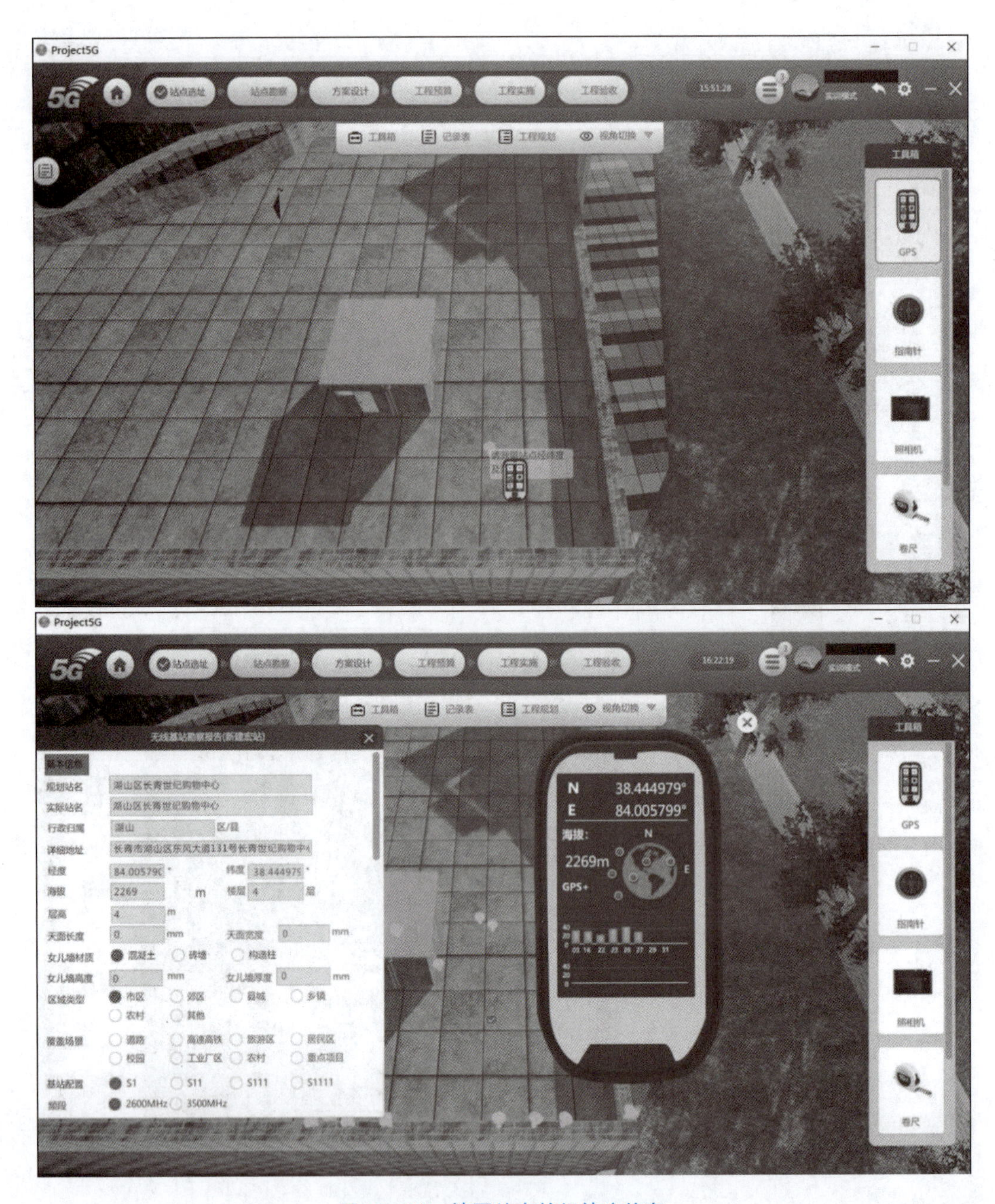

图10－24　填写站点的经纬度信息

步骤4：填写站点的天面信息。选择“激光测距仪”，拖动单击界面中的指定标注点，获取站点的天面信息，包括天面长度、天面宽度等，如图10－25所示。

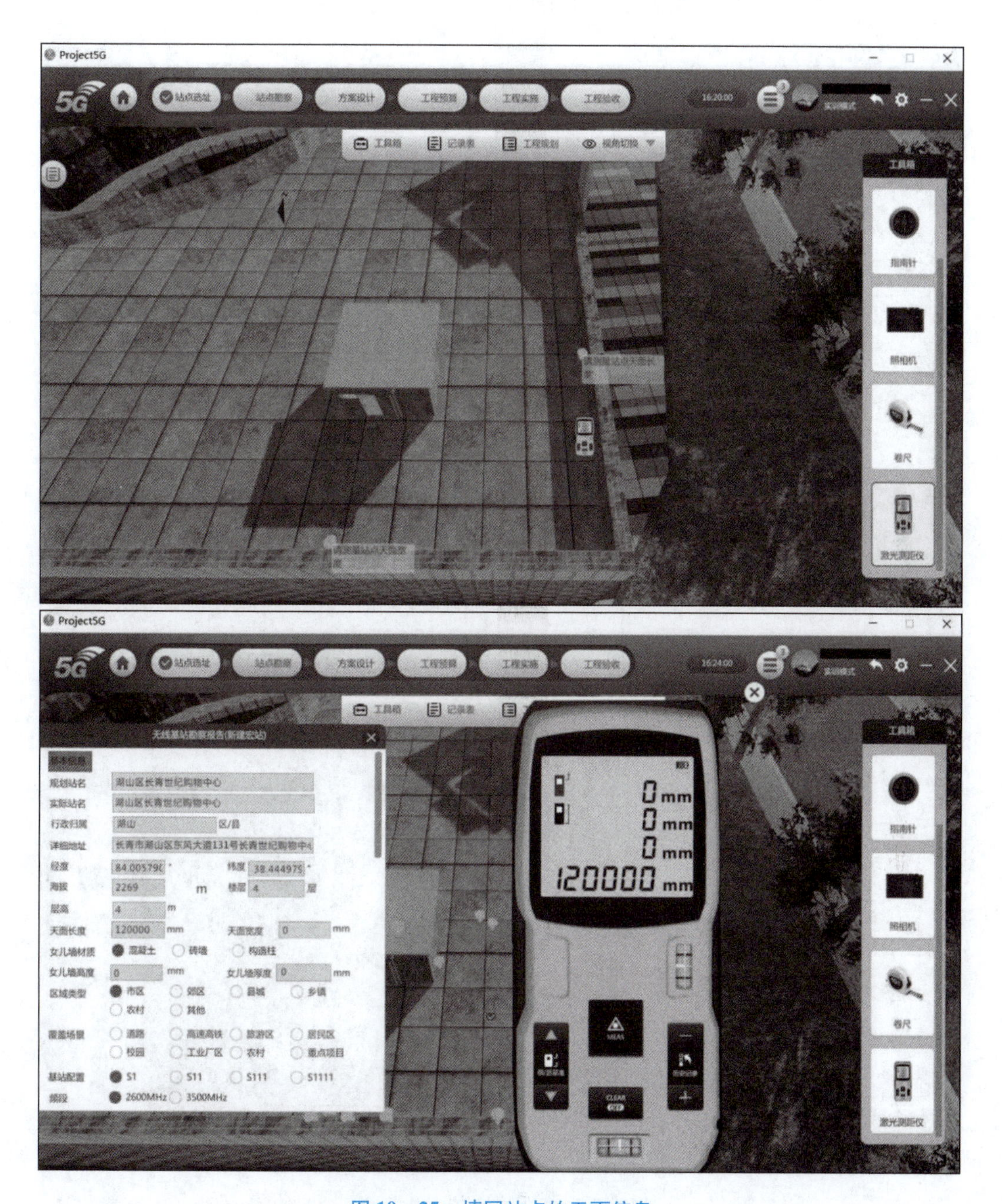

图 10－25　填写站点的天面信息

步骤 5：填写站点的女儿墙信息。选择“卷尺”，拖动单击界面中的指定标注点，获取站点的女儿墙信息，包括女儿墙高度、女儿墙厚度等，如图 10－26 所示。

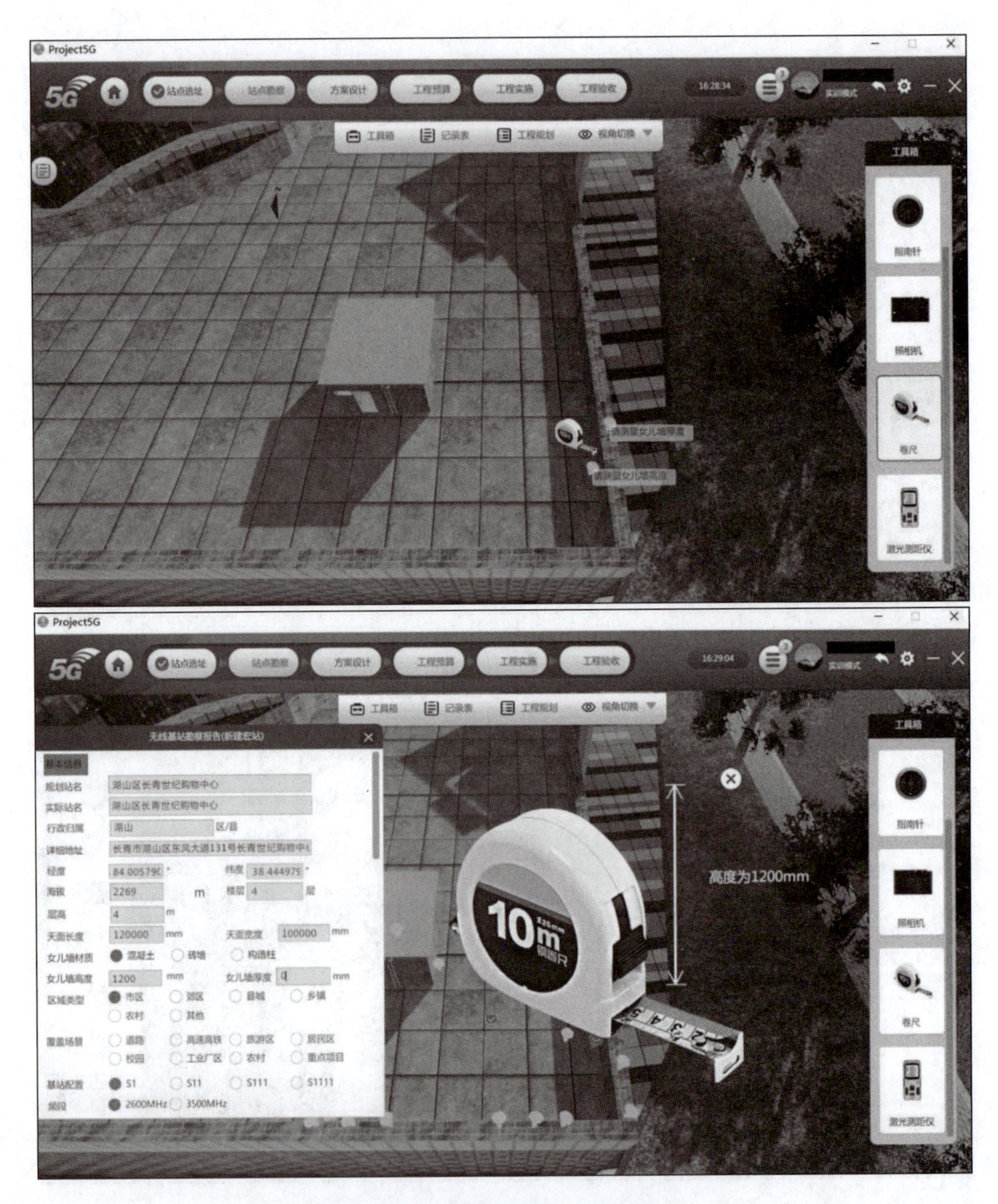

图 10－26　填写站点的女儿墙信息

步骤 6：填写站点的其他信息。单击“工程规划”，获取站点的其他基本信息，包括区域类型、覆盖场景、基站配置、频段等，如图 10－27 所示。

步骤 7：填写站点的电源系统信息。单击界面中间的蓝色标注点，获取站点的电源系统信息，包括市电引入点、引入类型、引入距离、上游机房、传输引入距离等，如图 10－28 所示。

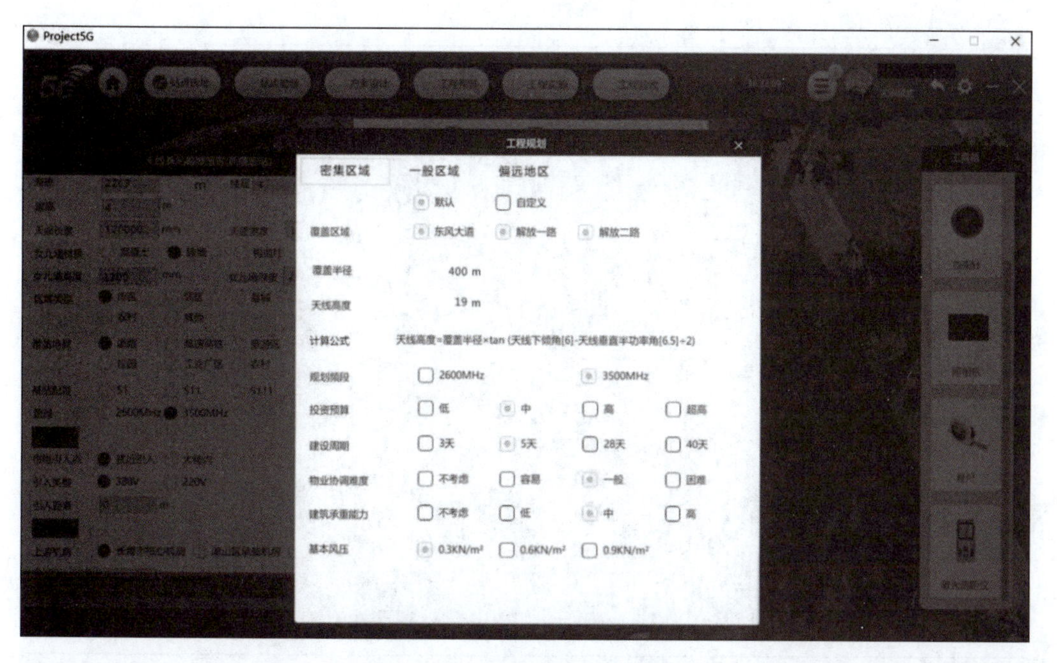

图 10－27　填写站点的其他信息

图 10－28　填写站点的电源系统信息

步骤 8：填写站点的机房信息。单击“视角切换”，选择“室内全景视角”，选择“激光测距仪”获取站点的机房信息，包括机房长度、机房宽度、机房高度、机房门长度、机房门宽度、机房窗长度、机房窗宽度等，如图 10－29 所示。

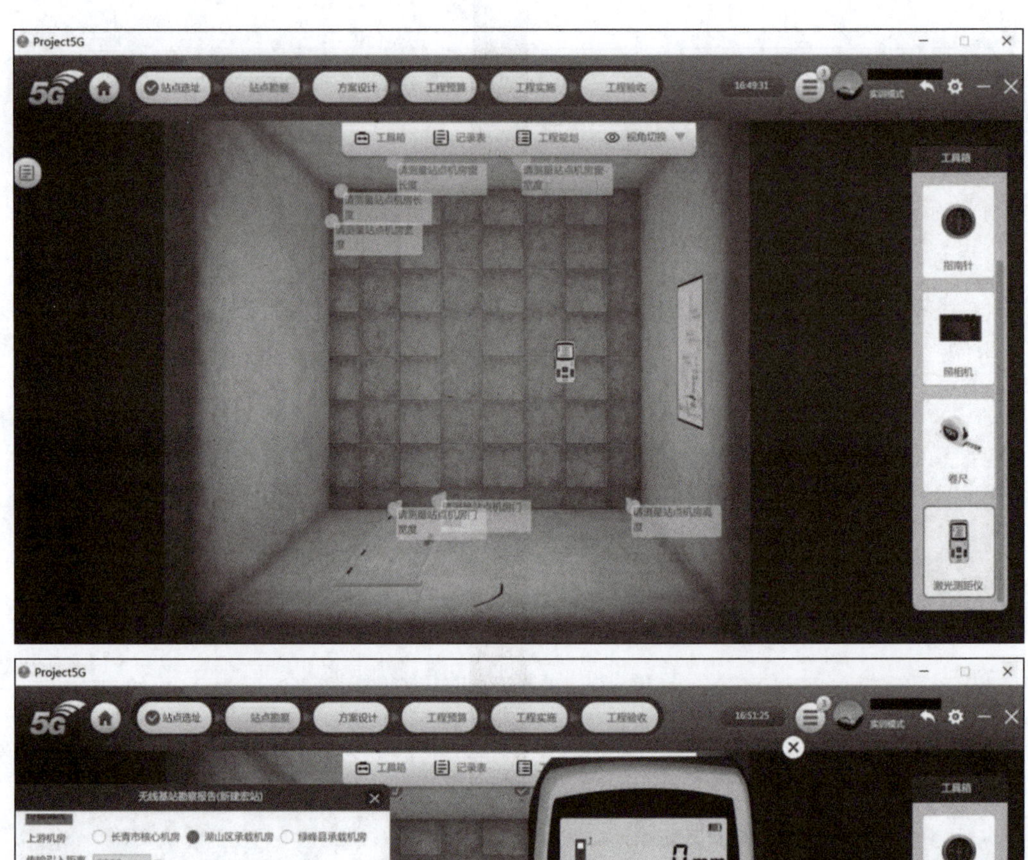

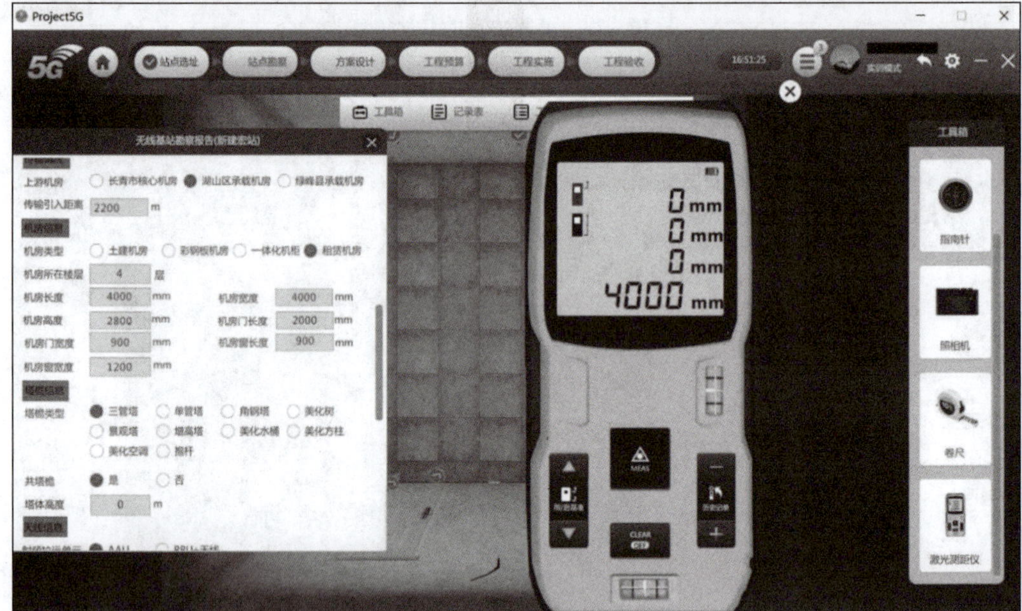

图 10-29　填写站点的机房信息

步骤9：填写站点的天线信息。单击“视角切换”，选择“室外全景视角”，选择“工程规划”“指南针”获取站点的天线信息，包括射频拉远单元、天线类型、天线挂高、天线数量、天线方位角 S1/S2/S3/S4、天线下倾角 S1/S2/S3/S4 等，如图 10-30 所示。

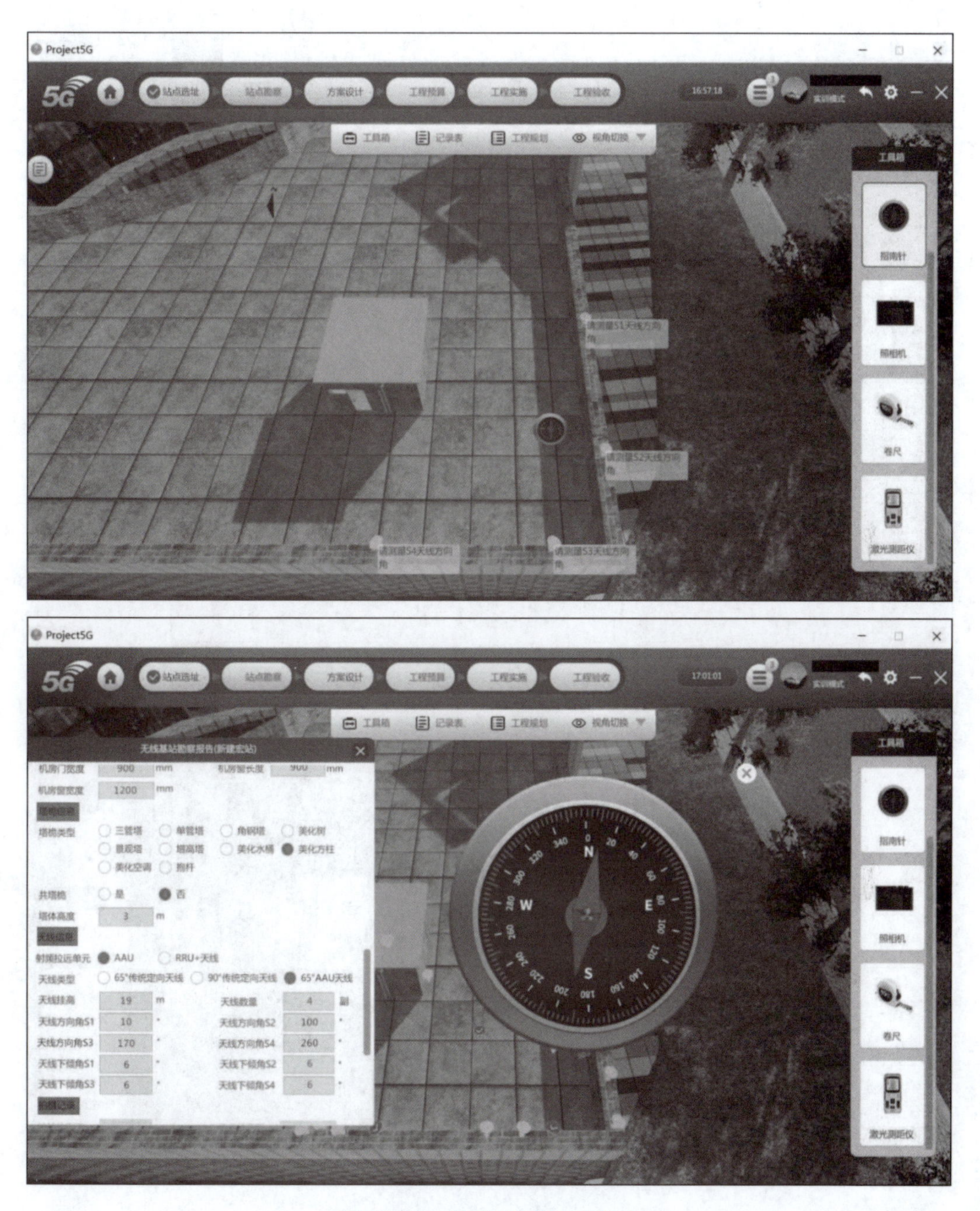

图 10－30　填写站点的天线信息

步骤 10：完成站点的拍摄记录。选择“照相机”完成站点的拍摄记录，包括站址信息照、机房位置照、机房内部照、S1/S2/S3/S4 覆盖区域照、环境照（0/45/90/135/180/225/270/315 等度数）等，如图 10－31 所示。

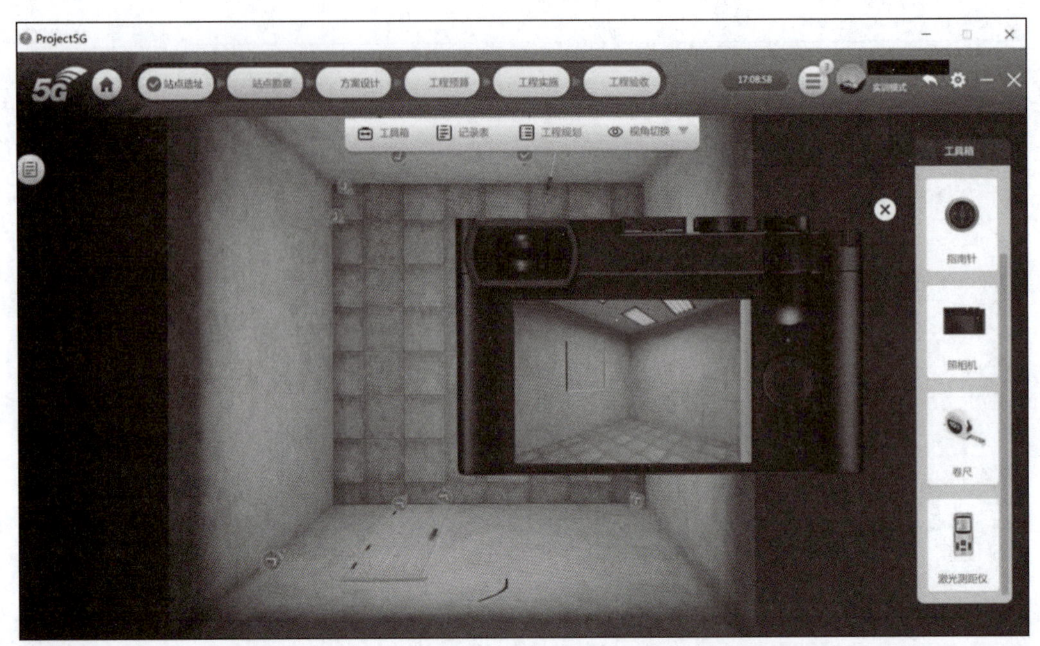

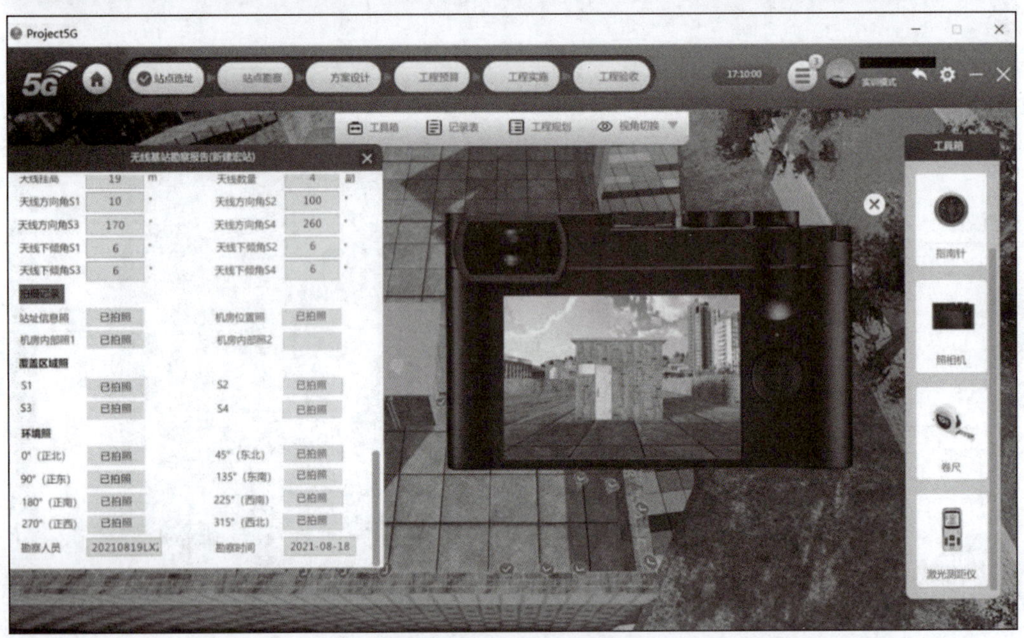

图 10-31　完成站点的拍摄记录

步骤 11：完成站点的勘察验收。单击“工程验收”，选择“系统评分”，查看系统评分，包括基础信息、电源信息、传输情况、机房信息、塔桅信息、天线信息、拍摄记录等，当所有评分都为 100% 时，则表示工程站点勘察已全部准确完成，如图 10-32 所示。

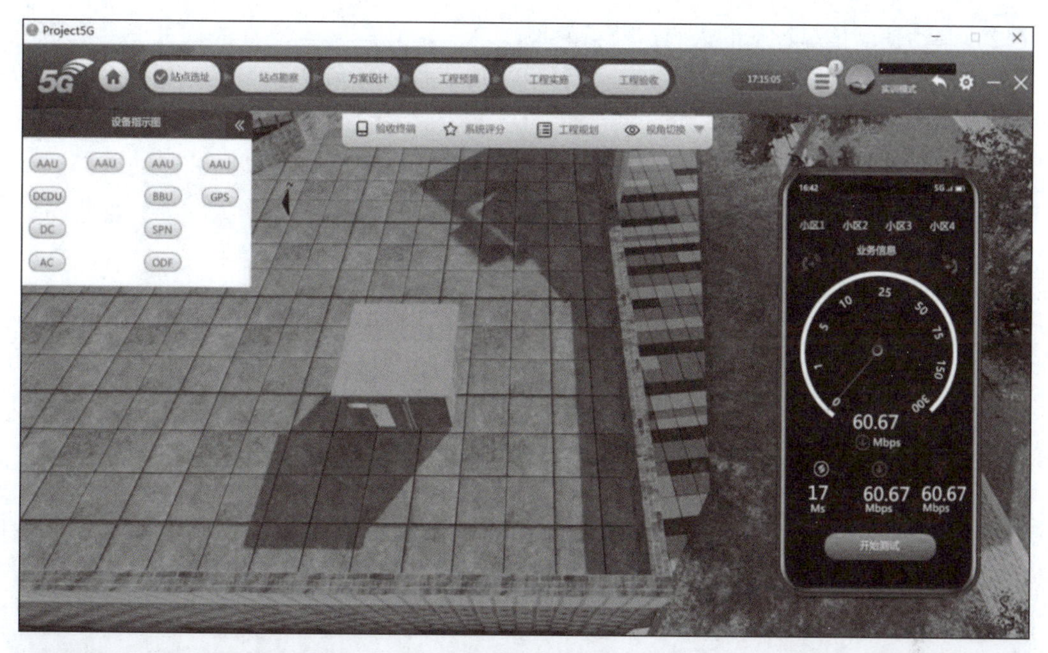

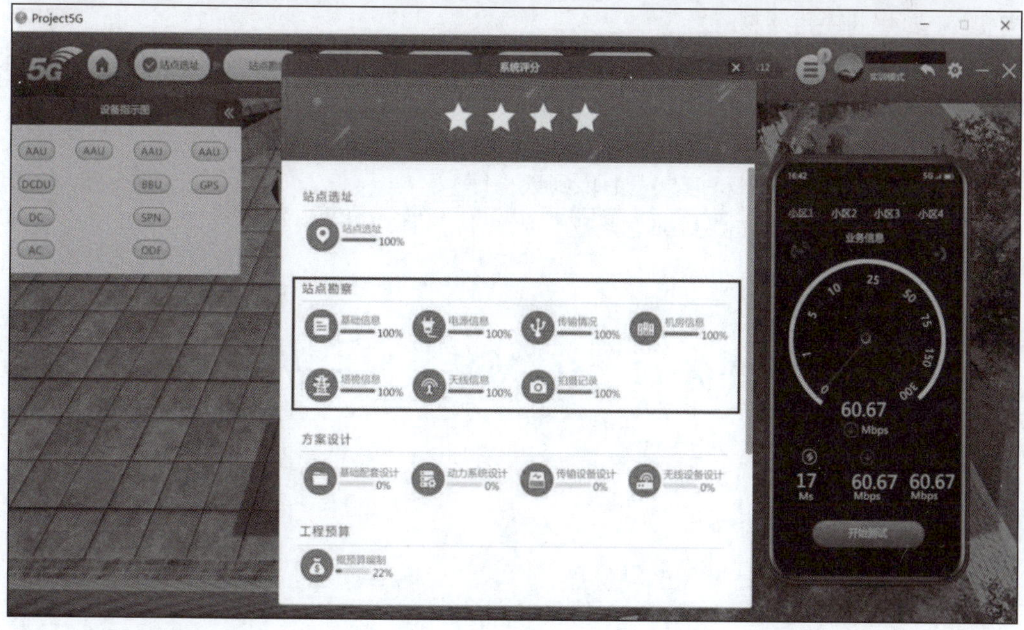

图 10－32　完成站点的勘察验收

练习题

1. 选择题

（1）下面关于天面勘察的内容，描述错误的是（　　）。

A. 天线参数　　　　B. 基站 PCI 参数

C. 位置要求　　　　D. 隔离度要求

（2）基站覆盖情况评估的内容，包括的是（　　）。

A. 可能的覆盖空洞　　B. 基站的GPS信息

C. 是否存在明显阻挡　　D. 能否满足设计的覆盖要求

（3）在基站勘察软件实操中工程规划的类型选择中，不包括的是（　　）。

A. 密集区域　　B. 核心区域

C. 一般区域　　D. 偏远区域

（4）下面关于基站工参表的内容，描述错误的是（　　）。

A. 基站编号　　B. 基站经纬度

C. 基站配置　　D. 基站女儿墙信息

（5）在基站勘察软件实操中，站点勘察工具箱中，不包括的是（　　）。

A. 指北针　　B. GPS　　C. 照相机　　D. 卷尺

2. 判断题

（1）一般来说，手持式GPS进行大面积测量精度高，小面积测量有一定误差。为了提高测量精度，小面积测量在可能的情况下，建议用户可多次测量取平均值。（　　）

（2）手持式激光测距仪是新型的测距工具，操作简单可代替传统卷尺。其主要功能为直线测距、面积和体积测量。（　　）

（3）在准备工作中资料的准备内容主要包括合同（分工界面）、需勘察站点列表、站点终勘报告。（　　）

（4）将勘察信息填写入相关记录表，完成本次勘察最终报告，对不能在相关信息表中表述的内容可以不用说明，将信息表上传到数据库。（　　）

（5）无线网络勘察的主要目的就是获得无线传播环境情况、天线安装环境情况以及其他共站系统情况。（　　）

任务11　5G基站数据配置

任务要求

技能目标

- 能在仿真软件环境中独立完成核心网的数据配置。
- 能在仿真软件环境中独立完成无线数据配置。
- 能在仿真软件环境中独立完成业务调试。

素质目标

- 遵守基站数据配置过程中的相关规范。
- 养成自主学习的良好习惯。
- 尊重他人、交流分享，积极参与小组协作任务。

技能点 1　核心网数据配置

核心网数据配置

1. 实验工具

（1）IUV－5G 全网部署与优化教学仿真平台。

（2）计算机 1 台。

2. 实验要求

（1）能正确完成核心网数据配置。

（2）排查常见的数据配置故障。

（3）两人一组轮换操作，完成实验报告，并总结实验心得。

3. 实验步骤

5G 基站数据配置的前提是已经完成 5G 基站的硬件设备安装工作。该部分内容在模块一中的基站硬件设备安装技能点中已经进行了讲解，具体步骤可参考该技能点中的内容，这里不再赘述。

步骤 1：打开并登录软件，单击页面下端的“网络配置”，单击“数据配置”选项，如图 11－1 所示。

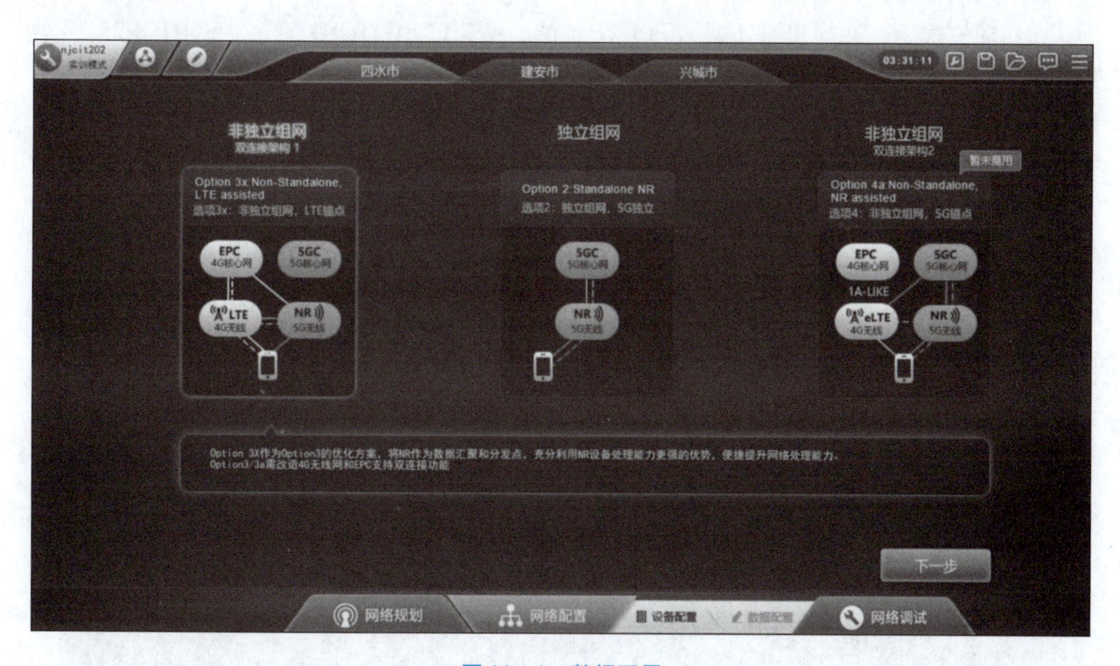

图 11－1　数据配置

步骤 2：进入“数据配置”界面后，在页面上端选择“核心网”，同时机房选择“建安市核心网机房”，如图 11－2 所示。注意，这里的机房选择要与基站硬件设备安装中的核心网机房保持一致。

进入“建安市核心网机房”界面后，可以看到左上方的“网元配置”框里已经有了相应的设备，这些设备都是在之前进行基站硬件设备安装时配置好的。核心网数据配置就是对

图 11－2　核心网机房选择

这些核心网的设备进行数据配置。

在实训模式下，交换机是不需要进行配置的，所以“SWITCH1”和“SWITCH2”不需要进行配置。首先，进行 MME 的配置。

步骤 3：单击“MME”，页面左下方就会展示相应的参数，如图 11－3 所示。

图 11－3　MME 配置参数展示

步骤 3－1：单击“全局移动参数”，首先进行“全局移动参数”的配置，如图 11－4 所示。“全局移动参数”包括“MCC 移动国家码”“MNC 移动网号”“CC 国家码”“NDC 国家目的码”等。如果有多个 MME，可以组成群组，每个群组都有自己的编号，这个编号就是

“MME 群组 ID”。另外，每个群里也会有若干个 MME，每个 MME 都有自己的编码，这个编码就是“MME 代码”。如果只有一个 MME，那么这两个参数都填写 1。这些参数需要根据实际的规划数据进行填写。特别要提醒的是，数据填写完成后一定要单击“确定”按钮；否则配置无法生效。

图 11－4 全局移动参数

步骤 3－2：单击“MME 控制面地址”，进行“MME 控制面地址”的配置，如图11－5所示。“MME 控制面地址”只包括一个参数，即“设置 MME 控制面地址”。该参数根据实际的规划数据进行填写。

图 11－5 MME 控制面地址

步骤3-3：单击“与eNodeB对接配置”选项，下面出现两个子选项，首先单击“eNodeB偶联配置”。可以单击上方的“+”号进行新建操作，需要几个偶联配置就新建几个偶联配置。“eNodeB偶联配置”参数包括“SCTP ID”“本地偶联IP”“本地偶联端口号”等，如图11-6所示。这些参数的配置根据实际的规划数据进行填写。

图11-6　eNodeB偶联配置

然后单击“TA配置”。可以单击上方的“+”号进行新建操作，需要几个TA就新建几个TA。“TA配置”参数包括“TAID”“MCC”“MNC”“TAC”等，如图11-7所示。这些参数的配置根据实际的规划数据进行填写。

图11-7　TA配置

步骤 3 -4：单击“与 HSS 对接配置”选项，下面出现两个子选项，首先单击“增加 diameter 连接”。可以单击上方的“+”号进行新建操作，需要几个 diameter 连接就新建几个 diameter 连接。“diameter 连接”参数包括“连接 ID”“偶联本段 IP”“偶联本端端口号”等，如图 11 -8 所示。这些参数的配置根据实际的规划数据进行填写。

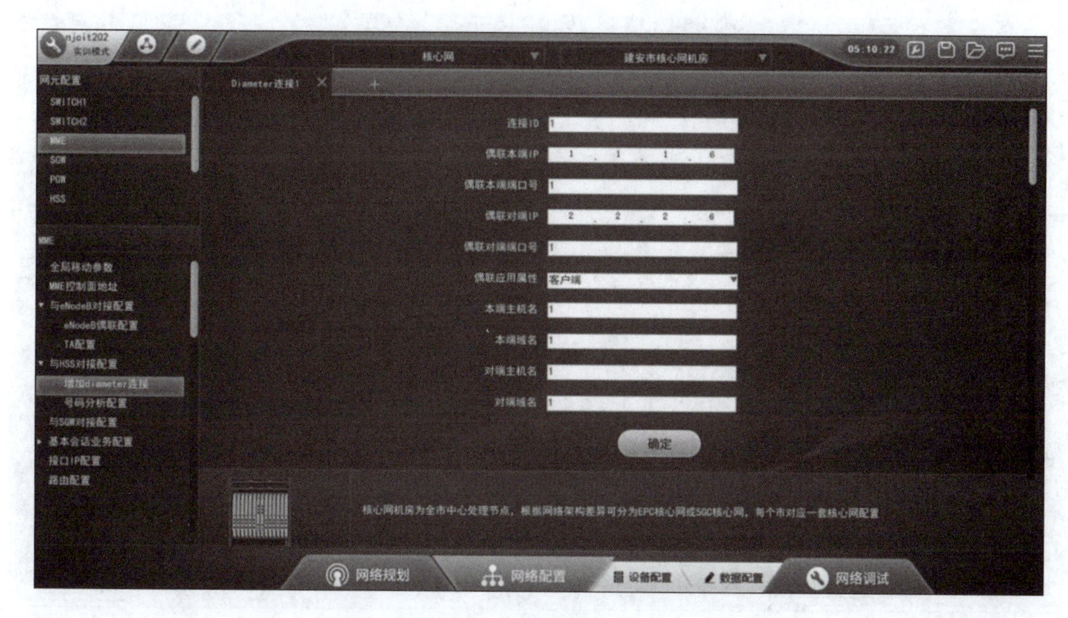

图 11 -8　增加 diameter 连接

然后单击“号码分析配置”。可以单击上方的“+”号进行新建操作，需要几个号码分析就新建几个号码分析。“号码分析配置”参数包括“分析号码”和“连接 ID”两个参数，如图 11 -9 所示。这些参数的配置根据实际的规划数据进行填写。

图 11 -9　号码分析配置

步骤3－5：单击“与SGW对接配置”选项，包括“MME控制面地址”“SGW管理的跟踪区TAID”两个参数，如图11－10所示。这里的“MME控制面地址”参数要与之前设置的“MME控制面地址”中的“设置MME控制面地址”保持一致。

图11－10　与SGW对接配置

步骤3－6：单击“基本会话业务配置”选项，下面出现4个子选项。由于这里没有对MME进行组POOL，所以只需要对前两个子选项进行配置即可。首先单击“APN解析配置”，由于MME和PGW没有直接进行通信，所以需要通过APN来解析PGW的控制面地址。可以单击上方的“＋”号进行新建操作，需要几个APN解析就新建几个APN解析。“APN解析配置”参数包括“APN”“解析地址”“业务类型”“协议类型”等，如图11－11所示。注意，“APN”这个参数有范本，只要把光标移动到该参数下就会出现范本。填写该参数时一定要与范本格式保持一致。这些参数的配置根据实际的规划数据进行填写。

然后单击“EPC地址解析配置”。可以单击上方的“＋”号进行新建操作，需要几个就新建几个。“EPC地址解析配置”参数包括“名称”“解析地址”“业务类型”等，如图11－12所示。注意，“名称”这个参数有范本，只要把光标移动到该参数下就会出现范本。填写该参数时一定要与范本格式保持一致。这些参数的配置根据实际的规划数据进行填写。

步骤3－7：单击“接口IP配置”选项，可以单击上方的“＋”号进行新建操作，需要几个就新建几个。“接口IP配置”参数包括“接口ID”“槽位”“端口”“IP地址”等参数，如图11－13所示。注意，这里的“槽位”“端口”配置需要和“基站硬件设备配置里”的MME的槽位、端口的配置保持一致。

图 11－11　APN 解析配置

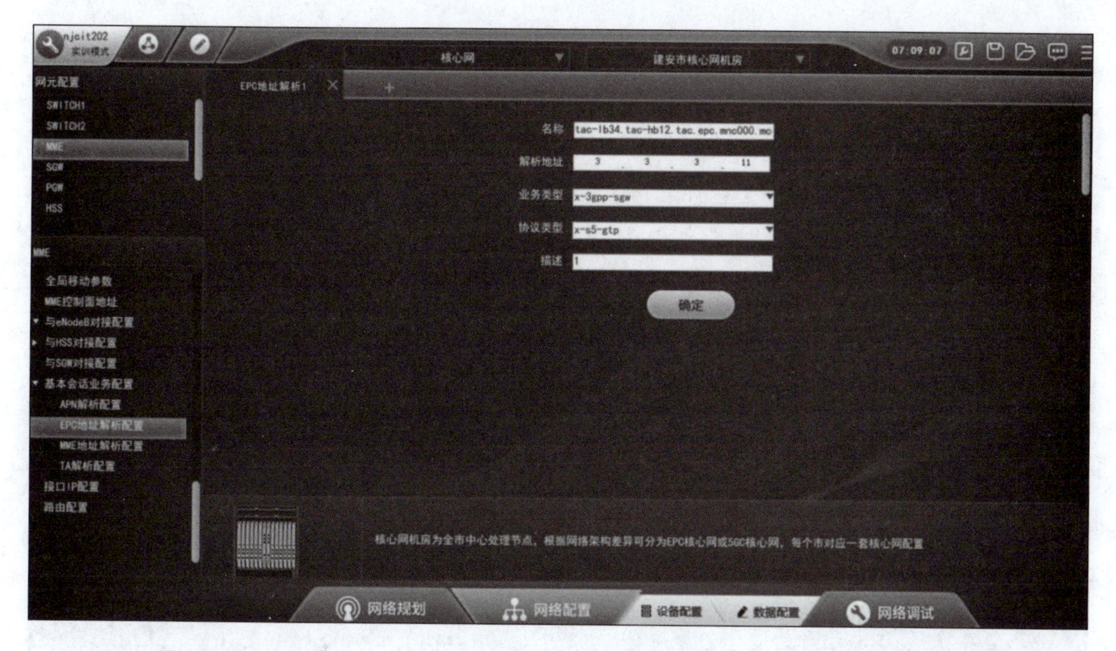

图 11－12　EPC 地址解析配置

步骤 3－8：单击“路由配置”选项，可以单击上方的“＋”号进行新建操作，需要几个就新建几个。路由配置有两种方式，即默认路由配置和具体路由配置，这里可以采用比较简单的默认路由配置方式。“路由配置”参数包括“路由 ID”“目的地址”“掩码”“下一跳”等参数，如图 11－14 所示。在默认路由配置方式中，“下一跳”参数需要配置成交换机的路由地址。

图 11-13　接口 IP 配置

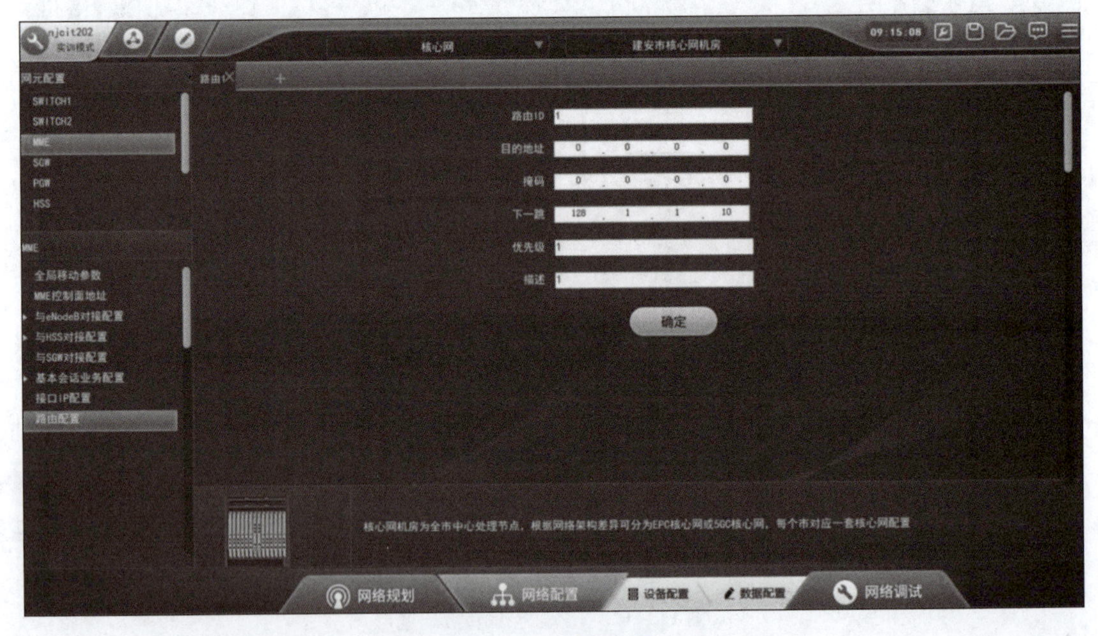

图 11-14　路由配置

至此，MME 的数据配置就结束了，下面对 SGW 进行数据配置。

步骤 4：单击“SGW”，页面左下方就会展示相应的参数，如图 11-15 所示。

图 11－15　SGW 数据配置

步骤 4－1：单击“PLMN 配置”选项，包括“MCC”和“MNC”两个参数，如图 11－16 所示。这两个参数在 MME 的数据配置中已经配置过，这里要和此前的配置保持一致。

图 11－16　PLMN 配置

步骤 4－2：单击“与 MME 对接配置”选项，参数为“s11－gtp－ip－address”，如图 11－17 所示。该参数的配置根据实际的规划数据进行填写。

图 11－17　与 MME 对接配置

步骤 4－3：单击“与 eNodeB 对接配置”选项，参数为“s1u－gtp－ip－address”，如图 11－18 所示。该参数的配置根据实际的规划数据进行填写。

图 11－18　与 eNodeB 对接配置

步骤 4－4：单击“与 PGW 对接配置”选项，参数为“s5s8－gtpc－ip－address”和“s5s8－gtpu－ip－address”，如图 11－19 所示。与 PGW 对接的接口分为控制面接口和用户

面接口，这里的 gtpc 即对应着控制面接口，gtpu 即对应着用户面接口。这些参数的配置根据实际的规划数据进行填写。

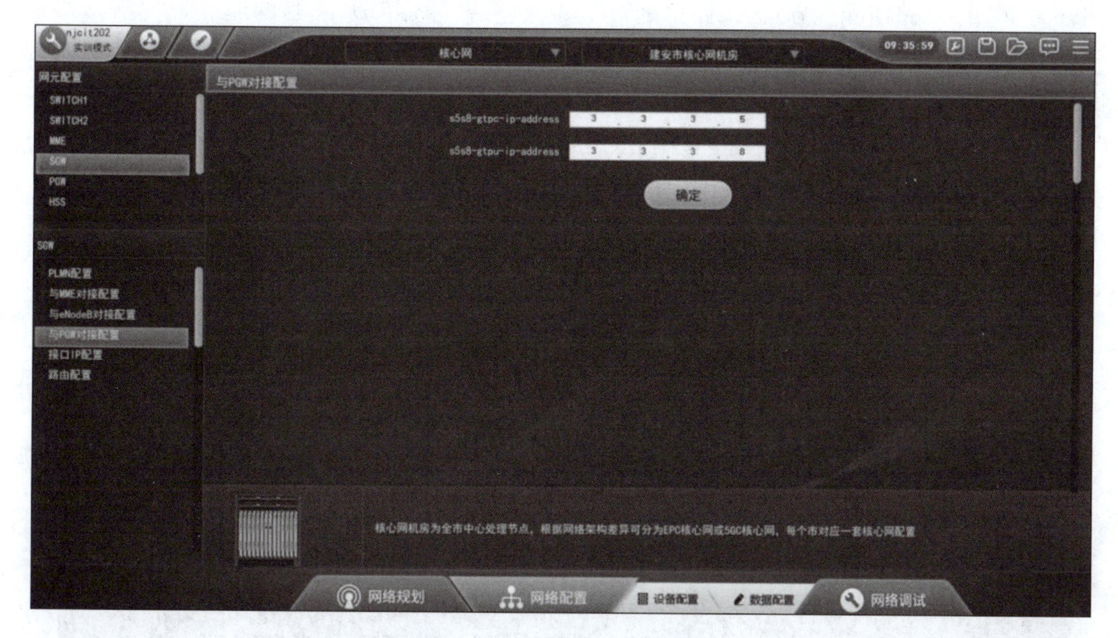

图 11－19　与 PGW 对接配置

步骤 4－5：单击“接口 IP 配置”选项，可以单击上方的“＋”号进行新建操作，需要几个就新建几个。“接口 IP 配置”参数包括“接口 ID”“槽位”“端口”“IP 地址”等，如图 11－20 所示。注意，这里的“槽位”“端口”配置要和“基站硬件设备配置里”的 SGW 的槽位、端口配置保持一致。

图 11－20　接口 IP 配置

步骤4-6：单击“路由配置”选项，可以单击上方的“+”号进行新建操作，需要几个就新建几个。路由配置有两种方式，即默认路由配置和具体路由配置，这里依然可以采用比较简单的默认路由配置方式。“路由配置”参数包括“路由ID”“目的地址”“掩码”“下一跳”等，如图11-21所示。在默认路由配置方式中，“下一跳”参数需要配置成交换机的路由地址。

图11-21　路由配置

至此，SGW的数据配置就结束了，下面对PGW进行数据配置。

步骤5：单击“PGW”，页面左下方就会展示相应的参数，如图11-22所示。

图11-22　PGW数据配置

步骤 5－1：单击“PLMN 配置”选项，包括“MCC”和“MNC”两个参数，如图 11－23 所示。这两个参数在 MME 和 PGW 的数据配置中已经配置过，这里要和此前的配置保持一致。

图 11－23　PLMN 配置

步骤 5－2：单击“与 SGW 对接配置”选项，参数为“s5s8－gtpc－ip－address”和“s5s8－gtpu－ip－address”，如图 11－24 所示。与 SGW 对接的接口分为控制面接口和用户面接口，这里的 gtpc 对应着控制面接口，gtpu 对应着用户面接口。这些参数的配置根据实际的规划数据进行填写。

图 11－24　与 SGW 对接配置

步骤5－3：单击“地址池配置”选项，参数有“地址池ID”“APN”“地址池起始地址”“地址池终止地址”等，如图11－25所示。因为PGW有给用户分配IP的功能，所以PGW存在地址池，需要对该地址池进行配置。参数的配置根据实际的规划数据进行填写。注意，这里的APN要与之前MME中配置的APN的名称保持一致。

图11－25　地址池配置

步骤5－4：单击“接口IP配置”选项，可以单击上方的“＋”号进行新建操作，需要几个就新建几个。“接口IP配置”参数包括“接口ID”“槽位”“端口”“IP地址”等，如图11－26所示。注意，这里的“槽位”“端口”配置需要和“基站硬件设备配置里”的PGW的槽位、端口的配置保持一致。

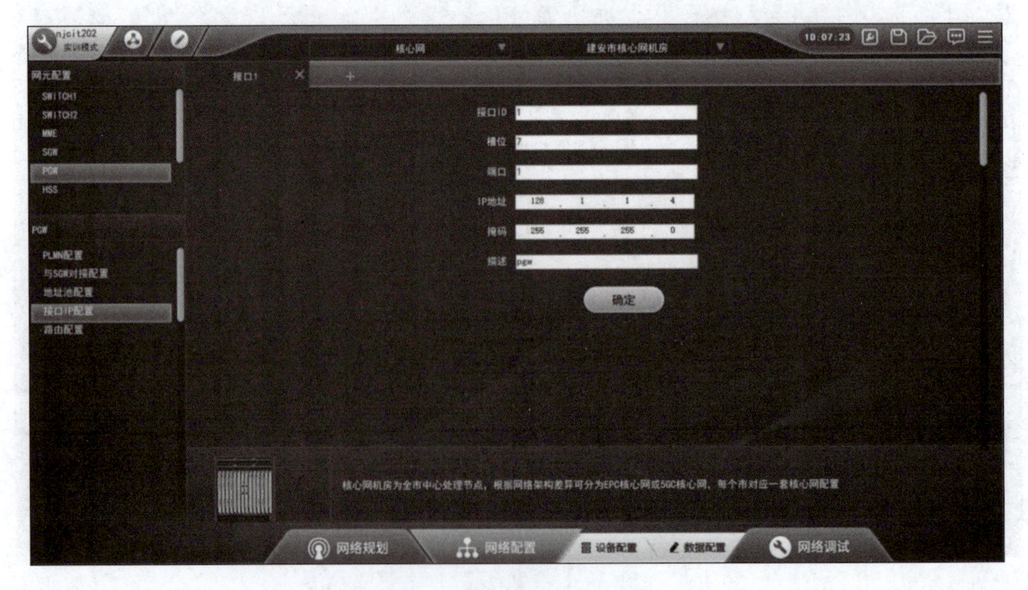

图11－26　接口IP配置

步骤5-5：单击“路由配置”选项，可以单击上方的“+”号进行新建操作，需要几个就新建几个。路由配置有两种方式，即默认路由配置和具体路由配置，这里依然可以采用比较简单的默认路由配置方式。“路由配置”参数包括“路由ID”“目的地址”“掩码”“下一跳”等，如图11-27所示。在默认路由配置方式中，“下一跳”参数需要配置成交换机的路由地址。

图11-27　路由配置

至此，PGW的数据配置就结束了，下面对HSS进行数据配置。

步骤6：单击“HSS”，页面左下方就会展示相应的参数，如图11-28所示。

图11-28　HSS数据配置

步骤6－1：单击“与MME对接配置”选项，可以单击上方的“＋”号进行新建操作，需要几个就新建几个。“与MME对接配置”参数包括“SCTP ID”“Diameter偶联本端IP”“Diameter偶联本端端口号”等，如图11－29所示。这些参数的配置根据实际的规划数据进行填写。

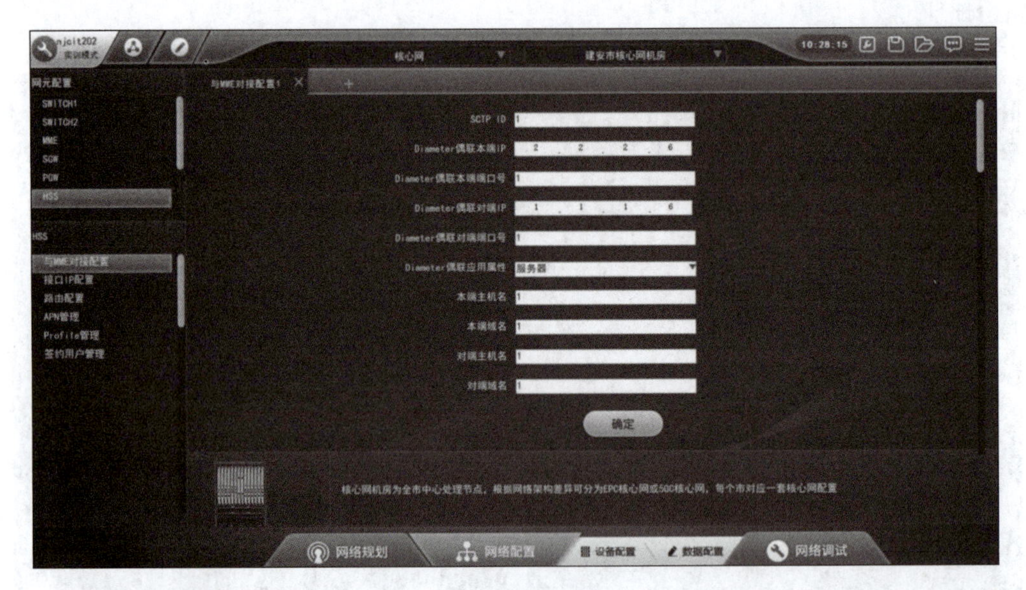

图11－29　与MME对接配置

步骤6－2：单击“接口IP配置”选项，可以单击上方的“＋”号进行新建操作，需要几个就新建几个。“接口IP配置”参数包括“接口ID”“槽位”“端口”“IP地址”等，如图11－30所示。注意，这里的“槽位”“端口”配置需要和“基站硬件设备配置里”的HSS的槽位、端口的配置保持一致。

图11－30　接口IP配置

步骤 6－3：单击“路由配置”选项，可以单击上方的“＋”号进行新建操作，需要几个就新建几个。路由配置有两种方式，即默认路由配置和具体路由配置，这里依然可以采用比较简单的默认路由配置方式。“路由配置”参数包括“路由 ID”“目的地址”“掩码”“下一跳”等，如图 11－31 所示。在默认路由配置方式中，“下一跳”参数需要配置成交换机的路由地址。

图 11－31　路由配置

步骤 6－4：单击“APN 管理”选项，可以单击上方的“＋”号进行新建操作，需要几个就新建几个。“APN 管理”参数包括“APN ID”“APN－NI”“QoS 分类识别码”“ARP 优先级”等参数，如图 11－32 所示。注意，这里的“APN－NI”参数要与之前配置的 APN 的名称保持一致。

图 11－32　APN 管理

步骤6－5：单击“Profile管理”选项，可以单击上方的“＋”号进行新建操作，需要几个就新建几个。“Profile管理”参数包括“Profile ID”“对应APNID”“EPC频率选择优先级”等，如图11－33所示。注意，这里的“对应APNID”参数要与前面的“APN管理”中的“APN ID”相对应。

图11－33　Profile管理

步骤6－6：单击“签约用户管理”选项，可以单击上方的“＋”号进行新建操作，需要几个就新建几个。“签约用户管理”参数包括“IMSI”“MSISDN”“Profile ID”“KI”等，如图11－34所示。注意，这里的“Profile ID”参数要与前面的“Profile管理”中的“Profile ID”相对应；这里的“KI”参数在填写时要记清楚，后面进行业务调试时需要输入该参数。

图11－34　签约用户管理

至此，核心网的数据配置就全部完成了。

无线网数据配置

技能点 2　无线网数据配置

1. 实验工具

（1）IUV－5G 全网部署与优化教学仿真平台。

（2）计算机 1 台。

2. 实验要求

（1）能正确完成无线网数据配置。

（2）能排查常见的数据配置故障。

（3）两人一组轮换操作，完成实验报告，并总结实验心得。

3. 实验步骤

5G 基站数据配置的前提是已经完成 5G 基站的硬件设备安装工作。该部分内容在模块一中的基站硬件设备安装技能点中已经进行了讲解，具体步骤可参考该技能点中的内容。

步骤 1：打开并登录软件，单击页面下端的“网络配置”，单击“数据配置”选项，如图 11－35 所示。

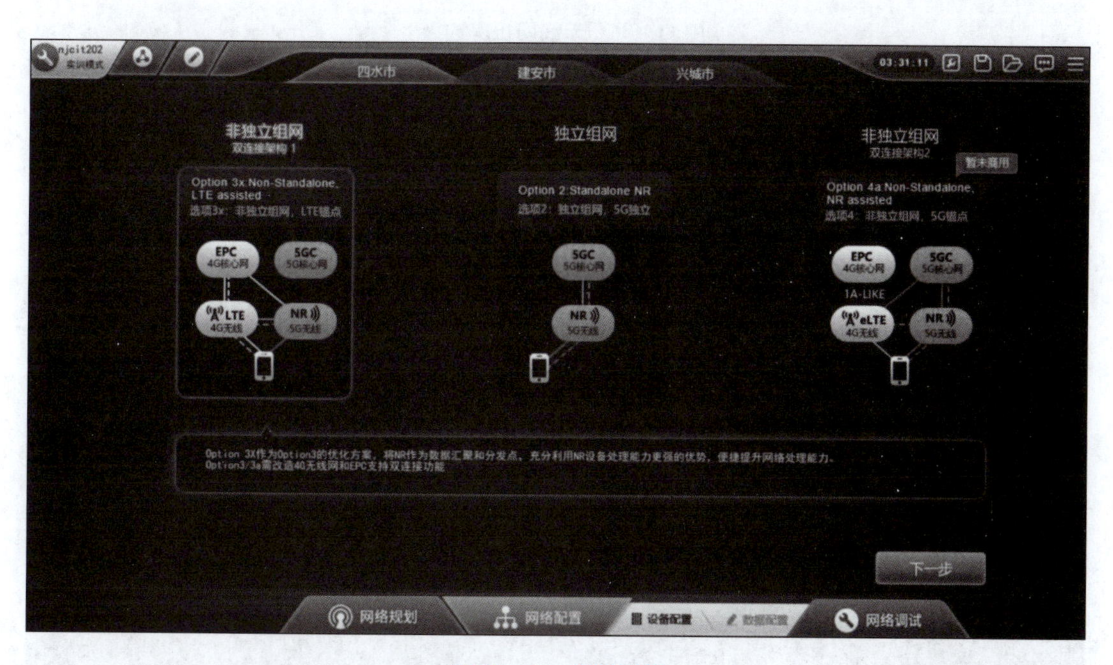

图 11－35　数据配置

步骤 2：进入“数据配置”界面后，在页面上端选择“无线网”，同时机房选择“建安市 B 站点无线机房”，如图 11－36 所示。注意，这里的机房选择要与基站硬件设备安装中的无线机房保持一致。

进入“建安市 B 站点无线机房”界面后，可以看到左上方的“网元配置”框里已经有了相应的设备，这些设备都是在之前进行基站硬件设备安装时配置好的。无线网数据配置就是对这些无线网的设备进行数据配置。

图 11－36　无线网机房选择

这些设备中有6个AAU，首先对AAU进行数据配置。

步骤3：单击“AAU1”，页面左下方就会展示相应的参数，如图11－37所示。

图 11－37　AAU 配置参数展示

单击“射频配置”，如图11－38所示。“射频配置”包括“支持频段范围”和“AAU收发模式”两个参数。参数需要根据实际的规划数据进行填写。特别要提醒，数据填写完成后一定要单击“确定”按钮，否则配置无法生效。

图 11－38　射频配置

根据规划，这 6 个 AAU 数据配置都相同。所以，对 AAU2～AAU6 重复进行上述操作即可，这里不再赘述。这样，AAU 就全部配置完成。

下面对 BBU 进行配置。这里的 BBU 有 5G BBU（ITBBU）和 4G BBU（BBU）两个参数。由于 4G BBU 的数据要和 5G BBU 的数据进行关联，所以这里首先对 5G BBU 进行配置。

步骤 4：单击“ITBBU”，页面左下方就会展示相应的参数，如图 11－39 所示。

图 11－39　ITBBU 配置参数展示

步骤4－1：单击“NR网元管理”，如图11－40所示。“NR网元管理”参数包括“网元类型”“基站标识”“PLMN”“网络模式”等。参数需要根据实际的规划数据进行填写。注意，这里的“PLMN”要与核心网数据配置相对应，并且“NSA共框标识”参数在后面的4G BBU也要使用到，需要前后一致。

图11－40　NR网元管理

步骤4－2：单击“5G物理参数”，如图11－41所示。“5G物理参数”包括“AAU1链路光口使能”“承载链路端口”等。这里的3个“AAU链路光口使能”参数都要选择“使能”；否则与AAU之间的光口就会不通。同时，“承载链路端口”也要与之前基站硬件设备配置的选择保持一致，这里选择“光口”，因为之前的基站硬件配置中，5G BBU和AAU之间的接口为光口。

图11－41　5G物理参数

步骤 4 -3：单击“DU”选项，下面出现 4 个子选项，分别是“DU 对接配置”“DU 功能配置”“物理信道配置”和“测量与定时器开关”，如图 11 -42 所示。

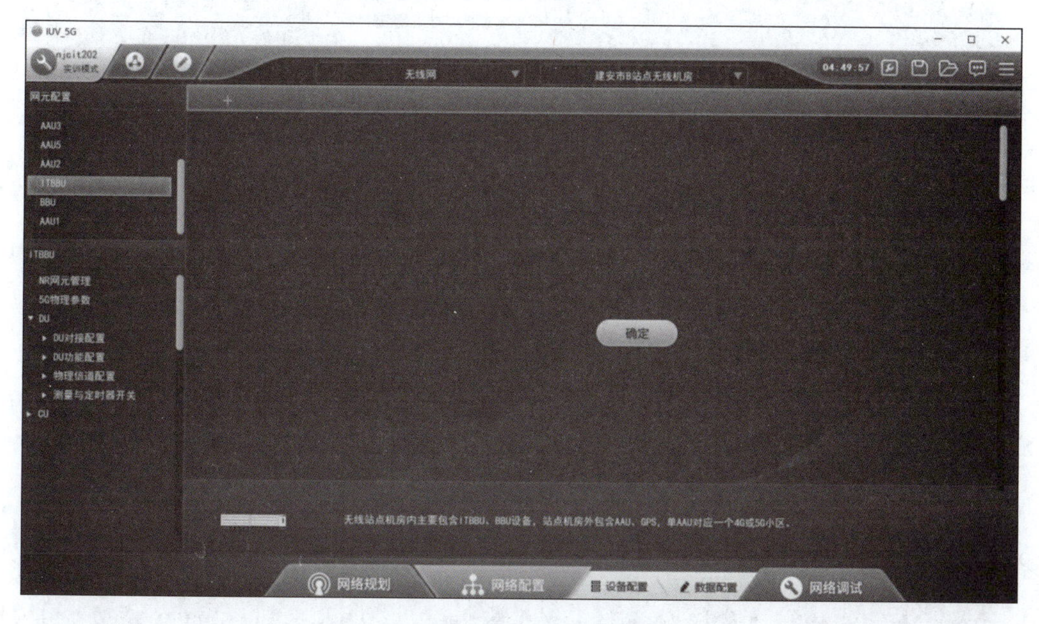

图 11 -42　DU 数据配置

步骤 4 -3 -1：首先单击“DU 对接配置”，“DU 对接配置”下还有“以太网接口”“IP 配置”“SCTP 配置”和“静态路由”。对“DU 对接配置”下的“以太网接口”“IP 配置”“SCTP 配置”分别进行配置。由于 DU 只跟 CU 进行对接，此外它没有跟 BBU 以及核心网进行对接，所以“静态路由”不需要进行配置。“以太网接口”“IP 配置”“SCTP 配置”分别如图 11 -43 至图 11 -45 所示。这些配置中的参数根据实际的规划数据进行填写。

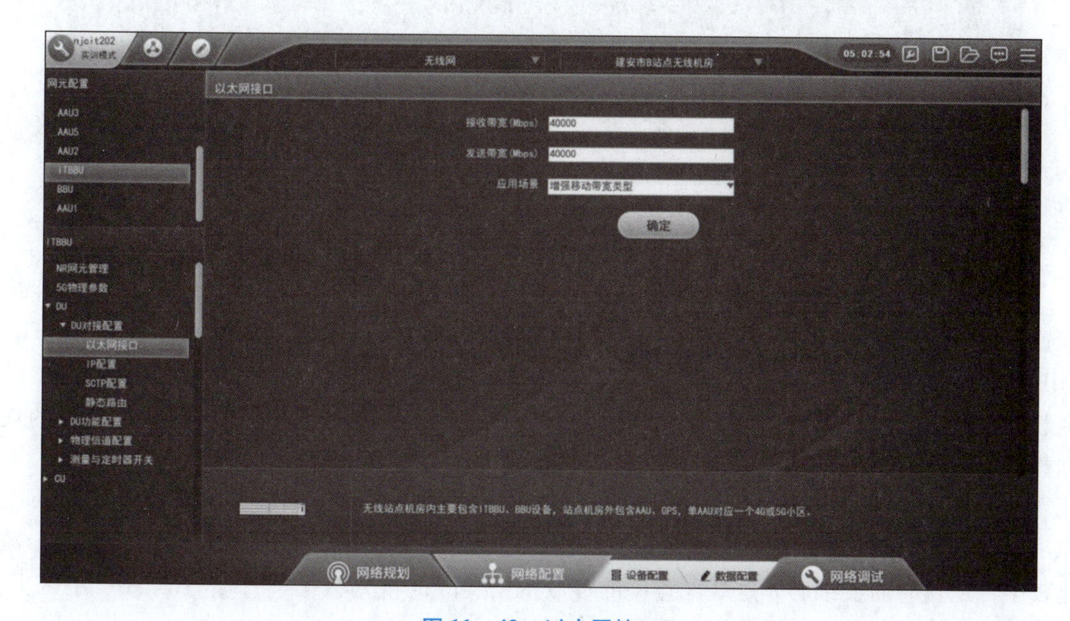

图 11 -43　以太网接口

图 11-44　IP 配置

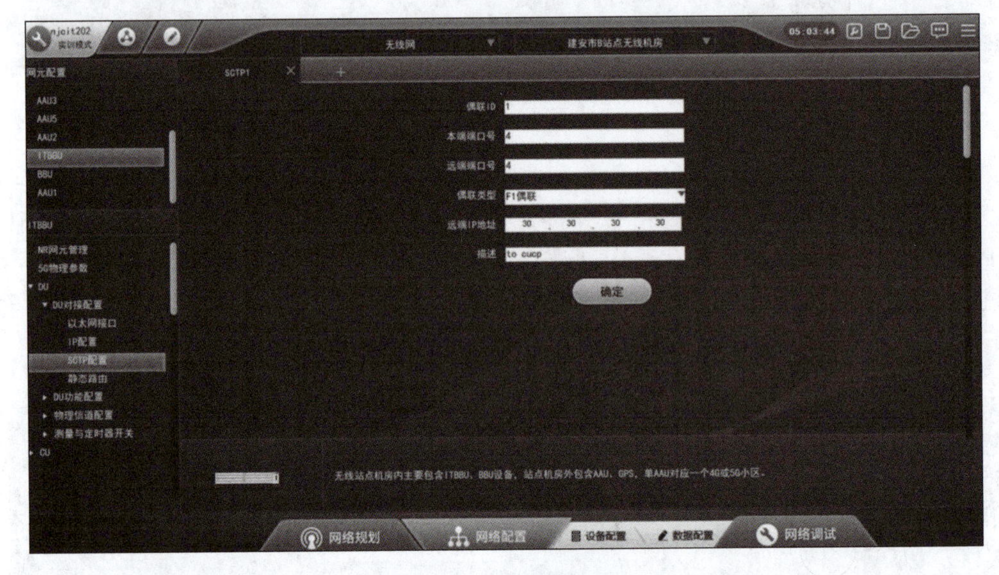

图 11-45　SCTP 配置

步骤 4-3-2：单击“DU 功能配置”，“DU 功能配置”下还有“DU 管理”“QoS 业务配置”“RLC 配置”“网络切片配置”“扇区载波”“DU 小区配置”“接纳控制配置”“BW-PUL 参数”和“BWPDL 参数”，其中，“QoS 业务配置”“RLC 配置”“网络切片配置”“扇区载波”不需要配置。“DU 管理”配置如图 11-46 所示。这些配置中的参数根据实际的规划数据进行填写。

然后进行“DU 小区配置”。按照规划，DU 需要划分成 3 个小区，所以需要进行 3 个 DU 小区配置。可以单击上方的“+”号进行新建操作，需要几个就新建几个。该配置参数比较多，配置时需要细心。这些配置中的参数根据实际的规划数据进行填写。“DU 小区 1”“DU 小区 2”“DU 小区 3”分别如图 11-47 至图 11-49 所示。

图 11－46　DU 管理

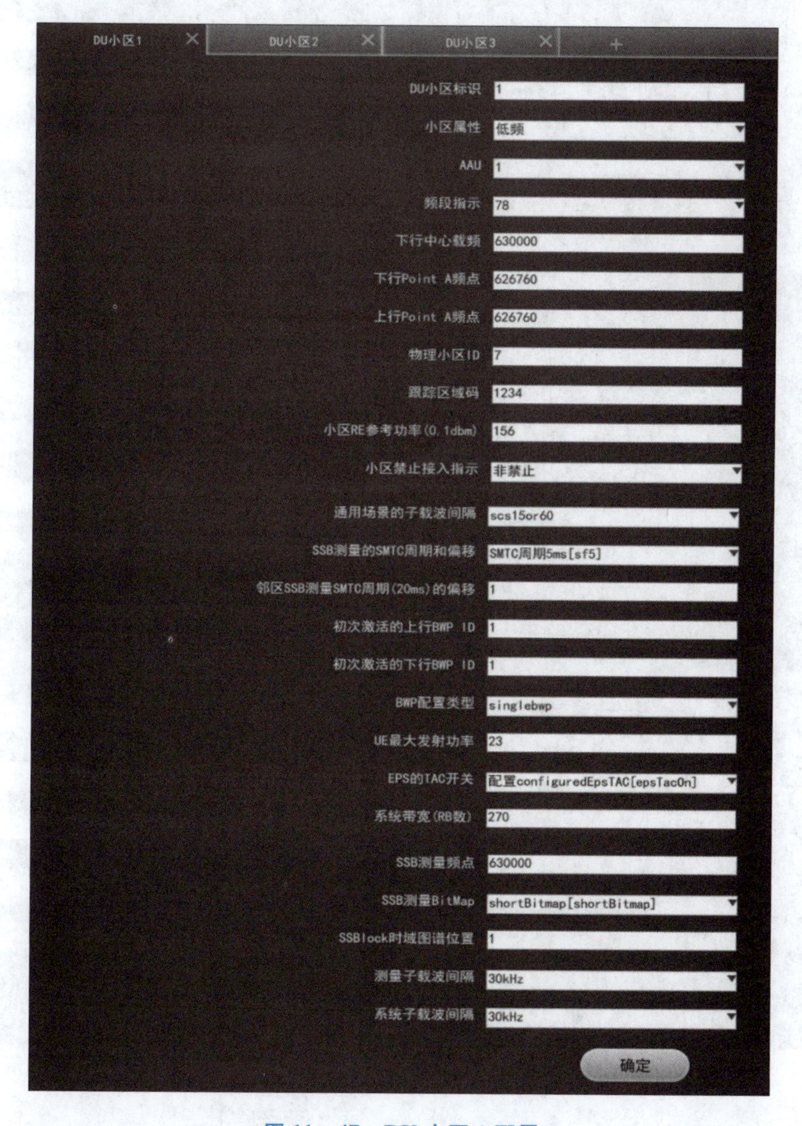

图 11－47　DU 小区 1 配置

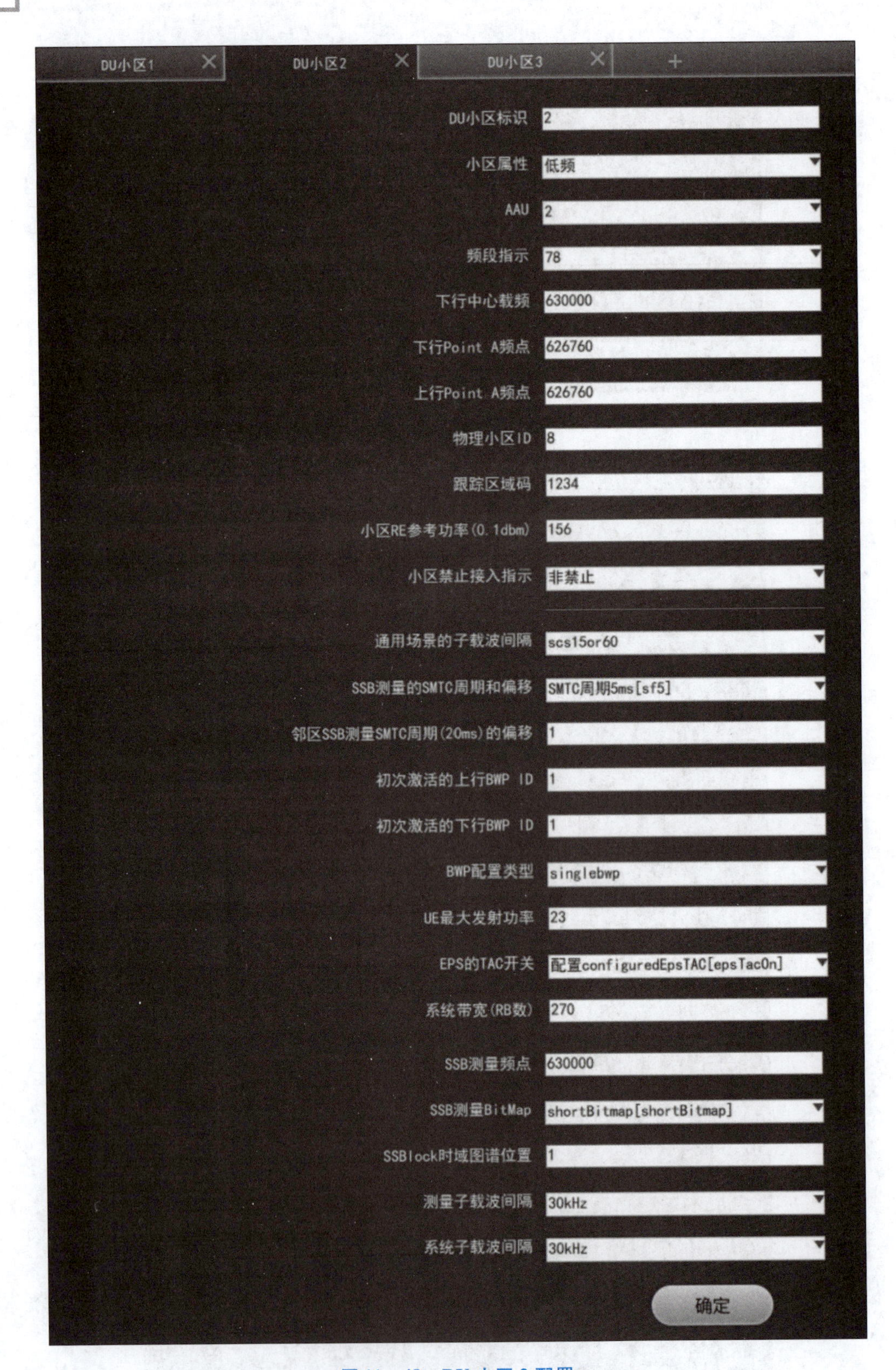

图 11－48　DU 小区 2 配置

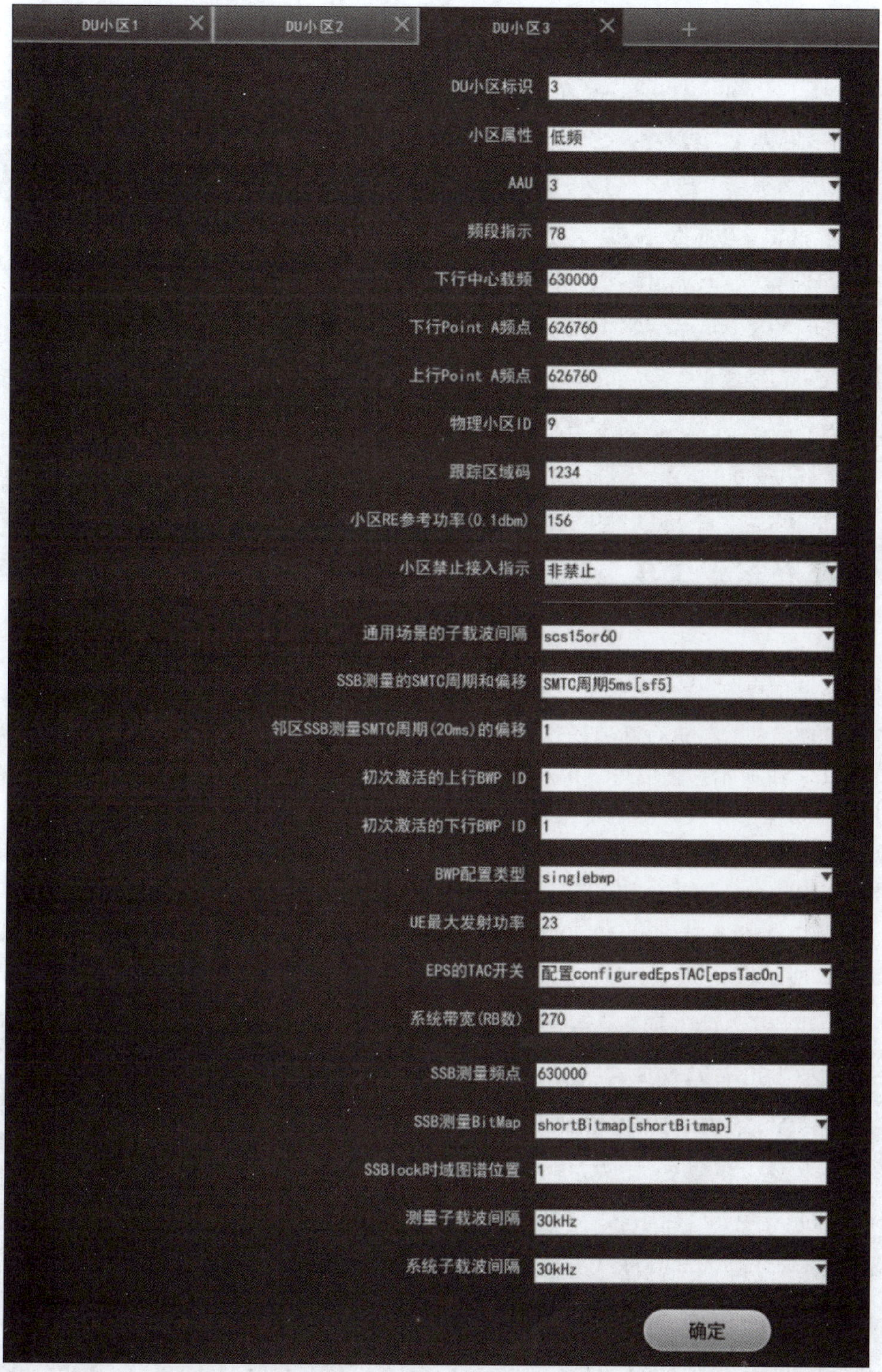

DU小区1　DU小区2　DU小区3　+

DU小区标识	3
小区属性	低频
AAU	3
频段指示	78
下行中心载频	630000
下行Point A频点	626760
上行Point A频点	626760
物理小区ID	9
跟踪区域码	1234
小区RE参考功率(0.1dbm)	156
小区禁止接入指示	非禁止
通用场景的子载波间隔	scs15or60
SSB测量的SMTC周期和偏移	SMTC周期5ms[sf5]
邻区SSB测量SMTC周期(20ms)的偏移	1
初次激活的上行BWP ID	1
初次激活的下行BWP ID	1
BWP配置类型	singlebwp
UE最大发射功率	23
EPS的TAC开关	配置configuredEpsTAC[epsTacOn]
系统带宽(RB数)	270
SSB测量频点	630000
SSB测量BitMap	shortBitmap[shortBitmap]
SSBlock时域图谱位置	1
测量子载波间隔	30kHz
系统子载波间隔	30kHz

确定

图 11-49　DU 小区 3 配置

“DU 小区配置”完成后再进行“接纳控制配置”。单击“接纳控制配置”，可以单击上方的“+”号进行新建操作，需要几个就新建几个，参数如图 11-50 所示。这些配置中的参数根据实际的规划数据进行填写。

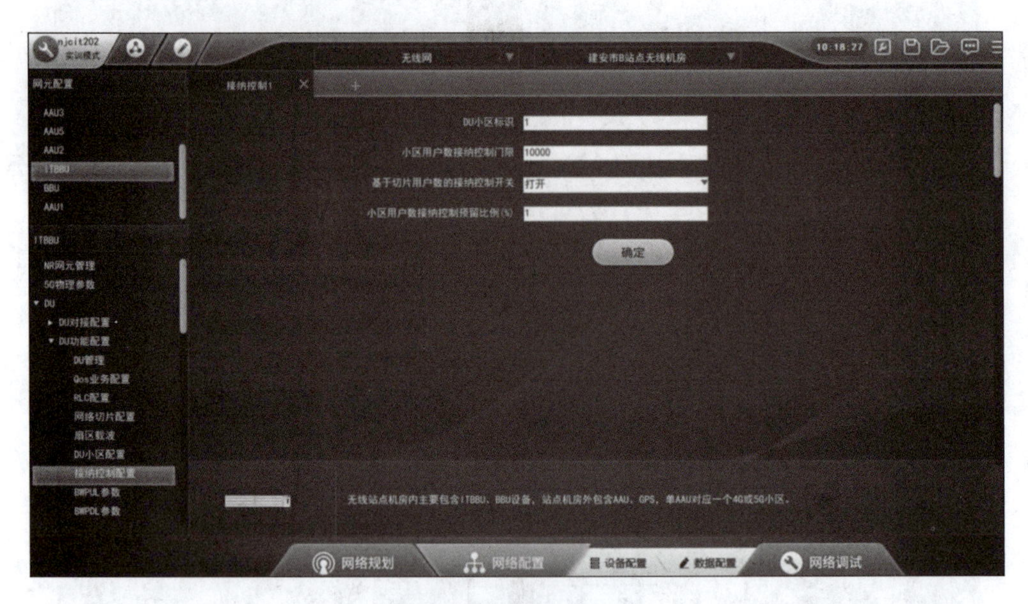

图 11-50　接纳控制配置

“接纳控制配置”完成之后再进行“BWPUL 参数”的配置。单击“BWPUL 参数”，可以单击上方的“+”号进行新建操作，需要几个就新建几个，这里需要新建 3 个 BWPUL，参数如图 11-51 所示。在填写“BWPUL 参数”时需要注意，“上行 BWP RB 个数”在 3 个 BWPUL 中需要保持一致，还需要和后续的“BWPDL 参数”中的“下行 BWP RB 个数”保持一致。同时，“上行 BWP 子载波间隔”在 3 个 BWPUL 中需要保持一致，还需要和后续的“BWPDL 参数”中的“下行 BWP 子载波间隔”保持一致，并且同“DU 小区配置”中的“子载波间隔”参数保持一致。“BWPUL1”“BWPUL2”“BWPUL3”参数分别如图 11-51 至图 11-53 所示。

图 11-51　BWPUL1 参数

图 11－52　BWPUL2 参数

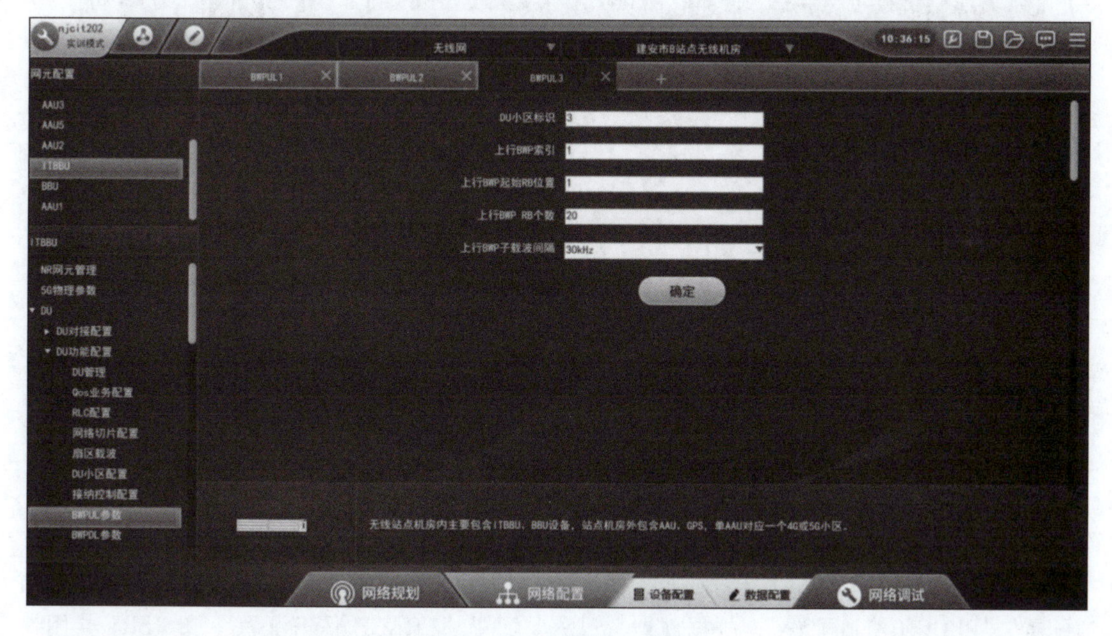

图 11－53　BWPUL3 参数

“BWPDL 参数”的配置类似于“BWPUL 参数”的配置，这里不再赘述。“BWPDL1”“BWPDL2”“BWPDL3”参数分别如图 11－54 至图 11－56 所示。

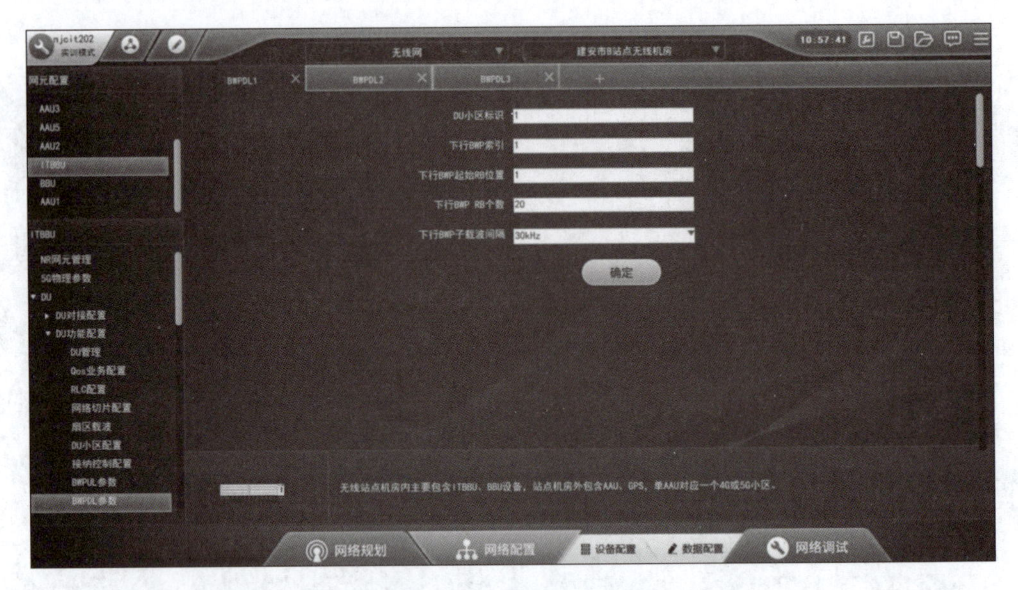

图 11-54　BWPDL1 参数

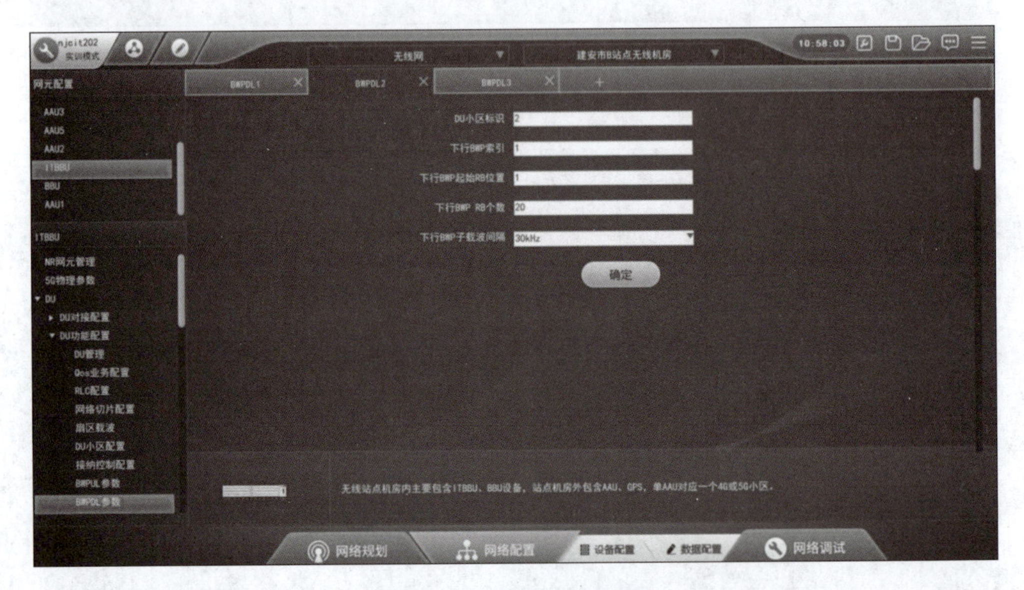

图 11-55　BWPDL2 参数

步骤 4-3-3：单击“物理信道配置”，“物理信道配置”下还有“PUCCH 信道配置”“PUSCH 信道配置”“PRACH 信道配置”“SRS 共用参数”“PDCCH 信道配置”“PDSCH 信道配置”“PBCCH 信道配置”，根据规划，只需要配置“PRACH 信道配置”和“SRS 共用参数”即可。

单击“PRACH 信道配置”，可以单击上方的“+”号进行新建操作，需要几个就新建几个，这里需要新建 3 个。该配置参数比较多，配置时需要细心。在众多参数中，“起始逻辑根序列索引”这个参数要确保不能重复，3 个小区可以分别定义为 1、2、3。其他参数根据实际的规划数据进行填写，或者保持默认数据即可。“PRACH1 信道配置”“PRACH2 信道配置”“PRACH3 信道配置”分别如图 11-57 至图 11-59 所示。

图 11－56　BWPDL3 参数

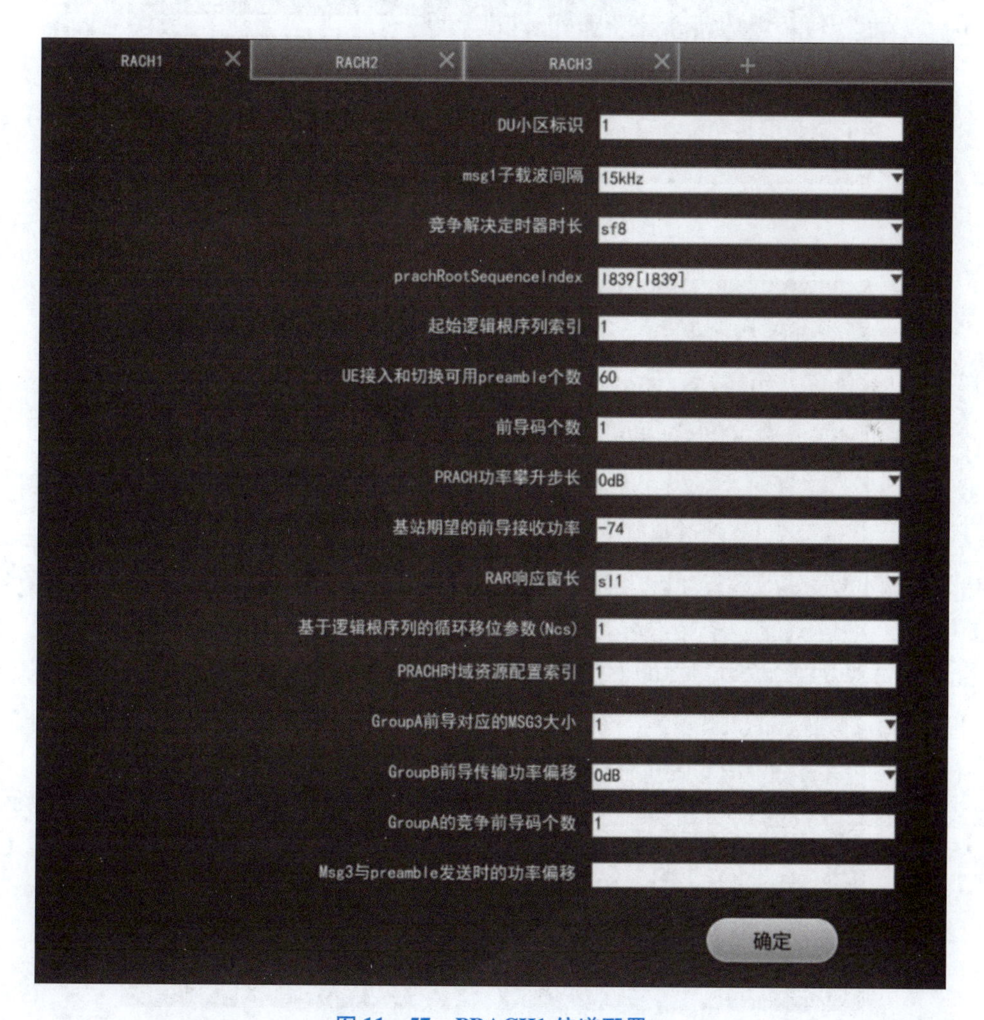

图 11－57　PRACH1 信道配置

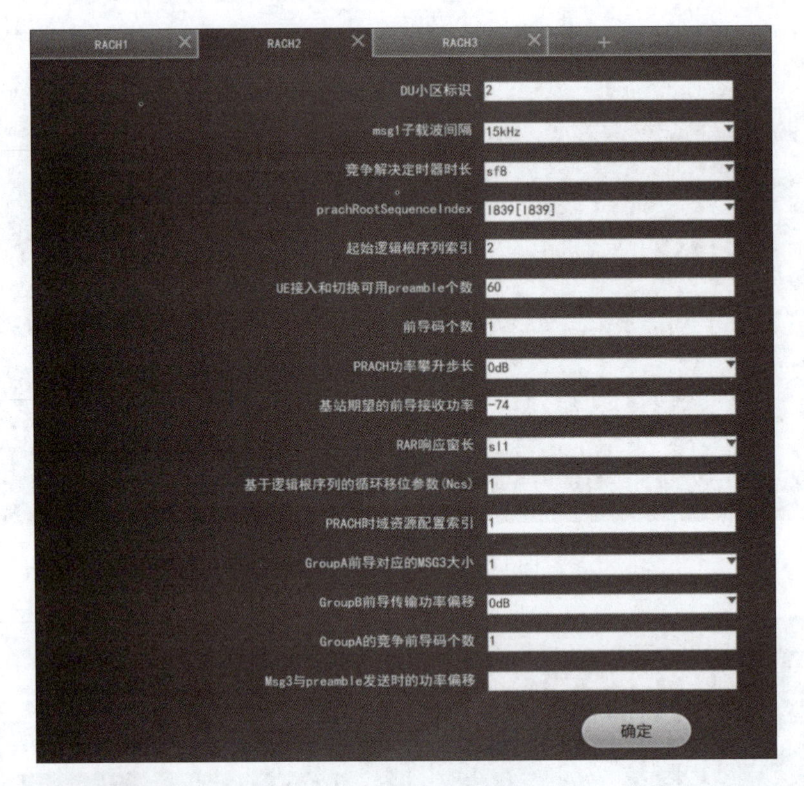

图 11－58　PRACH2 信道配置

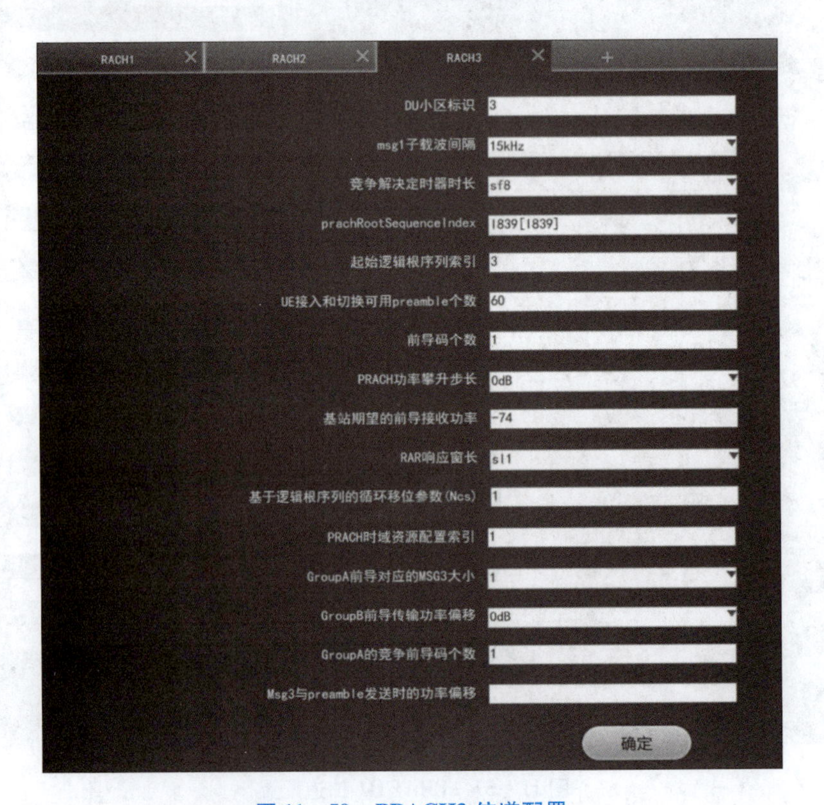

图 11－59　PRACH3 信道配置

“PRACH 信道配置”完成之后再进行“SRS 公用参数”的配置。单击“SRS 公用参数”，可以单击上方的“+”号进行新建操作，需要几个就新建几个，这里需要新建 3 个 SRS。“SRS1 公用参数”“SRS2 公用参数”“SRS3 公用参数”分别如图 11－60 至图 11－62 所示。在填写“SRS 公用参数”时需要注意“SRS 的 slot 序号”和下面的“测量与定时开关”里的“小区业务参数配置”中的“帧结构第一个周期的帧类型”参数相关。该参数为 11120，标识 0 在第 4 位，所以“SRS 的 slot 序号”填 4。在“帧结构第一个周期的帧类型”中，如 11120，1 表示上行，2 表示下行，0 表示特殊。

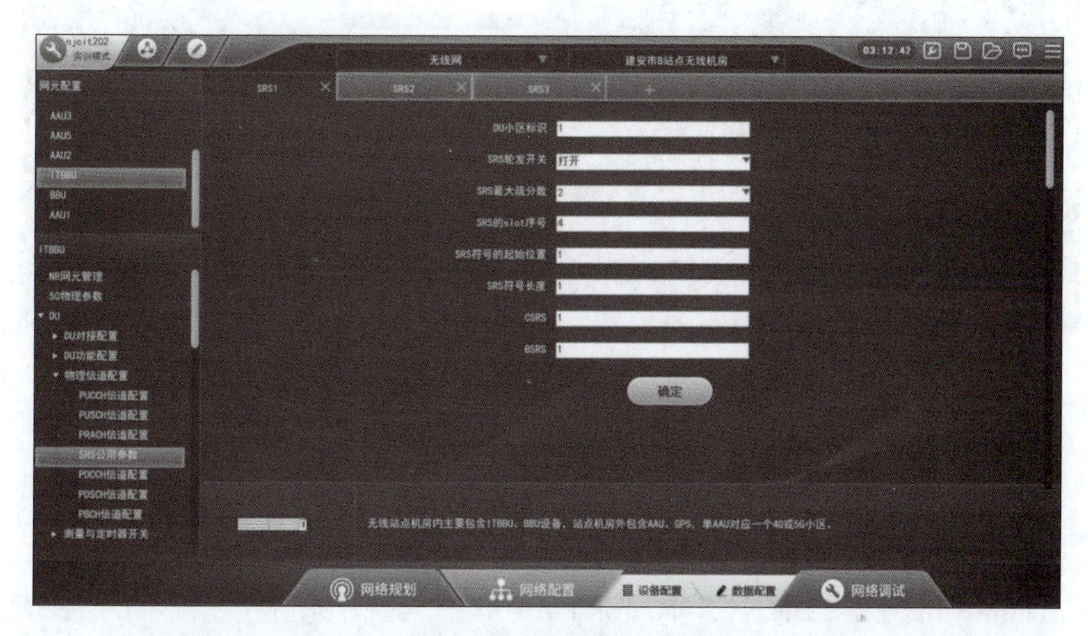

图 11－60　SRS1 共用参数

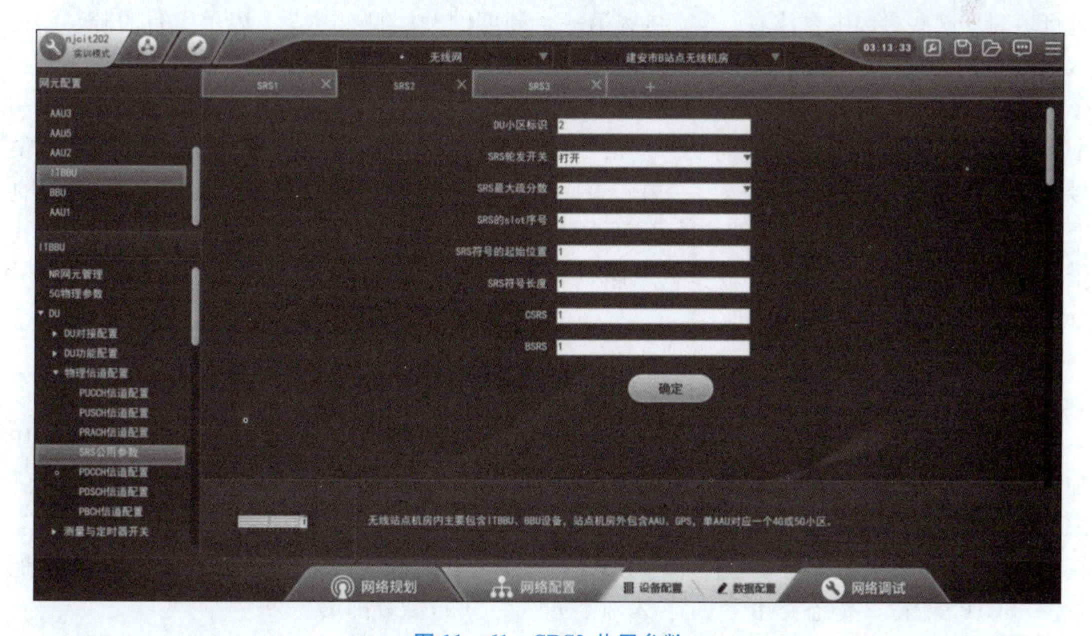

图 11－61　SRS2 共用参数

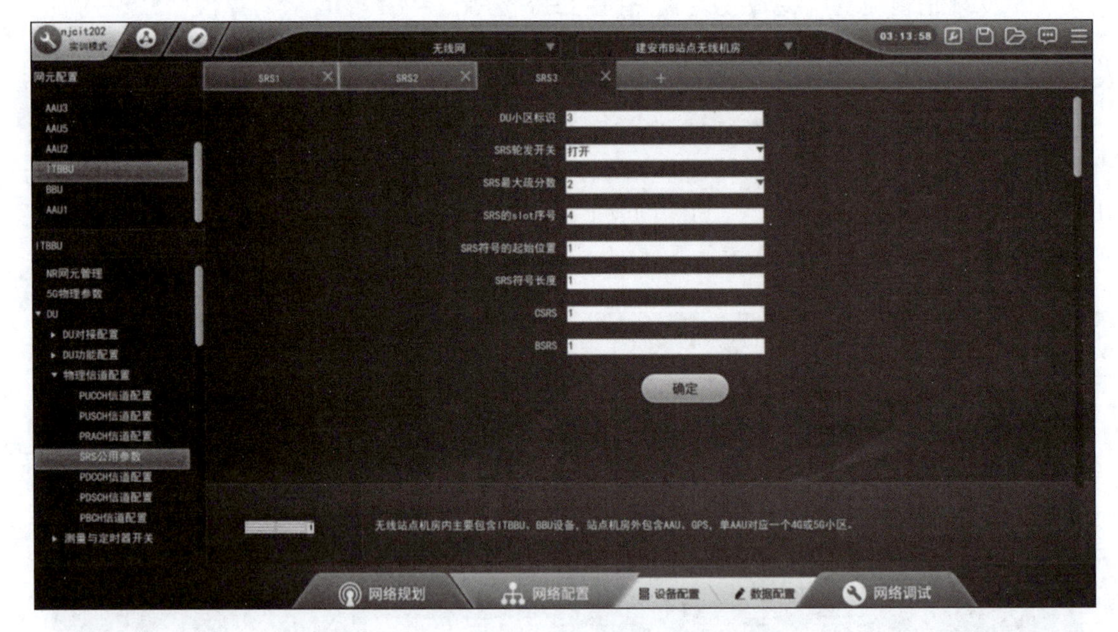

图 11－62　SRS3 共用参数

步骤 4－3－4：单击“测量与定时器开关”，“测量与定时器开关”下还有“RSRP 测量配置”“小区业务参数配置”“UE 定时器配置”。由于“RSRP 测量配置”和“UE 定时器配置”涉及比较复杂的业务验证，这里只进行简单的单小区验证，所以只需要配置“小区业务参数配置”即可。

单击“小区业务参数配置”，可以单击上方的“＋”号进行新建操作，需要几个就新建几个，这里需要新建 3 个。该配置参数比较多，配置时需要细心。参数根据实际的规划数据进行填写。这些参数中要注意，“帧结构第一个周期的帧类型”中，1 表示上行时隙，2 表示下行时隙，0 表示特殊时隙。因为在之前的参数设定中，子载波间隔为 30 kHz，帧结构一个周期内有 5 个时隙，这里填 11120，表示前 3 个为上行时隙，第四个为下行时隙，最后一个是特殊时隙。特殊时隙的下标为 4，正好对应着“SRS 公用参数”中的“SRS 的 slot 序号”这个参数。另外还需要注意，“第一个周期 S slot 上的 GP 符号数”“第一个周期 S slot 上的上行符号数”“第一个周期 S slot 上的下行符号数”这 3 个参数的和必须为 14，因为一个时隙有 14 个符号。“小区业务参数配置 1”“小区业务参数配置 2”“小区业务参数配置 3”分别如图 11－63 至图 11－65 所示。

步骤 4－4：单击“CU”选项，下面出现两个子选项，分别是“gNBCUCP 功能”和“gNBCUUP 功能”，如图 11－66 所示。

步骤 4－4－1：首先单击“gNBCUCP 功能”，“gNBCUCP 功能”下还有“CU 管理”“IP 配置”“SCTP 配置”“静态路由”“PDCP 参数”“CU 小区配置”“NR 重选”“覆盖切换”“负荷均衡配置”“CA 测量配置”“MIMO 配置”“邻区配置”“邻接关系配置”“增强双连接功能”“非连续接收配置参数”和“inactive 参数”。这里，只需要对“CU 管理”“IP 配置”“SCTP 配置”“静态路由”和“CU 小区配置”进行配置即可。

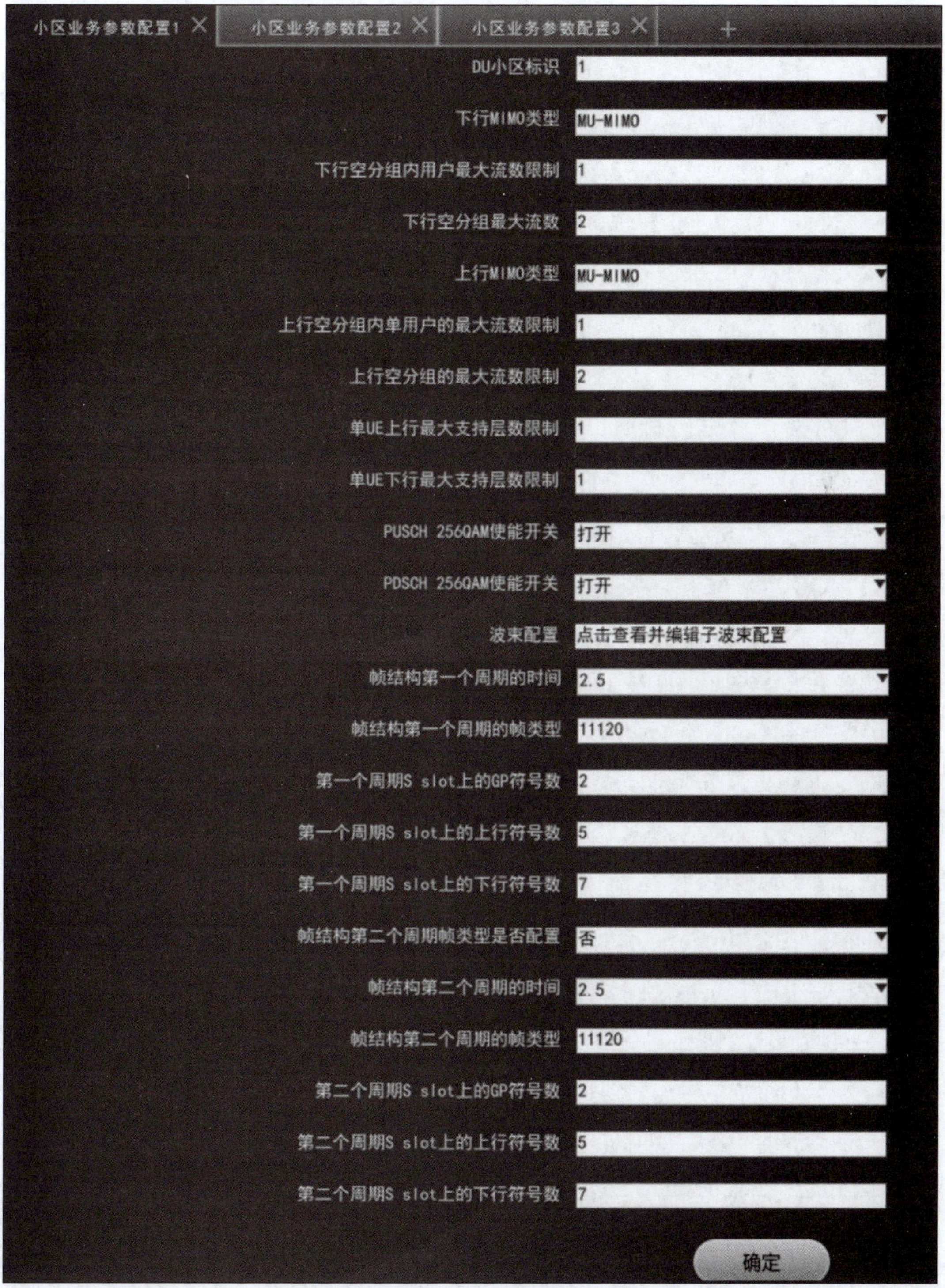

小区业务参数配置1　小区业务参数配置2　小区业务参数配置3　+

DU小区标识	1
下行MIMO类型	MU-MIMO
下行空分组内用户最大流数限制	1
下行空分组最大流数	2
上行MIMO类型	MU-MIMO
上行空分组内单用户的最大流数限制	1
上行空分组的最大流数限制	2
单UE上行最大支持层数限制	1
单UE下行最大支持层数限制	1
PUSCH 256QAM使能开关	打开
PDSCH 256QAM使能开关	打开
波束配置	点击查看并编辑子波束配置
帧结构第一个周期的时间	2.5
帧结构第一个周期的帧类型	11120
第一个周期S slot上的GP符号数	2
第一个周期S slot上的上行符号数	5
第一个周期S slot上的下行符号数	7
帧结构第二个周期帧类型是否配置	否
帧结构第二个周期的时间	2.5
帧结构第二个周期的帧类型	11120
第二个周期S slot上的GP符号数	2
第二个周期S slot上的上行符号数	5
第二个周期S slot上的下行符号数	7

确定

图 11－63　小区业务参数配置 1

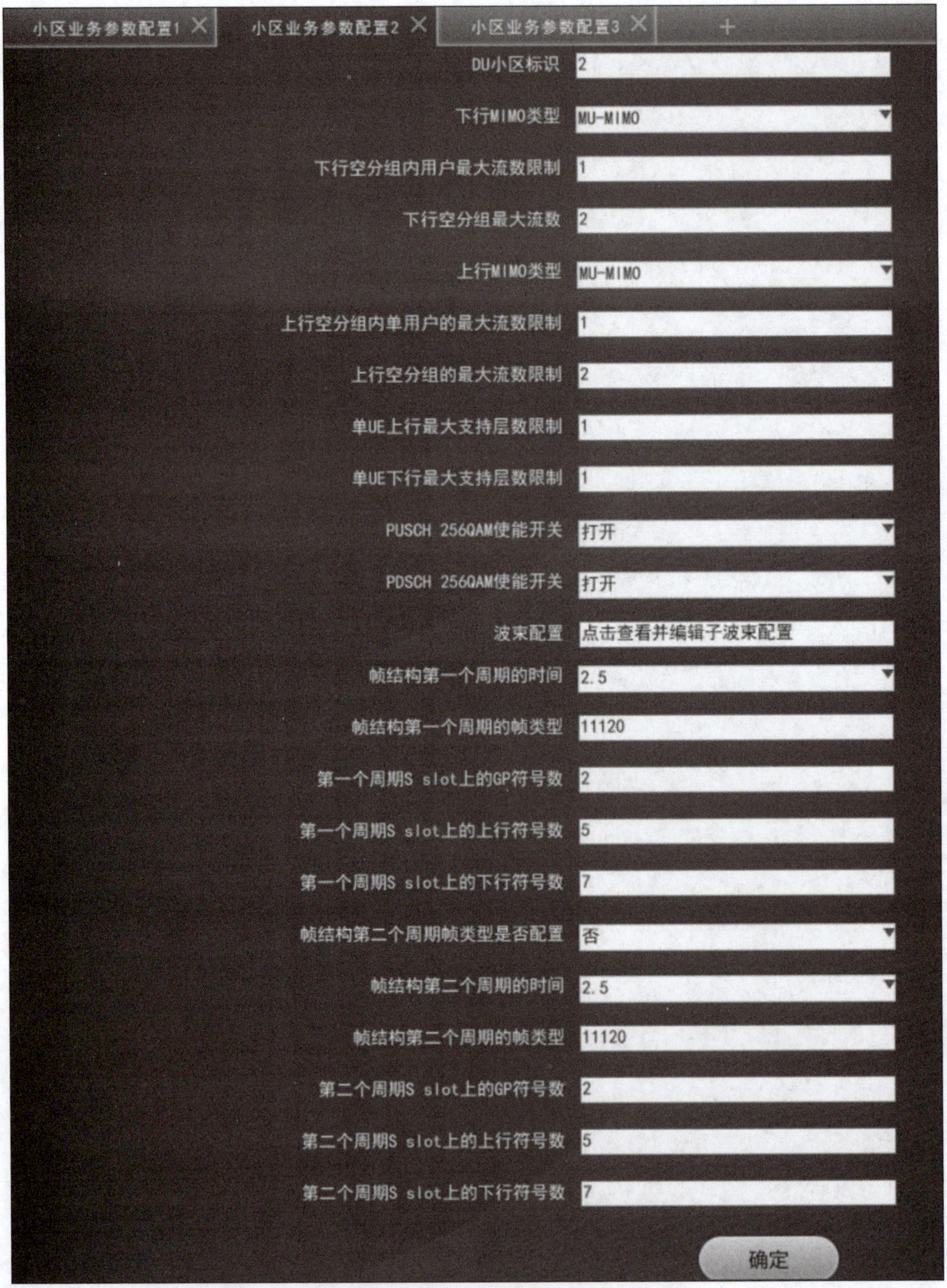

小区业务参数配置1 ×　小区业务参数配置2 ×　小区业务参数配置3 ×　+

DU小区标识	2
下行MIMO类型	MU-MIMO
下行空分组内用户最大流数限制	1
下行空分组最大流数	2
上行MIMO类型	MU-MIMO
上行空分组内单用户的最大流数限制	1
上行空分组的最大流数限制	2
单UE上行最大支持层数限制	1
单UE下行最大支持层数限制	1
PUSCH 256QAM使能开关	打开
PDSCH 256QAM使能开关	打开
波束配置	点击查看并编辑子波束配置
帧结构第一个周期的时间	2.5
帧结构第一个周期的帧类型	11120
第一个周期S slot上的GP符号数	2
第一个周期S slot上的上行符号数	5
第一个周期S slot上的下行符号数	7
帧结构第二个周期帧类型是否配置	否
帧结构第二个周期的时间	2.5
帧结构第二个周期的帧类型	11120
第二个周期S slot上的GP符号数	2
第二个周期S slot上的上行符号数	5
第二个周期S slot上的下行符号数	7

确定

图11-64　小区业务参数配置2

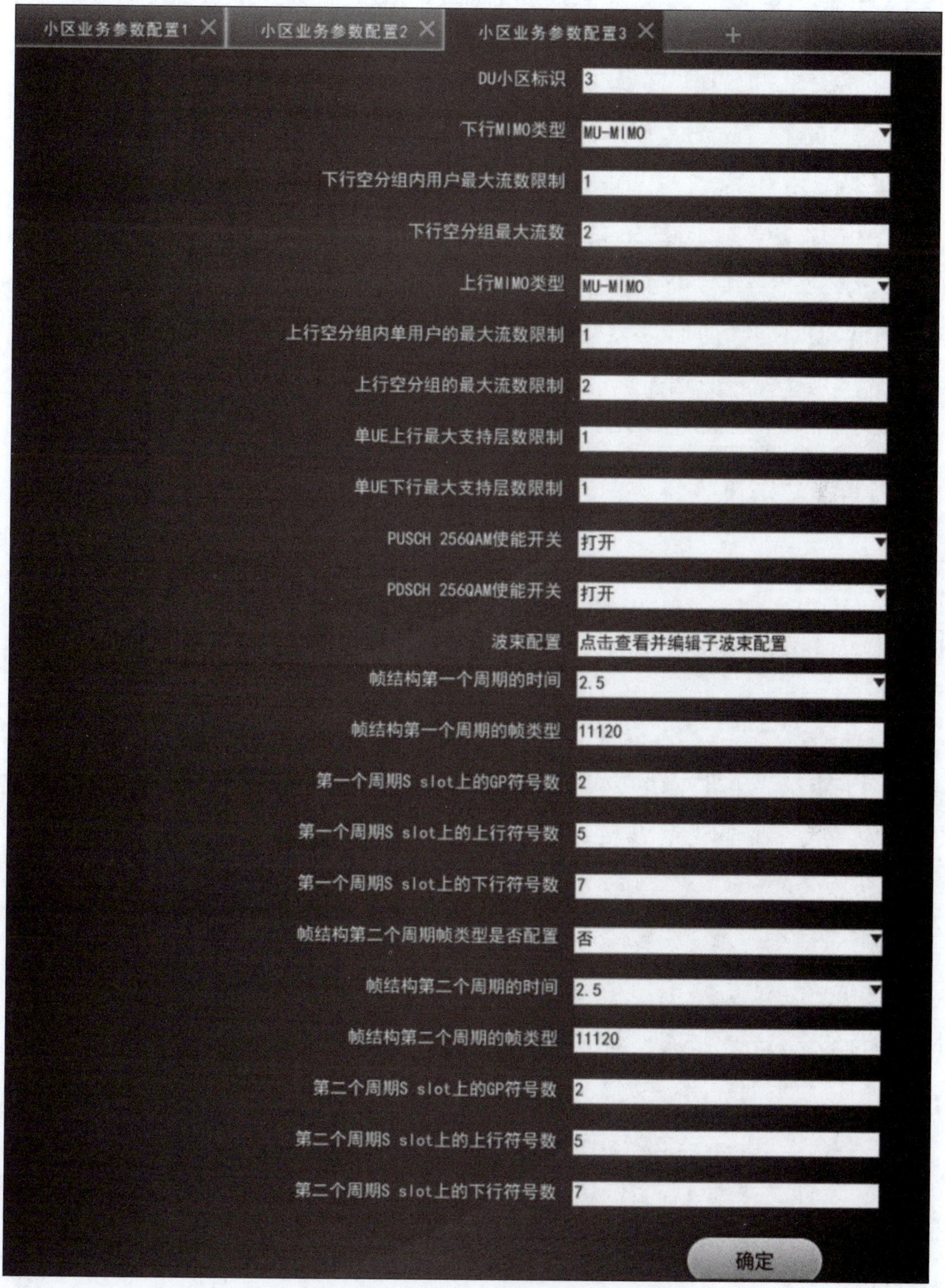

小区业务参数配置1　小区业务参数配置2　小区业务参数配置3　+

DU小区标识	3
下行MIMO类型	MU-MIMO
下行空分组内用户最大流数限制	1
下行空分组最大流数	2
上行MIMO类型	MU-MIMO
上行空分组内单用户的最大流数限制	1
上行空分组的最大流数限制	2
单UE上行最大支持层数限制	1
单UE下行最大支持层数限制	1
PUSCH 256QAM使能开关	打开
PDSCH 256QAM使能开关	打开
波束配置	点击查看并编辑子波束配置
帧结构第一个周期的时间	2.5
帧结构第一个周期的帧类型	11120
第一个周期S slot上的GP符号数	2
第一个周期S slot上的上行符号数	5
第一个周期S slot上的下行符号数	7
帧结构第二个周期帧类型是否配置	否
帧结构第二个周期的时间	2.5
帧结构第二个周期的帧类型	11120
第二个周期S slot上的GP符号数	2
第二个周期S slot上的上行符号数	5
第二个周期S slot上的下行符号数	7

确定

图 11－65　小区业务参数配置 3

图 11－66　gNBCUCP 功能

单击“CU 管理”，该配置中的参数需要根据规划进行填写，如图 11－67 所示。CU 和 DU 一样，都是通过光口进行回传的，所以这里的“CU 承载链路端口”选择光口。

图 11－67　CU 管理

单击“IP 配置”，该配置中的参数需要根据规划进行填写，如图 11－68 所示。

图 11 - 68　IP 配置

单击“SCTP 配置”，可以单击上方的“ + ”号进行新建操作，需要几个就新建几个，这里需要新建 3 个。根据规划，CUCP 需要配置和 BBU 之间的 XN 偶联，和 DU 之间还要配置一个 F1 偶联，同时还需要和 CUUP 之间配置一个 E1 偶联。“SCTP 配置 1”“SCTP 配置 2”“SCTP 配置 3”分别如图 11 - 69 至图 11 - 71 所示。

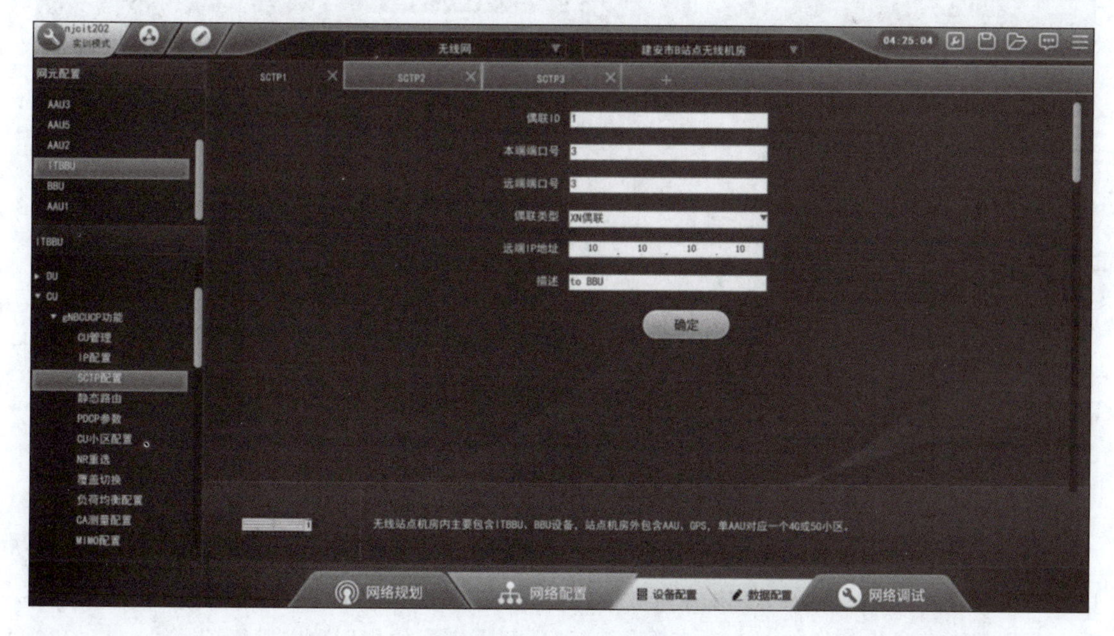

图 11 - 69　SCTP 配置 1

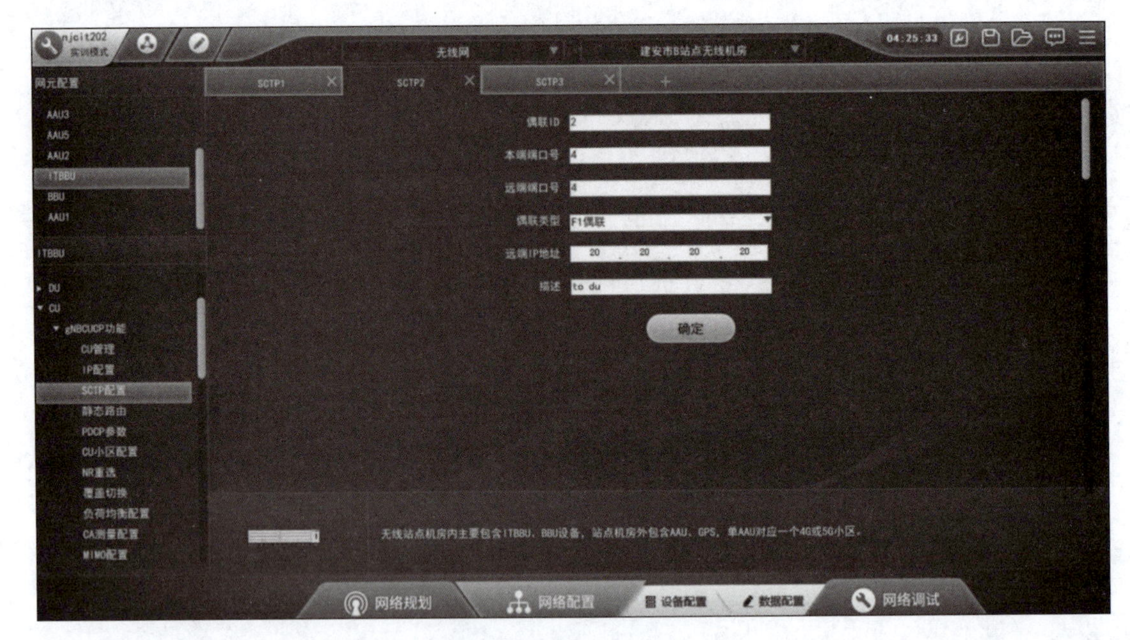

图 11－70　SCTP 配置 2

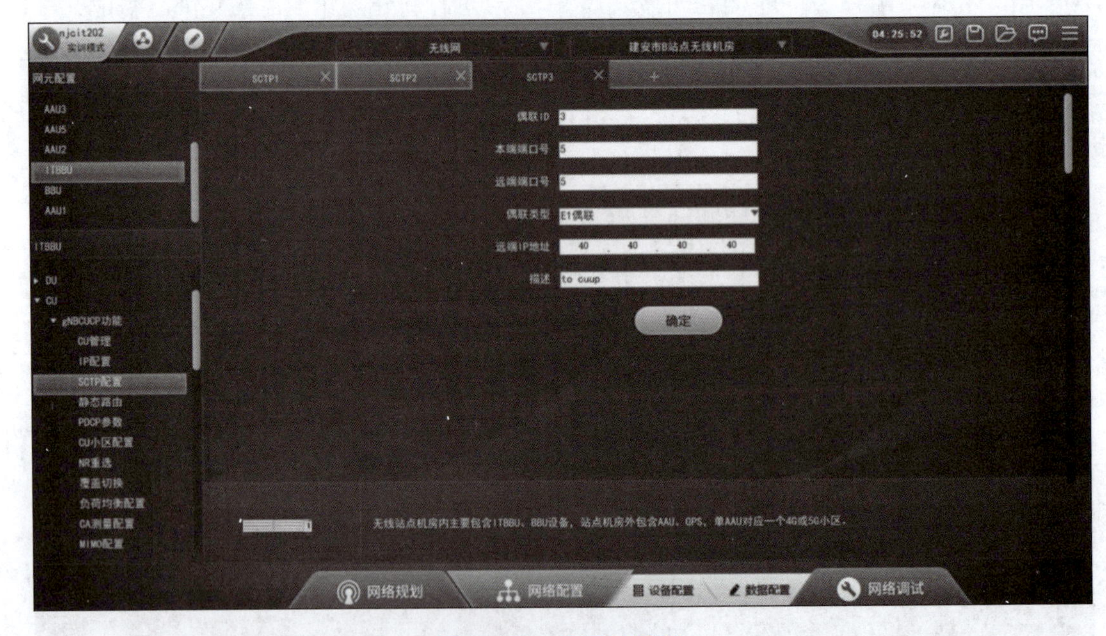

图 11－71　SCTP 配置 3

单击“静态路由”，可以单击上方的“＋”号进行新建操作，需要几个就新建几个，这里只需要新建 1 个。CUCP 和 BBU 是有对接的，并且在 IP 配置里没有网关配置，所以这里需要配置静态路由。配置如图 11－72 所示，参数根据实际的规划数据进行填写。

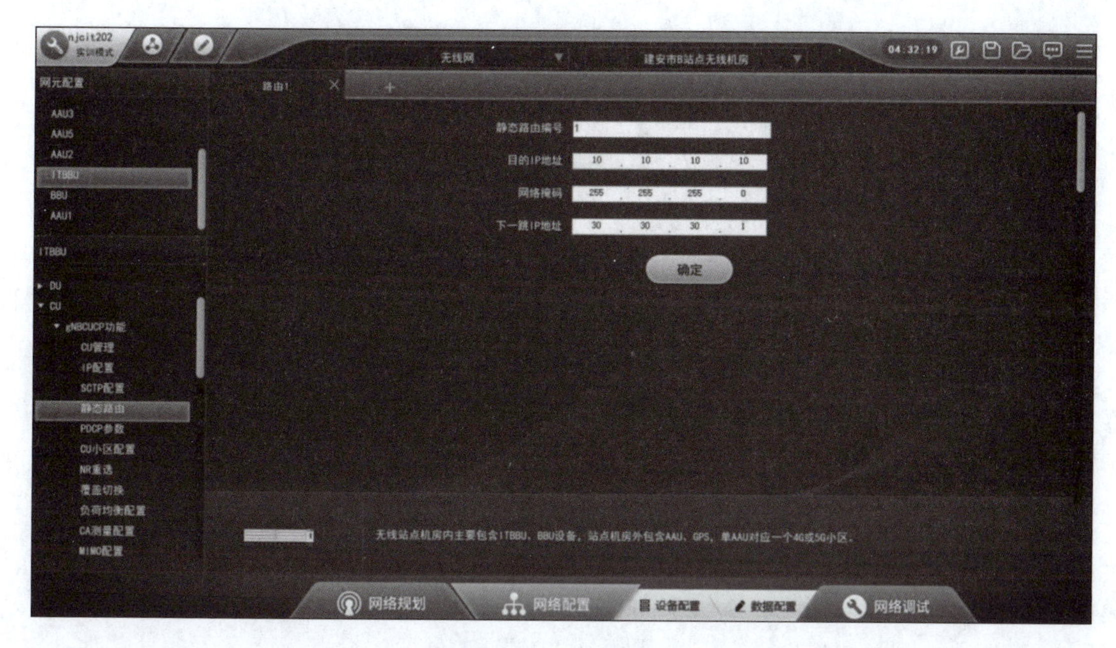

图 11－72　静态路由

单击“CU 小区配置”，可以单击上方的“＋”号进行新建操作，需要几个就新建几个，这里需要新建 3 个。3 个 CU 小区配置分别如图 11－73 至图 11－75 所示。

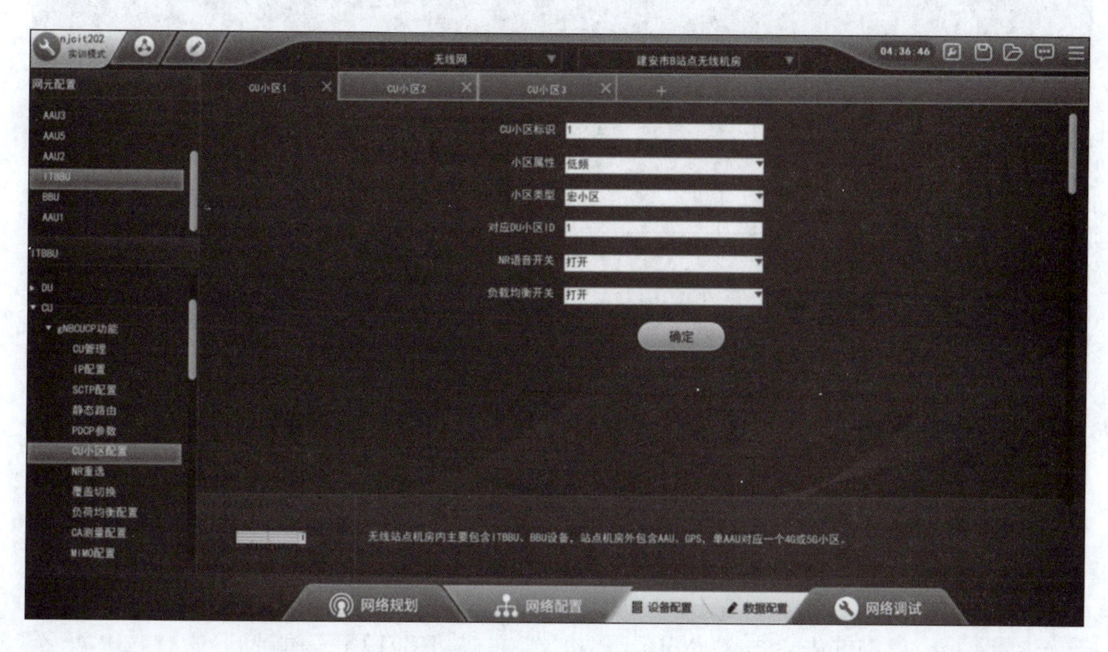

图 11－73　CU 小区 1

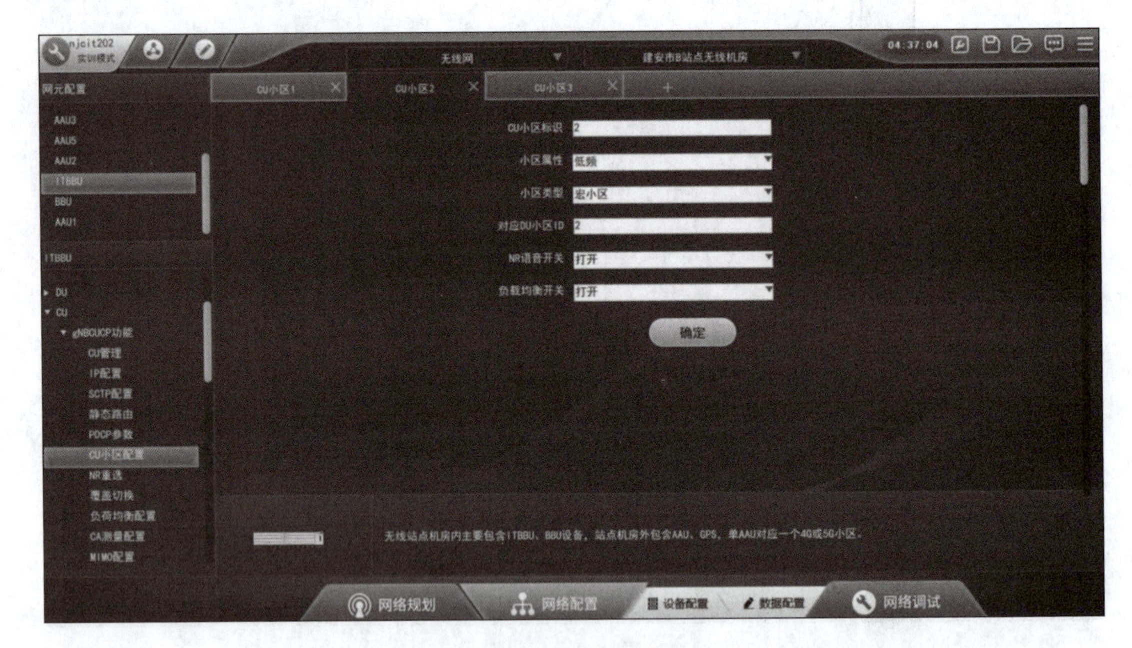

图 11－74　CU 小区 2

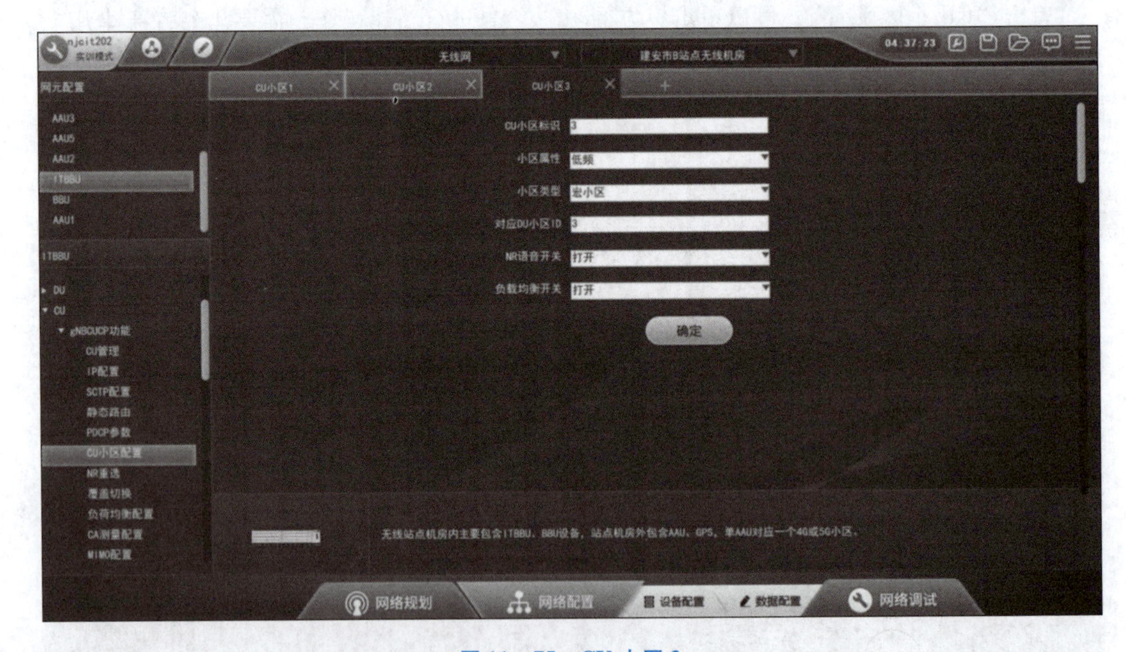

图 11－75　CU 小区 3

步骤 4－4－2：首先单击“gNBCUUP 功能”，“gNBCUUP 功能”下还有“IP 配置”“SCTP 配置”“静态路由”“加密完保安全能力”和“网络切片”。这里，只需要对“IP 配置”“SCTP 配置”和“静态路由”进行配置即可。

单击“IP 配置”，该配置中的参数需要根据规划进行填写，如图 11－76 所示。

图 11－76　IP 配置

单击“SCTP 配置”，可以单击上方的“＋”号进行新建操作，需要几个就新建几个，这里只需要新建 1 个。根据规划，CUUP 只需要配置和 CUCP 之间的 E1 偶联，如图 11－77 所示。

图 11－77　SCTP 配置

单击“静态路由”，可以单击上方的“＋”号进行新建操作，需要几个就新建几个，这里只需要新建 1 个。CUUP 和核心网的 SGW 是有对接的，所以这里需要配置一个静态路由。

配置如图 11－78 所示，参数根据实际的规划数据进行填写。

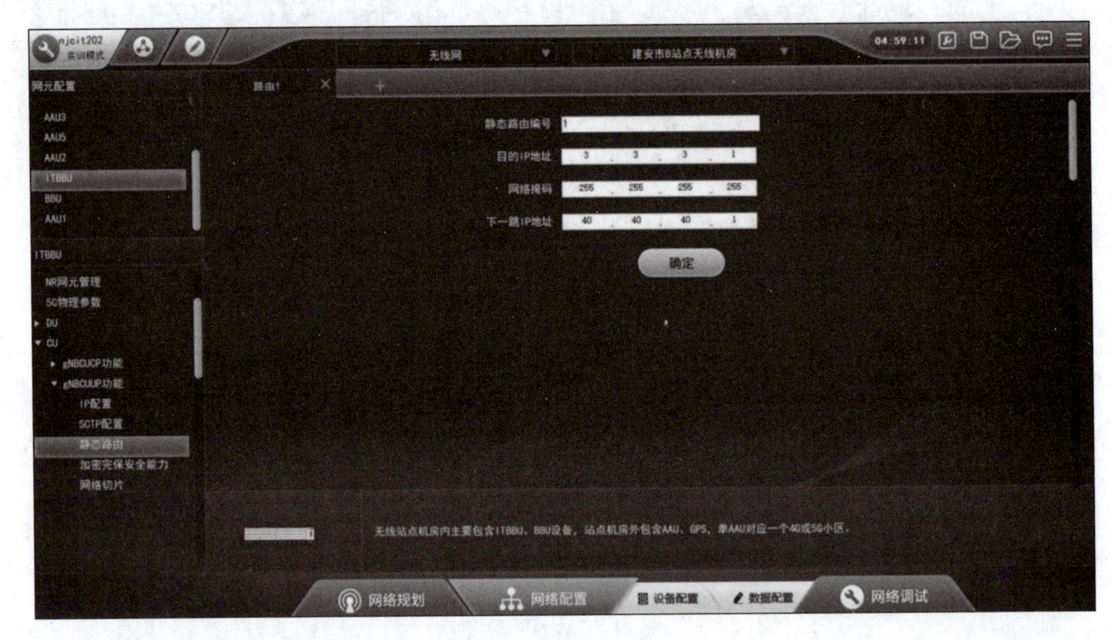

图 11－78　静态路由

至此，5G BBU（ITBBU）的数据配置全部结束。下面对 4G BBU（BBU）的数据进行配置。

步骤 5：单击“BBU”，页面左下方会展示相应的参数，如图 11－79 所示。

图 11－79　BBU 配置参数展示

步骤 5－1：单击“网元管理”，如图 11－80 所示。“网元管理”参数包括“基站标识”“无线制式”等参数。参数需要根据实际的规划数据进行填写。注意，这里的“NSA 共框标识”这个参数要与 ITBBU 中的“NR 网元管理”中的“NSA 共框标识”保持一致。同时，这里的 MCC 和 MNC 和之前配置的也要保持一致。

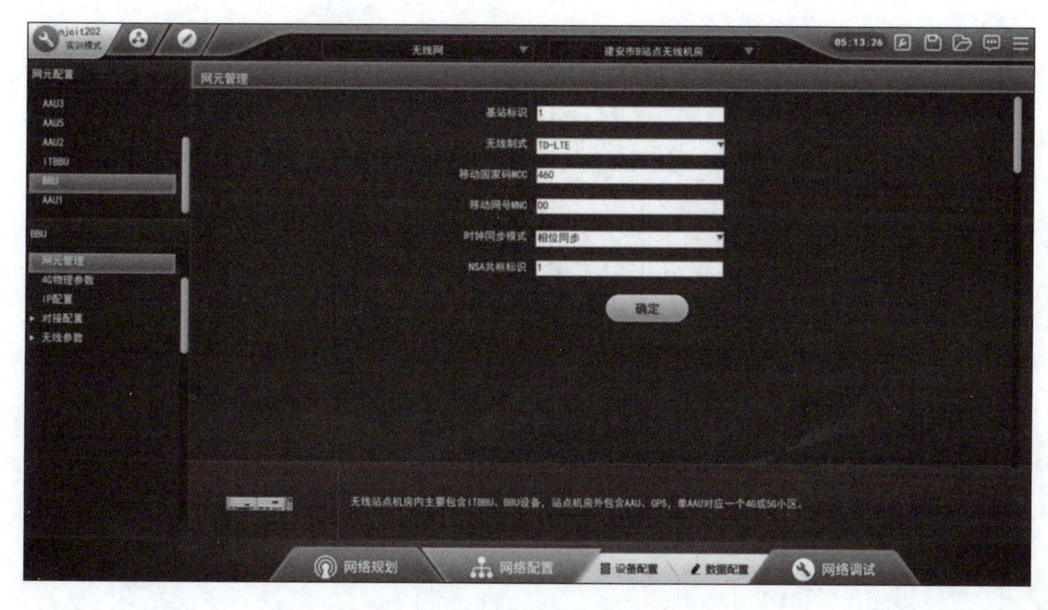

图 11－80　网元管理

步骤 5－2：单击“4G 物理参数”，如图 11－81 所示。“4G 物理参数”包括“AAU 链路光口使能”“承载链路端口”等。这里的 3 个“AAU 链路光口使能”参数都要选择“使能”；否则与 AAU 之间就会不通。同时，“承载链路端口”也要与之前基站硬件设备配置的选择保持一致，这里选择“网口”，因为之前的基站硬件配置中，4G BBU 和 AAU 之间的接口为网口。

图 11－81　4G 物理参数

步骤 5 - 3：单击“IP 配置”，该配置中的参数需要根据规划进行填写，如图 11 - 82 所示。

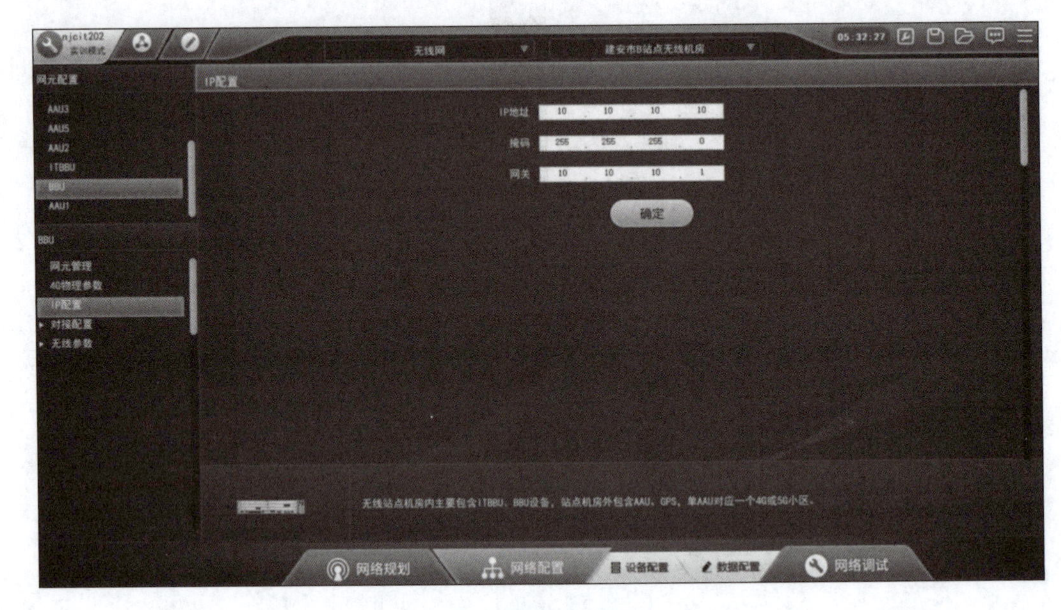

图 11 - 82　IP 配置

步骤 5 - 4：单击“对接配置”选项，下面出现两个子选项，分别是“SCTP 配置”和“静态路由”，如图 11 - 83 所示。

图 11 - 83　对接配置

步骤 5 - 4 - 1：单击“SCTP 配置”，可以单击上方的“ + ”号进行新建操作，需要几个就新建几个。根据规划，4G BBU 与核心网的 MME 网元之间有一个 NG 偶联，和 CUCP 之间有一个 XN 偶联，所以这里需要新建 2 个 SCTP 配置，配置分别如图 11 - 84 和图 11 - 85 所示，参数根据实际的规划数据进行填写。

图 11 - 84　SCTP 配置 1

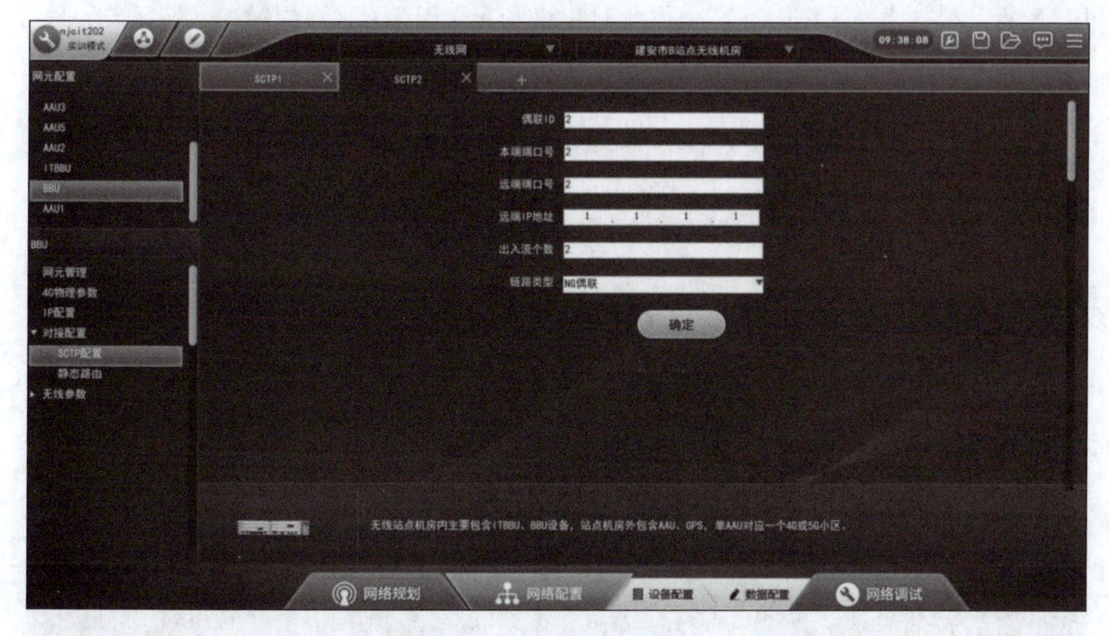

图 11 - 85　SCTP 配置 2

步骤 5 - 4 - 2：单击“静态路由”，可以单击上方的“ + ”号进行新建操作，需要几个就新建几个，这里只需要新建 1 个。4G BBU 和核心网的 SGW 网元是对接的，所以这里需要配置一个静态路由。配置如图 11 - 86 所示，参数根据实际的规划数据进行填写。

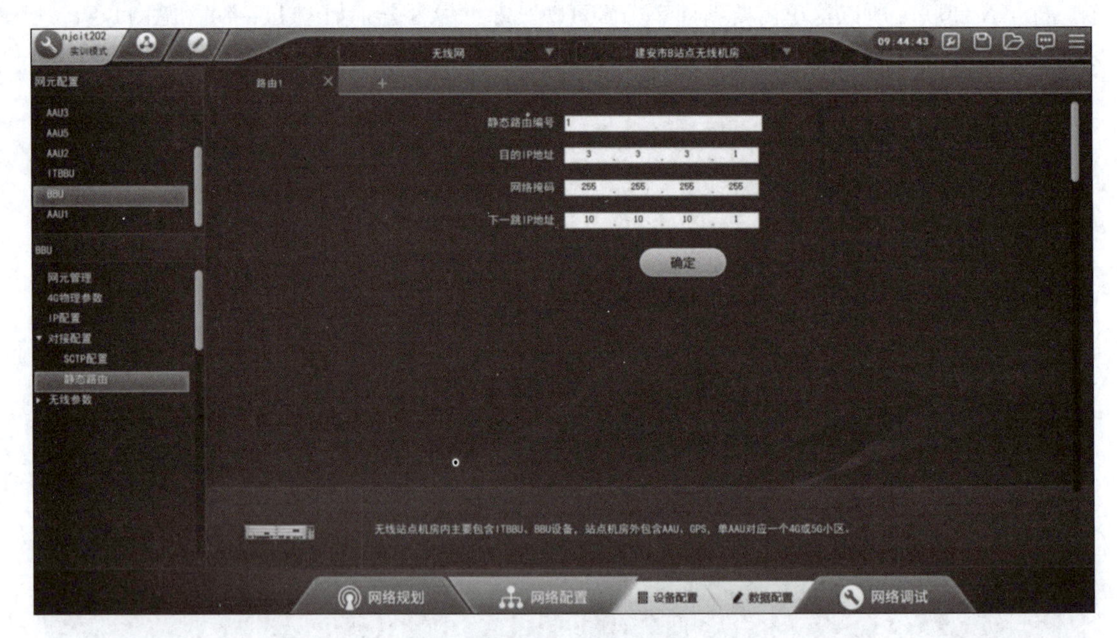

图 11-86　静态路由

步骤 5-5：单击“无线参数”选项，下面出现 7 个子选项，分别是“eNodeB 配置”“FDD 小区配置”“TDD 小区配置”“FDD 邻接小区配置”“TDD 邻接小区配置”“NR 邻接小区配置”和“邻接关系表配置”，如图 11-87 所示。因为之前在配置“网络制式”时选择的是 TDD 模式，所以这里 FDD 相关的配置不需要配置。

图 11-87　无线参数

步骤 5 -5 -1：单击“eNodeB 配置”，配置如图 11 -88 所示，参数根据实际的规划数据进行填写。

图 11 -88　eNodeB 配置

步骤 5 -5 -2：单击“TDD 小区配置”，可以单击上方的“+”号进行新建操作，需要几个就新建几个，这里只需要新建 3 个，参数根据实际的规划数据进行填写。这里需要注意，AAU 的光口选择和小区必须一一对应。配置分别如图 11 -89 至图 11 -91 所示。

图 11 -89　TDD 小区配置 1

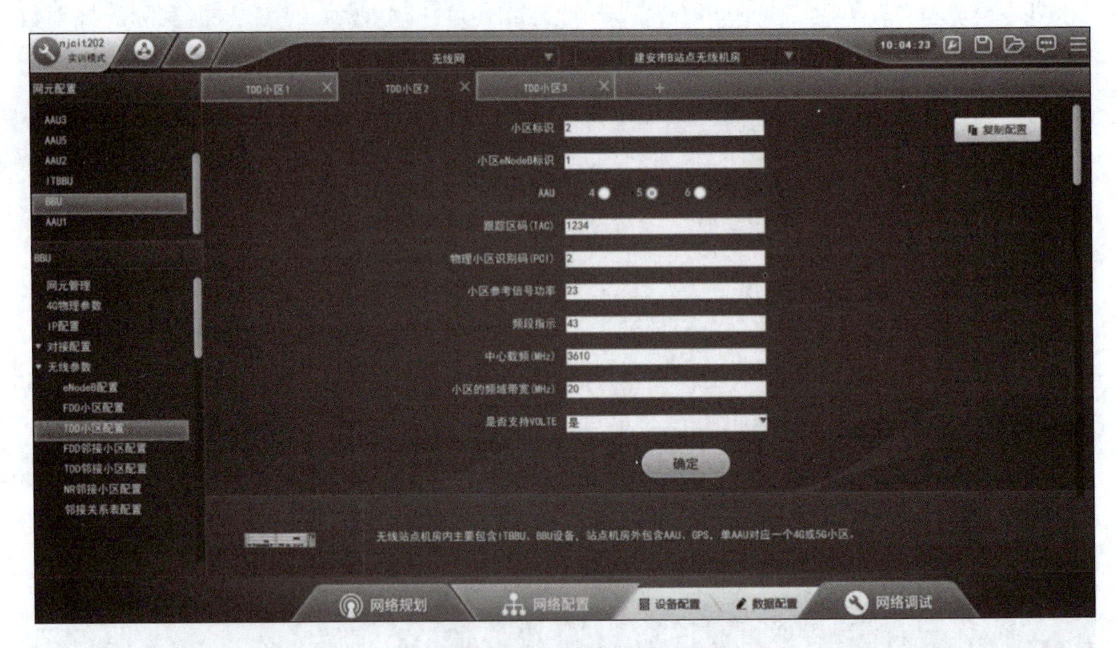

图 11-90　TDD 小区配置 2

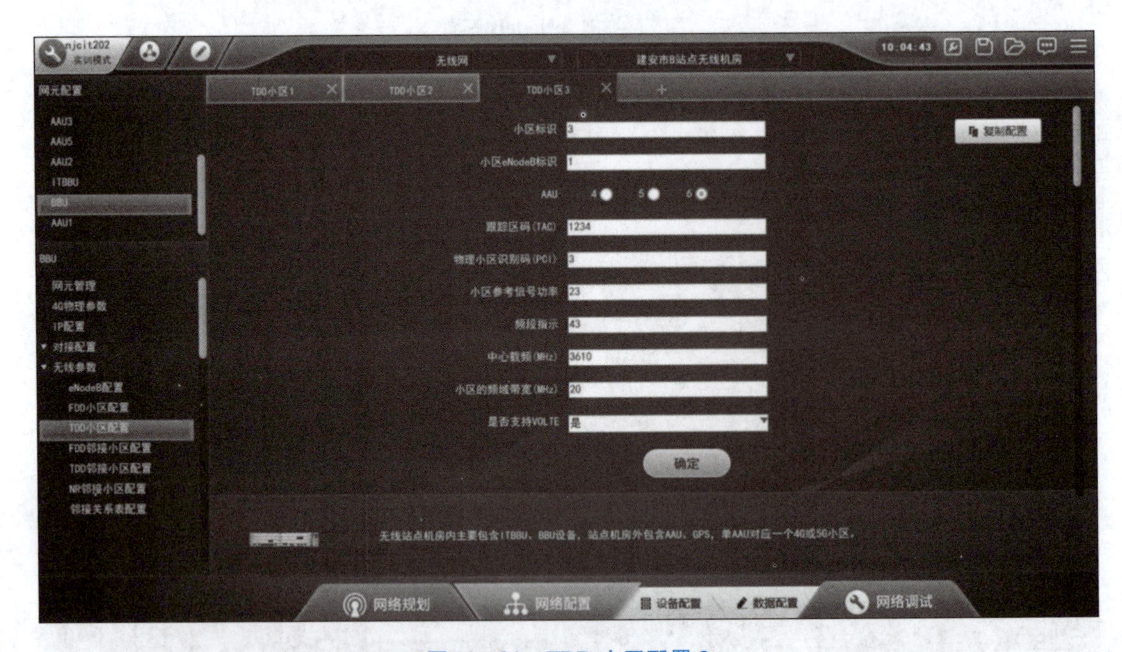

图 11-91　TDD 小区配置 3

步骤 5-5-3：单击“NR 邻接小区配置”，单击“+”号进行新建操作，这里需要新建 3 个，参数根据实际的规划数据进行填写。配置分别如图 11-92 至图 11-94 所示。

图 11－92　NR 邻接小区配置 1

图 11－93　NR 邻接小区配置 2

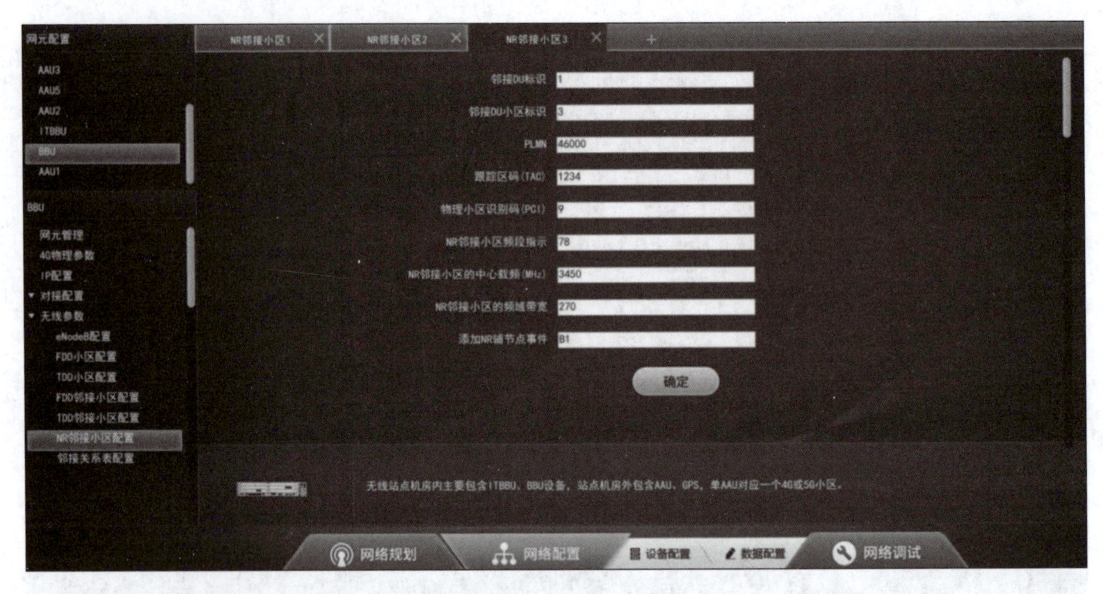

图 11-94　NR 邻接小区配置 3

步骤 5-5-4：单击“邻接关系表配置”，单击上方的“+”号进行新建操作，这里需要新建 3 个，把 4G 小区和 5G 小区做一个对接。配置分别如图 11-95 至图 11-97 所示。

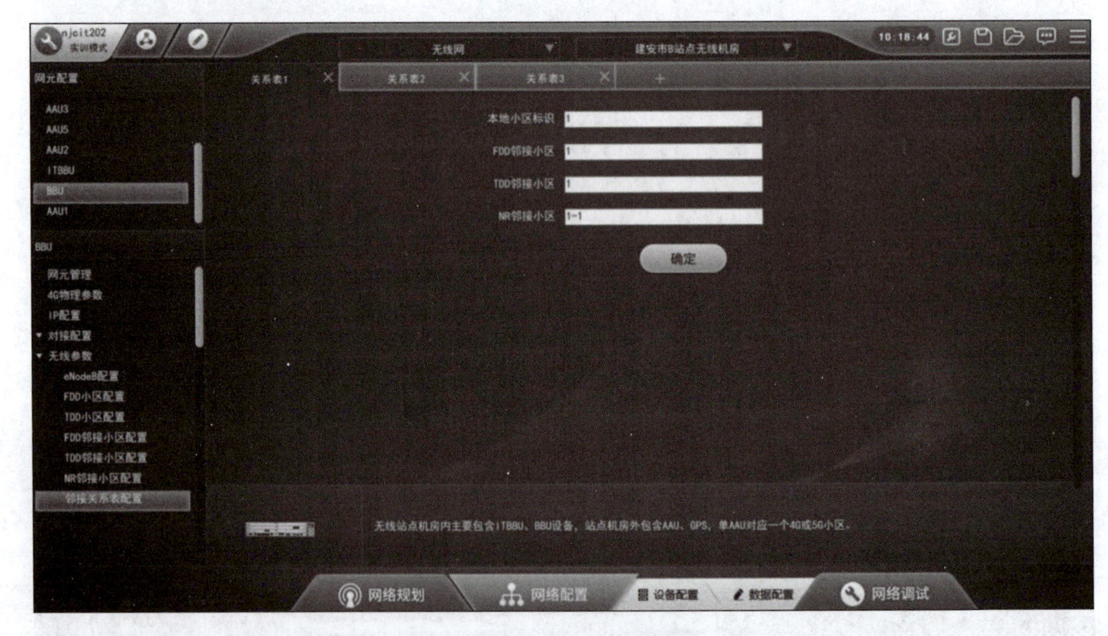

图 11-95　邻接关系表配置 1

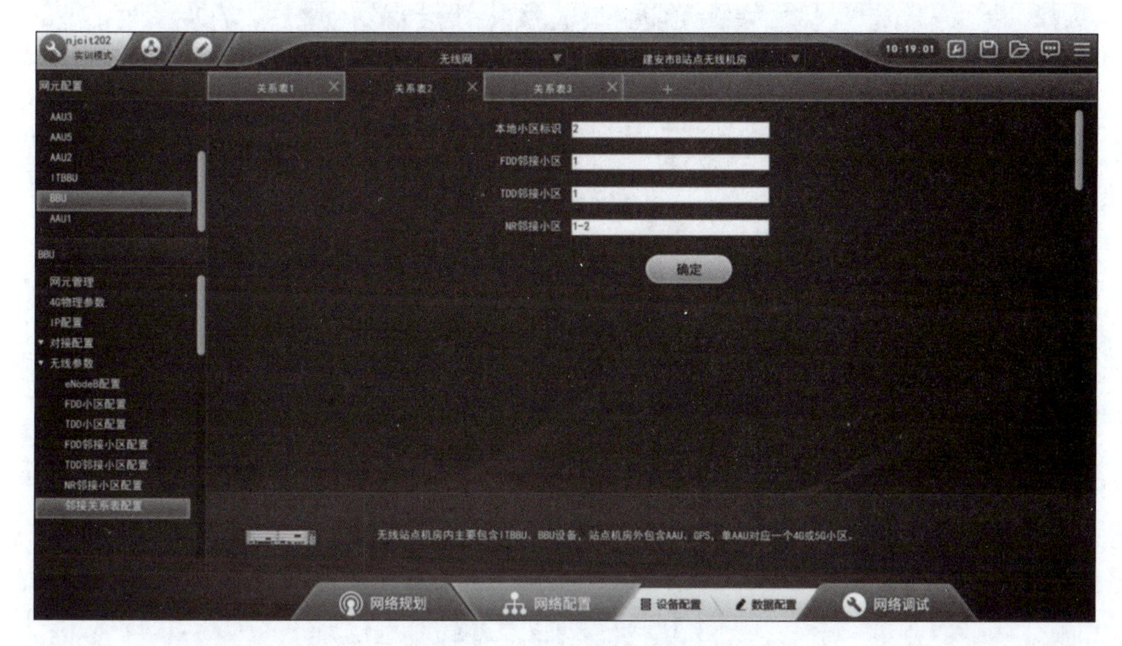

图 11－96　邻接关系表配置 2

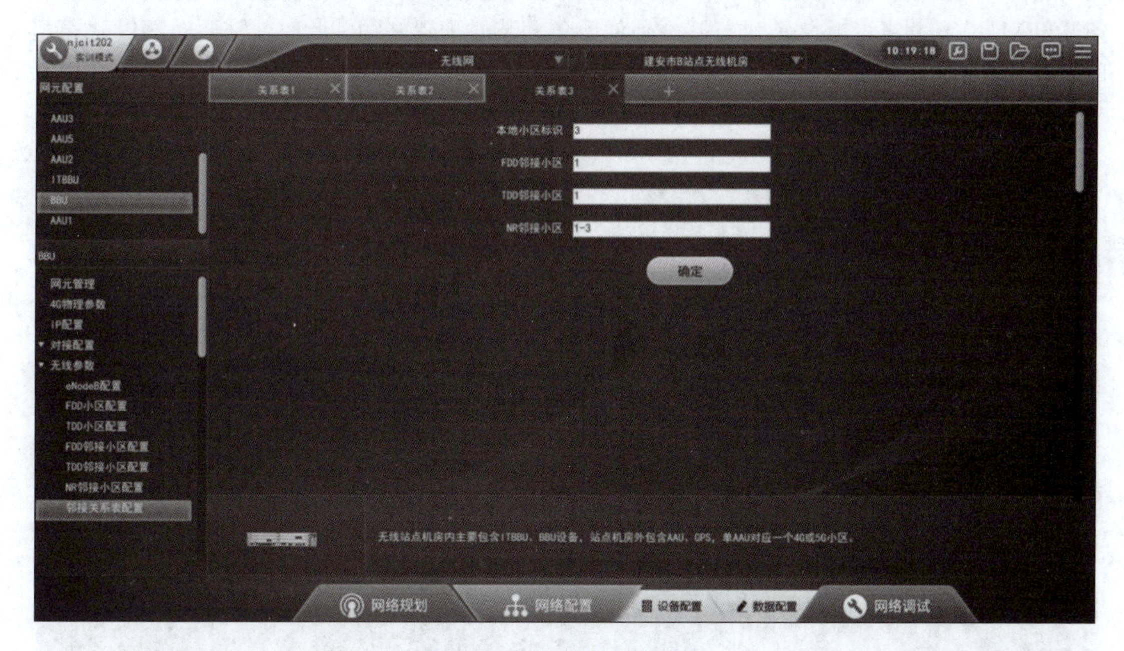

图 11－97　邻接关系表配置 3

至此，无线网的数据配置就全部完成了。由于在配置 5G BBU（ITBBU）时没有配置回传网关，所以需要对 SPN 进行一些接口的配置。

步骤 6：在页面上端选择“承载网”，同时机房选择“建安市 B 站点机房”，如图 11－98 所示。注意，这里的机房选择要与基站硬件设备安装中的无线机房保持一致。

图 11-98　承载网机房选择

进入“建安市B站点机房”界面后，可以看到左上方的“网元配置”框里已经有了设备“SPN1”，该设备是在之前进行基站硬件设备安装时配置好的。此时就需要对SPN进行接口配置。

步骤7：单击“SPN1”，页面左下方会展示相应的参数，如图11-99所示。

图 11-99　SPN 参数展示

步骤7-1：单击“物理接口配置”。对接口1/1和1/2是采用光口，分别对接的是ITB-

BU 和建安 3 汇聚机房，所以这两个接口不需要 IP 地址和子网掩码。接口 10/1 是采用电口，对接的是 4G BBU，所以需要配置 IP 地址和子网掩码，如图 11－100 所示。

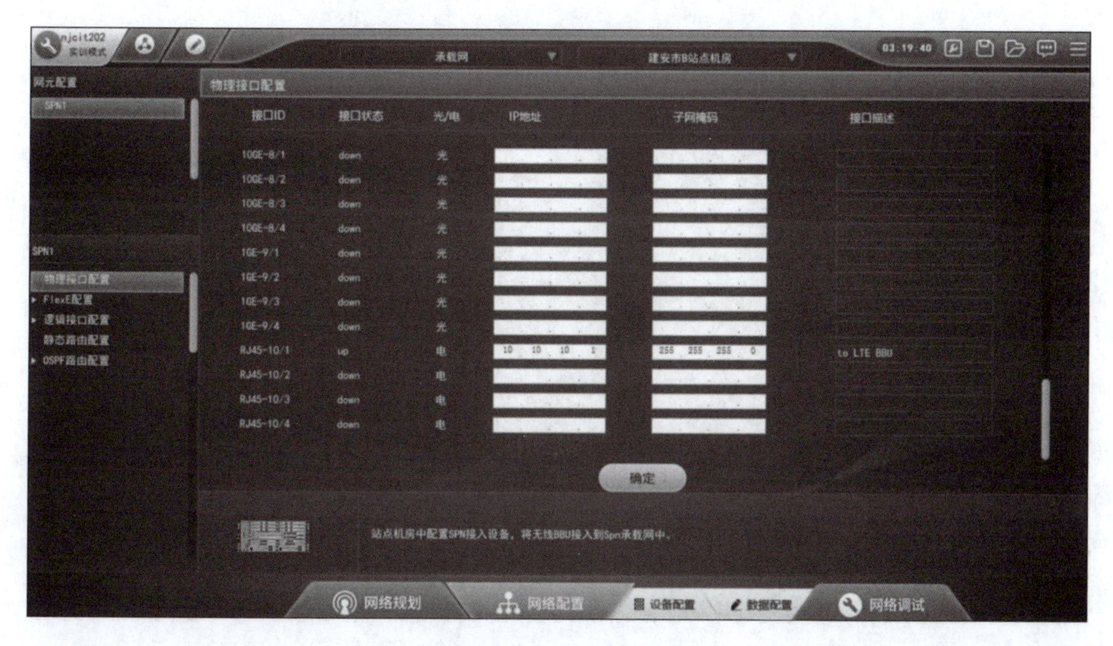

图 11－100　物理接口配置

步骤 7－2：单击“逻辑接口配置”下的“配置子接口”，如图 11－101 所示。把连接 CU、DU 的接口都配置成 1/1 的子接口形式。

图 11－101　配置子接口

步骤7－3：单击“OSPF路由配置”下的“OSPF全局配置”，如图11－102所示。把全局OSPF打开。

图11－102　OSPF全局配置

步骤7－4：单击“OSPF路由配置”下的“OSPF接口配置”，如图11－103所示。把全部的OSPF的接口都打开。

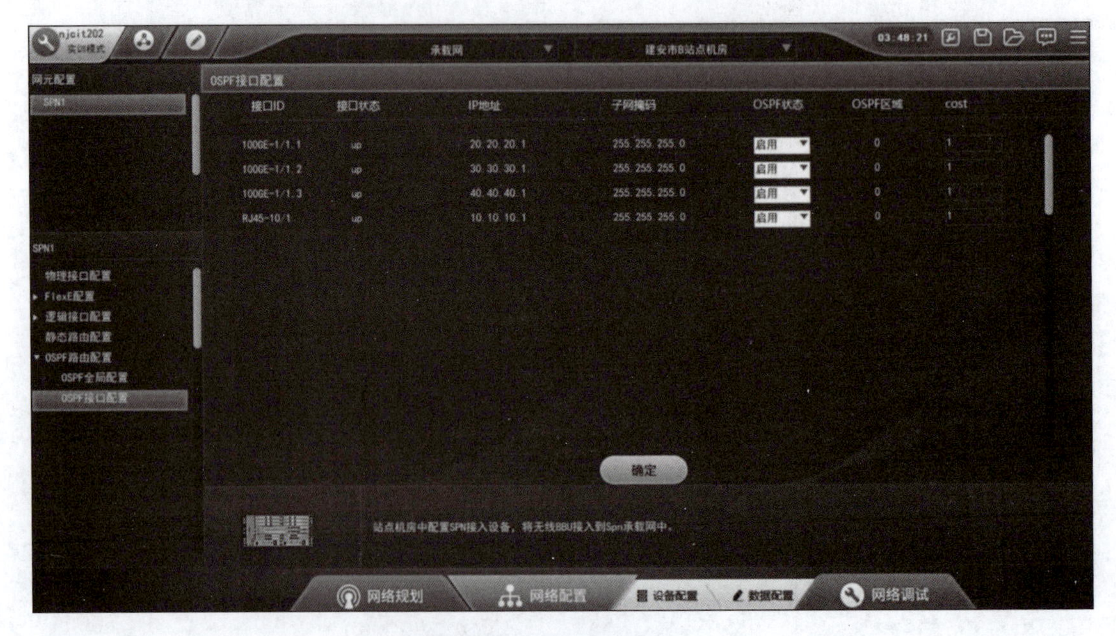

图11－103　OSPF接口配置

至此，数据配置就全部完成了。数据配置涉及核心网的数据配置、无线网的数据配置以及少量的承载网的数据配置。配置工作量很大，在配置过程中要细心。

技能点 3　业务调试

业务调试

1. 实验工具

（1）IUV－5G 全网部署与优化教学仿真平台。

（2）计算机 1 台。

2. 实验要求

（1）能独立进行业务调试。

（2）排查常见的配置故障。

（3）两人一组轮换操作，完成实验报告，并总结实验心得。

3. 实验步骤

业务调试的前提是已经完成了 5G 基站的硬件设备安装和 5G 基站数据配置工作。两部分内容在之前的技能点中已经进行了讲解，此处不再赘述。下面就直接进行业务调试。

步骤 1：打开并登录软件，单击页面下端的“网络调试”，单击“业务调试”选项，如图 11－104 所示。

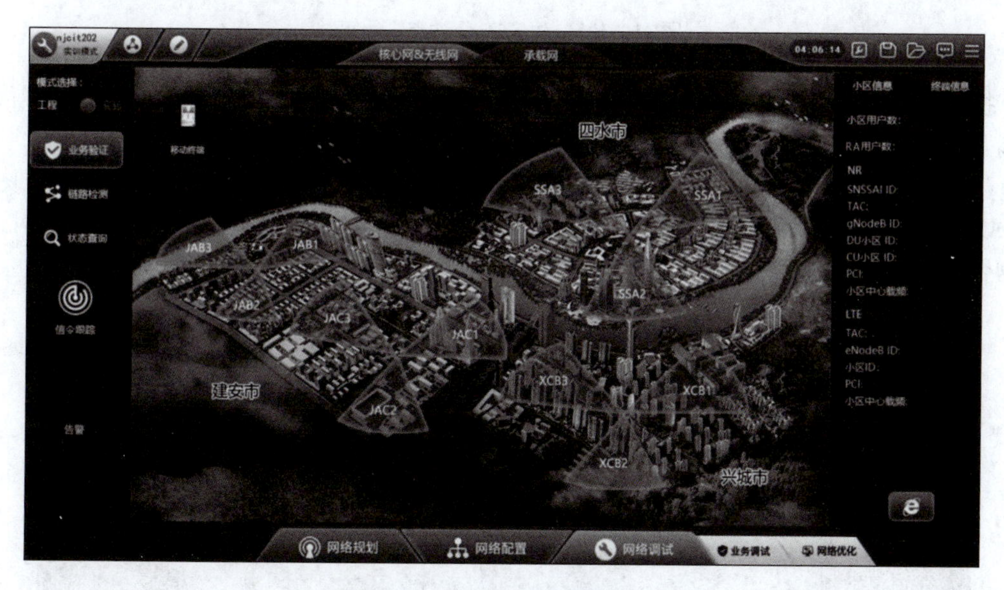

图 11－104　业务调试

在页面左上方可以进行模式选择，分为“工程”模式和“实验”模式，这里选择“实验”模式。页面顶部也有“核心网 & 无线网”和“承载网”选项，在“实验”模式下，只需要选择“核心网 & 无线网”即可。

此前的 5G 硬件设备配置和 5G 数据配置都是针对的建安市 B 站点，所以从理论上来说，如果配置无误，把左上角的“移动终端”移动到建安市 B 站点小区内（图中的 JAB1、JAB2、JAB3 区域），应该就会有信号覆盖，拖动到其他区域就不会有信号覆盖。下面进行验证。

步骤2：单击“移动终端”，并按住左键不放，拖动到建安市C站点的小区3中（图中的JAC3区域），此时发现右侧的小区信息为空，说明这个小区没有进行任何配置，如图11－105所示。

图11－105　建安市C站点3小区

拖动到其他没有配置的区域，如兴城市或者四水市，都是同样的效果。下面把“移动终端”拖动到建安市B站点的小区调试一下，看看结果。

步骤3：单击“移动终端”，并按住左键不放，拖动到建安市B站点的小区1中（图中的JAB1区域），这时发现右侧的小区信息显示数值了，正好和之前对这个小区的数据配置相吻合，如图11－106所示。

图11－106　建安市B站点1小区

如果拖动到建安市 B 站点的其他小区，如 JAB2 或者 JAB3，可以发现小区信息都会发生相应的改变，并且和之前对这个小区的数据配置完全一致。下面以建安市 B 站点 1 小区（JAB1）为例，继续后面的业务验证。

步骤 4：单击页面右下角的绿色“执行”按钮，可以看到按钮上方手机信号绿色的图片，如图 11－107 所示。

图 11－107　建安市 B 站点 1 小区测试图

步骤 5：如果数据配置错误，或者没有配置，手机信号将会变成灰色。把“移动终端”放到兴城市，测试之后就会发现没有信号覆盖，如图 11－108 所示。

图 11－108　兴城市 B 站点 3 小区测试图

如果在业务调试时发现信号没有被覆盖，可以单击页面左侧的“告警”按钮，进入告警页面，分析告警信息来定位配置问题。然后修改配置，重新进行业务调试，直至信号能够正确覆盖。

练习题

1. 选择题

（1）在对MME进行默认路由配置方式中，参数“下一跳”应该配置为（　　）地址。

A. SGW　　B. PGW　　C. HSS　　D. 交换机

（2）在对ITBBU进行物理信道配置时，小区业务参数配置中“第一个周期S slot上的GP符号数”“第一个周期S slot上的上行符号数”“第一个周期S slot上的下行符号数”这3个参数的和必须是（　　）。

A. 12　　B. 13　　C. 14　　D. 15

（3）由于ITBBU没有配置回传网关，所以需要对（　　）网元进行接口配置。

A. SPN　　B. BBU　　C. 交换机　　D. AAU

（4）在对ITBBU进行物理信道配置时，小区业务参数配置中“帧结构第一个周期的帧类型”中，0表示（　　）。

A. 上行时隙　　B. 下行时隙　　C. 特殊时隙　　D. 保护间隔

2. 判断题

（1）在完成5G基站硬件配置之前可以先进行5G基站数据配置。（　　）

（2）实训模式下，核心网数据配置不需要对交换机进行配置。（　　）

（3）CUCP进行数据配置时，不需要配置默认路由。（　　）

（4）在对BBU进行4G物理参数配置时，承载链路端口参数应该选择网口。（　　）

（5）核心网中的网元之间可以直接进行互联。（　　）

任务12　5G基站故障排查

任务要求

技能目标

- 能在仿真软件环境中独立完成基站硬件的故障排查。
- 能在仿真软件环境中独立完成基站软件的故障排查。

素质目标

- 遵守基站数据配置过程中的相关规范。
- 养成自主分析的良好习惯。
- 尊重他人、交流分享，积极参与小组协作任务。

技能点 1　基站硬件故障排查

基站硬件故障排查

1. 实验工具

（1）IUV－5G 全网部署与优化教学仿真平台。

（2）计算机 1 台。

2. 实验要求

（1）能够根据告警信息分析排查相关硬件故障。

（2）能够正确修改硬件故障并进行验证。

（3）两人一组轮换操作，完成实验报告，并总结实验心得。

3. 实验步骤

在前面的业务调试技能点中已经讲到，如果业务调试的过程中出现错误，可以根据“告警信息”中展示的错误，分析在配置中可能出现的问题，再回到配置界面对配置进行检查，发现错误后修改配置，再重新进行业务调试。重复上述步骤，直至业务调试成功。配置错误可能是硬件配置错误，也有可能是软件配置错误。本技能点主要展示的是硬件配置错误，通过典型案例展示故障排查的流程。

当业务调试正确时，手机信号为绿色，这时打开告警界面，可以看到告警界面并不为空，会有很多条告警信息，如图 12－1 所示。但是仔细看这些告警信息可以发现，这些告警都不是建安市 B 站点的告警信息，都是其他没有进行配置区域的告警信息。所以，在查看告警界面时，重点关注那些已经配置区域的告警信息，即建安市 B 站点的告警信息，这些新的告警往往在最下面，其他的告警信息可以忽略不计。

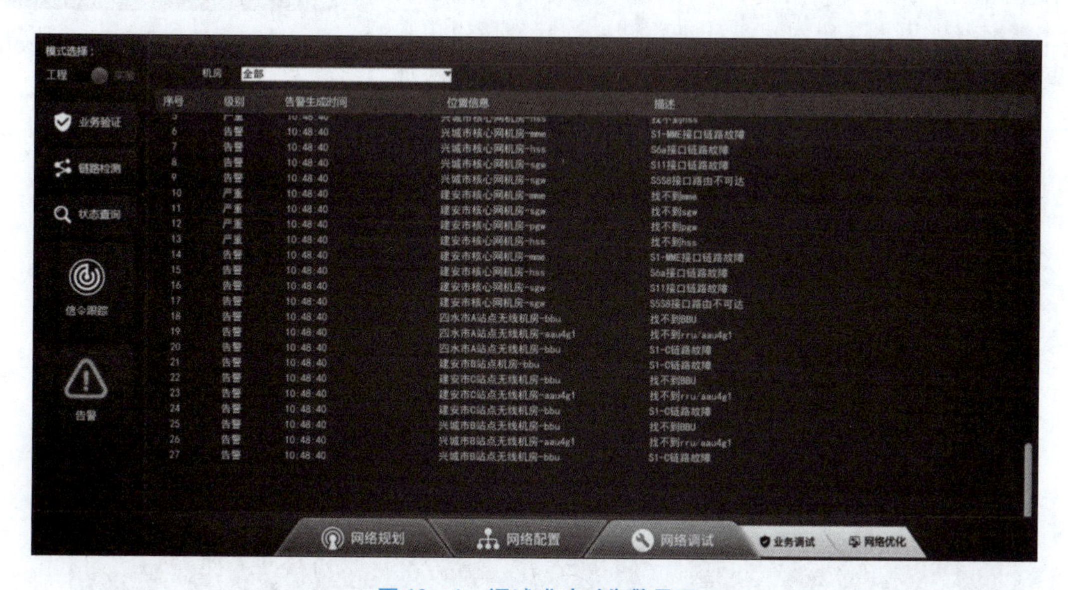

图 12－1　调试成功时告警界面

1）案例一：核心网机房 SWITCH 和 ODF 链路断开

进行业务调试时，发现没有信号，打开告警界面，看到告警信息如图 12－2 所示。

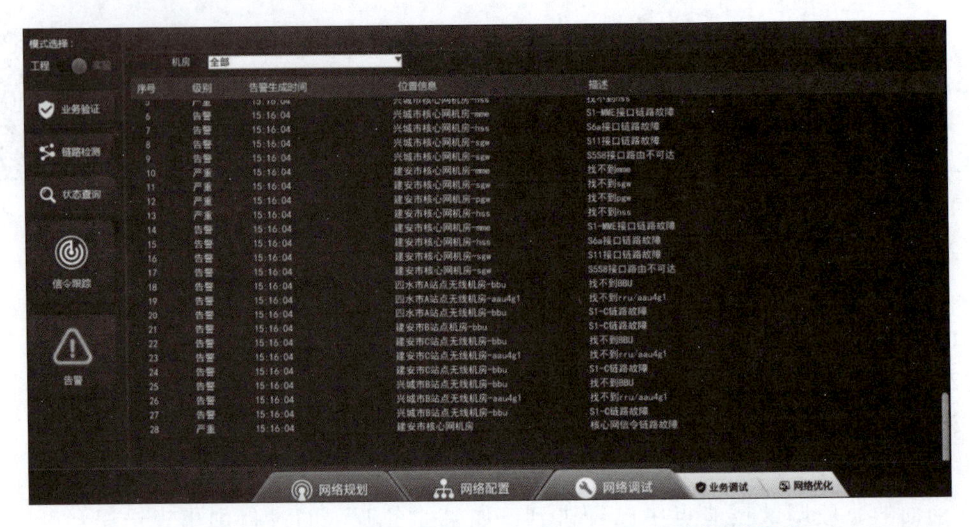

图 12－2　核心网机房 SWITCH 和 ODF 链路断开时告警界面

这些告警信息中，最后一条告警信息是：“建安市核心网机房－核心网信令链路故障”。这个告警信息直接指向了核心网的机房，首先应该检查核心网机房中设备连线是否有问题。进入建安市核心网机房查看设备指示图，如图 12－3 所示。

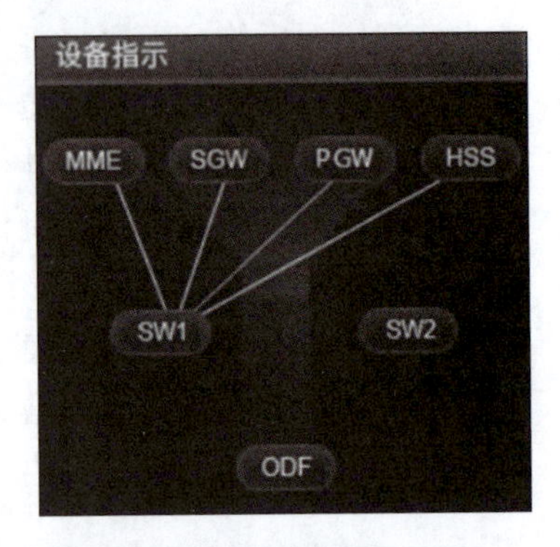

图 12－3　建安市核心网机房设备指示图（断链）

从这个设备指示图中可以看到，核心网的 4 个网元都和交换机 SWITCH1 建立了连接。前面在讲解 5G 基站硬件配置时曾讲到，在实验模式下，SWITCH 和 ODF 之间也要连接，使核心网的 4 个网元和 ODF 都建立连接。所以单击 SW1，选择缆线池中第 3 个“成对 LC－FC 光纤”，一头插在 18 端口，如图 12－4 所示。

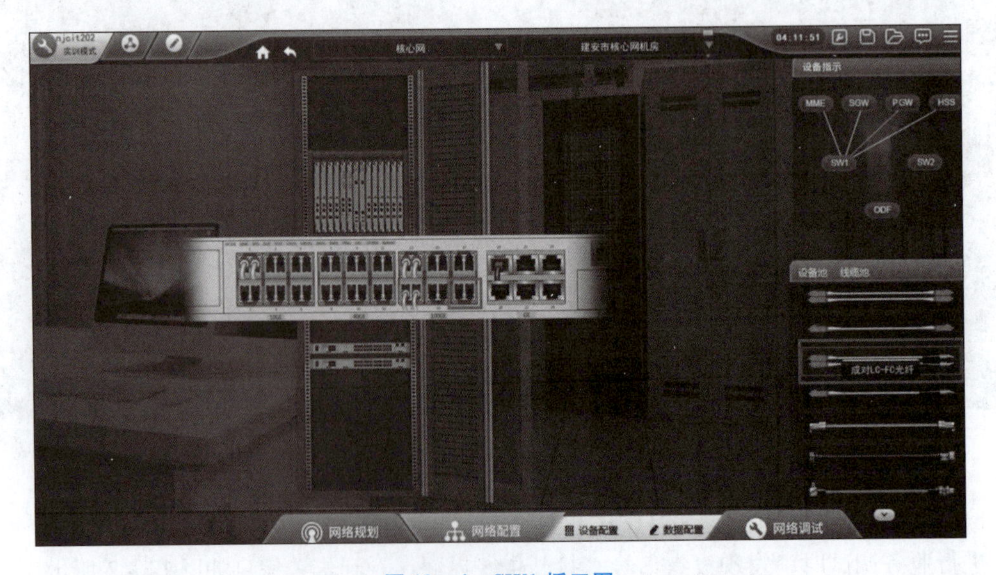

图 12－4　SW1 插口图

然后再单击设备指示图中的 ODF，再将“成对 LC－FC 光纤”另外一端插在“本端 1－对端 2”的插口中，如图 12－5 所示。

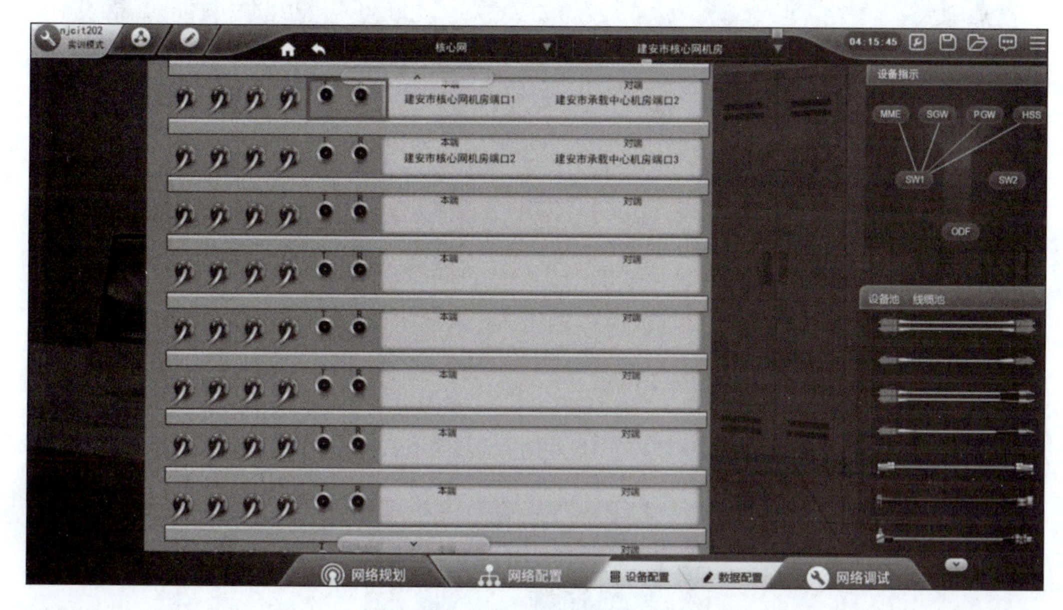

图 12－5 ODF 插口图

插好后，再看设备指示图，SW1 和 ODF 之间就建立了连接，如图 12－6 所示。

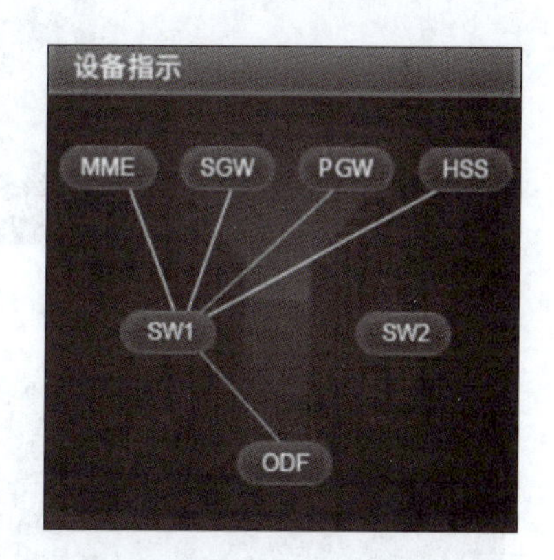

图 12－6 建安市核心网机房设备指示图（正常）

把 SW1 和 ODF 链路连好之后，再进入“业务调试”界面，重新单击调试，可以看到信号正常了，调试成功。此时再去检查告警界面，发现该告警信息也消失了。

2）案例二：ITBBU 和 AAU 连接端口速率不匹配

进行业务调试时，发现没有信号，打开告警界面，看到告警信息如图 12－7 所示。

这些告警信息中，最后一条告警信息是：“建安市 B 站点机房－itbbu－无 5G 信号”。这个告警信息直接指向了建安市 B 站点无线机房的 ITBBU。ITBBU 的 5G 信号来源于 AAU，首先检查 ITBBU 和 AAU 是否断链。进入建安市 B 站点无线机房查看设备指示图，如图 12－8 所示。

从这个设备指示图中可以看到，ITBBU 与 AAU1、AAU2、AAU3 都有链接，没有出现断链；然后再检查连接的端口是否有误。单击 ITBBU，发现 ITBBU 与 3 个 AAU 相连采用的是 25GE 速率的端口，如图 12－9 所示。

然后再单击设备指示图中的 AAU1、AAU2、AAU3，发现 AAU 侧连接的端口是 100GE，如图 12－10 所示。在这里就发现了问题所在，虽然 AAU 和 ITBBU 用“成对 LC－LC 光纤线”连接起来了，但是两端的端口速率却不一致，ITBBU 侧是 25GE，而 AAU 侧却是 100GE，所以造成了信号不通，最终报错没有 5G 信号。

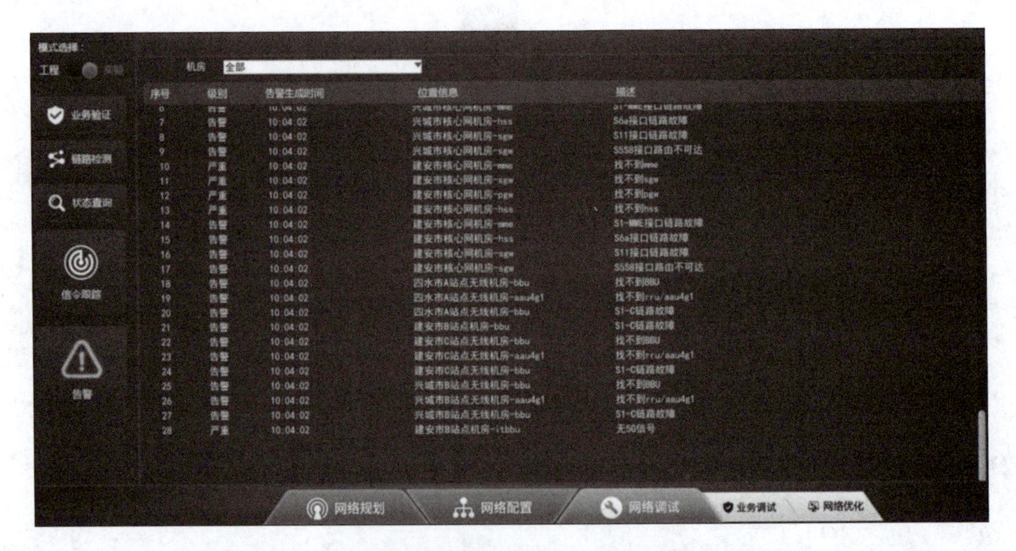

图12－7 ITBBU和AAU连接端口速率不匹配时告警界面

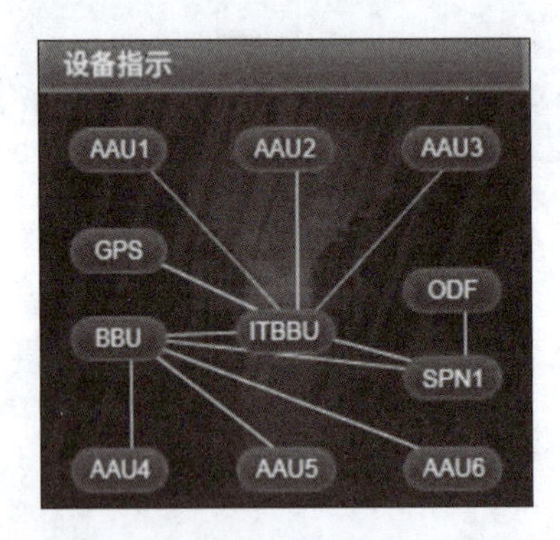

图12－8 无线网设备指示图

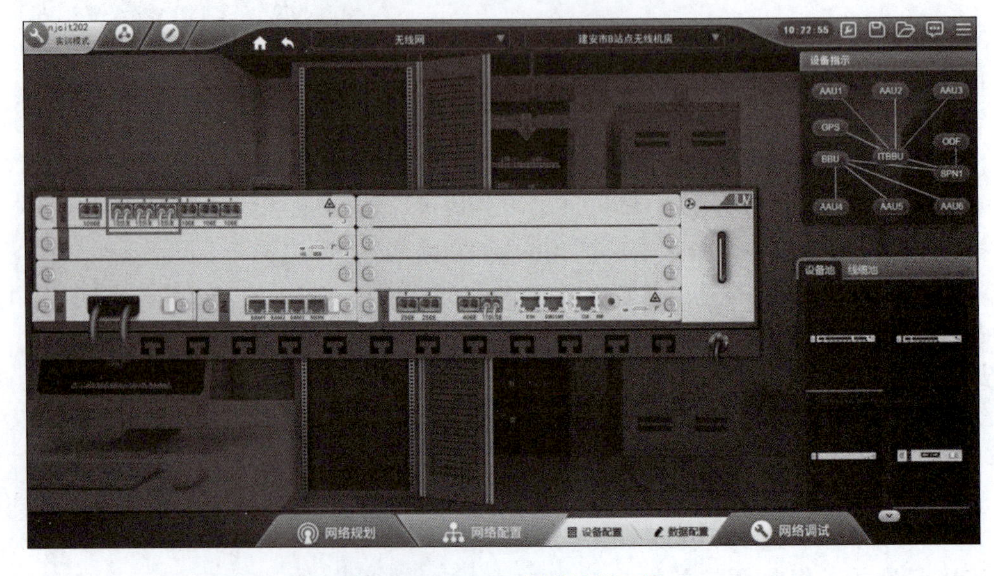

图12－9 ITBBU侧连接端口图

图 12－10　AAU 侧连接端口图

所以，把 ITBBU 与 AAU1、AAU2、AAU3 的连接线删除，再重新连接，两端都选择 25GE 的端口。连接完成后再进入“业务调试”界面重新单击调试，可以看到信号正常了，调试成功。此时再去检查告警界面，发现该告警信息也消失了。

技能点 2　基站数据故障排查

基站数据故障排查

1. 实验工具

（1）IUV－5G 全网部署与优化教学仿真平台。

（2）计算机 1 台。

2. 实验要求

（1）能够根据告警信息分析排查相关软件故障。

（2）能够正确修改数据故障并进行验证。

（3）两人一组轮换操作，完成实验报告，并总结实验心得。

3. 实验步骤

在前面的业务调试技能点中已经讲到，如果业务调试的过程中出现错误，可以根据“告警信息”中显示的错误，分析在配置中可能出现的问题，再回到配置界面对配置进行检查，发现错误后修改配置，再重新进行业务调试。重复上述步骤，直至业务调试成功。配置错误可能是硬件配置错误，也可能是软件配置错误。本技能点主要展示的是数据配置错误，通过典型案例展示故障排查的流程。

1）案例一：AAU 链路光口使能开关没有打开

进行业务调试时，发现没有信号，打开告警界面，看到告警信息如图 12－11 所示。

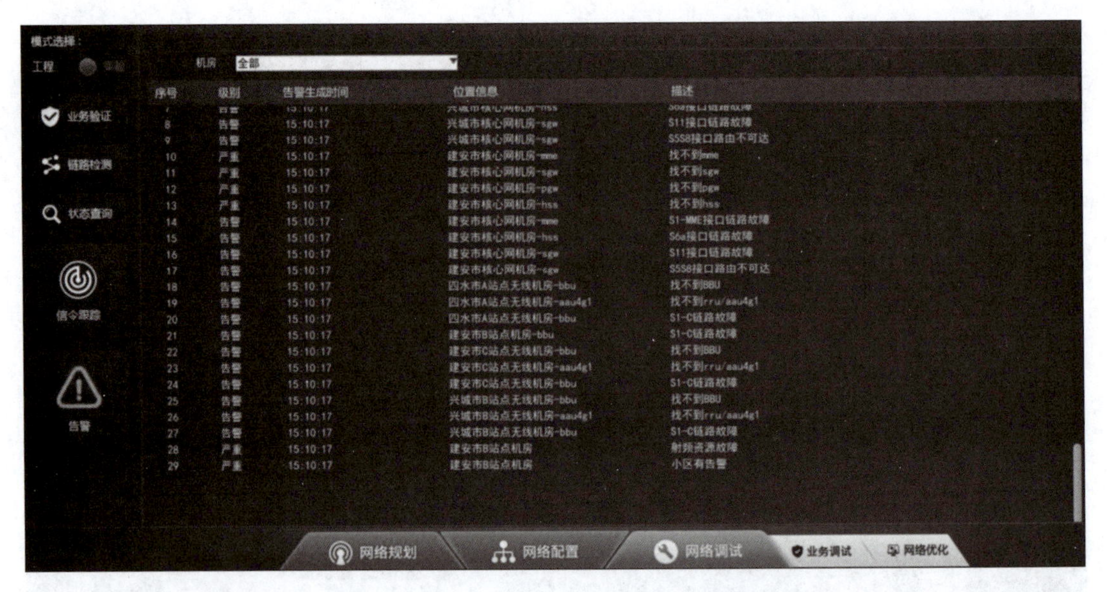

图 12－11　AAU 链路光口未使能时告警界面

这些告警信息中，关于建安市 B 站点的一些告警信息有：“建安市 B 站点机房－射频资源故障”“建安市 B 站点机房－小区有告警”。这两个告警信息中，“建安市 B 站点机房－射频资源故障”这个告警信息首先让人联想到，是不是 AAU 配置有问题。所以，第一步可以去检查 6 个 AAU 的配置。经过检查，发现 6 个 AAU 配置没有问题。在硬件配置时，AAU 是和 BBU 相连的，5G 的 AAU 和 5G 的 BBU 相连，4G 和 AAU 和 4G 的 BBU 相连，如图 12－12 所示。

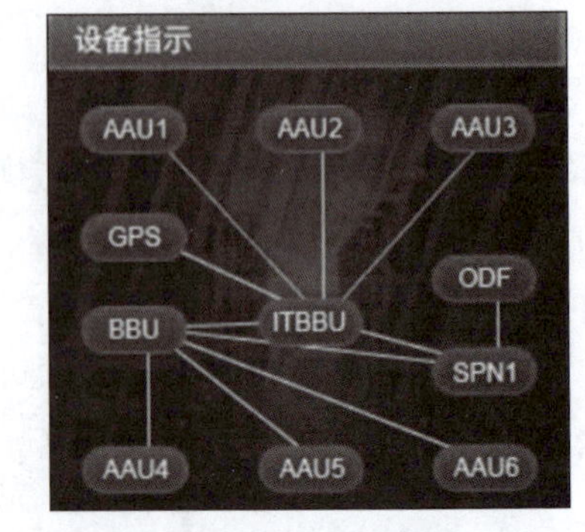

图 12－12　无线网设备指示图

从图 12－12 中可以清楚地看到，ITBBU 与 AAU1、AAU2、AAU3 相连，BBU 与 AAU4、AAU5、AAU6 相连。所以首先检查 AAU 和 BBU 之间的硬件连接，发现硬件连接无误，再检查 BBU 和 ITBBU 的数据配置。在 BBU 的数据配置中有“4G 物理参数”，在 ITBBU 的数据配置中有“5G 物理参数”，这两个参数配置里都有一个共同的参数“AAU 链路光口使能”开关。分别检查后发现，ITBBU 的“5G 物理参数”中的“AAU 链路光口使能”开关被关闭了，如图 12－13 所示。

修改这 3 个参数，把 3 个使能开关都打开，都选择“使能”。单击“确定”按钮后，再进入“业务调试”界面重新单击调试，可以看到信号正常了，调试成功。此时再去检查告警界面，发现该告警信息也消失了。

2）案例二：5G BBU 中 DU 的 SCTP 偶联类型配置错误

进行业务调试时，发现没有信号，打开告警界面，看到告警信息如图 12－14 所示。

这些告警信息中，看到关于建安市 B 站点的一些告警信息有：“建安市 B 站点机房－itbbu－F1 链路故障”。这个告警信息非常清晰，指出了 ITBBU 中 SCTP 偶联方式有错误，并

图 12－13 AAU 链路光口未使能

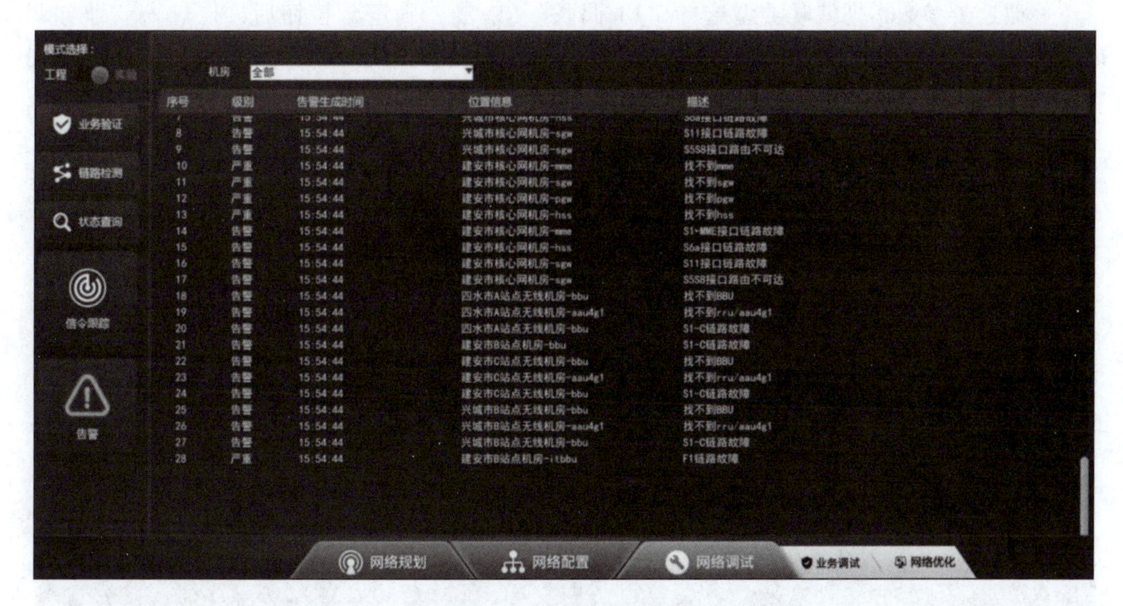

图 12－14 DU 的 SCTP 偶联类型配置错误时告警界面

且是 F1 链路故障。这说明，在 ITBBU 中的 SCTP 偶联方式中，有 F1 偶联配置错误。根据规划，在之前进行数据配置时，ITBBU 中有两个 F1 偶联，一个是 DU 中的 SCTP 配置中有 F1 偶联，另一个就是 CUCP 的 SCTP 配置中存在一个 F1 偶联。分别对这两个有 F1 偶联的配置进行检查，发现 DU 的 SCTP 配置中，偶联类型配置成了“NG 偶联”，没有配置成“F1 偶联”，如图 12－15 所示。

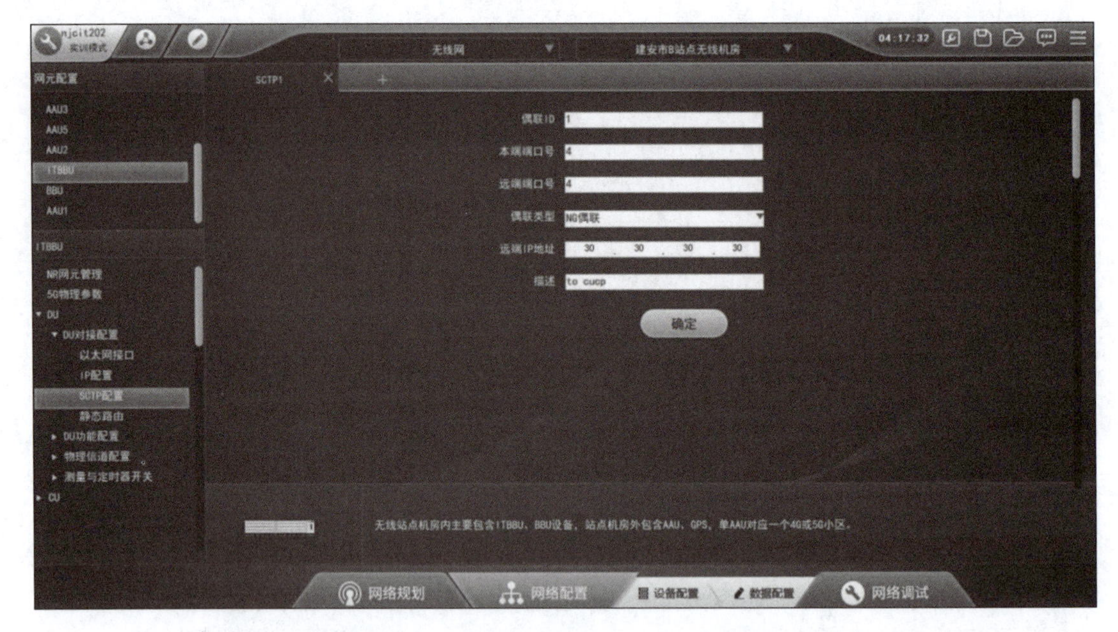

图12－15　DU的SCTP偶联类型配置错误

修改这个参数，把偶联类型选择“F1偶联”。单击“确定”按钮后，再进入“业务调试”界面重新单击调试，可以看到信号正常了，调试成功。此时再去检查告警界面，发现该告警信息也消失了。

3）案例三：5G BBU中CUCP没有设置静态路由

进行业务调试时，发现没有信号，打开告警界面，看到告警信息如图12－16所示。

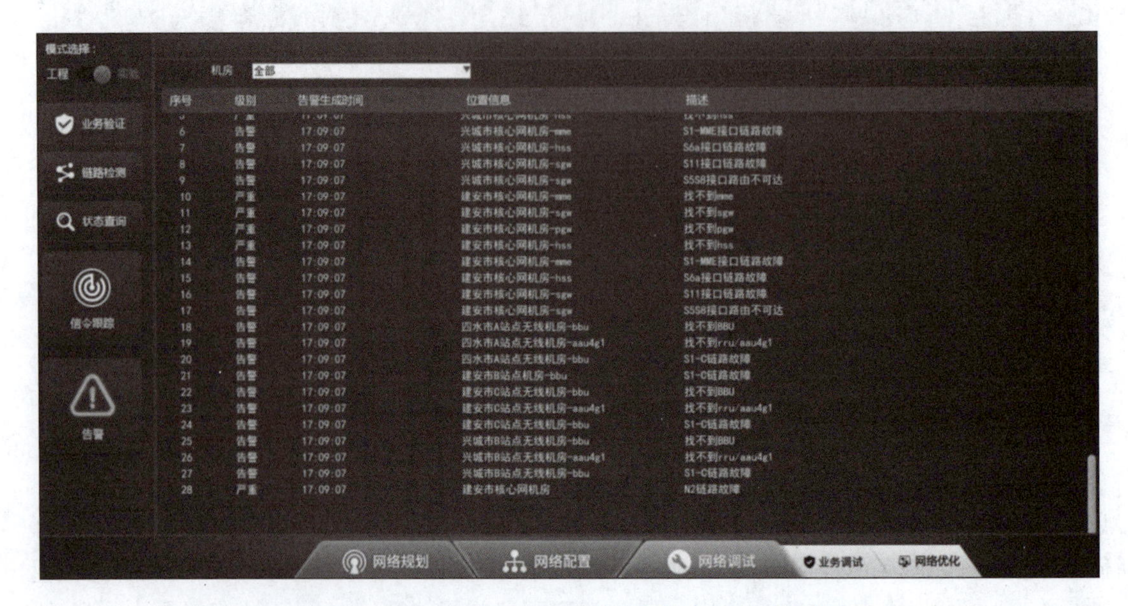

图12－16　5G BBU中CUCP没有设置静态路由时告警界面

这些告警信息中，最后一条告警信息是："建安市核心网机房 - N2 链路故障"。从这个告警信息中，初步分析是核心网的网元中链路设置有问题。所以检查核心网的 4 个网元 MME、SGW、PGW 和 HSS 的"对接配置"和"路由设置"，发现 4 个网元的设置都没有问题。这时候开始怀疑，会不会是核心网和无线网之间的链路对接设置有问题，而告警界面最终展示在了核心网。下面开始逐个检查核心网网元和无线网网元之间的链路对接，核心网和无线网网元之间的链路如图 12 - 17 所示。

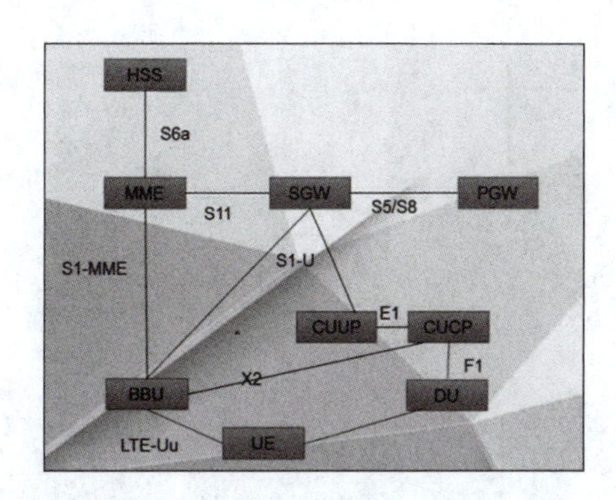

图 12 - 17　核心网和无线网网元链路图

从图 12 - 17 中可以看到，BBU 和 CUUP 是和核心网网元直接对接的，所以首先检查 BBU 和 CUUP 的对接配置和路由设置，检查后发现依然是正确的。然后，再来检查 CUCP，虽然 CUCP 没有直接和核心网网元对接，但是 CUCP 和 BBU 对接之后也会和核心网连接。检查 CUCP 的对接设置和路由设置，发现 CUCP 的默认路由没有设置。之前提到，CUCP 和 BBU 是有对接的，并且在 IP 配置里没有网关配置，所以需要配置静态路由。但是，这里却没有配置静态路由，如图 12 - 18 所示。

图 12 - 18　5G BBU 中 CUCP 没有设置静态路由

所以新增静态路由，并按照规划填写数据，如图 12－19 所示。单击“确定”按钮后，再进入“业务调试”界面重新单击调试，可以看到信号正常了，调试成功。此时再去检查告警界面，发现该告警信息也消失了。

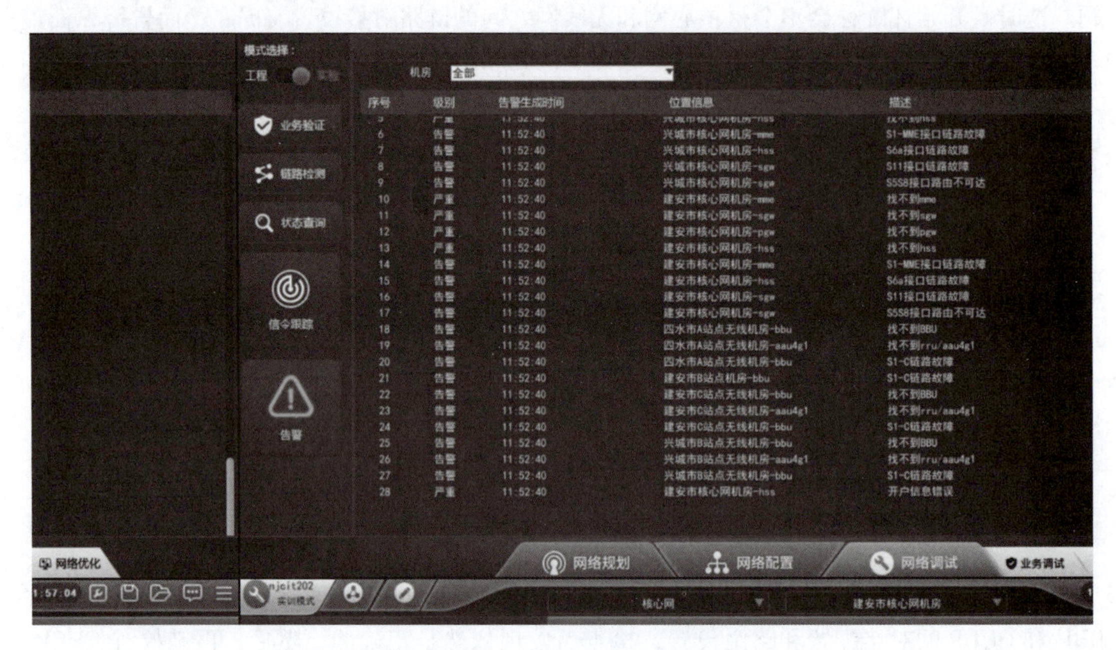

图 12－19　CUCP 静态路由设置

4）案例四：APN 名称设置不一致

进行业务调试时，发现没有信号，打开告警界面，看到告警信息如图 12－20 所示。

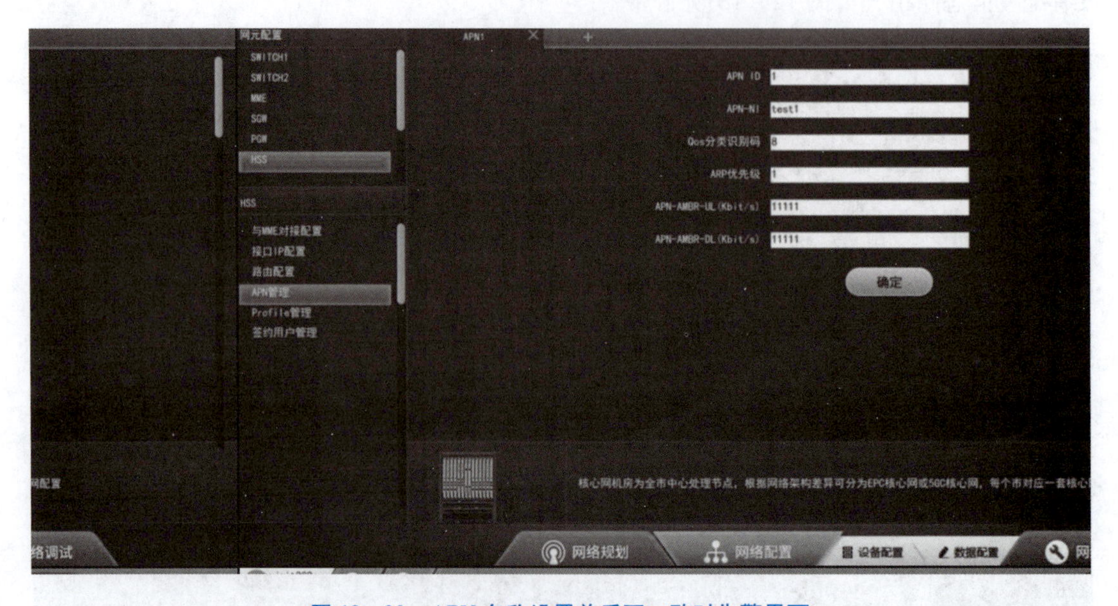

图 12－20　APN 名称设置前后不一致时告警界面

这些告警信息中，最后一条告警信息是：“建安市核心网机房 - hss - 开户信息错误”。这个告警信息指向非常明确，是核心网的 HSS 网元中开户信息设置有问题。所以，首先检查核心网 HSS 网元的“签约用户管理”中相关信息，发现该设置中的用户信息和规划数据一致，没有问题。然后把检查范围扩大到 HSS 网元的其他配置项，检查到“APN 管理”时，发现参数“APN - NI”即 APN 的名称为“test1”，如图 12 - 21 所示。

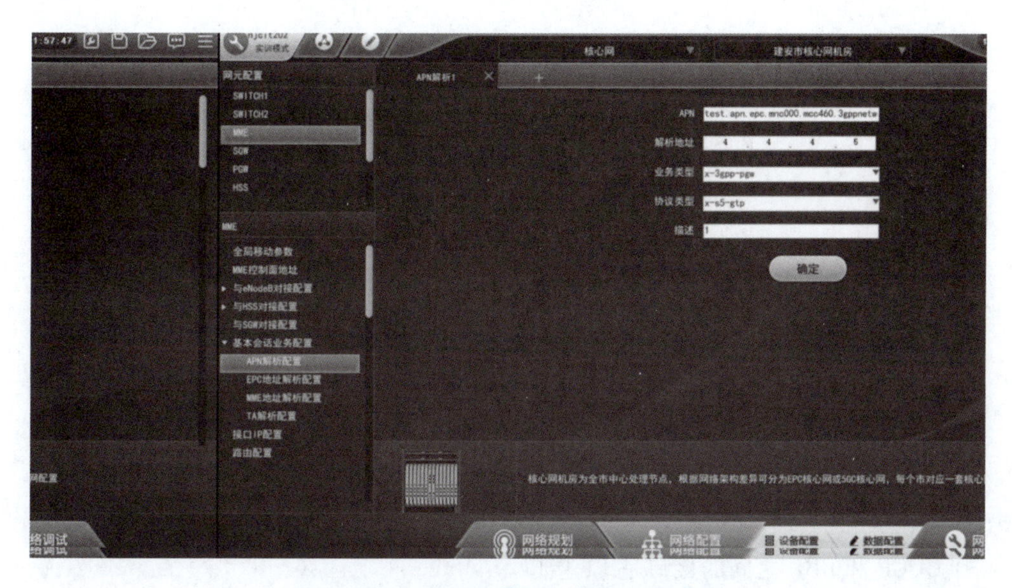

图 12 - 21　“APN 管理”中的 APN 名称

但是在之前“APN 解析配置”中，参数“APN”的设置是“test. apn. epc. mnc000. mcc460. 3gppnetwork. org”，如图 12 - 22 所示。其中第一个“.”之前的就是 APN 的名称，这两个参数中 APN 的名称不一致。

图 12 - 22　“APN 解析配置”中的 APN 名称

APN名称在两个配置中不一致，这明显是有问题的。所以，修改“APN管理”中的“APN－NI”参数为“test”。单击“确定”按钮后，再进入“业务调试”界面重新单击调试，可以看到信号正常了，调试成功。此时再检查告警界面，发现该告警信息也消失了。

练习题

1. 选择题

（1）核心网与无线网之间的接口是（　　）。

A. X2　　B. S1　　C. S5　　D. S8

（2）以下（　　）属于核心网的网元。

A. HSS　　B. PGW　　C. ITBBU　　D. MME

（3）在核心网的硬件配置中，交换机在与核心网网元连接之后，还需要连接（　　）。

A. BBU　　B. ITBBU　　C. SPN　　D. ODF

（4）5G AAU需要连接到下列（　　）设备。

A. SPN　　B. ODF　　C. ITBBU　　D. BBU

2. 判断题

（1）如果业务调试成功，那么告警页面一定不存在任何告警信息。（　　）

（2）业务调试时，在实验模式下只需要在无线网 & 核心网选项下进行调试。（　　）

（3）CUCP和BBU之间的接口是F1接口。（　　）

（4）ITBBU和AAU连接时，端口速率要匹配。（　　）

参考文献

[1] 罗文茂，陈雪娇．移动通信技术［M］．北京：人民邮电出版社，2014.

[2] 魏红．移动通信技术（第3版）［M］．北京：人民邮电出版社，2018.

[3] 许书君，程战．移动通信技术及应用［M］．西安：西安电子科技大学出版社，2018.

[4] 陈佳莹，张溪，林磊．IUV－4G移动通信技术实战指导［M］．北京：人民邮电出版社，2016.

[5] 蔡盛勇．基于移动通信背景下的IUV－4G全网仿真教学软件设计［J］．无线互联科技，2020，17（05）：113－114.

[6] 朱明程，王霄峻．网络规划与优化技术［M］．北京：人民邮电出版社，2016.

[7] 董兵．5G基站工程与设备维护［M］．北京：北京邮电大学出版社，2020.

[8] 桑峻．IUV－4G通信全网仿真在通信技术专业建设中的应用研究［J］．电脑知识与技术，2020，16（29）：62－64.

[9] 顾艳华，陈雪娇．移动网络规划与优化［M］．北京：北京理工大学出版社，2021.

[10] 卢敏，陈美娟．移动通信系统的虚拟仿真实训演练［J］．实验科学与技术，2019，17（02）：108－111.

[11] 钱权智．面向5G与LTE混合组网的无线网络规划研究［D］．重庆邮电大学，2020.

[12] 林涛．中国移动FDD－LTE无线网络系统的规划方案设计［D］．浙江工业大学，2019.